感性工學到感性設計

:感性工學研究的基礎與應用

From Kansei Engineering to Kanaei Design: the Basic and Application for Researching of Kansei Engineering

全華圖書

王明堂 編著

感謝許多人的協助、參與及家人的支持，
才讓此書得以順利出版！！

序

本書的動機該從 Heidegger《存有與時間》一書中人際之間的兩個互動型態，「Einspringen」(代勞，leap in)、「Vorausspringen」(提點，leap ahead）。藉 Heidegger 的思想，點出「代勞式」的教學，無法開創學生之本真的思維，而「點提式」的教學才能呈現學生學習中，表現出生命獨特性、思維超越性及自我本真性。

在設計領域從畫設計圖、做模型、開模具、生產至品管需有一段很長的實際經驗，轉行教書時就有寫書的想法，後來發現寫書真是不易。長期以來認為產品設計不應只是畫圖、做模型，傳遞設計知識及經驗是當初改行的想法，限於個人能力有限一直無法成行。直到 2009 年，當時任台灣感性學會的秘書長，學會在理監事的分工討論時，提出計畫要翻譯日文相關書籍成中文，才開始萌生撰寫此書的動機，雖然感性工學的研究可算在台灣已經深根，但是一直沒有一本可做為入門的書，確立了此目的後。開始興起直接翻譯的念頭，會中有人認為應該寫而不是譯。第二屆理監事改選後，卸任秘書長，自己被選上理事又分派到關於出版事宜，只好下定決心自己來編寫，這個想法從動念到完成竟然花了 5 年的時間才完成。

而在決定本書內容時，除了感性外，更陷入到底該是否應放入那些是研究生們需要的內容，甚至產業可以加以應用。要涵蓋所有設計領域，會多面不討好且有困難，抑或以工業設計領域為主？筆者一直不希望此書變成一本無趣的教科書，但又希望它就是一種教科書。更期待不只學生想要使用，也希望可以成為產業想接觸此領域的一本參考書。最後決定自己來寫一本如何進入感性工學研究的書，從瞭解（1）感性、（2）碩士或論文研究的基礎、（3）可以進行的方向，（4）如何進行感性工需要學研究、（5）其步驟及統計與分析的方法、（6）進而探討感性設計的可行方向。決定以教導研究生進入此領域的教科書做為想利用此方法，可快速入門的書籍，也期望此書除有實用價值外，也可算是一本研究書。這本書的撰寫，因為台灣這個領域的專家學者很多，如何說也輪不到我。但是基於在學會的責任，還是得必需想盡辦法來編著此書，內容必有諸多不足之處，日後還望各位專家、學者、研究同好，不吝指教。也期待各位教授極前輩們，在指教之餘外也能版相關書籍，一起來推動感性工學在台灣的發展。

本書的一些案例為教學及個人的研究成果，感謝工研院中分院感性設計技術專案辦公室，設計整合經理張嬋如小姐；好友百力設計公司總經理蔡育偉提供的設計資料、及課程內的學生們（名字列在案列裡）在學習中的優秀表現。最後的編輯及整理要感謝林家羽、李牧微、連翔宇等研究助理們，及賴怡臻老師的封面設計協助，方能順利完成，在此致上萬分的感謝。

對於文字及圖片的使用要求盡量遵守學術倫理，如有作者或單位認為超越了認知標準，煩請告知務必會於下次出版改進。此書的完成歷經了一段不短的時間，主要的動機是為了協助研究生及大學生們在學習感性工學時有教科書可以參考閱讀，所以在慌亂中如有冒犯之處，還請各方前輩見諒及給予指教。

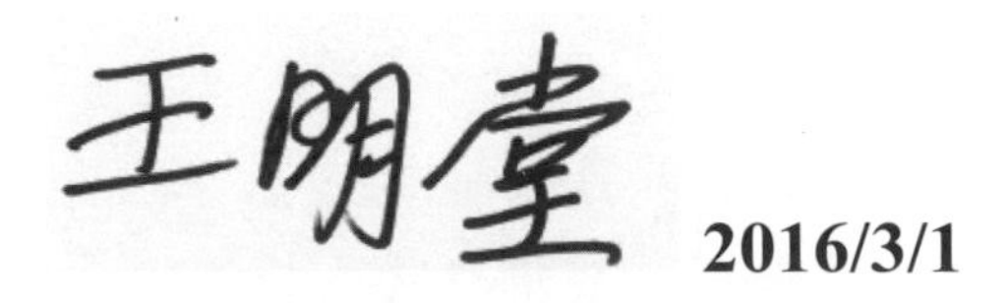

2016/3/1

mtwang2000@gmail.com

台灣感性學的會推薦

面對全球的競爭壓力，有些產業選擇費心在效能的提升，成本的降低，不然就是往更低工資的地方移動，造成產業發展和結構提升的後續問題。亦有產業則專注在技術升級，重視品質與效率的提高，在製造、技術、經營與管理努力地優化，然而從製造業轉換至產業升級，如何成功地切入創新研發、品牌經營與設計行銷等產業加值的發展，因台灣產業長期缺乏對國際化、消費者與市場的經營經驗，仍面對著重大的困難與屏障。

高度追求品質(quality)的日本，在面對市場的快速變遷下，率先揭櫫除了對於價格、功能與品質價值的重視外，將【感性】視為第四價值，提示「了解消費者感性，是掌握市場先機的關鍵」，亦發展聚焦以使用者為中心之感性工學(Kansei engineering)技術，藉由工學技術之應用，探討人之感性與物之設計特性間的關係，以作為產業發展之基石。

台灣學術界在積累諸多的感性工學與感性設計的成果下，感性工學已逐步深入產業，工業技術研究院更在中分院成立<感性設計技術專案辦公室>，發展感性設計加值技術，創新產品開發，帶動產業結構轉型。面對【理性】與【感性】並存的消費者/消費市場，不再是單純的機能、使用性的強調，即能說服、打動消費者，透過感性訴求的故事和消費者溝通商品概念或服務，創造共感體驗，是創造商品/服務魅力與市場機會的關鍵敲門磚。

「感性工學到感性設計」一書的出版，提供予產業與學術研究極佳的感性工學與感性設計之理論基礎與實務案例；同時，設計與研究的並重，是產業成功切入市場的必要思維與作為，沒有前瞻的感性探討，無法發掘出消費者真正的需求與欲求，更無法設計出吸引消費者的成功商品；在「感性工學到感性設計」一書中，亦深入地針對感性工學與感性研究加以說明與探究，對研究者與企畫者是相當有所助益。

在此謹誠摯推薦「感性工學到感性設計」一書給予產業、學術與對此議題有興趣的每一位，相信尋求共感的【感性工學與設計】理念的推動，會是促成台灣產業邁向升級的重要且關鍵的第一步！

台灣感性學會 理事長

陳俊智 敬上

國立高雄師範大學 工業設計學系(所)

暨文化創意設計碩士學位學程 教授

中華民國設計學會的推薦

設計，在 21 世紀初已儼然成為一種顯學，並隨產業多元領域拓展分支出不同的發展路線，感性設計便是其中重要支線之一。台灣感性學會於 2009 年成立，代表台灣學術界已將感性內涵列為核心設計構成之一，也從早期的工程概念逐步演進為設計思維。欲使特定領域發揚光大，必然要有一群熱衷之士以及傳道之冊，台灣感性學會成立之時，代表集結了一群熱衷之士，這本由首屆秘書長王明堂教授，耗時五年、內容近五百頁的專書，不啻就是用以傳道之冊，可透過本書有系統地、深入淺出地、愉悅享受地、理性與感性兼具地，接觸、認識、了解、深入、探索及創新從感性工學到感性設計光譜之間的所有奧秘，讓感性設計成為知識經濟、體驗經濟、創意經濟、美學經濟的加值之鑰。

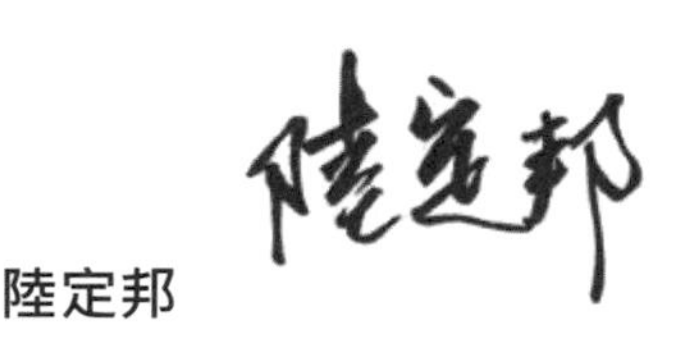

陸定邦

中華民國設計學會理事長

中華民國一〇五年一月十六日

雲科大設計學院的推薦

近十多年來，我國的設計教育蓬勃發展，但設計相關的中文書籍並不多。很高興國立高雄師範大學工業設計學系王明堂教授出版「感性工學到感性設計」一書，包含設計的感性特質、感性要件、感性議題、及感性工學的研究方法、評價計測、創新企畫、設計方向、研究心態等多面向的內容；另一方面，從此書的編輯也呈現王教授在設計學習與教學經驗、設計實務與設計研究的歷練精華，為一值得閱讀的設計專業書籍。

國立雲林科技大學設計學研究所

教授 兼設計學院院長

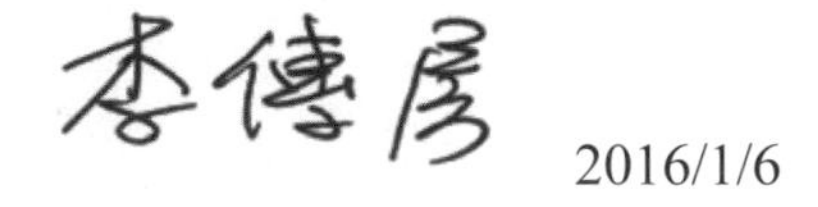

2016/1/6

目次

請打開心胸來研讀、及參考利用此書～

第一章. 從設計品的演進看感性的內涵

- 感性的需求也是設計品的發展及演化趨勢，藉此使它們的設計更具競爭力，才能讓自己在研讀此書時有所收穫。
- 各種設計均可類推此書所介紹的方法，請給自己一個較寬大一點的視野來看設計品。
- 設計品包含了各類設計者的成果。

一堂十萬的 F1 課程來拉攏賽車迷，精品到底如何創造黃金價值，第一招；用最感性的方法勾起慾望，2015 年保時捷在上海體驗中心兩天一夜的課程的課程，不含住宿和機票要價十萬元台幣，在 F1 賽道上以時速兩百六十公里學習駕駛保時捷，與會者均覺得非常值得。而第二招則是開店算夢想指數，精確掌控五感體驗；CHIN CHIN 行銷公關公司轉辦 De Beers、PRADA 等品牌活動，她的總經理就說，從一個秀或是活動，「你所聽的音樂、吃的東西、摸的東西、看的人都是被篩選和精確設定的」，走進 De Beers 晚宴時桌上一定放著代表品牌的白色玫瑰，連花的品種、賓客吃的食物顏色、大小規格全需送回總部審查。香奈兒辦活動的花束是凌晨四點由荷蘭空運來台的，難道客戶會分別得出花是來自台北或是荷蘭嗎？大家眼中的吹毛求疵是他們眼中合理的投資邏輯（曾如瑩，2015）。一個設計品要讓人印象深刻就必須費盡心思地加以營造，上面精品的例子是一個顯現產品力的例子。

製造的本質就是智慧地重組相關的材料，使之成為更有用的東西，由於物質的自然狀態大部分均無法滿足人類的需求，但是可以經由人類的嘗試，讓其重建它們的特質、相關性及秩序。而設計及製作過程就需一點一滴累積品質、創造價值的心，方能使成果得以為世人所重視。為了達成每個重建的目標，我們就得先知道這個新秩序的可能樣貌，而達成如何建立起設計品所需的技術之新秩序，以及確認新秩序到底所需的物質及能源為何。過去的技術革命從最早的如何產生能源，例如水力、蒸汽引擎、電動馬達與內燃機引擎等。然而目前驅動每一次技術革命的演進，卻不全是能源的提供為主而是資訊的提供為主。

波音 747 與 iPhone 的材料用的是常見的，每公斤不超過數美元的材料所製成，但是最後設計品的價格，卻是因為其達到的功能而高達數千美元或甚至更高，絕不能以傳統的重量計價方式，而是以達到的功能及顯現的價值來看待。可以看得出來，產品重要的價值在於因為其目的所加入的資訊，也是製造業賴以生存的基石，第三次工業革命，驅動這次革命的不是能源，而是資訊（Hausmann, 2013, 31）。

由於新需求導致產品的演進，3D(三次元)列印漸漸是 2013 年以後，因為它可以快速地從模擬的二次元所呈現的三次元圖形，快速地創造出一個真實的設計品，而且漸漸地能接近原始所設定的材料；塑膠或是金屬均可以，所以這樣的機器雖然發展已久，卻可能在近來大大地影響設計品的開發。這是一種快速成形的技術，是利用微積分來計算出精密的面積與體積，再通過多層列印的方式去構造出零元件。3D 印表機的原理與普通印表機相同，主要由控制元件、機械元件、打印頭、耗材和介質幾部分所組成，不同的地方主要在於耗材和介質的不同。普通印表機由傳統的墨水和紙張所組成，將內容輸出列印在紙張上。以前 3D 印表機的列印材料主要是液體或粉末等，依據利用軟體繪製的 3D 設計圖，經由分層列印慢慢堆疊起來而成立體，因其使用的耗材可以是塑膠粉、不銹鋼粉甚至鈦粉，故可堆疊出精細可使用的真實物體。以前的成品僅能做為在開模前的機構檢討，檢查是否部品是否有互相干涉的情形，如果有再加以修改，只要在於減少日後的模具修改，因為模具修改需要複雜的手續，而快速模型可以快速地完成，而且價格較低廉。

其特質有：（1）需有設計所需零件的電腦三維模型(數字模型、CAD 模型等)；（2）完成電腦 3D 建模操作後，將列印指令發送到 3D 印表機上，進行檔案轉換，再結合切層軟體，確定擺放方位和切層路徑，進行切層工作和相關支撐材料的建構；（3）透過噴頭將固態的線形成型材料進行加工，形成半熔融狀態後再擠出，並一層一層由下往上堆疊在支撐材料上，最後硬化烘乾處理（有些直接就是可用的）。它創造了一個新的產業革命，拉近了設計至生產間的距離，而代表了我們在設計時可更快速、更講究於各細節及討論更多的內涵。

為何提及這種技術，因為它與傳統的去除不用的材料之加工技術相比，除了前述具有速度快、生產成本降低外，還具有可應用範圍廣泛，甚至可以小量生產等優點。目前這類列印技術可應用於珠寶首飾、鞋類、工業設計、建築、汽車、航太、牙科及醫療方面(http://www.moneydj.com)，可說用途廣泛。在資本市場上甚至產生所謂「3D 列印」概念股的群集，可見前熱門程度之一斑。更被認為在未來 5 年是技術的關鍵發展時期，預估在十年內將成為製造業的主流技術之一。但是如果好的設計方向，徒有這樣的技術也難能產生新的設計品之演變出來。

從 2013 年起《經濟學人》雜誌與《華爾街日報》就相繼報導，指出全球正邁入第三次工業革命「數位化製造」，而列印技術的進步從各種塑膠、金屬、食物甚至器官，相關技術改變了列印所噴出的材質。將 3D 物件從取像、雷射融熔、視覺瑕疵檢查、精密融膠噴印、材料粉體技術到真空腔體技術，在各式各樣的 3D 列印製程中，可見到這些技術的各種組合（黃俊弘等，2013，44）。同時有些機型價格的降低代表著它的普及化，是近來技術平民化的典型跨領域之科技的擴展。

因為未來的設計品將可能這個技術，來快速呈現五感的設計，因為此技術具有創新設計品的低門檻標準，不需付出高額的模具費或 CNC 加工的高額模型費，即能看到成品，能減少開發過程失敗的風險。產品的複製不一定要用傳統的模具，可以少量講究各種不同的概念。來因應少量生產的技術需求，讓設計將更能隨著消費者的需求變動，改進設計品來符合消費者需求。這種可以迅速修改的產品設計，可以迅速實施少量多樣的生產概念，勢必可創造出新的設計革命。也就是以前被認為無法生產而符合視覺訴求的各類造形設計，可以任意地進一步拓展到自由成型（free forming），只要是加法製造便可在其技術範圍內實現出來。

相較於技術開始的原型製作，僅注重工件的形狀，產品製作必須兼顧「3F 原則」，也就是形狀（form）與設計一致、尺寸符合公差配合度（fit），成品可以滿足使用功能（function），這也是目前 3D 列印的技術挑戰（黃俊弘等，2013，45）。不只是改顏色而已的多樣，隨時的更動成了趨勢，研究開發更會是企業的生存及成長的關鍵。未來有了這樣的技術，產品設計便可深入研究來解決真正需求問題，點點滴滴的改變，可能均會源自于人的五感的需求，為了因感性議題而產生的設計方向將會層出不窮，將使產品更能符合消費者各方面的需求。

一、設計品的演進推動五感的發展

而設計品的演化就是因為技術在改變而發生，除了人類視覺可見的之外，也會往五感其他的各種感性方向去嘗試發展。想進行感性研究的議題，首先需瞭解感性及感性工學研究的意義。而與感性相關的議題其實已經開始環繞在我們的周遭，只要我們稍微細心體會及關心，這些待解決的問題其實比比皆是，也就是想找到議題是極其容易，而困難的是研究的議題要具有哪些價值？如何判斷研發議題是否具真正價值，這就得深刻地瞭解感性的意義、及環繞在議題周圍的一些曖昧點及微妙處。

也就是說需瞭解研究的目的，再從想研究的議題中切入主要議題，進而創新議題。雖然我們無法期待一時粗淺的理解、或僅進行一次的研究，就能獲得我們想瞭解的所有問題，所以適當地從我們的研究動機，對研究議題來再提問，進而確認研究的有意義目的。

（一）從起源出發

走進鳳梨酥品牌微熱山丘在台北民生社區門市，服務人員先遞上裝有鳳梨酥和茶水的圓盤，坐在滿是原木的空間及看著外面的小水池。給你五感的數種感受均同時被滿足，同時符合設計品的願景，顯現出微熱的意義。不管是精品或是一般的商品，有設計過的產品均因時代的變化，想要賦予它們不同的意義，而顯現出它們的生命來。近來更在日本設立據點，這些 3C 產業的工作者竟然可以感性的開展出這樣的事業來。

我們就得瞭解生命的「起源」為何？每人又因認知及信仰有別：有神論者認為是神創造了宇宙間的萬物，無神論者則相信達爾文（Darwin）在《物種起源 (Origin of Species)》書中闡述的由演化（evolution）而來。演化的說法卻一直無法解釋清楚生命的物種起源，更何況還有其他無生命的岩石、水、空氣等，它們也應有起源的問題，不可能從以前就存在於世上，也必須說出一個從從無至有的過程後才會存在於世上。設計者必須知道消費者對所有欲求的方向，再加以創意呈現出來。

而我們目前生活中所用的，可確定大部分是來自人從萬物得到靈感的創造、或改造已有的物品而來，這些為人所用的有生命、或無生命的物品，在創造之前是經過我們深思熟慮地揣摩，經由設計的過程來符合創造者的意思，試圖受使用者的青睞，而創造出了無數的「設計品」，直接或間接地表達出創造者所想傳達的設計意圖、及想要解決的問題。因此設計品可以創造的意義，其後的延伸商品就也可以用演化的概念來說明其發展，而五感就能說明出設計品所賦予給它的生命，讓設計品得以具有更輝煌的生命力，讓人可以快樂地、適當地去使用及應用它們了。

我想要敘述演化的概念是因為感性也是它的一環，人類研究感性工學，所希望形成的感性設計也是隨著時間在演化，也就是現在的人的視覺美感與以前的人是不一樣的，其他四感亦然。也就是為了要與環境互動，或因需適應環境所作調整而需進行改變。感性也是因此而在設計領域，因為時代變化及區域不同等因素而被重視。而演進就成為其中的一個概念及需追求的理論之一，也就是因為萬物需去調和與周遭環境的關係，因此有了改變及改善的機會，設計就在其中發揮了極大的作用。不然只是為了可用，那麼設計無法被改進，設計概念就無法被更新了。

Darwin（達爾文）為脈絡的演化理論發展至今也僅約 150 年，但是地球存在的證據卻已經數億年，如以觀察生物來闡述演化現象，在時間軸來看百萬年還算短促，更何況人類能掌握的生物資料還極其有限，是無法馬上來論斷演化的是或非。我們不是在否認演化論，而是想為演化論找到更多的應用，雖然它已經廣泛被試用於演化。我們研究史料就發現早在世紀前約 600 年，就有位希臘哲學創始者 Thales 的唯物論門徒 Anaximander 就開始教導人們，生命是來自水，人類是從海中的魚來陸地生活，是最早期的演化學家，所以就必須適應水的環境，那時只能說是從哲學的觀點來試圖說明人的起源。接著又有 Empedocles 認為所有事情均源自四元素：土、氣、火和水，和兩個強大力量：愛 (或吸引力) 和恨 (或反駁) 所組成（Minkoff, 1983, 44）。因此人類有了許多的情緒及感覺，觸動了我們的感性理念。

接著 Plato（柏拉圖）提出的形式理論，認為有生命及無生命的形狀縱使消失，還是能往未來一個未知且完美永恆的方向前進。他們的前進當然也是為了生存，甚至為了一個完美的方向，這樣的觀點影響了他的學生 Aristotle 提出了物種的概念。後來的 Lamarck（拉馬克）（1809, 559-560）

更提出生物因使用而能產生進步，不使用就會廢止無用的演化觀點，以一個「用進廢退」的概念道出了生物必須去改變自己，順應一些法則向前。另外有 Spencer（史賓塞）（1897, 317-338）認為「力量」促使「進步」，進步就是初步的演化概念，而且認為過程變得更複雜就是進步，然後再變成演化。但是，直到 Darwin 以自然選擇來解釋物種適應的起源，認為生物適應環境才能生存，研究不同環境下物種及族群間的變異，提出「天擇 (Natural Selection)」的演化機制（Panchen, 1992, 254-255）。所以這個天擇在以前是無所為的只能聽天而已，但是隨著時代的進步，這個天的道理就有了許多的方向，可以形成許多的理想。我們可以這樣的理論裡利用新的概念，找到自己的新價值及新方向，

Molles（2002, 205）也提出天擇是指環境決定著生物在解剖上、生理上、行為上的演化。演化論慢慢地才被認為是個可行的研究方向，而構成一個可探索的新領域（Darwin, 1876; Dawkins, 1976; Spencer, 1897）。也就是天擇告訴了我們演化的機制，才讓大家相信這個理論是有道理的，五感的演化也是其中的一環，只是其機制不可否認是人擇（human selection），人在其中扮演重要的角色。更進一步加入基因及突變的概念而發展成 Neo Darwinism (綜合理論)，開拓出 Darwinism（達爾文主義）更輝煌的未來，雖然不見得在主論上有突破，但是在旁論上卻開花結果出許多領域及知識。但是這些演進就是為了找到一個完美的理論，但是這麼一個有道理可觀察的想法，還是無法獲得所有科學領域的認同。

但是演化的概念卻在許多領域發光成新的方向，來討論產品的相關領域有如：產品競爭與生命週期的關連演化（Agarwal, 1998; Jovanovic & MacDonald, 1994）、國際產品策略的演化（Bruton, et al., 2004, 413-429）、產品競爭演化的形式（Christensen, 1997）、產品行銷的演化（Sheth & Parvatiyar, 1995; Moncrief & Marshall, 200）等，點點滴滴引用其知識的內涵，構築以演化概念來探討產品世界。同時五感也會在這個概念下發展出更多的應用，讓人類來加以探討，例如各個民族的美學、味覺等也在隨著環境的適應，而一直在改變著，我們使用的手機已經不習慣用按鍵式的，而成為面板式，這個過程也是因年紀而有異，這個不同就是環境使然。而且感性的發展也是需隨著時代及社會的需求，而改進向前行。

就像 Grant 與 Grant（1996）從 1973 年持續約 30 年在加拉巴哥群島（Galapagos Islands）所做的實地觀察，才確實證實了當初 Darwin 所說的達爾文芬雀（Darwin finches）的演化，受到自然環境的影響，而改變了它們的體軀及喙的大小。牠們的演化會呈向前或向後的方向改變，也就是進步或退步的發展，天擇的因素確實影響了牠們所進行的改變，而天擇到底如何實際運作的。

而感性相關的研究卻可以直接理解了人的想法，他們的改變是接受到環境刺激後，看到更好、更適合的可以隨著自己的心意改變，這是感性演化可以容易解釋及觀察得到的，而且我們也一直試圖去發現人類的演變，來找到更符合他們的五感需求，這促使了設計品的發展及進步，順著人心的需求、人性的歸因需要而向前演進的。

（二）演化可看到的一些契機

如果確實演化的論點可行，那麼我們會提出現在路上或是山上應該看得到一些能夠說話，卻說得不是很好的演化中之各種程度的半猿半人的動物才對。但是事實上，目前卻只被認同為最接近人類的倭黑猩猩（Bonobo）（圖 1-1），其學名為「Pan paniscus」。牠們的 DNA 雖然超過 98%和人類（Homo sapiens）相同（http://zh.wikipedia.org/wiki），比大猩猩的基因更接近人類。也有些有關 DNA 特定區域之相似性研究，指出人類和倭黑猩猩有 99.4%的基因是一模一樣。牠們也能互相溝通，但是與人的溝通之表達也只能是一些似是而非，需要猜測大部分的內容，無法達到有效溝通的目的。但是設計品的演化是歷歷在目的，我們一直看著許多的設計品在改變，我們五感也隨著設計品的演進在改變。

我們的五感也在演進著，以前不常用的立體視覺因為一直被開發著，我們的視覺也因為 3D 立體閱讀器的進步改變，近來的 VR 亦可被大部分接受，大家不會向一起覺得會感到昏眩。大家隨時隨地地低頭看著即時信息，除了產生可能的疾病外，也產生了新的契機，但伴隨著可能的危機。視力會越來越退步還是會漸漸演化成更好、更能適應，頸部會漸漸變成彎曲還是成了嚴重的疾病，或許不能在短期可見到，但是已經看到了設計品影響了人的行為及需求，也可能造成人類新的衝擊。

圖 1-1. 目前被認為最接近人類的是倭黑猩猩（**http://zh.wikipedia.org/wiki**）

就因為人類具有創造的能力，在其他的事物上或可獲得證實，但是在設計品的發展中，似乎可獲得證實。理解了設計品的發展從多數感性相關的研究，更可談論出設計品與人之間的許多微妙關係。當然需先觀察及證實設計品的發展，而且這些設計品不需很多時間即可發現其演化過程為真，通常多則數百年、少則僅需數十年，甚至數年（例如：手機或平板電腦等，iPhone 及 iPad 才幾年即有數代的產品出現）即可在同一年代的產品生命周期中，觀察到產品所產生的變異、競爭、突變等現象，它們的之前電腦是巨大的機器，現在是你兒童均可隨意使用，構成的產品發展史即可追溯及敘述出設計品的起源，這些相關的探討是作為研究的必須背景資料。而且設計品不像生物世界的演化觀察，常需數百萬年、甚至幾千萬年，且常發生科學證據上的「缺環」現象，也就是少了某個重要或次要的環節，從設計品的世界能具體地觀察到它們的演化現象（王明堂，游萬來，2006）。

所以認識到了設計品的演化現象意義：「就是設計品的功能、或造形因受到環境的影響，及與其環境互動，所產生的可連續觀察的現象」。Züst 與 Schregenberger（2003）也依據系統思考，提出設計品的內外在因素；內在為：個人的金融資源、生產技術訣竅、合作策略、員工；外在因素：法律、標準、客戶、供應者、競爭者、社會。

在時間軸上可以分出不同的發展階段，每個階段均有重要的演化因素及方向，而這些環境因素以設計品銷售前後為分水嶺，之前在廠內有；產品設計能力、科技技術、生產能力稱為「內在因素」，之後在市場上受；立法與安規、文化與審美觀、流行與趨勢、生活型態、消費者行為、市場機制等影響稱為「外在因素」（Wang & You , 2004；王明堂，游萬來，2006；王明堂，游萬來，謝莉莉，2008；王明堂，游萬來，2009）。有了這樣機制、及環境因素的解釋，讓我們在解釋設計品的發展是可以有了些根據及可闡述的道理。

所有設計品的發展必定是受各種內外在環境因素的影響，而會產生改變。這些因素看似複雜，受內外在環境的複雜因素所影響。這些因素均是以人為主要的互動對象，這些因素就是人的五感對事物看法的改變，而造就了五感的需求演進。因為設計主要是要符合及銷售給人，所以需在乎人的反應，也就是受「以人為本」的市場機制所主導，這個人本就是人的五感對設計品有了新的領會，有些是喜新厭舊，有些是找到更適合人的答案。所以設計品從被創造，其被創造的原因也是因人的需求而生、而變，因此消費的行為便漸漸成為了主要的影響因素，而漸漸擴大至研究人消費行為的心理因素。其實這些心理因素可具體的發現，便是以人的視覺、聽覺、觸覺、味覺、嗅覺的五感，為符合消費者的主要行為及方向，其實就是看到了五感因為外在環境的改變，而進行的五感演化，而且它的演進不見得一直向前，有時會轉回到過去，但是還會在其中加入一點新元素的，造形從複雜到簡約，簡約有分歧成不同的看法，功能從簡單到複雜、又回到簡單、再回到複雜。

這個被設計而出現的設計品，就是我們一般泛稱為製品、用品、商品等名詞。區別這些名詞建立清楚的認知，不是一件容易的事，所以藉助及時辭典及一般字典，同時查詢英文及日文相關單字的個別意義，加以區別。（1）製品 (product, goods)：製造成的物品，（2）用品 (articles, thing)：可應用的物品，（3）商品 (commodities, goods, merchandise)：市場上販售物品之總稱，（4）產品 (product, merchandise)：英文的 product 為「anythingproduced」。日文的「產品」則為「產出之物」，泛指人類製造出來的物品，且能對人類生活產生改善作用者。將上述的幾個名詞加以整合（圖 1-2），我們可以瞭解「產品」的意義，就是滿足人類的需求也經由需求帶動發展。它包含了許多領域及向度，能對我們的生活做出改善作用的東西。這些稱呼也同時連接起在其間的商業行為，但是由於前述的一些稱呼已經被廣泛地用到各種的領域，例如產品設計已經被用到零件的設計、連保險保單的內容也是保險公司的產品，他們可以設計他們的產品，總之很難區別。

所以在本文才以設計品來區別，告訴人們有了一直被改變的設計動力而形成的可視之設計品，是一些工業設計師研究人的五感所得到的結果。而設計品實在可被分成「有生命的」及「無生命的」兩大類別。被人設計出來的東西，其被創造的起源，通常均從我們生存的大自然中，所獲得的靈感，而啟發轉換成為人所用的東西。這些設計品如少了與大自然的關係，就會覺得「不自然」、「怪」，如果這樣就說是所謂的「突變」，就因為以前是沒有的、也與以前無關，這樣的過程與動物的發展一樣，通常就容易讓設計品獲得到新的方向。

但是如果與人類的五感經驗沒有產生關連，就會失去被認同的感覺，而不受人的青睞，而導致「滅絕」。從消費的角度來看，所看得到被設計出來的設計品，不只是我們生活周邊無生命的生活用品及其間的任何事物；有些也是具有生命的東西，例如：農、漁、牧業等的產品，需符合人類的生產及攝取的需求，必須從原始條件中便被設計出人所期望的商品；例如：想要夜裡會能發光的魚，便得從其他的物種及擁有該特點好處的靈感，來對應其獲得該特點的機制，才得以改變基因的方式，來加以設計而創造出會發光的魚。

這是 1990 年以來，人類進行基因改良作物栽培史上的一場空前革命。透過這些基因上的改良，生產者可獲得更高的產量，或者減少農藥或肥料的施用，間接的減低了農業生產對環境的污染（彭瑞菊等，2004）。發現農作物的病蟲害影響產量，便也以基因便因為消費需求比比皆是經由人類的智慧所加以設計的改良，特別是人類發現基因的影響因素後。接著一定是更窮其所極以任何可能的方法，來符合人類對其味、嗅覺的需求，對基因或任何形式的改造，來重新獲得更高或更大的利用價值，成為更適當的設計品。期待除了工業製品外，其他的設計品也可經由工業設計師的探討而得到新需求，或經由五感的研究來得到新的需求，不管是用的、吃的，人生的食、衣、住、行、育、樂等，均可經由五感的研究而得到更符合我們需求的創意，來活得能更快樂舒適，這是一個我們終極想要的目的，也會是一個可行的理想。

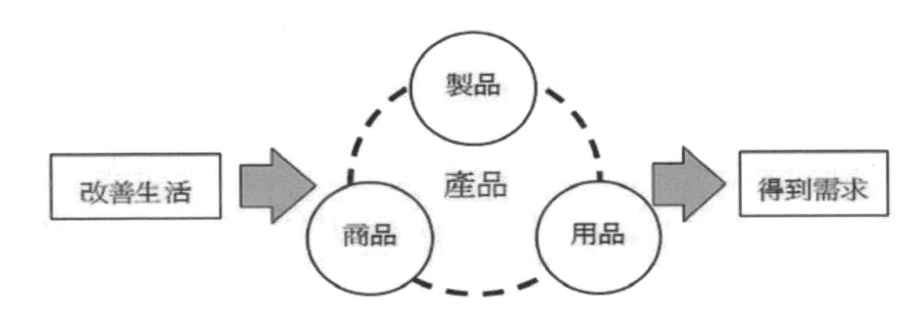

圖 1-2.設計品與生活的關聯

心理學家相信人類的行為都隱藏著某種目的，消費行為自然更是也不例外。所以衍生出來的大部分設計行動，是因某種動機、或達成隱藏著的某種目的，或為滿足消費者的需求。因此，如果想瞭解一位消費者為何購買某項產品，就等於是要瞭解他想從購買這項產品中獲得什麼、或是這種產品能夠提供什麼。

（三）設計者需要更大的視野

因此，這個時代中的如何設計出滿足人類需求的東西，設計師或工程師就扮演著等同於創造者的角色，因為他們能從無中生有、或在有中生變，扮演著這類重要的角色。雖然人不一定能勝天，但是人定就有機會可能勝天。從科學來看，因為有過程的記錄資料及證據，我們也能經由原理及經驗的複製，漸漸體會出其中的道理。工業革命之後的後工業時代的重要使命，便是為了創造出更成熟的消費社會，為了滿足人類所需求的消費性設計品，人的需求與設計品的創造產生了密切的關係。

社會學家 Bell（1976）論述到 1970 年代以後，西方先進發展社會的結構性變革，它衝擊了傳統的工業社會型態。而為了瞭解後工業社會是現在的設計必需要了解的課程，簡單來說，工業社會與後工業社會的差異可以分成下列四個面向：

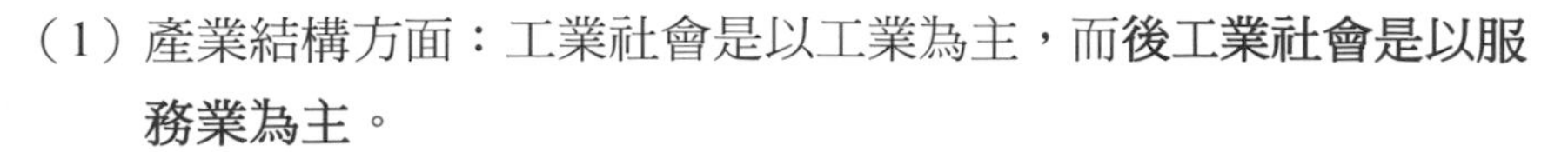

（1）產業結構方面：工業社會是以工業為主，而**後工業社會是以服務業為主**。

（2）生產工具方面：工業社會是以機械使用為主，而**後工業社會是以電腦使用為主**。

（3）生產者方面：工業社會是以藍領階級為主，而**後工業社會是以白領階級為主**。

（4）生產力方面；工業社會是以自然資源為主，而**後工業社會是以知識為主**。

這些面向的改變，讓我們可以分別思考如何去面對我們的未來，不管是產業結構方面或生產力方面，均往滿足人類更深層的需求去發展，也就是只「有」已經無法滿足消費者，而需更深入的瞭解消費者「自己不知道，卻一定要」的需求。這些消費者也在應用知識能力漸漸增強，及目前網路快速搜尋比較的能力下，確切符合消費者的需求且不可馬虎，成為得到消費者基本認同的先決條件。

進入數位控制時代後，所有的設計品常需大筆的研究及開發的經費，加上設備成本，需要足夠多的生產產品的數量，方能攤提成本，否則無法訂出吸引人購買的適當定價。否則所產生的因果關係，就是無法取得大量的訂單。反過來說：需有大量的訂單方來降低成本，獲得更大的競爭力，這是在消費時代需要競爭的基本法則。唯有更深入瞭解消費者的需求，對人進行更高層次的需求研究，才能獲得更精確的購買動機論點，才能獲得產業被永續經營的基本力量及思維。

二、感性似乎觸及的領域

現代教師中心教學不再只是舊瓶裝新酒，大家對傳統教師中心教學的印象是只重視教師的教，而不重視學生的學。因此在教學過程中都由教師來主控教學，學生只能被動地依據教師的所傳授的知識，加以學習；也就是教師教什麼，學生也就學什麼，而教師怎樣教，學生就怎樣學罷了！其實現代的教師中心的教學，雖在名稱上未變，但內涵已經改變了。教育心理學家們從認知學習理論的研究結果，提出了教師中心的教學新構想，也就是教師要傳授給學生的學習知識，必須要先行了解學生是如何地學習知識。教師怎樣教，必須要考慮配合學生是怎樣學。教師中心的教學（eacher-centered instruction）已不再是全由教師主宰一切那樣的教師中心，必須要配合學生的能力及需要，再由教師來詳細地設計該如何教學，才能達成教學目標的教學活動。

比較一下現代教師中心與傳統教師中心的教學，最大的差異是教師角色已經需要有所改變；改變以往主宰型的教師，成為配合型的教師。而所謂的配合是指教學實踐時，需配合學生的能力、興趣、動機、經驗、情緒等個別差異而施教。

為了要達成這個任務，教學的教師必須在教學之前進行週密的計畫，教學時必須逐步依據規劃進行，並隨時觀察學生的學習反應加以修正，教學後必須舉行評量藉以了解教學的效果，所以教師的心態必須調整。也就是在教導及學習感性工學時，必須更細心地掌握雙方的互動，方能達到最大的學習成果，讓這個領域的知識可以應用及發揮到最大範圍。讓同學及研究者可以再一次看看、查查我們的所擁有的五種特別的器官所給的可超出想像的其他發展。

（一）乍看一下五感

如果你不知道感性為何？**那就是人的五官構成的對外感覺：有視覺、聽覺、味覺、嗅覺、觸覺**。消費性設計品中來面對這些議題的設計領域，包含有：工業設計、視覺設計、環境設計等，均會利用自己的專長來觸及這些議題。而本書主要先以工業設計的範圍為例加以探討，早期從人因工程解決使用不便開始，強調人與機器的調和。1945 年的前導期之前，人因工程的發展與人類的技術發展息息相關，由考古學的研究瞭解在石器時代，原始人開始發展出簡單的手工具、器皿，來改善人的不足之處，藉以擴展人的能力及更多的感觸。

為了能增加效率或改善不便，當時僅能經由試誤方式（trial and error），不斷地對器皿進行改進，如果無法有嚴謹的設計規劃及步驟，雖然也可達到部分目的，卻需較長的時間及心力。因此，本書就是要告訴大家它的重要性及介紹大家一些知識及方法，讓大家可以快速進入這個領域。

而人類早就已在埃及、印度、中國等古文明中，發現某些具有非凡成就的創意，當人開始有製造簡單工具的企圖時，人因工程的概念就馬上在其中發揮作用。例如：由於我們的祖先生活在原始森林，利用陶鍋煮熟食物後，無法直接用手撈起很燙的食物，為了享用美食聞得到、、看得到的美食，便需找到取食的方法。燒烤食物後，也因很燙，無法隨手抓取，所以會隨意地撇下樹枝，來延伸手指藉以叉起、挑起、或夾起很燙的食物，進而又發現金屬可塑、可被敲擊成適當形狀，經由研磨成銳利、尖銳的好處，使用金屬材質成為稀有的價值。

這些差異也影響了我們的味覺及嗅覺的不同，以前叫我們吃麵包或馬鈴薯，一定覺得奇怪不能適應，但是因為國際化，跨國企業為了推銷產品，便想辦法去教育不同區域的人們，因為大眾媒體的演進，廣告成了塑造外來事物當地化的工具，因為視覺影響力味覺、嗅覺等，MacDonald（麥當勞）的例子所創造的歡樂氣氛，讓家長願意當小孩去吃漢堡，因為這種快樂的氣氛讓它在世界各地得以發展成為一個新的生活形態，其中的各世代小孩長大了，便自然而然地融入了西方社會的飲食習慣。這些例子一直在發生，他們為了日常取食而有不同的取食工具（食具），而且主要文化的食具也因而發展，各形成不同的特色。已看到不同地區、時代對於食具在視覺、觸覺等的改變，設計扮演了極大的角色。

（二）在工業社會中的角色

由於人因工程的發展、與科技發展具有密不可分的關係。1800 年代末期和 1900 年代初期的工業革命時期，才開始有人關注此內容。1900 年代初，Gilbreth 夫婦開始致力於動作研究（motion study）和工廠管理（shop management）方面的研究，可視為人因工程的先驅。他們研究的內容包括技術性工作的績效、疲勞、殘障者的工作站和裝備等。例如：分析醫院外科手術流程所獲得的程序改進，至今日還在使用。原先的方法是外科醫生伸手到器械盤中自己去找適當的工具，發現外科醫生耗費在尋找器械的時間與專注於病人手術的時間一樣多。Gilbreths 發現這樣子很浪費時間，研究出外科醫生說出所需要的工具，並將手伸向護士，護士便將該工具傳遞以適當的部位，並放在醫生手中。

對於從問題出發的設計，就是解決問題。而人因研究至近來可說已然成熟，從原先的生理條件方面，發展至心理方面的研究，甚至要去瞭解和環境的相互關係，以及三者之間的合理結合。希望讓設計品和環境系統能適合人的生理、心理等需求特點，以達到使用時能提高效率、安全、健康和舒適的目的。

然而現今的科技發展與產品設計的觀念及趨勢一直轉變著，也一直發展出各式各樣的設計理論，而感性工學（kansei engineering）影響的程度越來越深遠，而研究消費者對於一個產品所產生的心理意象；從內到外，另外還有使用者體驗設計（user experience design）及以人為中心設計（human-centered design）等設計理論。Norman（2005）提出的情感設計（emotional design），意在關注人類的情感與情緒不只會影響對產品喜好的程度，更影響著我們的決策或是學習思考狀態。雖然這些方向不是本書主要關切的內容，但也值得有心讀者旁徵博引之。感性工學似乎也與人因工程、工業設計、視覺設計等在工業社會中，一直運轉著該如何發展出新的方向，來協助設計有新思維。

（三）發展出工業設計與感性的關係

我們再回來談工業設計，它可說是台灣最早發展的設計領域之一，從 1950 年代被創設後名稱一直長期不被瞭解，因為工業兩個字無法直接理解到該領域的工作內容。從被認為是蓋工業廠房、設計工業機器。讓推廣這個產業一直陷入困境，領域內的人也費盡心思，努力地一直去解釋它的內涵。因此漸漸地讓人可以直接理解領域的專業內容，及其名稱的由來。名稱也被廣泛地從商品設計系、應用設計系、加入流行的創新之創新產品設計系等。在不知不覺中，工業設計已經因應產業需求、及被國際工業設計組織推廣成熱門的領域，大家都懂了這個專有名詞的意思，更漸漸被發展出新的知識及領域。

1.認為不錯的過去

而領域中創造設計品的產品設計，被認為只是為產品而設計了一個造形外殼而已，就是為產品內部的功能元件穿上一件衣服。雖然工業設計為因應時代的變遷，國際工業設計協會已經修正了幾次定義，我總覺得工業設計還是以包浩斯時代；「工學」、「美學」、「經濟」所構成的三要項領域為元素。但是曾幾何時變成了只重視美學而已，三支柱子剩下一支了。是其他方向不重要還是自己的專業無法做到，而在學術更是多樣的發展著。其實只要能協助產業發展就是重要的，而且如何去協助會是更重要，也是寫此書的動機。

我們無可否認自己的生活中之一切總是充滿變數，而很多變化會受自己心裡或是外在環境的影響。也就是我們在產品的機能滿足基本需求後，總試想從生活中的各種元素、觀點甚至問題，來改進及發展設計品的未來。因此，去理解五感的基本知識或更深入地探討它們，或許覺得這是細微末節，但對消費者而言已變得很重要，需要知道方法及技能去發現及判定。撇開設計如果只是用感覺，而能思考以工學更理性的方法，來研究未被清楚運作的五感及相關知識，研究感性工學的重要目的就成為設計的後盾，也是成為想進入此領域的理性基礎知識的重要動機了。

前述關於新設計品的開發，很重要的是瞭解消費者對設計品的印象。通常詢問消費者們所想要的東西，到底是什麼？除了規格外，幾乎難從他們口中，聽到直接且正確的回答。

2.日本的發展過程

日本的技術發展從明治維新後，可說是均以西洋的科學技術為標桿，台灣技術發展的初期則從日治時期所發展出來的關係，再以日本為榜樣向前學習。但是因為後來留學歐美的人增多，受到西方科學文明的吸引，慢慢地轉向學習更前瞻的科技大熔爐之美國，這些發展可表達出科技技術及文化藝術的分裂，然後再融合起來的關係，日本則是經歷了元祿文化、化政文化、明治維新到泡沫經濟及恢復（圖 1-3），其間經由分裂再統合。日本的文化變遷及包容度，科技及文化造就了他們的發展的形式及蘊含了許多的潛力。

台灣也在這樣的情形下，從科技產業的製造得可以獲得更多的養分，才能台灣產業在世界上獲得了自己的地位。台灣、日本及西洋諸國均從科學技術及文化藝術，試圖到設計等各個領域有進一步發展，努力發展出感性工學來探索許多未知的五感議題，尋找在各類設計領域的應用。

而技術的發展通常淵源於科技的進步，這些進步則大部份啓發至對哲學深層的理解。17 世紀前半的哲學家、數學家，甚至 Descartes（笛卡爾）的二元論，雖不全然地是由他們觸發了歐美科學技術的發展，但是這些基礎確定是奠定了走向這些方向的腳步。在西方世界中的進步會是觸發自物質世界和精神世界的需求，由於物質世界不管是在客觀的、具體的科學技術，他們的起源均來自對自然的觀察，然後來揣摩體而體會出的方法、及認識更多的知識。

而精神世界主觀的、抽象的文化藝術，大部分是來自對各種事情的綜合現象。因此，社會就被分成了物質及精神兩大部份，這兩部份雖然構成了社會，但還有一些看不到、察覺不到的東西，困擾著大家的生活。例如：技術和藝術其實均可以美的方式來表現，而以前的工匠則具備有兩者的能力，也就是藝術家也會是工匠、工匠也會是藝術家。但是，到了 17 世紀的工業革命後，兩者被分隔開了，大部份的技術都是爲了大量生產物品，來降低物品的價格。原有的藝術則為了具保存價值目而成了少量製造，藉以創造物以稀為貴的概念，漸漸脫離我們的生活需求。

因此才由建築分出了現代的工業設計，視覺傳達設計、室內設計、環境設計，盡量地希望使設計的結果能更接近使用者。試圖將生產與藝術相結合，再經由設計來加以轉化及權衡兩者的得失，找到解決衝突的部分，再進一步發展成各種領域。

一開始有包浩斯將機能和美學的結合，這是一個設計演進的起點。而感性概念的就在要求精細的日本，因其民族性而發現必須面對的議題，而且快速地有各種領域加入這個新興議題，在第十六章的日本感性工學會的組織介紹可以理解一下。在 20 世紀後發展以來，將科學技術與文化藝術結合，尋求如何互相補足對方的不足，來產生互補的作用。因此，長期對於科學與美學、美學與工學間的關係，甚至設計與心理學一直無法以科學的方式來加以探索，就這樣子依靠著自己的想像，而存在著許多疑惑與缺乏信心的，設計者還是可以進行及從事著美學有關的設計工作，但確實有時甚至不知所做何為，現在雖然有這個領域需要各種領域的人能夠互相協助、互相信賴，才能使這個看似困難的領域，將研究結果互相分享，使科學與設計能夠相輔相成的發展下去，才是領域之幸。

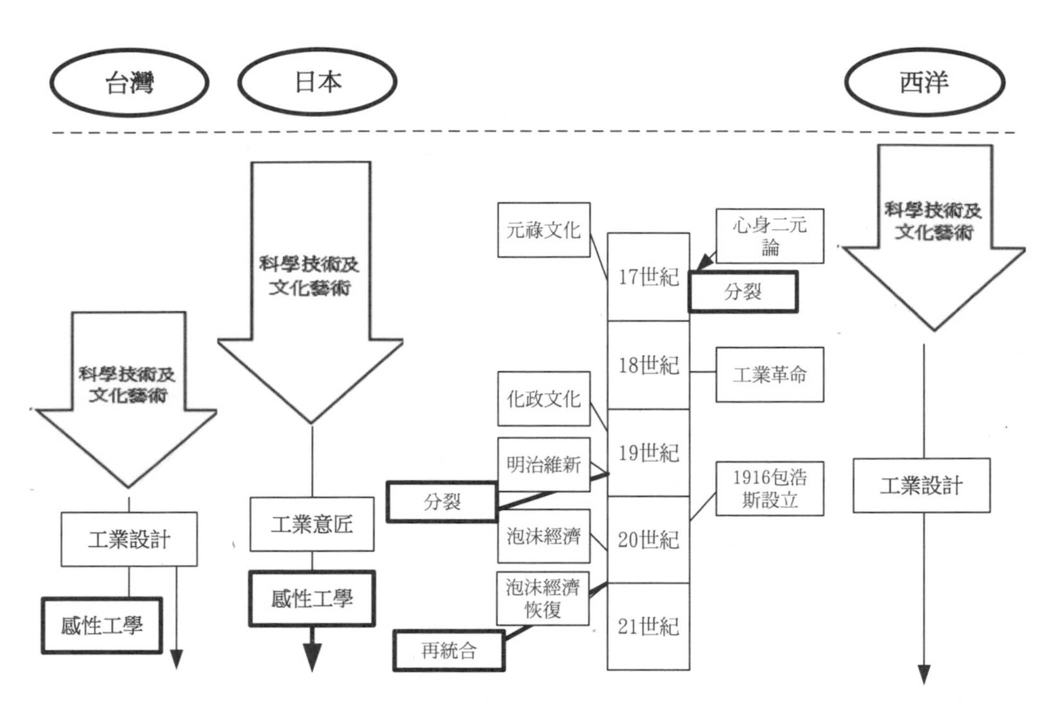

圖 1-3.科學技術和文化藝術的分裂及再整合

3.再看清楚些未來

Zhao 與 Grosky（2002）認為客戶的想法總充滿彈性，直到看到產品前，他們都不知道想要的產品究竟是什麼？只有讓他們看看、摸摸、捏捏、聞聞後，他們才能找到自己以規格或價格為基礎的標準，轉換成為心裡可以滿意的產品。這個過程是一個難於只用口語就可清楚地傳達、或有效溝通的事情，也常是消費者購物會陷入的困擾。而且是不自覺地難以理解自己，到底是該如何去進行。

目前新設計品的開發流程，均會以重新挖掘消費者的需求為目標，來擴大自己原本的市場佔有率、或創造出新的方向來引領、並且試圖佔據新市場。而消費者到底在想些什麼、或要什麼？基本上我們是無法從簡單的一些個人的反應，就可藉以推論而完全瞭解其需求嗎？以前或許可以，但是現在就變難了，因為現象的觀察偶爾會成功，但是機率越來越少。無法輕易地從簡單的溝通中，獲得真正且新的消費需求。所以如何以各科學的方式，探討多數消費者們對設計的各種需求及反應，成為開發產品初期必須面對的重要研究課題。

在設計領域通常有幾個因素，讓設計無法解決更大的問題：（1）沒有充分的合作概念；（2）總是以為自己的研究需要保護；（3）沒有適當的合作平台；（4）總覺得自己的方向特殊無法與他人融合。因此需要一個更寬大的胸懷去包容別人或別的領域，可以看到許多領域的合作是深且牢的如工學及醫學領域的合作，如果再加上設計的各領域，一定可以使成果更卓著。如何與別的領域合作，來進行跨領域的研究或是開發，才是未來更行業發展的新契機，因此設計領域必須懂得與他們溝通的專業與言語，否則不跨出去，永遠都是在兩個不同的世界，互相抱怨而已。

三、感性工學的起源

對於任何研究起源一定要去了解，藉此不至於迷失方向。就如 Lévy（2013）所說的：「**初看一定被認為是希望來取代設計師的思維過程，但是實際情形則是需依據不同技術的程度。**」就像我們希望電腦能夠取代人腦，而最重要的是應該取代人腦所無法或不願意進行的複雜推理手續、及統計技術部分。如果經由一定步驟，應能得到數個解決方案的建議，絕無法跑出單一且肯定的答案，最後還是需要靠人去做決策及執行，其實有些參考意見就應滿足了。

不同領域有不同的期待，更希望藉此能克服自己專業所無法達成的部分，有時工程師期待也能完成設計師的工作，而設計師當然希望能讓此取代工程師的技術。但是**合作是最主要的精神，才能達到最好、最適當的成果**，尤其在資訊豐富的時代，人類的期待及思維是瞬息萬變的，不同區域、不同性別、不同年齡等基本資料者，所衍生的差異更是需要藉助適當的技術及合作，才能真正的獲得效率及效果。

懂得感性的研究過程，才可能有機會瞭解及掌握住影響許多心理狀態的條件。在考慮感性時，情感雖然佔據著相當重要的角色，但不應是心情好時才有這樣的規則；甚至面對心情不好，也需有方法解決來規劃產品創造出新的設計品出來。人與產品間的關係勢必也需要存在著感情、一定要擁有那樣的關係，才能讓它對人產生變化的力量，成為魅力或是特點。根據那種關係的變化，**人的行動也要接著、跟著去變，擁有這樣改變力量的感情是重要的，需要工程及設計領域的覺醒**。

在這種意思下感性和有些名詞有關，而比「感覺（feeling）」還更貼切的應是「感情（affection）、（emotion）」還較接近些。要談感性工學必須先從感性的內涵開始，才能理解所要應用的這個方法，到底該如何去採用及如何去納入成為自己研究體系內的一部分。它的變遷，大致可分成幾個階段簡述如下：

（一）早期提及的感性

感性工學在國際上被稱為 Kansei Engineering（KS）是在 1980 年代後期，在當時成為歷史性的一個學術領域。如果要再進一步探討感性工學的起源，可以說是希臘的哲學家 Aristotle（384~ 322 BC），約在西元前 350 年左右對於視覺、聽覺、嗅覺、味覺、觸覺加以區別，使得傳統的五感被定下來。而人類對感性工學利用不是只有五感的探討而已，除了五感還有平衡、內臟、深度感覺，對於人體感包含各種感覺的總體感覺，也就是必須以各類的感知為前提進行感性分析、評價。也就是如果以 Aristotle 那個時代所區別的感性工學的標準來看是不夠的，在那個時代裡有這種感官方式（sensory modality）的定義，可說是一個突破（長沢伸也、神田太樹，2010）。

在日本文學術語感性的外觀至少可以追溯到 17 世紀，經過一段時間的日本文學大發展，特別是對詩意的風格（Shirane, 2008），**大概在 1687 年由吉田所寫的《男色十寸鏡》中寫到「感性」兩字**（圖 1-4）。

另外，感性的描述能成為一個學術名詞，是發生在 1878 年的明治時代（1868-1912），日本打開鎖國政策重新向世界開放，特別是對歐洲文化，無論是在經營模式及學術界。1862 年彌西氏被送往在荷蘭的萊頓大學（Leiden University）留學（Piovesana & Yamawaki, 1997）。那時的蘭學（荷蘭的知識學問）對日本是重要且被嚮往的，彌西在讀了德國哲學家 Gottlieb Baumgarten 關於美學的作品，在他的筆記裡形容了知道（know）、行為（act），感覺（feel）、智力（intellect）、意志（will）、情感（sensibility）、真（true）、善（true）、與美（beauty），而寫下一些與之相似的日文漢字：感、智、意、思、真、善、美（Nishi, n.d./1981）。**1878 年他在翻譯 Joseph Haven 的作品時，更探討到「感覺」和「感」之間的關係，這個**

時間提出了感性一詞來翻譯「敏感性（sensitivity）」（Haven, 1857; Nishikawa, 1995）。

1930 年天野氏也翻譯了 Kant(康德)的哲學著作《純粹的理性批判》，感性術語再次出現在其日語翻譯中（康德，1979 年）。二十世紀的初期，雖然感性一詞一直出現，比如龜井秀雄的日本文學批評的《感性的變革（感性の変革）》（Kamei & Bourdaghs, 2001）。

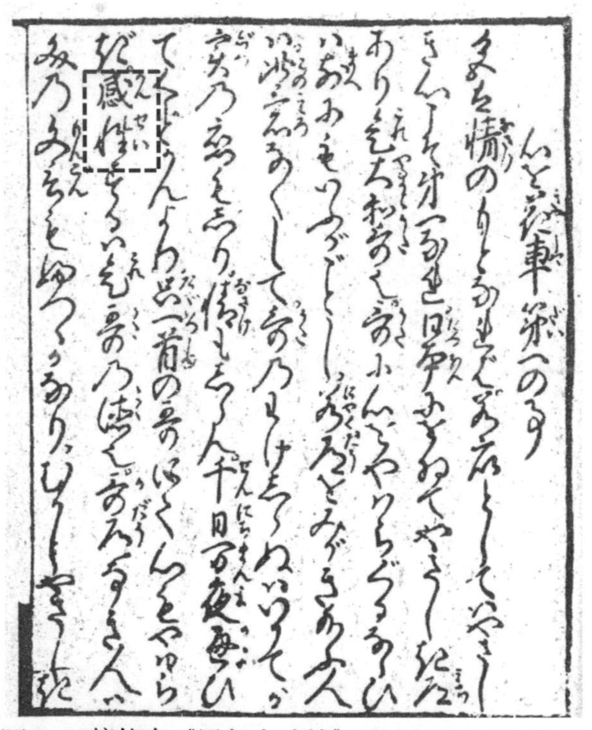

圖 1-4. 摘錄自《男色十寸鏡》(Yoshida,1687/1950)

（一）感性的意義

感性是個被泛用的名詞，大家均能在未閱讀相關資料前，可聽或望文而生義。例如以為自己懂了對方的傳達，就開始對內容加以詮釋及說明。看似不科學但卻很感性，人似乎能感性地說出感性的意義。從教育部國語字典查「感性」；（1）心理學上指一種個人風格類型。此種類型的特質為以同情的態度、和善的心腸來觀察事情。易表露情感，重視人際關係的和諧。相對於理性而言；（2）充滿感情，具感動力的。

從唯物主義的認識論看；認為人的全部感性、理性認識過程都是客觀事物在人腦中的反映。對於感性，因為看似容易且很早就被使用，而有不同的定義方式。**（1）如果以「豐富的感性」來說，刺激會產生感覺及知覺，最重要的是利用感覺器官的感受性。（2）一般最常用的方法是，例如：「年輕人的感性」和其他世代的感覺不同，因為個人理性及悟性的關係，理性是認識的能力，悟性是思考的能力，感性就可以感覺成等同於思考的素材一樣。（3）如果只是考慮到感覺器官靈敏度的感性，就與傳統心理學感覺的知覺的研究沒有差別。**

因此，它與靈敏度的內容有關，也就是要我們專注於喚起心的體驗內容，與外觀所伴隨產生的感情、表情與衝動，包含著慾望的感性。這樣所稱呼的「印象」，感性就變成能接受印象的能力。

所以感性就有了更多的定義，在各種不同定義中；長沢伸也（2002, p.26）**提出「感性的滿足」是經由刺激產生感覺及知覺，而以各種不同的感覺器官，來感受這些感性的刺激。感性會因不同的人、年紀、性別，因為人生不同的經驗、及受不同教育程度等的影響，而或多或少會讓同樣的感性，產生不同的反應、不同的感覺，而且會隨著時代及環境的變化而改變，所以感性的議題會被大力的加以研究。**例如：「年輕人的感性」和「年長者的感覺」，對相同議題就有所不同、或完全不同的感覺，而到底多少年紀的差異、或是怎樣的區域差異，才會產生明顯、或微小且有價值的差異。或可能是因為個人的理性、及對事情的悟性關係，才產生差異。而理性就是人認識事情的判斷能力，悟性是思考事情時領悟力的高低能力。這些內容的綜合結果，所形成的感性就可以被當作思考事情、或研究議題的素材。

如果想研究感性的相關議題，只是考慮去研究人類的感覺器官對事物的「靈敏度」，就會與傳統的心理學對感覺、與知覺的研究議題沒有太大的差異。因此，所謂的感性靈敏度就是要大家在想事情時，需專注地喚起自己內心的體驗，及在受產品外觀刺激「時」或是「之後」所發生的感動，所產生的情感上之微妙表現、與可能的衝動。也可進而理解慾望產生時，感性所形成的內容到底為何，以這樣的概念所喚起的「印象」就能更接近感性一些了。

含著情感的印象所喚起的印象，是一種全體印象，而非局部的印象，所萃練出的自感覺及知覺而形成的結果，這種刺激的變換過程可稱為「印象化的作用」。有些是可以被探討出來的，有些則會穩含在產品的深層裡，而無法被提煉出來。而能被意識到的，只是一些表現出來的反應、或行動。如果無法從設計品中反應出來，就失去了加強或刺激消費者的目的。而到底怎樣才能表現出來? 就是依據已產生的結果，而轉換出來的過程，稱為「反應化的作用」。資料如何輸入而再以某種的方式表現出來，而形成可意識到的一個整體印象。**就是從刺激開始、進而判別屬性及進入感覺，在有了全體印象後，所塑成的感性就是有「印象化」和「反應化」兩種作用**（長沢伸也，1999）（圖 1-5）。

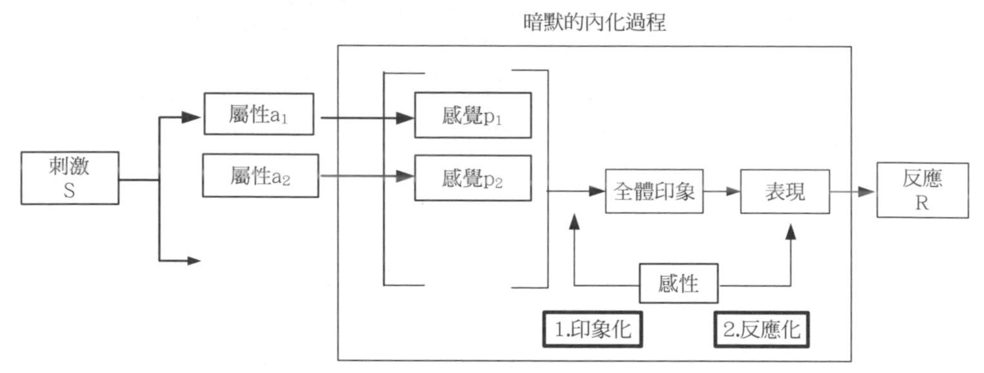

圖 1-5. 感性的兩種作用（長沢伸也，2002，27）

所謂的整體印象，就是這個印象中的情感、感覺所整合成的印象，是一種從感官輸入轉換過程中的「行為印象」，所形成的結果。這是什麼意義呢?也就是在想感知的結果到底是通過什麼樣的工程，如何形成、如何意識，無法做出太多的一般印象。因為這個過程的結果，是一種正在進行的內部隱含結果。所以如果思考感性的可能內涵時，感情就會起重要的作用，會對消費行為產生極大的影響，也是我們研究它的目的。然而，什麼是具體且重要的，感覺好也不會就只對產品顏色加以評斷而已，例如說藍色或是紅色是重要的。其實這樣無法觸動真正心裡的感受。

在人與產品之間的關係，例如「感情」等關係是如何地在變化，才是我們要討論的話題。也就是根據那些關係的變化，人的行動也會跟著變化，產品也不得不隨著這些變化加以調整或改變。

擁有使人的行動變化的力量之感情是很重要的，這個意思是與感性有相關的感情，這時的感情用英文的「perceptual」、「affection」，比「feeling」更適切。而包含感情等印象的全體印象看，從感覺、知覺的結果形成的全體印象，也就是前面所說的「印象的作用」。感知的結果又根據什麼作用發出效果的，我們幾乎是無法意識到形成這樣全體印象之過程及結果，只能默默地研究其內在的過程，才能得到結果，有時會有偏差而不知。也就是從刺激的獲得，經由分類，再進入暗默的內化過程：感覺歸類、產生全體的印象，有了表現後才產生反應。在產生全體印象的表現過程，其間就會有感性的活動：也就是從印象化至反應化，然後再綜合出應有的反應，這樣的過程就完成了所說的感性過程。

感性可說**是一種心理的因素，是可容易被專注地研究出來的。另外的氣氛（mood）和情緒（sentimation）也能另外被區別出來。氣氛是可被塑造，而情緒會受氣氛所影響，所以兩者可以互為因果。**也就是如果有「因」就可以產生可能的「果」，這是可以成為屬於一種比較實證的因果關係論，藉此來達到某種企圖達到的目的。

而感性的定義也已在哲學的、心理學的方面正被進行了各方面的研究。在認識論上它擔任了在悟性兩極之受動的知覺討論，對於為了從人類深層的理性，更要論及動悟性的方面。目的是扮演一個被動的看法，相反地來理解，以服從人類的理性，和動物的本能。德國哲學家康德在「純粹理性批判」上，說「接收能力表示直覺感的基礎上形成的感知理解」，這種場合的感性，感覺上更靠近了這種情況（http://ja.wikipedia.org/wiki/%E6%84%9F%E6%80%A7）。

（二）感性工學的意義

進入感性工學研究開端，可說是從1970年的情緒工學開始（長町三生，1989；1993），而在1986年，山本健一本人開始以「Kansei Engineering」來向海外介紹感性工學（山本健一，1992），之後就漸漸地盛行起來。而這樣的方法在汽車業上的應用屢見不鮮，特別是被導入在乘用車的領域。尤其是工業設計方面的應用，改變了原有的產品開發流程，也慢慢往家電產品及擴大到其他領域。而在從日本導入企業後，慢慢地往美國、義大利、澳洲、韓國、中國的企業發展過去（長町三生，1993）。1986年馬自達的山本氏在世界自動車技術會議中及在密西根大學的演講中，將**日語的感性直接音譯成「kansei」**，而開始被大家所廣泛地加以使用（山本健一，1992）。雖然日本話的「感性」有一些對應的英文翻譯「sensibility」、「feeling」、「emotion」、「confort」，但是以漢字日語發音的「Kansei」，卻漸漸成為國際研究上的學術名詞，更成為一個研究領域。

長沢伸也、神田太樹（2010）也提及說感性到底是甚麼?**在哲學上很難懂，是人的「感覺」和「知覺」所合併而成的「感性」，在企業的商品開發上很重視感性，如何產生提供感性為訴求的商品是一個有吸引力的概念**。如果要重視感性，那「感性為訴求的商品」你會認為是需深含有那些意義的東西呢？那即是我們可懂的「有魅力的商品」及「有價值的商品」，也就是「可賣得出去的商品」。但是這些在商品開發上，除了品質的保證外，可以看出是一個深具必要性和根本性的挑戰。又該如何去趨近這種效果、或是該如何達到所謂感性的要求呢？

其實日本在從泡沫經濟後的1990年代，以感性工學的方法應用在產業，便在日本急速地被關注及應用起來。1991年日本的通商產業省（經濟部工業局）工業技術院，開始進行了大型計劃「人間（人）感覺計測應用技術」，也就是以人因工程為出發的計劃作為開始，次年（1992）的文部省（教育部）把它當做科學研究申請的重點，開始了「感性資訊處理的資訊學・心理的研究」。1993年政府更決定了「軟體系科學技術的相關研究開發基本計画」（長沢伸也，1999）。而在日本就是以根據關聯感性的國家型計劃，來使感性工學飛躍而起。

但是在台灣我們還沒看到政府組織有這樣的認識，還一直想著如何大量生產，如何獲得代工的機會。雖然鴻海公司花了巨款取得了夏普（SHARP），但是對日本的工業精神如果不夠了解，恐怕短淺的想獲得技術及商標應用，恐怕無法對這個交易獲得實質更大的效果，值得鴻海團隊更進一步的發掘及了解日本的精神及進行研究的心態。

從了解感性的意義及目的，接著當然想要瞭解如何進行，來獲得相關的資訊。感性相關的定義，需從的感性工學 (Kansei Engineering）開始談起，而感性工學就是為了達到這些目的而發展出來的學問及程序。感性工學因為被接受及受歡迎，漸漸有了許多的解釋及定義。

領域的鼻祖長町三生所提出的「**為了將人類所擁有的感性及印象，具體實現成產品，而將之轉譯成可以利用來進行設計，其所可表現出的技術及程度**」（長町三生，1989；長沢伸也，1999）。後來又補充定義為「**將人對感性、意象上之期望，翻譯為物理性的設計要素，而給予具體設計之技術援助**」（長町三生，1995）。例如曖昧的「像....東西」的感性，爲了實現出接近像那樣的東西，該有怎樣的顏色、該有怎樣的形狀，怎樣的功能等才是必須有的項目。

藉由具工學求真概念的方法，如何進行分析、解釋最後設計出設計品來，就是感性工學在設計上的角色。**也就是找到人們對於產品的意象、感覺，再想辦法「轉變」或「釐清」成設計師思考之關於產品設計的「設計要素」，或是系統性的程序模式；或是利用工學觀點以計量化等方法，進行對人之感性分析，並利用於商品設計之過程，藉以製造出可讓人類有喜悅感、滿足感的商品** (Matsubara et al., 1994; 1997; Miyazaki et al, 1993; Nagamachi, 1995a）。

日本感性學會在其設立書中，也提及感性工學為「人對從感覺開始、至心理為止的反應 (感性），可從工學面的角度很寬廣地去接近問題，期待學界的研究，能夠使人類和人工環境相調和。同時以可應用的角度，來支援開發出能夠對人很和善的素材，及很容易被瞭解、使用簡單的產品，讓人能有安心的生活空間」。

雖然很多定義的內容不盡相同，但是利用「設計」與「工學技術」的共通之點，即「運用工學之技術，探討人之感性與物之特性間的關係，以作為設計之基礎」（陳國祥，2009）。在信州大學感性工學科則認為資訊時代的感性是「每個人交換彼此心的能力，相互提升彼此幸福的能力」，活用這樣的感性，改善我們生活的技術，就是感性工學。感性工學能定義成「從心的交流，支援彼此能夠變成幸福的技術」。因此，感性工學的具體應用；感性製品工學、感性材料工學、人因介面、感性資訊工學、藝術工學、幸福系統技術、感情機器人、感性經營學等。也設立了先進纖維感性工學科，認為應該是人、物和環境加以調和而實現富足的社會，而這個科系就是以此為目標來實現這樣的社會（http://www.shinshu-u.ac.jp/faculty/textiles/creative/）。

由於感性的範圍可以擴大至無所不包，所以日本教育部也在爲了研究費的分科，做了定義：「感性工學所尊奉的內容，為用工學的研究去尋找人和人工環境的調和，也就是材料、製品等的人工物，對於包圍在我們生活空間身邊的人工物，對於從感覺的心理至放應 (感性）、資訊工學、人體工學、認知科學、心理學、設計學等各個領域，透過學界間的一起研究，以其應用來支援；能讓人舒適的材料 (環保材料）、容易瞭解及使用的製品，能夠安心的生活空間的開發」。具體也包含有以下幾個分野：**（1）感性的計測和定量的方法之開發，（2）感性和生理指標的對應，（3）感性資訊處理，（4）支援材料、製品，生活空間的感性評價及開發。（5）人機界面（man-machine interface）的認知解析**。

上述的定義讓我們能更理解現階段此技術的目的，也就是希望從人類曖昧期待的內涵；如「像…的東西」，能將一些不具體、僅感性地描述的意義，希望能夠被形容出來這些所期待的產品，來實現接近人類、或某群人所期待的設計品。到底這些設計品需要具有怎樣的形狀、怎樣的顏色，需要有那些必要的功能、附屬功能等，才能符合現代人的需求。也因為這樣的需求研究，是消費者為主的時代，一定需要加以探討的議題。所以此研究的方法及技術，也就高度地被期待，希望規劃從研究程序中找到適當的數據，來加以分析、及進行解讀（還是需要人），最後用讓設計師看得懂的文字或圖面，及系統設計可以理解的資料，來整合出消費者所期待的產品，就是感性工學的用途。

而感性印象如何在與產品間關係加以解讀的技術，除了從資料庫獲取外，更需要商品開發者和研究開發者的合作。甚至期待取代設計師，來加速瞬息萬變及要求速度的產品開發，或可幫助人類發揮創造性思考，確實地以支援商品化開發過程的效率為目標。

因此各個領域被給予了不同的目的，利用不同的技術而向相同的目標前進著，讓多元的交流進入產品開發的過程中，更可貴的就是希望在相同的思維裡，可以加以更多元地分流進行，再經整合後相信必能得到更合乎實際需求的好結果。**感性工學就是將印象中的事物與產品之間的**

關聯，加以翻譯及串聯出來的一種技術。也就是在產品開發時，在未確定前先瞄準一些已經被研究開發者、或設計師一直在思索且致力的假定技術，**將研究用於來更確定某些疑惑的過程**，更重要的是藉以加速發揮人類的創造性思考、嘗試，來更進一步地瞄準目標及支援設計能使其商品化，而達到更有效率的一些思維及技術。

四、感性與感性工學的時代意義

（一）工業時代的感性

1.市場應用的提起

開始將感性這個詞重新出現在市場行銷中，是在 1984 至 1985 年由電通公司的出版（Dentsu, 1985; Fujioka, 1984）。

2.感性工學的開始

前面提及「感性（Kansei）」或「感性工學（Kansei Engineering: KS）」於 1986 年，由 Mazda 的山本社長開始使用（Yamamoto, 1986）。**1970 年由長町教授覺得物質文明預測接著追求心的滿足之情緒時代一定會到來，開始以「情緒工學」開始研究，認為「情緒」這樣的話在國外無法通用，在 1988 年改稱「感性工學」**(長町三生，1989）。

由於五感是人類與外界接觸，及維繫生命、生活品質的重要門戶。利用五感的特性來製造更吸引人的設計成果，就成為開發商品的綜合考量要素。如何達到要能好吃、好看、味道好、摸起來舒服等的感覺。也就是要從探究五感的意義、內涵，知道後並提出方案，才能來創造出商機。也就是經由對眼、耳、鼻、口、手、皮膚等器官的了解，因為他們接受外部的刺激後，接著從形成概念、知覺、判斷、想像等心理活動，產生一些新的變化，從這些變化或是發現，來獲取一些認知，而產生判斷商品如何地對人的優及劣的知識，這個過程是研究者及設計者必須加以討論並取得共識，方能得到預期之外的效果。

也就是經由**個體思維來進行信息的處理 (information processing)，心理功能的判斷，而產生所謂的認知、或認識 (cognition)，再產生感覺，進而產生各種綜合的感性意識** (圖 1-6），就是它的起源了。

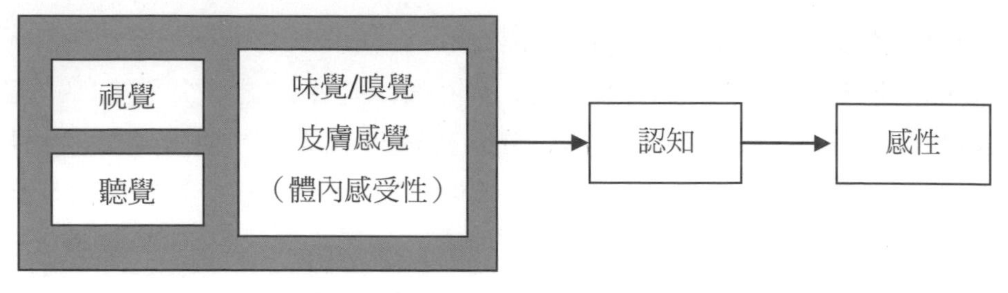

圖 1-6. 感覺與感性的關係 （長町三生，2008，3）

這些均**經由大腦的認知判別後，分送出相關的信號，再轉送至大腦。因為認知的過程；可以是自然的、或人造的，有意識的、或無意識的，所以部分認知科學，便興起研究以上所述的各種過程相關行為**。而大腦就會傳送出判斷後的訊息到對應或相關的感覺器官，這些感覺器官所產生了各種的感覺，在類別上可分成：視覺、聽覺、嗅覺、味覺、觸覺（皮膚感覺）。對應每種類別的設計，均會有不同的比例去應用出讓消費者感到不同的感覺，來順應或刺激消費者，而獲得設計的目的。

（二）建立出一個「感性科學」

在同一時期，由原田昭教授所再引導成的感性科學（Kansei Science: KS）。這是他在一次代表感性與工程之間的會議中，提出這個議題，**感性科學（KS）它代表著感性和認知科學之間的契合點**。這項研究也一直增加著，由於科學的大旗，他更吸引聚集了各個領域的研究者（信息學，機器人學，認知科學和設計），也曾於筑波大學設立及進行了一個 5 年的研究計劃「感性評價結構的模型」，來加以推動（原田昭，2003）。

大家常會將感性與感性工學混在一起，Lévy（2013）也在論文中自問：提出感性工學是什麼？而感性又是什麼？這兩個疑問常在學術圈被提起來討論，感性工學雖然已經被發展成開發研究的訓練，高度地與工業社會相連及被聲稱無數的創新及市場的成功個案。但是對於第一個疑問：感性工學兩個有價值的初步答案被 Schütte 等（2008）及 Lokman（2010）來加以提出。Schütte 等（2008）直接地提出一個方法被翻譯成消費者的測量感性而進入設計，**這個方法包含一個成功的步驟：決定一個範圍；構築一個消費者感性空間、在那裡可以測量及分析；關聯到產品的細節**

與感性元素。Nagamachi（2011）所以感性工學是一種方法，旨在以確定和評估新的設計方案，調整設計細節關於使用者的感性。

而第二個的感性，大部分人的看法似乎不是很一致，有各說各話的感覺，因為大家的角度均不太一樣。**感性已經常譯為敏感（sensitivity）、情感（sensibility）、感覺（feeling），顧客對產品的感覺和需求對等**（Ishihara, et al., 1999; Kiyoki & Chen, 2009; Nagamachi, 1995b）。感性工學觸及了許多的領域，而感性到底又是如何產生的，又是如何需要被重視？在現今的產業間的技術之差異越來越大，世界的通貨膨脹，對於設計品的機能及價格的競爭越來越難有取勝的機會，如何確實掌握住消費者的需求後，具體地呈現在產品上來滿足消費者的需求。

尤其在重視環保、關懷地球的議題上，如何讓消費者能具有指標的去重視消費議題，做出對的消費選擇。不再只是重視價格而已，而是要有理念的消費，也就是不只在乎價格、品質甚至要具有意識的消費。不再是少量多樣即可滿足高價值的感覺，即能獲得青睞的消費必須講究對社會、人類有某些象徵的意義，才是未來消費時代的方向。

因為在被認為比較進步的地區，大家對於物質的需求均已經獲得相當程度的滿足，較難再出現一些更新奇的產品，而獲得多數人的目光。如以降低價格來獲得大量生產機會的手段，也無法也不是獲得吸引人的唯一手段。如何從消費者的感性來引導產品的出發，或許還有機會讓消費者感受到那微妙的新奇感，也就是我們在這個物質豐富後，而該如何追求精神生活的時代，就是個當然且必要的手段及方向。

當我們一直在尋找解決之道時，該如何發現需求，如何從心理量及物理量的計量方式，來發現消費者們的需求及反應。試著瞭解並抓得住消費者們的需求，找到他們「曾想要、或正想要的需求」，所顯現出來的任何反應及意識內容。**然而消費者的需求是被追著跑的，或是要拿來給消費者追，本來就是很不可能輕易地就被掌握的**。而新的且有用的需求，就更無法輕易就被發現，所以必須深入且有方法的加以探究，方可以找到一些契機，這是我們大部分設計研究的目的。而又該如何與企業結合在一起，獲得機會對他們提出建言，甚至獲得經費或設備來進行更深入的研究，就需要有組織地提倡及爭取，近來台灣也在工研院中分院的努力有了一個編制，其功能及設備等可在第十六章加以了解。

需求原因有時可能是消費者們無法正確地表達出來、或被測試出來，雖然可被反應地說出來，但或許是還會被其他環境所影響，而會漸漸改變或馬上改變了，或許他們根本不夠瞭解自己的需求。消費者經常因為受到外在諸多環境因素的影響，而心思會變來變去。這是特別且可愛的地方，我們去逛街購物，本來預定想好要買的東西，買回來的卻經常不是預定的、或不曾想過要買的東西。我們或周遭朋友常常遇到這樣的情形，為什麼呢？難道他們錯了嗎？或是人就是這樣，到底呢個環節影響了他們而做出臨時改變，是環境或是情境使然，或許你認為本來就是這樣。但這確實是個有趣的議題，也是一個值得研究的議題。

我們也許會責怪各式各樣迷人的行銷手段誘惑了我們，但是產品各種迷人的訴求，本就是為了要抓住消費者的心，這不容非議及爭議的手段。除了設計品本身外，行銷手段也無法離開感性的手法，利用輕柔的背景音樂、來形塑加強出產品的定位；夜市誘人氣氛、味道、叫賣聲構築出挑動你我的購買慾望(圖 1-7)，在討價還價的瞬間產生的心靈活動，也激發出了購買慾。其實購買慾本早就隱藏在你我的內心深處，而被透過了若干感性條件的訴求所挑動，而再度又被激發出來了。

圖 1-7.出名的台南花園夜市 (http://travel.tw.tranews.com/view/tainan/huayuanyehshih/)

Nagamachi（1995a）提及 **Mazda Miata（MX-5）**（圖 1-8）的設計是第一個也是最出名的以感性工學應用個案。Lévy（2013）接著有許多成功的產品開發；如 **Nissan、Sabb、Volo 等，其他有紡織類如 Wacoal 和 Goldwin；食品類的 Nestle（雀巢）；電子及家電產品的 Sharp**（夏寶）、Panasonic（國際）、 Samsung（三星）、Electrolux（伊萊克斯），及化妝品的 Shiseido（資生堂）、Milbon（哥德式）。他們都進行著相關研究來懂得消費者的心思，甚至加以實踐應用研究結果來利用於設計。

圖 1-8. Mazda Miata（http://en.wikipedia.org/wiki/Mazda_MX-5）

就是人與動物可利用特別擁有的五種感覺：**看（視覺）、聽（聽覺）、聞（嗅覺）、味（味覺），接觸及溫度感覺（觸覺）**，來感覺出活在世上是多麼生動有趣。你如不同意這五感的魅力，可以馬上遮住視覺體驗一下看不到的感覺、或其他的任何一個感覺。不管是全部或部分失去那種感覺，嘗試以布遮住眼睛一天，讓你到外面一走就好。或忽然食不知味，那麼對食物就只剩下充飢果腹的目的。忽然地聽不到，或許會短暫認為可以耳根清淨，長期以後就惱人了。這些感覺失去了，自知模擬而已，短期可能覺得只是短時期會造成生活不便而已，不覺得有所謂、有不便及缺憾，如果長期這樣的話，就被認定是個「殘障者」。

但也有能利用這些障礙成為優勢者，有位朋友在某天我經由與他妻子的對話，才發現這位朋友原來食物會散發出味道，也就是在那一刻之前，他不知食物、或有些東西聞起來會有各種味道。別人問他這個東西，你聞起來感覺如何？他不知道嗅覺的意義，當然他無言以對，不知道對方所講為何意？經瞭解才發現他沒有嗅覺的感官功能。但是上帝給了他一個恩賜，當刑警的他沒有因為失去嗅覺而困擾住他，卻正面地面對去找到應用，竟然得到了許多意想不到的機會。因為遇到需要接近怪味道的時機（例如：接近屍體等），就成為這類任務的首選。但是如果不是從事該行業，失去了嗅覺可真是有點可惜，聞不到春天的花香，感受不到誘惑的香水味，無法適得其所就很慘了。我們擁有的或失去的，恐怕都可能是上帝的一種安排吧!怪不得也怨不得，只能默默接受並加以發揮。

回到研究的問題，無論我們自己適合進行質性研究、或量化研究，你都是可以從中找到結果，只是進行研究的目的，會有較適合某種研究方法而已。此時只需找到了，就同樣可以解決研究問題。最怕的是有些想挑戰自己，想嘗試各種研究方法，因此看到特別的方法就躍躍欲試，或一直堅持一個自己熟悉的方法。其實重要的是根據研究目的，選擇安排適當的方法，考量研究架構的時間分配。

其實我們常會在整體印象中，也會受到某些小因素的影響。也就是有些產品常因為某些可能微不足道的小因素，而成為被購買的關鍵因素。這種關鍵因素或許極其微小，但是常會觸發某些消費者的偏好、或引發某種情感，而產生了加強的效果。例如：**吃零嘴時常因所發出的「Sa~ Sa~」、與「Ka~ Ka~」的不同聲響，而讓人聯想到某種回憶、或觸發某些微妙的情感，是除了基本的口感外，所引發的情感而構成喜好的原因**。

有些公司甚至會**以強調這樣的聲音，作為產品的特色，食物除了色、香、味俱全外，聽覺的聲音加強了消費者心理**。例如：波卡洋芋片，其實就是一般的卡哩卡哩的零食，因大家很好奇它的味道，所以買了一包回來嚐鮮一下，打開後吃起來有特別的味道，加上廣告所記憶的那個聲音所聯想的口感，創造出了味覺及聽覺的魅力感性。我就是其中的一位，為那個聲音而著迷著，而暫時忽略了可能對健康不好的問題。

台灣的「乖乖」零食，首度問市於 1968 年，當時零嘴的消費年齡層被設定為只有兒童，吃時所發出的聲音引起對食物記憶。加上乖乖包裝封面上的代言人，是當時深受電視兒童觀眾所喜愛的黃俊雄布袋戲之人物的「哈嘍二齒」，同時包裝內附贈一個讓消費者覺得賺到的小玩具。利用這些交錯形成的情感，維繫住了消費者和產品之間的關係。近來更特別的插曲，科技業更以在機器前擺放乖乖，來使機器乖一點。這樣的行為說是迷信，倒比較像是心理安慰得到的感性心安吧！

不管是心裡感覺或真的靈驗，也是需含有一點點的感性成分，來使消費者更安心。**所以零嘴的企畫及設計，不能僅重視味覺而已，還需注意消費者對產品聽覺及嗅覺的感受**，甚至還需要有視覺被認同，更因不同年紀、性別而有不同的感性偏好。可見產品設計的內容，所需注意的面向是很多元的，不應僅限制在使用、而不可食用的塑膠品等，而應擴充至很多類別、及各式各樣的產品。嘗試以此概念的知識及方法，來探討事情，找出消費者的想法及認知等。

因為通常一個人對一種產品，如果不想吃、也不想用的話，就會漸漸地與那種產品產生一些距離，且可能會越走越遠。如果覺得有趣或喜歡的話，就會因常想起、或用到，而與該產品常會關連在一起。**感性的概念可用來加強產品，讓其發出單獨、或整體感的作用，甚至成為誘惑人的因素**。例如；前述的香水，除了氣味、還可以經過調配，而製作出各種觸發情感的誘惑，也就是利用感性來誘導消費者及引發想像力。如果加上瓶身的造形及色彩的刺激、包裝盒的圖案及顏色的誘惑，自購買或送禮的心裡就獲得滿足，自然構成了一件完美的商業行為。

如果研究結果產生與心理學的衝突，在一般的心理學裡常想；情感、愛、不快樂、恐懼是一種心理狀態的總稱。這些心理狀態看似簡單，其實充滿了條件及因素的變化，但是在各種心理狀態中，被認為如果技術及條件充分的話，或可還原出「快樂」和「不快樂」的情境，藉由還原來抓住可用的因素，情緒或情感（emotion）是會在短暫的時間內產生，也會是一閃即過的感情，及伴隨著身體的活動而產生變化，如何掌握及抓住那種情境，也是未來可以成為一種技術或方法。也已經有類似可控制情緒的產品，經由刺激來放鬆心情。來自加州 Los Gatos 的 Thync 發表一個有趣的產品，將具備治療功能的經顱直流電刺激和你的手機結合，成為新一代的「功能性」穿戴式裝置。由手機程式、手機以及外接裝置組成，使用者配戴似耳機的塑膠電極版，像箍狀般接觸耳後、太陽穴及後頸（圖 1-9），接著利用手機程式（APP）啟動，裝置便會發出微小直流電刺激皮膚進而影響大腦的特殊區域（Shih, 2015/1/26）。接著有貼狀的產品（圖 1-10）在 amazon 銷售，我們的情緒可以被調整了。

圖 1-9. 箍狀（Shih, 2015/1/26）

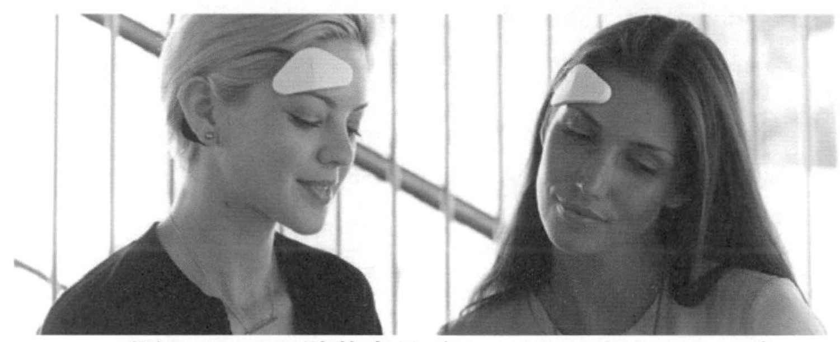

圖 1-10. tync 貼狀產品（http://www.amazon.com/）

（三）導入感性工學的必要性

為何需要導入感性工學的必要性；**（1）首先的理由是在產品開發時有兩個方向**；（A）產品的產出（Product-out）：製造者要對於使用者的希望、及以構想開發為企業中心的產品開發的。（B）市場導入（Market-in）：理解市場的消費者希望，而思考如何開發的。以前均以前者為主，重視品質管理。**（2）感性與需求（needs）的新產品開發**，以前的企業如 SONY 均以產生新技術為優先，也就是希望獲得新技術來改善人民的生活，因此產生了許多的新技術及新方法。

但是這樣的方式，似乎只滿足了企業的投資及開發的想像，不全然能符合消費者的期待。所以如何發掘以消費者的生活期待為出發的技術，來滿足消費者的需求。

長町三生（1997）經過各式各樣的說法及思考，當時認為感性工學存在以下的課題：

（1）如何捕捉到感性，利用數值化的方法嗎?

（2）在映射出設計的感性前，要怎麼捕捉到設計。

（3）如何表現出設計特性和感性之間的關係，也就是感性如何應用在設計上。

（4）在感性設計的感性翻譯上，需選取那樣適用的工學技術較合適。

（四）感性與設計的連結

為何有了設計後，接著就誕生了感性呢？其中最大的原因是設計師本身，設計師為了專注於內在美的感覺之表現，因此，有了設計論等的確立及需對設計外在化不得不積極努力的追求。所以設計方面的研究，為了使設計領域能夠以科學的方式加以解開，因此有了感性的新用語被開始使用（井上勝雄，2005）。其實在之前的許多公司，均為了找尋及發掘出那個設計黑箱內的運作，而想盡了許多方法。所誕生出的設計專業，只是為了能獲得大量生產的吸引力。在曾是賣方市場為主的行銷時代，製造者當然不會在乎他們的設計是否合乎消費者的需求，因此在汽車產業開始利用設計時，當時真是五花八門，所有的設計僅專注於設計師的創意想像，GM（通用汽車公司）有了工業設計師的專業，有了蟲型、魚型源自大自然所獲得的仿生靈感。

後來許多產品進入了買方市場的時代，也就是供給多於消費，使得買方的選擇機會增加，當然也就會促使設計行業需要更加地努力，但是如何努力？如果以傳統的方法，多畫一些設計圖，似乎無法完全解決問題，那麼增加問卷了解消費者，這些調查就需有方向，除了造形的視覺問題，還有許多需要專注的項目。

現在流行的各種設計，均與感性有關係，就看是設計類別而定。工業設計因為因應時代需求的變化，在目的上有了很大的變化。我把初期的叫做「古典工業設計」。古典的工業設計強調從功能的出發、以創造出合理的製造成本，及合適的造形為主。現在則幾乎以吸引人的視覺的造形的設計為主，強調視覺的應用。也有依其應用類別，有五感不同的操作應用。視覺傳達設計則完全以視覺為主，其他為輔。服裝設計則除了流行視覺外、質感觸覺也相當重要。建築設計與景觀設計類則除了視覺、觸覺外，聽覺也漸漸被重視。

台灣常被稱為是美食王國，餐廳、路邊攤的食物，首要當然是味覺的魅力，但是 2014 年因為頂新集團為主的油品食安風暴，重創了這個美食王國的美名。也需重視這些之外設計的加乘效果，例如；餅乾，當然是以味覺為主，但是需要吸引人的視覺、嗅覺，及摸拿起來的觸覺，可以吸引路過商店被味道所吸引的人。餐廳除了食物的味覺，食物的擺盤，內部餐具的質感，室內設計的裝潢，可一直堆高所售食物的單價，也就是提高了它的價值。所以定下自己所銷售產品的定位，才不至於產生成本與售價的不和諧無法吸引到適當的消費者。

在所有的設計物中，我覺得最特別的是香水，撇開品牌的先天條件外。香水更是與人類的嗅覺產生相關的產品，由於香水使用的消耗量不會太高，所以香水瓶造形不能太小但是內容量卻不需太大。這個產品整個的價值之塑造：（1）**利用嗅覺創造了價值**；（2）雖然是以嗅覺為主,但是**瓶身的造形設計直接會影響其價值感**；（3）包裝盒的設計又可再一次提升產品的價值；甚至（4）以大量的廣告費用來拉近及提高產品的價值。經由這四個過程，建立起的各自品牌價值，以及產生了自己的風格。另外（5）有時容器內的容量形狀設計，更也產生另一種美學的重點。一個傳統瓶子的瓶內之容量形狀，只是為了扣除瓶厚的體積而已，而香水則必須結合各項的設計要素，必須都很完美才能得到極大的價值感。

（五）創造寬領域的機會

每個科系有自己的專業，但是最後訓練出的是無法符合社會需求的人才。學生抱怨科系的教學不符其需求，為何如此？台灣的大學通常下分學院，再院下分設若干科系，很像金字塔結構的組織，如公司或軍隊的科層架構。學生從入學就依其志願被編進某個科系（少數例外），學習內容有極大部分被科系所決定，一個科系的必修和選修科目也可能長期不變，連授課的老師也可能不變。

而感性工學的知識範疇，如果你有興趣通常必須寬領域去找知識及材料，這些學校只是某個科系的老師通常無法滿足學生的需求，所以如何從老師的跨領域交流形成團隊，互相支援同伴的需求才是一條正確的路，不然只能在一些知識的皮毛上反覆地找方向，而無法有突破。

第二章. 感性的要件及利用

- 理解感性所必須具有的五官要件，及到底為何要往此方向發展，更重要的是如何掌握自己開始的研究，才能確定自己的研究動機及目的。
- 應用此書需先看完此部分，這是絕對必要的喔！！

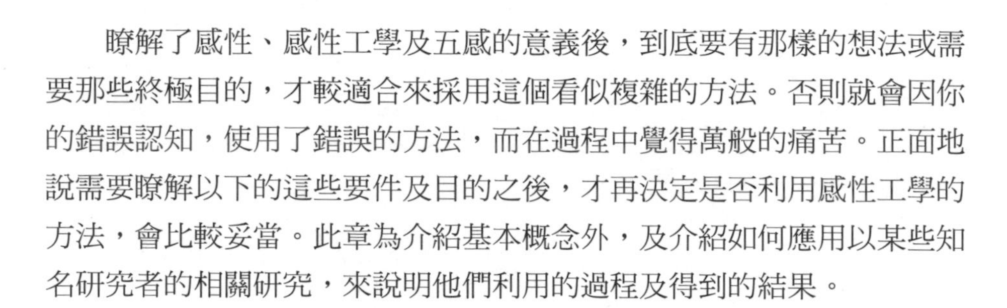

瞭解了感性、感性工學及五感的意義後，到底要有那樣的想法或需要那些終極目的，才較適合來採用這個看似複雜的方法。否則就會因你的錯誤認知，使用了錯誤的方法，而在過程中覺得萬般的痛苦。正面地說需要瞭解以下的這些要件及目的之後，才再決定是否利用感性工學的方法，會比較妥當。此章為介紹基本概念外，及介紹如何應用以某些知名研究者的相關研究，來說明他們利用的過程及得到的結果。

由於和感性研究的相關領域還蠻大的,如果開始錯認了目的及方向，就會造成許多時間的浪費，因此有必要從大家習以為常的部分，正確地認識五感的相關器官，來瞭解產生感性的過程，進而才能知道研究可達成的結果，才能去盡力地進行研究。才能夠選擇出所要研究的部份內，那些應該是屬於那種感覺器官才可以得到的感性數據資料，這樣才能夠提出正確的研究方向及得到有意義的目的。

一、　概述說明

Whorf 發現不同語言在結構中會強調不同的事物,他相信這些強調一定會對語言使用者在思考周遭的世界方面產生很大的影響（鄭麗玉，2002）。愛斯基摩人（Eskimos）會用許多不同的字來形容雪，而英語只有一個字；阿拉伯人卻難以相信的有許多不同方式來稱呼駱駝。有豐富語言名稱的民族，必與語言只有一個名稱的使用者，對世界的知覺是不同的。

而斟酌該如何使用更好的意義，來精準地表示對一件事的看法是需要方法，也因為感性的加入，一件事的使用是可以讓我們的感覺會有多樣的認知的，因為任何一種因素均會影響著我們隨時在變化的感性。所以適當的選擇想了解的部分，加以建構成可行的研究是重要的。

為了進一步瞭解感性，便需要瞭解產生各種感性的原因，及構成感性的要件為何？其實我們看感性的構成要件可以很複雜、也可以很簡單，就看你的想法及研究的目的。正確地完成研究目的，不見得一定需要複雜的流程。而用複雜及困難的流程及方法，有時會變成只是用了高深複雜的方法，而失去了研究的目的，也不是太好。

其實感性的獲得是經由人對判斷所獲得的刺激，**而刺激是經由人的感覺器所接收到的信息，再經由大腦所產生綜合判斷的結果，方能回饋出適當的感性認知。而人的感覺器是指身體內的一些特殊感受器，例如：對應於視、聽、嗅、味、觸等的感覺器，各感覺器的組成構造包括有：感受器及其附屬器。**感受器因為不同的感受需求，而分佈於不同的部位，有些甚至廣泛地分佈於人體的各個部位。有的構造很簡單，如皮膚內與痛覺有關的游離「神經末梢」。有的較複雜，除感覺神經本體末梢外，還有一些細胞或數層結構共同來形成一個「末梢器官」，如接受觸、壓等刺激的觸覺小體、環層小體。有的更複雜，除末梢器官外，還有各種不同的附屬器，如視覺器、除眼球外還有淚腺和眼球外肌等，最後一種通稱為「特殊感覺器（感覺器）」。

感覺器不僅種類眾多，也各具有不同的形態功能，再經由分工整合來完成不同的感性知覺。有些一定需接觸外界環境，並經由刺激才能產生；如皮膚內的觸覺、痛覺、溫度覺和壓覺等感受器。也有些就位於身體內部的內臟上，和血管壁內的感受器，因間接的刺激而得到信息。也有些接受物理刺激，如光波、聲波等的視覺、聽覺感受器，也有些是接受化學刺激的嗅覺、味覺等感受器。雖然感受器的分類方法很多，在人體解剖學上，根據感受器所在部位和所接受刺激的來源。

一般把感受器分為三類：**（1）外感受器**：分佈在皮膚、粘膜、視器及聽器等位置，接受來自外界環境的刺激，如觸、壓、切割、溫度、光、聲等物理刺激和化學刺激。**（2）內感受器**：分佈在內臟和血管等處，用來接受加於這些器官的物理或化學刺激，如壓力、滲透壓、溫度、離子和化合物濃度等刺激。**（3）本體感受器**：分佈在肌、肌腱、關節和內耳位感覺器等處，接受有機體運動和平衡時所產生的刺激等。其感覺器包括：視器、前庭蝸器（耳）、嗅器、味器、皮膚等。

在研究上，需先區別各感覺的差異，再來尋求研究目的，才能訂出適當的研究目的。方能找到適當的研究方法、及設備，而得到適當的結果。五感的測試設備，可依據需求針對視覺的有 Eye-tracking，來觀察人的視覺運動。對於生理的變化波動，可透過腦波的波動情形來觀察。而人類的五感因為由不同的感官種類所感知，經由其特殊功能而傳達出不同的對應著感官類型功能（表 2-1），可以清楚地顯現出來及發揮其以生具有的功能，不得不讚歎造物主的大能。

表 2-1.五感分類及對用感應器類型

人類感官種類	對應的感應器類型
視覺	照度、移動人感、形狀感知（物體形狀、靜止畫、動畫、表情等特定資訊）
觸覺	風壓、位置、力、壓力、滑動、溫度、表面形狀
聽覺	聲音、低頻振動、超音波、加速度
嗅覺	香味、氣味、各種氣體
味覺	酸、甜、苦、辣、鹼（食品成分產生的）

二、 視覺的部份

（一）原理及過程說明

眼球的構造（圖 2-1），**就好比一架高級的照相機，能把物體完全地成像於視網膜上**。而視覺系統就是由神經系統所組成的，它使生物體具有了可視的知覺能力，讓動物可以利用可見光之可被看到的特性，以感知信息及知覺萬物的形狀和顏色。

我們雖然看到的太陽光看起來呈現為「白色」，但是其實它通過了三稜鏡的折射後，能被分解成：紅、橙、黃、綠、藍、靛、紫，真是奧妙的組合，這個固定順次的連續彩色光譜，分佈於大約 390-770 奈米(10^{-9}m)的可見光區之範圍內。所以我們可視的東西，其實包含了許多組合。因此，視覺是一個多元的結合，有彩色、明暗、陰影，藉由這些的現象成就了我們多彩的世界，殊不知盲者或是色盲者少了我們藉此理解事物的機會。實有必要珍惜及好好利用來做更有意義的事。

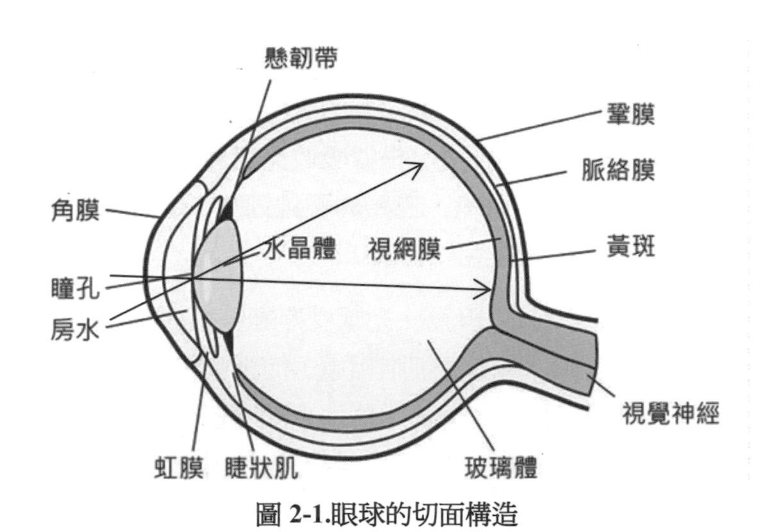

圖 2-1.眼球的切面構造

而哺乳動物的視覺系統，與很多「高等」動物具有類似的視覺系統，包含：視網膜、及光感受器細胞，這些細胞含有稱為視蛋白的分子。人類有：視桿視、視錐視兩種蛋白。視蛋白吸收光子（光粒子）後通過信號傳導通路將信號傳遞給細胞，導致光感受器細胞超極化，才能有視知覺，也就是自：（1）物體反射光之光譜分析→（2）光落在視網膜視細胞上→（3）神經脉衝由視神經傳遞至大腦→（4）大腦紋區視系統最後的突蝕的視覺過程（圖 2-2），由此理解成像的原理及過程。

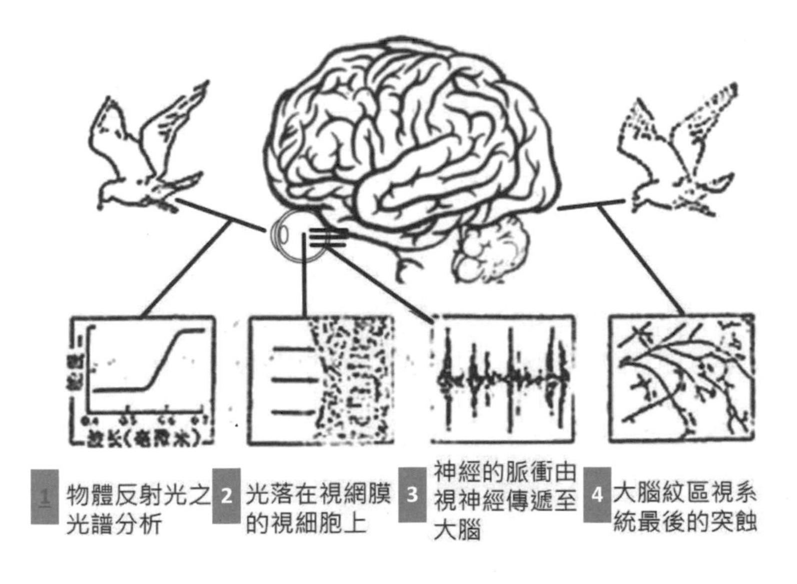

圖 2-2.視覺的運作過程（重繪自 http://m.topeye.cn/detail.php?id=71）

上述的視桿細胞、和視錐細胞各具有不同的功能，而視桿細胞主要位於視網膜的周邊，用來在光線很弱的情況下視物。視錐細胞則主要在視網膜的中心（或稱為中央凹）。**根據吸收光線波長的不同，將視錐細胞分成為；短/藍、中/綠、長/紅，三類的視錐細胞，用於在正常光的條件下，辨別顏色及其他視覺信息**。

而人的視網膜可以分成 10 層，光感受器細胞突觸與雙極細胞直接相連，雙極細胞突觸與最外層的節細胞相連，節細胞再將所產生的動作電位傳遞到大腦。過程中約有 1 億 3 千萬個光感受器在接受光信號後，再通過約 120 萬個節細胞軸突，**將信息從視網膜傳遞到大腦。視網膜的作用過程中**，包括了形成雙極細胞、及節細胞的中心，及匯聚和發散從光感受器到雙極細胞的信息。

其他的細胞特別是水平細胞和無長突細胞，則會進行側向信息的傳遞（從某神經元傳遞到同層臨近的神經元），形成更加複雜的感受域（receptive field：視網膜上的一區域，照明該區則影響某一神經元的活動），例如對運動敏感而對顏色不敏感的感受域、或者對顏色敏感，而對運動不敏感的感受域（http://zh.wikipedia.org/wiki/視覺系統）。

各種光學流動信息（optical flow patterns）經視覺系統處理後，可以為人在運動時提供以下的資訊：保持穩定和平衡的信息、人在環境中運動的速度、人相對於物體的移動方向、物體在環境中相對於人的運動情況、人與物體接觸前所渡過的時間（Schmidt, 1991）。

五感中的視覺是所有設計品與人類接觸最直接、方便且頻繁的感覺，是最被重視的一環且在開發過程扮演重要角色。設計品所擁有的視覺感受的存在是不易改變的，也就是要改變需要花相當的時間及費用，那可能造成不少的損失。因此如果瞭解視覺的運作原理，所做的研究及所下的決定，方能防止意外的損失，並且得到消費者的青睞。

在視覺及語言的關係，竟然有奇特的Dani人只能有2個基本顏色字，而英語體系的人基本有 11 個基本的顏色語彙。Rosch 曾做實驗比較兩種人學習的焦點色與非焦點色的能力，發現這兩種人皆是學習焦點色比非焦點色來得容易，顯示思考並未受語言的差異而有所不同。許多國家皆有發展出 11 個基本顏色字，可將之視為思考影響語言的例子（鄭麗玉，2002）。但是，顏色的思維是會影響到視覺的認知，也就是可以從視覺的思維來判斷人的思考。我們似乎可以發現對於顏色的敏感度，會因人而有異，而且受過訓練的人，會比較能夠理解之間差異。

為了測試及研究常必須使用眼動儀，如果沒有設備的話，可以向一些機構借用，例如成大的心智影像研究中心等。他們備有 SR Research 公司所研發之 video-based eye tracker - EyeLink II 頭戴式眼動儀系統（圖 2-3）。這個 EyeLink II 具有高速攝影鏡頭，可以最高取樣的頻率為 500Hz，時間誤差僅在 3 毫秒內，平均位置誤差 0.50。中心也配有 SR Research 公司專為 EyeLink 眼動系統設計之實驗流程編輯軟體 Experiment Builder，、及眼動資料分析軟體 Data Viewer 對。

他們的 EyeLink II 由兩台個人電腦與眼動儀組成，其中一台為主試者電腦（Host PC），該電腦與 EyeLink II 眼動儀連線，負責記錄及分析受試者的眼動軌跡資料，實驗中的主事者也可藉由 Host PC，觀察到受試者的反應及眼動軌跡。另外一臺為刺激呈現電腦（Display PC）負責呈現實驗刺激給受試者看（**http://fmri.ncku.edu.tw/tw/equipment_12.php**）。

對於上述的眼動儀設備，可以以小時為單位借用，每次最少預約一小時。其收費標準為：學術研究單位約為 500 元/小時、營利單位約為 1000 元/小時、中心人員代為操作儀器，收取數據則約要 4000 元/小時（以上價格為 2016 的參考，一切請向該單位洽詢為準），如果需要中心代為進行實驗設計與撰寫實驗程式，費用則需另計。

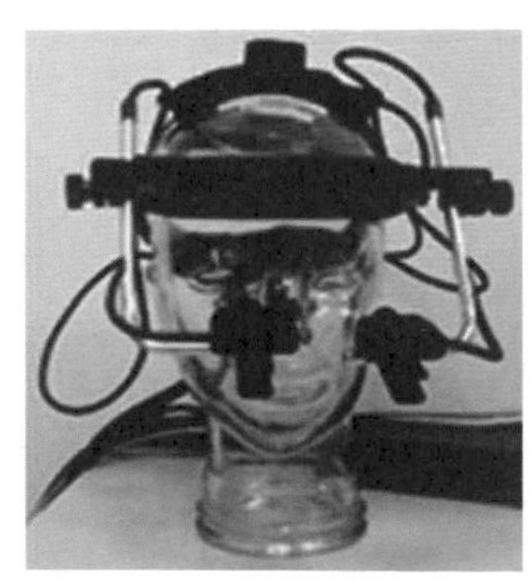
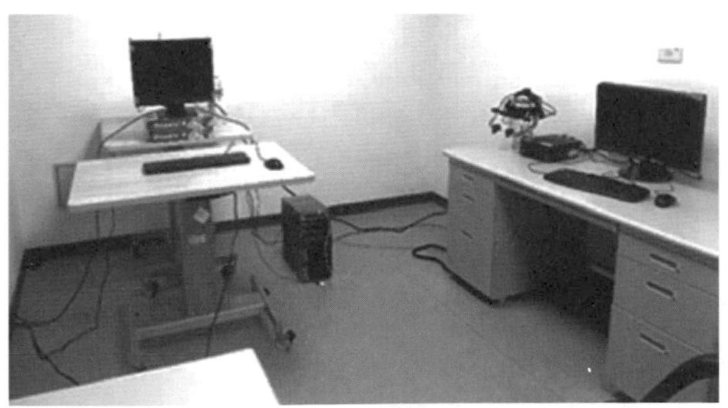

圖 2-3.成大眼動儀 SR EyeLink II 及實驗環境
（http://fmri.ncku.edu.tw/tw/equipment_12.php）

（二）相關的研究及應用

Molnar（1981）曾經把巴黎藝術系學生分為兩組，進行觀看藝術作品，並請他們回答對作品的含意或美學性質的心得。同時，也顯示出兩組學生的眼睛掃描路徑相似。如果再進一步比較其凝視時間，發現美學性質組比含意性質組所凝視的時間來得長。原因是對含意性質組來說，需要進一步檢視畫中的許多不同區塊做比對，無法有長時間的逗留。

另外用區域為基礎來進行分析，而不以凝視點來分析，對莫內（Manet）的畫作 Olympia（圖 2-4）做實驗；將該圖依構圖劃分為：頭和胸部、左手和腿部、侍女，腳和貓等 5 個區域。測試結果顯示觀看者的注意力均集中在於頭和胸部，經由 25 個受測者實驗之後，還是發現即使在較長的觀看時間下，仍保持著上述的穩定結果。

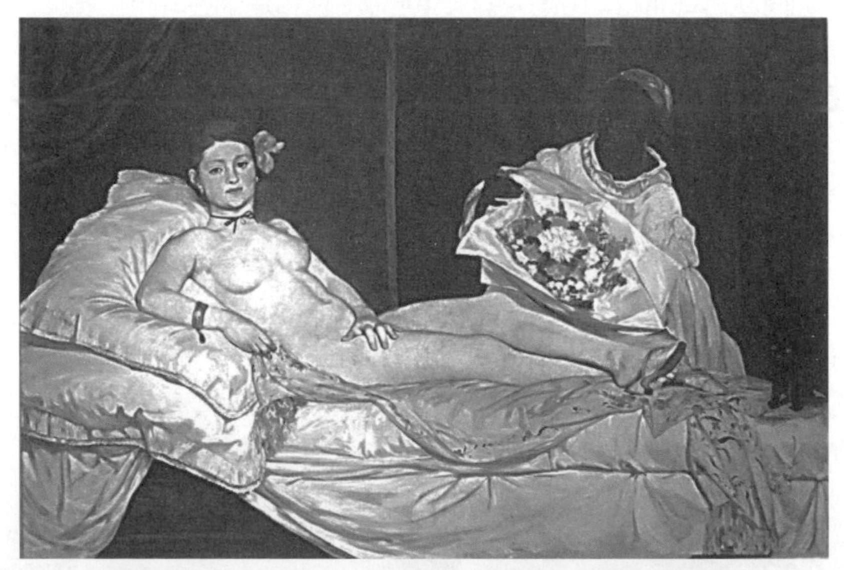

圖 2-4.Manet 的作品 Olympia（筆者攝於奧賽博物館）

顯示視覺的焦點是會因某些觸動人的因素而定，由於對照於某些部份的視覺刺激較小，所以吸引力較小。如果以 X 光片和漫畫當作為刺激物，來證明與看藝術作品時是否一樣，發現專家比非專家的眼動情形更有效率（Nodine & Kundel, 1987）。所以在提出的搜尋模式中，可以把掃描範圍的模式分為：整體物件辨識（holistic object recognition）和局部特徵分析（local feature analysis），加以分開進行，以求得更精準的結果。

Molnar 與 Ratsikas（1987）研究出對不同藝術品會有差異，對巴洛克藝術比古典藝術的平均凝視時間約短少 60 毫秒（1 秒=1000 毫秒(ms)）。可能不同的風格和時期的藝術作品，會產生不同的眼動和凝視；也發現越複雜的圖形會產生越短的凝視時間。顯示作品風格的一些因素是會影響到觀賞者的欣賞時間，是對於在創作作品時必須被注意及探討的因素，更何況是生活中使用的產品，更需付出心力加以探討。

Nodine、Locher 與 Krupinski（1987）也對一組構圖、平衡，和對稱不同的繪畫為刺激物做實驗，發現受過藝術訓練的人比沒有受過藝術訓練的人，會花較多時間在多方面進行搜索，藉以探索及瞭解有興趣處或試圖理解更多畫面。所以專業是會顯現在欣賞的刺激上，沒有受過訓練者就無法很快地掌握視覺的刺激。Cater（2002）規劃受測者去執行某一觀看任務時，故意降低圖片凝視點以外的解晰度，竟然沒有受測者發現到此項改變；但是，在受測外的自由觀看者卻都發現了這個改變。此種生理因素是因凝視產生的盲點現象，在視覺上可以被用在許多方面，例如：廣告、宣傳等。**當然也可應用在工業設計的產品造形上，抓住重要的視覺焦點是比有些細微的變化重要的**。

還有可以應用在銷售時的物品至擺放位置，Norton 和 Stark（1971）執行過一系列的實驗，借用受測者的視覺掃描路徑，來描述觀察物品時的視線，重覆的凝視和眼動現象，藉由圖形的次特徵所串連而成的概念，可用「特徵環（feature ring）」來解釋出眼球的搜尋模式。也就是希望透過不同的特徵來吸引人，所以認為不同的人看同一物品和同一個人看不同物品，會從不同變化的形式中，來找出自己的「理想綜合的掃描路徑（idiosyncretic scanpath）」，這個路線的追踪也可應用到許多場合。

就像在不同城市的產品銷售員，經過了解問題之後，會選擇出他認為最有效的路徑，或是他嘗試「猜測的最佳」路徑，藉此顯現出決策及更動路徑的因素。因此，操弄視覺的因素是可得到一些想要預期的效果，也就是對於視覺的相關研究，可以從不同的角度及觀點的安排與策略，來得到許多離預期不遠的成果。

在尋路的策略上，Stark 與 Ellis（1981）研究掃描的路徑，發現人的掃描路徑，呈現非常接近於封閉的環狀輪轉形式，試藉以達到最節省的搜尋路徑。因此，在未來的數位時代，就可以多出許多可以操弄範圍，可以廣泛地應用於許多領域，如產品造形焦點、遊戲及網路畫面上的視覺焦點等。同時在應用眼動數據方面，Santella 與 DeCarlo（2002）利用提出不同問題時，所紀錄的受測者的眼動資料，而將之疊加在原刺激圖上，達到凝視區域的清晰畫面，而其他部分卻模糊的效果。藉此方式引導觀視者的注意力，去到達希望的區域。另外，如果改變同一圖形在不同區塊的描繪精細度，也可證明出和藝術家的繪圖技巧，在相同時可以利用控制圖形的細膩度，去操控受測者在觀看特別區域而提高觀賞者的理解力（Santella & DeCarlo, 2004）。

由上述可知，一般眼球的運動研究，其主要的參數有：（1）凝視時間（fixation times）：凝視在一定的區域內，眼球呈現暫時靜止，所佔用的時間，單位以毫秒（ms）計算；（2）凝視個數（number of fixation）：是凝視的數量；（3）凝視點的順序（sequence of fixation points）：凝視點之先後間的順序關係，而連續的凝視順序構成掃瞄路徑（scanpath）；（4）凝視點的間隔或距離（inter fixation distances or interval between fixations）：凝視點間的距離；（5）瞳孔大小（pupil size）：瞳孔大小的變化可衡量心智活動敏感程度（Backs & Walrath，1992）。其各項參數的大小，可反映出心智負荷（mental loading）的情形，通常心智負荷越重，則瞳孔會呈現愈大的情形(Kahneman & Beatty, 1966; Kahneman & Wright, 1971; Granholm et al, 1996），可以加以利用。

1.以眼動路徑探討多義圖形的辨識歷程

林銘煌、王靜儀（2012）在論文「以眼動路徑探討多義圖形的辨識歷程」的過程之研究，使用加拿大 SR Research 的 EyeLink II 頭盔式眼動儀（圖 2-4），配戴於受測者頭部。藉由 17 吋的電腦螢幕來播放刺激圖片，螢幕 4 個角落黏附紅外線發射器，來作為座標的基本定位位置。同時，頭盔上裝有 3 個微型攝影機，每秒掃描 250 次。

在受測者觀看實驗圖片的過程中，攝影機會將眼動訊息傳回到電腦，同時精算瞳孔的移動位置，並紀錄下眼動情形的資料。而受測者眼睛至螢幕的觀看距離當作控制變項，一直保持在60公分左右、視角約28×22 度，而且保持實驗室內有穩定光源。在配戴眼動追蹤儀頭套之後，首先要進行「眼球校正工作，及設定眼球追蹤器（camera setup），以確認瞳孔位置和螢幕相對位置是否正確。在確定校（calibration）、確認（validation）與眼球漂浮（driftcorrection）設定無誤後，才開始進入正式實驗。藉以保持實驗的相同條件及操作的變數。

實驗時有多張的圖片，每張圖片會出現 3 次（除了最後一張圖出現 4 次外），而每次的任務雖然不同，但是每次觀看圖案時間均為 15 秒。所以受測者在聽到指示後，開始辨識螢幕所呈現的圖片，播放結束後對所需辨識的圖案，需誠實地回答出有看見或沒有看見的部分。舉例說明：（1）第一張「兔或鴨」的圖片，第一次搜索時沒有設定目標物（無需回答）；（2）第二次搜索時目標物是「兔子」（需回答）；（3）而第三次搜索時目標物是「鴨子」（需回答）。看其對不同任務的差異、及其回答的內容及情形，來判斷注意力實驗的情形。

也就是根據選擇性注意力的理論，探討多義圖形的構圖和辨識比對模式的關係，針對三幅曖昧圖形和三幅圖地反轉的圖形，來做為刺激物。經由紀錄眼球運動的參數，再藉由質化研究的開放編碼和主軸編碼的程序，把數據與圖形加以計算、核對、分類、分層等步驟，提出多義圖形構圖方面會影響辨識的概念：那些是主要區域、次要區域、關鍵特徵和輔助特徵等。

研究結果發現在解讀兩組圖形的辨識歷程後，可以**歸類出五種比對模式，辨識主要區域、主要區域與次要區域相互核對、辨識關鍵區域，看不出目標物和看不到目標物**。而多義圖形的搜索與辨識歷程，在解釋**心智驅駛（由上而下）與視覺驅使（由下而上）作用**下，可提供創作者許多多義圖形之參考，讓繪畫也可帶人視覺理論及實驗中。

人們在外在環境中，大部分是先由眼睛接收到訊息，再經由視神經傳到大腦，再藉大腦的組織，以及進行其他的運算過程，用人們所看到的資訊去解釋外界的事物。而且眼睛觀看事物時，大部分視網膜的解像力（resolvingpower）均會很差，需要藉由眼球轉動及調整焦點才能清楚看得見物體。所以在觀看的過程中，眼睛不會規律地只停留在畫面上，而是會在短暫停的感覺（傳遞當下狀況）後，快速地移動到下個該停留的位置。而當眼睛凝視到某一個特徵時，相關的訊息便會迅速地傳達到腦部位，去進行分析比對。然後視覺焦點會再度被指引到其他出現疑惑的地方，直到沒有新發現或感覺索然無味為止（Solso, 1994）。

眼球短暫停留與快速移動的特性，分別被定義成為：凝視（fixation）與掃視（saccade）。當眼球凝視時，而視覺訊息在網膜上的成像會比較穩定，且有較充裕的時間（平均約 250 毫秒）來對訊息作進一步的處理。而掃視則不能，掃視代表眼球的移動從上一個凝視點到下一個凝視點，所以，如果凝視次數是 10 次，則掃視次數就是 9 次。

所以如何刺激視覺，讓其一直產生新刺激的動機，是可以作為設計的參考思考，畢竟視覺是我們應用最多的五感之一。

2.以眼動儀與主觀感受探討高鐵自動售票系統操作介面

謝志成、賴鵬翔、高振源（2010）使用眼動儀探討高鐵自動售票系統操作介面的主觀感受。採用實驗方法，探討台灣高鐵自動販賣售票系統，在其觸控介面設計的操作流程與使用者的視線軌跡，使用者之喜好度及滿意度情形。

2-1.實驗對象

以組內設計（Within-subjects designs）為實驗比較，採立意抽樣的方式邀請年齡平均約在 20~40 歲的 30 位男女性受測者，他們均無色盲或其他眼疾，而且視力矯正後均在 0.8 以上，且通過 Face LAB 的注視校正。

對台灣高鐵自動販賣售票系統的觸控介面設計進行視覺樣本評估，並於實驗後填寫主觀感受的問卷，依「滿意程度的強弱」分別以 1~7 分來代表視覺感知強度給介面設計加以評分，並且輔以使用性評估了解滿意度與認同程度，分數愈高者表示感受程度愈高，所得評估值就愈大。

2-2.實驗步驟

依序分為三階段進行，設計實驗各階段之進行方法說明如下：

（1）第一階段：首先以眼動儀針對使用現有的台鐵自動販賣售票視線軌跡，加以紀錄。所得樣本按照操作流程的步驟方式加以呈現，每個受測者觀測實驗時間為 3 秒，總計 30 秒。受測者需以頭部固定及平常心

觀看介面即可，實驗後進行主觀感受度問卷，及測試系統的觸控介面設計的使用者操作滿意度問卷。

（2）第二階段：以第一階段的使用者視線軌跡紀錄及使用性滿意度實驗，來分析實驗結果，歸納出操作流暢度的條件為何，並進行自動售票系統的介面進行改良創新設計，來做為第三階段的視覺測試樣本。

（3）第三階段：依據第二階段所創新的修正成果，將改良創新自動售票系統介面設計做為視覺感知的樣本。首先進行眼球運動軌跡紀錄，樣本按照操作流程步驟方式呈現，還是每個樣本觀測時間為 3 秒，總計 30 秒，再要求受測者根據實驗心得，接受主觀感受問卷測試。

2-3.依變數（Dependent Variables）

研究的依變數是介面需觀察的點，是讓受測者觀看自動售票機介面操作圖，每 3 秒內瀏覽一張，共 10 張總共時間 30 秒。（1）在於藉由觀察受測者的視覺落點的次數，來了解目前售票系統的介面設計、與（2）修正後的系統介面設計間，是否有過程中有瀏覽差異。

2-4.實驗環境與設備

以模擬方式，利用一般的電腦設計出介面情形成為操作環境，而且操作螢幕沒有背景燈光的反射現象及眩光，以免影響視覺績效與視覺疲勞，藉以控制自變項。所利用的螢幕為 21 吋，可視區域 40cm（寬）30cm（高），以臉部及凝視分析工具 Face LAB v1.1，來進行實驗。

實驗進行前，需先調整受測者的座椅位置，使 Face LAB 的兩個鏡頭與受測者眼睛的觀看距離為 75cm，而且鏡頭仰角為 15 度（圖 2-5），藉此控制實驗環境的變數，以免產生干擾的條件，同時日後亦可再改變自變數來操作實驗的過程，藉以找到更多的結果。

實驗設計時這些條件均需規劃並且有其意義，也就是上述的條件是一般操作介面時的普遍條件及可被接受的條件，這是研究者必須確實掌握的條件，絕對不可馬虎，否則浪費了時間及經費卻沒有參考價值，就太可惜了。

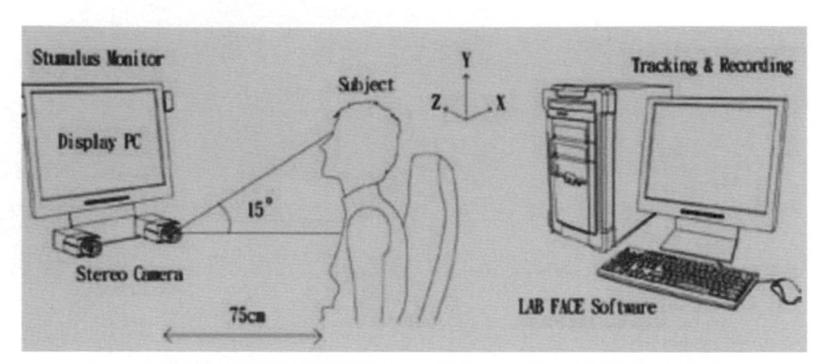

圖 2-5.實驗儀器與環境設定示意圖（謝志成等，2010）

2-5.結果

30 位受測者注視販賣系統介面之視覺掃瞄路徑（圖 2-6），可以看出視線的差異及淩亂，再經由分析來瞭解細節。在這個實驗中似乎沒有發現特別的規則，也可能刺激源太多或分心，而造成實驗的結果。

其實亦可發現一些節點有集中的情形，表示也具有些價值，只是有可能其他干擾因素影響了實驗的進行，而產生成沒有那麼顯著的預期成果而已。

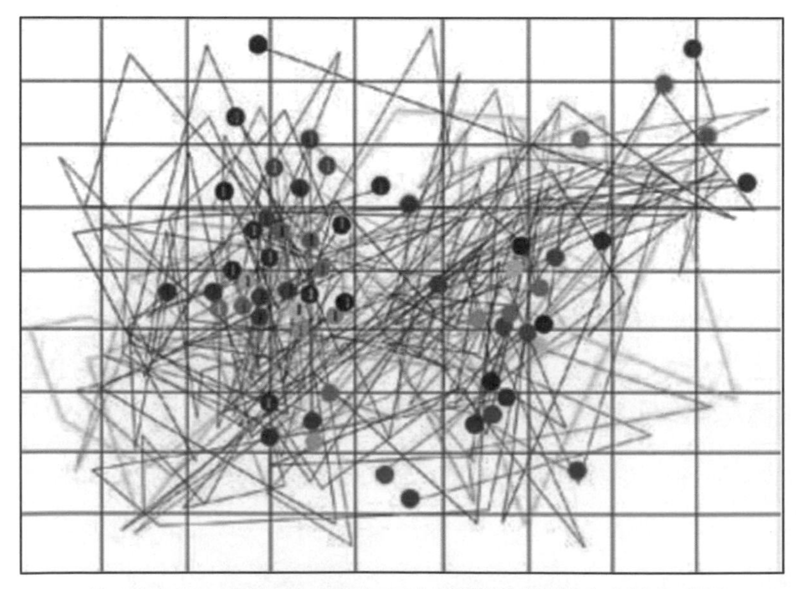

圖 2-6. 30 位受測者注視販賣系統介面之視覺掃瞄路徑（謝志成等，2010）

由於**視覺是與我們最有相關的五感之一，所有的物品均由視覺加以判斷及選擇**，上述的介紹說明了一些應用。如果設備充分的話，我們可

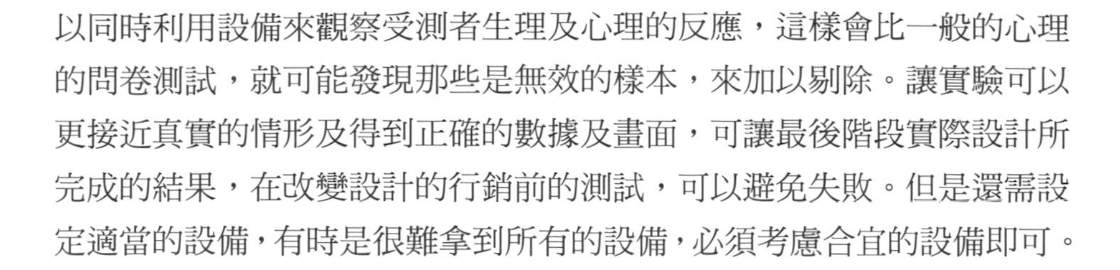
以同時利用設備來觀察受測者生理及心理的反應，這樣會比一般的心理的問卷測試，就可能發現那些是無效的樣本，來加以剔除。讓實驗可以更接近真實的情形及得到正確的數據及畫面，可讓最後階段實際設計所完成的結果，在改變設計的行銷前的測試，可以避免失敗。但是還需設定適當的設備，有時是很難拿到所有的設備，必須考慮合宜的設備即可。

三、　聽覺的部份

（一）原理及過程說明

聽覺是指聲源振動所引起空氣產生的疏密波（聲波），此系統是人體的一個神奇的構造，整個系統的體積雖然很小，但其功能卻奇佳無比、而且很重要。

聲音在外耳時是一種聲波的能量（聲波能；acoustic energy），經由中耳構造的作用而轉成機械能（mechanical energy），同時藉由中耳再產生擴音作用使能量增大，來補償因為介質阻力的不同而損失的聲能，機械能傳至充滿液體的內耳時，再會被轉換成水波能（hydraulic energy）。實在是一個複雜的過程，也可理解過程中任何一部分有問題就會影響聽覺的功能或品質。**這種波能，能活化及起動聽覺神經系統，再被轉換成生物電位能（bioelectric energy）**，使聽覺訊息經由神經脈衝，傳到腦部中樞聽覺神經系統，以達到「聽到」並且理解的狀態，進而產生人對聲音的主觀感覺。因此對於噪音或悅耳的聲音均會因人而異，對於音量的容忍度也會大大的不同。

接續前述文章的說明，其實外耳有一個耳廓及外耳道，功能是用來作為傳遞聲波的通道，並有擴音的效果。而中耳是個機械性的系統，目的是克服因傳聲介質不同而損失音量，它包括有：耳膜、聽小骨鏈、兩條小肌肉及耳咽管。內耳包括有耳蝸及前庭，前庭負責身體平衡的工作，耳蝸則是聽覺的感受器官。

這些器官不僅只能傳遞聲波的訊息，也有擴音作用。而擴音作用一般主要來自：**（1）外耳道的共振作用、（2）中耳聽骨鏈的槓桿作用、**

（3）**源於耳膜及卵形窗面積差異而成的擴音作用**。這三者的位置可由圖 2-7 的耳朵的切面圖，顯示出構成聽覺的主要部份加以說明及辨別。

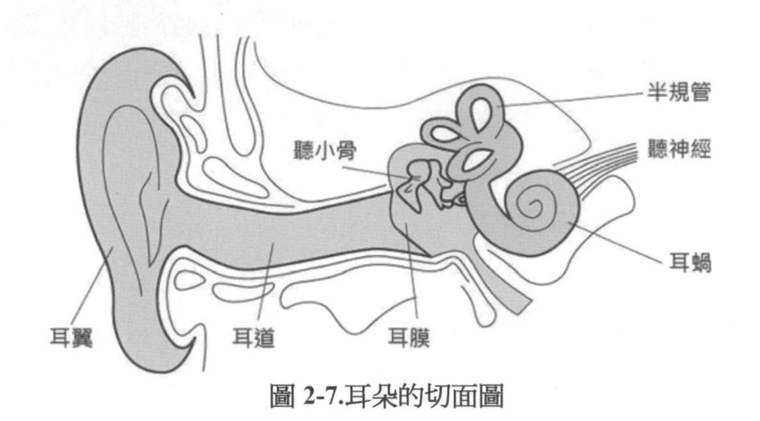

圖 2-7.耳朵的切面圖

聽覺對於動物確實是重要的,而對於各種動物卻有不同的重要意義，野生動物會利用聽覺來逃避敵害，搜尋障礙或用來捕獲食物。而聲音對於人類重要的是溝通的語言及悅耳的音樂，均以聽覺為基礎來接受收發的信息。但是必須當聲波的頻率和強度，達到特定範圍值時，才能引起人或動物的聽覺刺激，產生反應。而人的耳朵系統所能感受到的振動頻率範圍約為 20~20,000Hz。但會隨著年齡的增長，聽覺強度範圍的上限會隨著降低至 0.0002-1000dyn/cm^2（1dyn/cm^2=0.001mbar（毫巴）），就是聽力變得不好了（http://zh.wikipedia.org/wiki）。由於有適當的聲音，可產生及創造出適當的聽覺感受，應用於不同的設計品，增加不同程度的應用。我們講的是希望藉助聽覺相關的條件，來促進設計品的魅力。

就是除了產生音樂的設計品外（例如：音響設施），聽覺應用於相關設計品，可以因此類條件的改善或調整，可以讓設計品增加及呈現其品質；如果忽略了，則會空有優美的視覺呈現成果，而影響了設計品給消費者的印象，如設計品打開的聲音，如果不是預期的效果就會影響消費者的購買慾望。**「聲音」是我們日常生活中每天需接觸，卻常被忽視的**。在產的設計過程中，設計師可以依據人類視覺的要點，進而設計出既美觀又具機能的產品。但聲音的搭配，往往是附屬甚至是被忽略的。

現在人講求需具有五感的設計，就是為了如何賦予產品更多的創作元素，藉以滿足使用者多重感官的訴求，也將是未來設計的主流。可能

這類的專家不多，但是在有些類別設計品，對於異音的排出是重要的議題，但是如何產生好的必須產生的聲音，就得對聽覺的研究後，再針對聽覺的議題進行設計，其實聲音扮演的角色不是只有音樂而已，生活有太多的聲音，有時必須強調或加以刪除。例如在路邊的房子其窗戶就必須想盡辦法加以隔出，居住者才能安心入眠。

汽車的設計，除了完美的造形，如果能更講究「開、關門」的聲音，引擎的聲音能有不凡的表現，就能給消費者不同的印象，增加了設計品的價值感，例如：法拉利的造形，如果沒有一個特殊可辨別的引擎聲顯示其馬力的話，就無法完美的搭配出形與音完美組合。當汽車的視覺造形沒有一個可搭配的聲音的話，這個原本具有魅力、有魄力的造形就因聲音的缺失而失去了原應有的震撼效果。當然誰是主角或誰是配角，或男女主角如何搭配，就得看主題及角色的安排了，讓兩者能可以有完美的組合是尋求的目標。

（二）相關研究案例及應用

1.從聽覺角度切入，以汽車關門音為探討的主要對象

張育銘、洪偲芸（2012）為了研究關門聲從聽覺角度切入，以汽車關門音為議題。從了解聲音相關理論，再以感性數值化為基礎來設定如何產生實驗數據，就是希望探討聲音波形變化與感性認知間關係，試著掌握聲音的物理要素與感性意象間的關連。到底車的關門聲影響了我們的那些感性，藉此改善關門聲及希望獲得高級車關門聲之感覺。記得福特汽車就有一部車強調聽其關門聲猶如是賓士車，來強調其汽車品質。

設定好實驗對於汽車關門聲的感性評價，並將聲音解析分成：頻率、時間、振幅、半峰寬度，來予以數值的定義。所得的結果以 SPSS 軟體進行迴歸分析，而得到各感性語彙的迴歸方程式。也就是希望找到好的聲音，到底是上述的聲音解析要件，到底如何改進就能得到好的關門聲。

實驗結果將可提供完整的考量視覺與聽覺的車門關閉音，到底如何搭配。設計師的研究可運用雙重感官手法進行設計，來提供工程師作為改進依據，找到滿足消費者需求的條件。

1-1.研究方法步驟

在汽車關門音的取樣，為求減少聲音的取樣差異，將固定由一名人員執行各廠牌車門關門動作，並測量在各種設定情況下收錄的聲音表現，求得最佳錄音設定。

執行關門動作人員選擇條件，引用王靜儀（2008）的研究數據，平均年齡介於 25 歲上下，平均身高 165.94 公分，平均體重 60.20Kg，平均手長大小 175.90mm，推力平均為 6.79kg。收音器材如麥克風打開角度 90 度易產生爆音，因此統一打開成 120 度收音，來減少樣本雜音。此外在車內收音時，發現麥克風朝向車頂、背向車門，其音質表現不佳，而朝向車頭收音效果最好，因此訂定位置如表 2-2 所示，確定出實驗的擺設。

表 2-2 收音器材位置列表

1 車內	（1）車內位置：平放於駕駛座中央
	（2）麥克風角度 20。 麥克風朝向車頭 分貝計數設定 2~3
2 車外	（1）車外位置：高離地 1m 處/定點在 60 度的延伸線，過 B.60 點垂直距離 30cm 處
	（2）麥克風角度 麥克風朝向車門 分貝計數設定 3~4 120。

關門施力的人要站在以點 A 為圓心，（車門寬 R+30cm）為半徑繪製的弧線當作控制變項，再依照與車身呈 30 度、45 度、60 度，而延伸線相交叉的點 C.30、C.45、C.60 ，分成車內、車外的兩種收音方式 (圖 2-8) ，分別完成關門動作，計收錄 6 次汽車關門聲音。來判斷關門聲音在不同位置會聽到何種感受，是一個很重要有趣的研究。

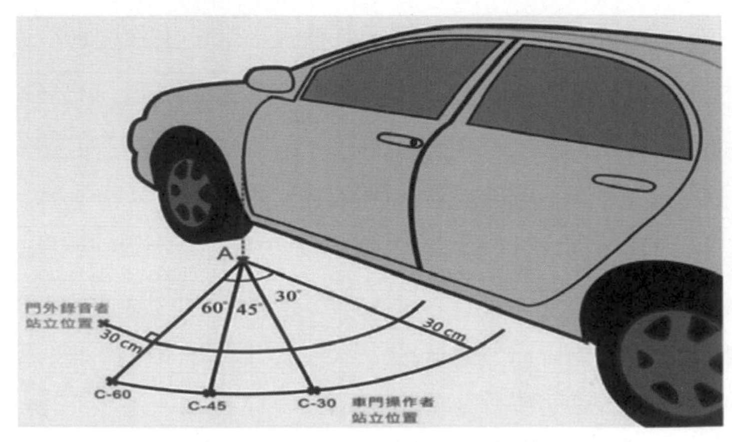

圖 2-8.車門錄音角度（張育銘、洪偲芸，2012）

1-2.研究分析

經測試後發現呈 30 度時是最好施力的角度，訂定 30 度角為車內環境，即車門開啟的角度；而 45 度角卻是車門最佳開啟角度。接著將收集得來的各廠牌的汽車關門音，以 Adobe Audition 3 軟體進行波形繪製，將收集到的汽車關門音繪製成音波形，進行篩檢動作，剔除相似的聲音。之後分析波形的變化與意象評價差異的關聯性，來判斷好壞的聲音及對人的印象為何。

分析步驟為：（1）將聲音樣本去噪成單純的標準化，維持原始樣本波形不變，並統一樣本峰值振幅最大值為 0dB。（2）觀察波形後刪除波形相近的樣本：為維持樣本的多樣性，11 個汽車品牌均各至少保留一個聲音樣本，最後共篩選出 20 個汽車關門聲的樣本。（3）將篩選結果列表紀錄，以進行汽車關門音的感性主觀評價。並運用之後的分析波形變化與意象評價差異找到關聯性。

33 位受過兩年以上設計專業訓練的學生為受測者，其中 20~33 歲的男性 16 位（48%）、女性 17 位（52%）。請受測者依三個感性語彙，進行 7 階 Likert 量表的感受評價，再將評價結果與聲音的物理數值進行迴歸分析。得到迴歸方程式；頻率、音量所產生的感性感覺的等式，藉以適當的頻率與音量產生沉穩的、流暢的燈的感覺控制。

如下的頻率（frequency）與音量（volume）所得到的迴歸方程式中，可看到音量與感受間呈現正相關、頻率則呈現負相關。表示音量越大、頻率越低則愈有三個語彙的感受，而不同的語彙感受其頻率及音量所增減的量亦不同。

因此可以依據想要得到的需求來改變頻率及音量，藉以滿足消費者需求。由於聲音的頻率前的係數是負值對感受差異影響不大，造成感受差異的主因在於音量的大小變化。而音量的變化，則以半峰寬度變化量是影響主因。

（1）沉穩的= - 0.013 頻率 ＋0.588 音量

（2）流暢的= - 0.501 頻率 ＋0.585 音量

（3）時尚的= - 0.509 頻率 ＋0.607 音量

2.運用聽覺與視覺共感覺於產品造形設計之研究

李佳穎（2010）由葉雯玓教授指導研究的關於聽覺與視覺的關係；一邊聽音樂、一邊做設計，是否能激發設計師的造形設計靈感? 研究者以「共感覺（synaesthesia）」的概念：意即在音樂(刺激物）的刺激下，探討設計者的「聽覺」與「視覺」是否能同時產生反應，進而將視覺的反應物運用在產品造形設計的發想。其研究目的為：

（1）探討設計系學生的聽覺與視覺的共感覺狀況。

（2）探討學生如何運用聽覺與視覺的共感覺之結果於造形設計上？

（3）比較「無」音樂刺激與「有」音樂刺激時，產品造形設計的感覺差異為何？

（4）比較不同的音樂類型(重節奏音樂與重旋律音樂）刺激時，產品造形設計的差異。

採用實驗設計法，共抽樣 20 位設計系所學生進行實驗。研究第一階段為「聽覺與視覺共感覺實驗」，第二階段為「造形設計實驗」。其中，造形設計實驗又分成在無音樂刺激、重節奏音樂刺激、與重旋律音樂刺激時，分別進行產品造形的設計。

研究結果發現：（1）受測者將視覺共感覺的反應物運用於產品造形設計的方式有直接運用、與轉化運用兩種。（2）在「節奏較突出」的音樂刺激時，受測者看到的畫面較多元化；在「旋律較突出」的音樂與「節奏與旋律皆突出」的音樂刺激時，受測者傾向於看到情境、場景的畫面。（3）在無音樂刺激時，受測者所繪製之造形設計案總數量比較多；但在有音樂刺激時，受測者所繪製之造形設計會增加抽象造形與動態造形的運用以及產品之紋路質感的呈現。

3.振動覺於產品開發使目者介面設計之研究

何明泉（2003）經由對於震動的研究，探討在不同的振動頻率對於人類感受意象之影響，以及人體手部與腰部對於振動的感受有何差異。研究發現人對於振動秒數長、而間息時間短的振動形態較無分辨其差異化的能力，而經六組樣本統合分析觸覺與視覺對意象差異研究一以塑膠材質咬花為例後，發現人對於振動的感受多是「平穩的」、「舒服的」、「明確的」、「俐落的」之意象形容詞語彙。

在經過手部與腰部實驗結果比對分析後發現，腰部對於振動的感受力要比手部的感受來得強些，經由實驗的結果更可得知，人體手部對於振動的感受，可以作為振動的時間為時間軸樣本的一個變數。這樣的研究可以理解震動的意義及可能的應用，使得五感在由觸感延伸出來的震動可以應用產品設計上，而對於某些以震動為動力來源的產品，會是一個重要的研究根據。

四、 嗅覺的部份

通常會被應用於化妝品、香水等與香味有關的議題，但是在設計品的世界裏面，也漸漸在乎了它的無形且揮之不去的影響力。也有一些產品會在生產的過程加入香味，來讓產品的特色更顯著。尤其在食品的世界，唯有色香味俱全才能有絕佳表現，去獲得消費者的青睞。

但是在料理之外的設計品，也漸漸需加入此議題，來增加其魅力。在還未能找到可加分的嗅覺味道前，尤其不能有讓人不舒服的味道出現。目前的工業設計均希望沒有發出味道，來做為產品的立場，以免對設計品沒有加分效果外，而產生不良的影響。相信未來會有增加氣味一般商品，而如果有氣味的 3C 產品，應可在只有塑膠味的世界多了些趣味。

（一）原理及過程說明

嗅覺是一種感官的感受知覺，由嗅神經系統和鼻三叉神經系統兩種感覺系統所參與形成的整合和互相作用。

嗅覺的受器位於鼻腔上方的鼻黏膜上，包含有產生功能的皮膜細胞、和約有特化的 1,000 萬個嗅細胞，嗅細胞是雙極細胞，它向外的突起已經變成嗅纖毛，嗅纖毛伸入嗅上皮表面的黏液是嗅覺刺激的受納器，雙極細胞的軸突穿過篩板，進入嗅球，由嗅神經再連接到腦。而嗅覺系統是指感受氣味的感覺系統，他將化學信號轉化為一種感受。大部份的哺乳類及爬蟲類動物的嗅覺系統，均由主要的嗅覺系統（main olfactory system）及輔助嗅覺系統（accessory olfactory system）組成。前者負責感應氣態物質的氣味，後者則負責感應液態物質的氣味。如圖2-9所示人類嗅覺受體、嗅球、嗅葉的位置。它是通過長距離的感受而成化學刺激的一種遠感覺。而下一節要講的味覺，則相反是一種近感，正常人馬上可以反應出來。

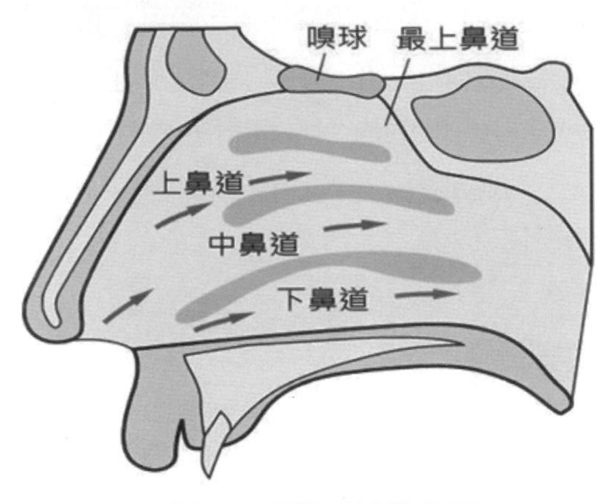

圖 2-9.嗅覺系統的位置

海馬回的鉤部是嗅覺的主要中樞，刺激物隨氣流刺激嗅纖毛時，在正常呼吸的氣流，幾乎會全部經由下鼻道而通過，如果到達不了嗅感受器，就不會感受到氣味或較不明顯。有時需用力吸氣時，氣流才能到達上鼻道，進而刺激嗅纖毛。而進食時有氣味的物質，留存時間較長也可由後鼻孔上達嗅感受器，所以嗅覺和味覺經常是聯繫在一起的。嗅覺神經不同於視覺、聽覺或觸覺，不先經腦幹和視丘，直接由側嗅覺（lateral olfactory tract）通至大腦皮層而做出判斷。

一般會以引起嗅覺的物質來描述氣味，通常有；花香氣、水果氣、樹脂氣和香料氣，或與這四種相似的氣味。另外有相對的腐爛氣和焦臭的氣味。人的嗅覺非常敏感，比味覺高出 1 萬倍。人能聞出含 5×10^{10} 個分子空氣中的一個硫醇分子之存在，受訓練過的人能覺察並且分辨出高達 5000 種的不同氣味。長期人們認為嗅覺的差別感受性比較低。但近年的測定表明**嗅覺比味覺更靈敏，可能與視覺、聽覺一樣靈敏**。例如，嗅覺韋伯分數可達 1/20。如果可借助設備來判別味道的數據，再加以分析改善，就更容易使之成為研究及探討的議題。

而空氣的溫度和濕度，對嗅覺的感受性也會有極大的影響，因為這兩個因素會**影響到氣味分子的振動和傳播**，甚至影響到其濃度。由於嗅中樞與腦及中腦的許多中樞是相聯繫的，因而嗅覺的感受性和植物性神經系統的活動，以及內分泌腺的活動有密切的關係，有時飢餓可對食物的嗅覺感受性提高。這種感知也會像色盲、味盲那樣，有些人也會先天或後天喪失嗅覺，或對某種特殊氣味的感受性遲鈍或喪失。但有時（如感冒）嗅覺會暫時的缺失，**所以嗅覺較易受環境或人本身的影響**。

適應是嗅覺極為顯著的特點，對一種氣味的適應並不只是說感受性降低了一些，而是感覺不到它了。也就是當你在某一環境中一段時間，會對環境內的氣味因適應而產生嗅覺遲鈍。古曰：如入鮑魚之肆，久而不聞其臭；海畔有逐臭之夫。氣味的相互作用有許多不同的情況會發生，**當一種氣味的強度大大地超過了另一種氣味的強度時，就會有氣味的掩蔽現象**；當兩種氣味的強度適宜時，就會出現氣味的混合效果；兩種氣味彼此越相似就越易混合，並且越難把它們區分開來。

對於香水的嗅覺，相關公司目前還是靠人的判斷，利用聞香師的經驗來調整及調配。一般香水是一種混合了香精油、固定劑與酒精的液體，用來讓物體，通常是人體部位擁有持久且悅人的氣味。而精油是取自於花草植物的蒸餾，比如說橘花或玫瑰。如果無法蒸餾的時候，就會使用脂吸法（enfleurage），比如說茉莉原精（Jasmin Absolute），是用油脂吸收帶有香味的物質後，再用酒精來萃取出香精油。

另外也會使用帶有香味的化學物。以固定劑來將各種不同的香料結合在一起，包括有香脂（balsam）、龍涎香以及麝香貓與麝鹿身上氣腺體的分泌物。同時以酒精濃度取決於成；香水、淡香水（Eau de toilette）還是古龍水三類的等級（http://zh.wikipedia.org）。

目前還沒有被公認的嗅覺理論。但是對嗅覺細胞及嗅神經纖維的電生理研究，顯示每一個感受器可以接受許許多多的氣味刺激，而不是只對某一特定性質的氣味刺激而起反應。因而人們推測，由大量的嗅感受器發出的不同神經衝動模式可能是確認氣味性質和辨別氣味的基礎（**http://203.68.243.199/cpedia/Content.asp?ID=5157&Query=1**）。

如何改善過敏的設備，常用的過濾設備，如何顧慮到不同情境或消費者的產品。

（二）相關研究及應用

經由呼出的一口氣，即可知肝臟損傷程度，陽明與交大教授合作，利用半導體元件研發出「電子鼻罩」，只要呼一口氣，就能知道是否有肝細胞損傷，提早介入治療預防肝病。鄭宏志與交大光電系冉曉雯教授、物理所孟心飛教授的合作，利用有機半導體光電元件材料，所研發出的一種便宜且簡便的電子鼻罩，利用電流檢測呼氣中氨濃度，當電流下降，代表呼氣氨濃度升高，恐有肝損傷（人間福報，2012/9/4）。

冉曉雯表示，傳統光學及質譜分析儀雖可精準分析呼氣氨成分，但儀器設備至少上千萬元，民眾需到現場採測，較不方便也難推廣。但鼻罩呼氣裝置簡易便宜，透過冷凝及奈米顆粒技術，可控制溼度，避免二氧化碳干擾，準確測得呼氣氨濃度，每個成本僅幾十元，未來可進一步發展適合自我居家檢測，「像驗孕棒一樣」，提供健康警訊。

1.造形與嗅覺意象之關聯性研究-以研究香水為例

李麗娟（2006）以香水為例，透過香水味與香水瓶造形之適合度調查，探討香水瓶造形與香水味嗅覺意象之關聯性。想釐清（1）受測者的香水意象結構，及香水味意象與香水瓶造形設計要素間之對應關係；（2）不同性別對香水瓶與香水味之喜好差異；（3）所喜好之香水瓶造形與香水味間之適合程度。最後研究成果歸納為下列三部份：

第一部份：香水味意象之結構及香水瓶造形與香味意象之對應關係（1）構成香水味意象之要因為「親近的⟷疏離的」、「清新的⟷濃郁的」、「柔和的⟷陽剛的」等三因子。（2）香水瓶透明度高，予人較「親近的」香味意象，反之，透明度低則予人「疏離的」香水味意象。香水瓶造形之線條富變化及造形圓潤者偏向「清新的」香水味意象，反之，造形線條方直，造形元素單純者，則較偏向「濃郁的」香水味意象。香水瓶愈具備方形銳角的造形特徵，越具有「陽剛的」香味意象，反之，圓角越大則愈偏向「柔和的」香水味意象。

第二部分：男性、女性對於香水瓶造形與香水味的喜好（1）男女性均喜好偏向圓瓶的造形。（2）男性與女性喜好的香水味不同。男性較喜好「強烈的」香水味；女性則喜歡「淡雅的」、「迷人的」香水味。

第三部分：喜好的香水瓶造形與喜好的香水味之間的適合度男性、女性對於最喜歡的香水味與香水瓶，在香味意象與造形上，也多有較高之適合度，女性受測者之反應尤其明顯。

在嗅覺的議題上，ALESSI 公司產品，由 Stefano 的設計帶有玩笑似的幽默，設計出圓滾滾的彩色瑪莉餅干盒（圖 2-10），上盒蓋還加放了一片彩色餅乾，除了有溫暖材質觸感有多款顏色提供選擇，竟然有餅乾香味。這是傳達產品意象的一個新開始，雖然產品擁有嗅覺的味道是大家期待的，但是在現實的設計裏面，卻是少有這樣的設計概念，也可能是塑膠品加入正確氣味困難，氣味也會在環境中逐漸消失。

圖 2-10.ALESSI-瑪麗/餅乾盒（http://www.italian-lifestore.com.tw）

另外設計品中以嗅覺的氣味來表達產品，我認為是以木材為材料的設計品為最多。如果用心的設計，就不該只在乎它的質感，而忽略了氣味，而擔心摸髒了以透明漆漆在傢俱上，因此失去了木材的氣味特色是很可惜的事情。木材的產品除了視覺、觸覺外，嗅覺不該被忽略了。由於日本人特別喜歡木材，在日本除了城市高樓大廈，一般還是以木造房屋為主，室內設計更一定會喜歡木造，他們決不會在木材表明上漆，而保留下杉木的氣味，一直可以享受著從木頭裡發出來的氣味。

檜木是台灣特別稀有的木材，台灣檜木其氣味的魅力遠近馳名，近來因為物以稀為貴，竟然只可看到不能成材的木頭，所鋸成的一塊一塊木頭，以氣味當成特色，就能當成產品的魅力來賣了。南投的車埕地方本是台灣的木頭集散地，也有以賣檜木為主的商家（圖 2-11），可見氣味是可以形成一種賣點，顯現其重要性。

有些商店會想法發出特有的氣味，來吸引消費者，畢竟這是視覺之外的一股莫名的魔力。所以思考並且設計出有嗅覺氣味的特色，也是行銷的策略之一。只是在產品設計類別，可能保存或一致性，在大量生產的品質管制有困難，所以較少被應用，是值得一試的設計概念。

圖 2-11. 台灣檜木塊狀產品（攝於集集鎮車埕）

五、　味覺的部份

（一）原理及過程說明

味覺是嗅覺、視覺、觸覺的好伙伴，也是食物撩撥了味蕾把重要訊號（甜味或苦味，營養或有毒）送達腦部所產生的結果。

過去我們對味覺和風味的理解迸發出許多意想不到的真相，原來食物以無比複雜的方式擾亂我們的認知，一直以來，我們的偏見也對味覺體驗做選擇性的接受。它是物種感官（包括聽覺）以意想不到的方式相互影響所得的產物，這些感覺訊號再由大腦的神經組織進行整體的校正（Moyer, 2013）。你的大腦知道每個嗅覺訊號來自何處，有些來自鼻孔、有些來自嘴巴，而來自嘴巴的訊號會與來自味蕾的訊號結合在一起。

味覺可說是一種受化學刺激而直接產生的感覺，傳統上西方專家認為味覺有四種基本味道：甜、鹹、酸、苦。而東方的專家則加入第五種味道—鮮味，而鮮的味道也是近期才受到承認。新鮮的味道感覺是食物很重要的味覺之一，也與嗅覺及視覺有關，一顆高麗菜如果新鮮，可以

經由視覺看出，炒出來的菜口感絕對不同。一條新鮮的魚更是比不新鮮的魚價值差異很大，就連冷凍或是現流的魚也是很大的價值差異，後面的烹飪技術所賦予的味道，只能顯示廚師的功力。

高島屋日本橋店直營的家常菜專賣店「foshon」2006 年 10 月至 2013 年 10 月出售的「明蝦凍」食材用的是黑虎蝦。業者表示草蝦價格太貴，所以才用黑虎蝦，沒變更商品名是重大疏失。高島屋的 5 家店及 1 所營業站從 2004 年 4 月到報載，共 18 萬件商品造假。京阪飯店也宣布旗下在京都與大阪的 3 家飯店使用的牛排肉，其實是注入牛脂的成形肉。JR 九州公司旗下 JR 九州飯店也宣布，在宮崎、鹿兒島縣的 2 所飯店所使用的食材標示造假，這在日本是重大事件，必會造成社會事件及倒閉（http://www.chinatimes.com/realtimenews）。

雖然大多數人的味覺有時會被標識欺瞞，但是少部分人卻可以加以清楚地辨識出來。味覺所指的是人能夠感受物質味道的能力，不僅包含食物、還有一些礦物質，及一些有毒物質的味道。與嗅覺相比它是一種近覺。人類對於味道也常受嗅覺的影響，我們所聞到的味道會在大腦中和味覺細胞所得到的刺激綜合，才成為我們所認知的味道。

長期以來人們通都僅接收存在的有限之基本味道，由鹹、甜、苦、酸的 4 種基本味覺，而由這 4 種味加以調製出所有食物的味道。**這 4 種不同味覺的刺激，舌的不同部位對應不同的味之敏感程度：舌尖（甜），舌根（苦），舌邊的中間處（酸），舌的前部（對鹹刺激最敏感）**。由於對味覺刺激的研究尚不充分，一般認為酸味和鹹味是經由離子作用所產生的結果。而物質是甜和苦的常會有類似的化學性質，它們大多數不會在水中被離子化，所以甜與苦的味覺機制可能是屬於同類。

在味覺分類的心理物理學實驗中，常把苦、甜、溫等合算在一起，而把鹹、酸、冷而算作另一類。可溶性物質作用於味覺器官而產生的感覺，通常具有嗅覺、觸覺、溫度覺和痛覺等成分，所以日常生活中沒有單純的味覺。所以發現消費者對於食物的味道需求，而如何去量測或重現味道，成為餐飲研究的重要議題。可溶性物質作用於味覺器官而產生的感覺。它通常具有嗅覺、觸覺、溫度覺和痛覺等成分，而日常生活中根本沒有單純的味覺，都是各種氣味的合一感覺。

覆蓋在舌面上的味蕾是味感受器（圖 2-12），舌面的輪廓乳頭、菌狀乳頭、葉狀乳頭內含味蕾。每一味蕾有一味孔，從皮下神經叢來的神經纖維進入味蕾後，有一毛狀末梢（味毛）伸到小孔。味覺刺激來自可溶性物質，因為只有液體才能與小孔中的神經末稍接觸而引起味覺。與味蕾相連的神經纖維成組加入舌咽神經、迷走神經、面神經和三叉神經，傳入腦幹（**http://www.internet.hk/doc-view-61774.html**）。

在舌面上的味蕾是味的感受器，舌面的輪廓乳頭、菌狀乳頭、葉狀乳頭內含味蕾。每一個味蕾有一個味孔，而從皮下神經叢而來的神經纖維進入味蕾後，有一毛狀末梢（味毛）伸到小孔。

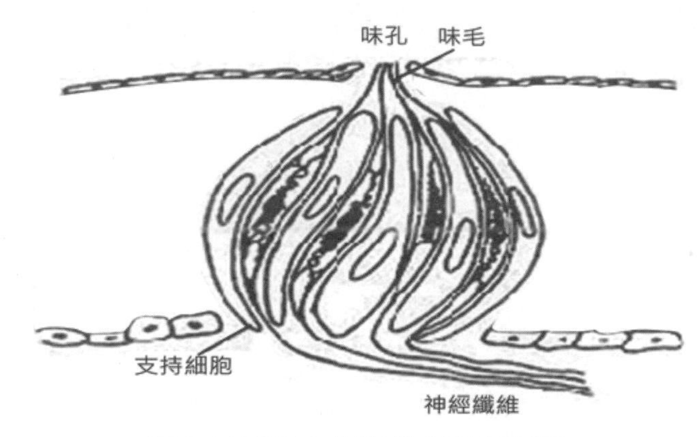

圖 2-12.舌面上的味蕾（味感受器）

味覺刺激需來自可溶性的物質，因為只有液體才能與小孔中的神經末稍接觸而引起味覺。與味蕾相連的神經纖維成組地，加入舌咽神經、迷走神經、面神經和三叉神經，進而傳入腦幹。面神經的分支鼓索神經，從舌通往延腦時途經中耳的小骨，接近鼓膜。

因此，可以從接受中耳手術人的鼓索神經上，可以直接記錄出反映味覺變化的神經衝動。如何利用此感覺來加強的設計，例如器皿除了視覺外，如何引導味覺給消費者。設計能導向或加強味覺的餐具，或能清理味覺專門或兼用的產品。

味覺的感受性變化會受許多因素影響，當人體的一般生理狀態發生較大變化時，也會導致人的味覺變化，我們常會發現病人、孕婦的味覺發生變化。這種感受性變化也反映了機體對某種物質的需求，也說明了味覺在維持機體內環境的平衡中，有著重要的作用。特別的是在各種有味物質混合後，並不會失去其個別原來的味道。更可從食物料理嚐出所含的調味料為何？而味覺也會以很快的速度與人發生適應現象，也會很快厭倦某種味道
（http://203.68.243.199/cpedia/Content.asp?ID=5064&Query=1）。

（二）相關研究及應用

1.氣味與具象產品之情緒作用的認知探討-以花器為例

何俊亨、丘增平（2010）氣味與具象產品之情緒作用的認知探討-以花器為例。研究分成兩個階段；從「單一感性之情緒作用」至「複合感性之情緒作用」各分別作探討。

造形與嗅覺意象之關聯性研究；第一階段實驗主要是探討受測者的「單一感性」與「情緒作用」的各別關聯性，並利用 PAD 情緒量表分別與「視覺」與「嗅覺」的單一感知，來分析受測者對於產品的特徵屬性（視覺）與氣味的特徵屬性（嗅覺），在情緒三構面：愉悅度、激發度、支配度的關聯性，加以研究。

1-1.產品與情緒共同意象空間-視覺

此步驟方法主要為利用產品樣本圖片與正向情緒的反應所架構成的網路問卷，並以五階李克尺度量表來評量受測者在花器產品對正向情緒的產生與產品意象高低的關聯程度。

其中在產品樣本圖片製作包含產品意象、產品造型、色彩等整體資訊，為了避免受測者被其他因素所干擾，故去除品牌 logo、文字等資訊。而受測者接受過工業設計教育 2 年以上的受測者，以 20-30 歲之男女為受測對象，總共有 38 人成受測者。

1-2.氣味與情緒共同意象空間

嗅覺此階段方法主要為利用氣味樣本與情緒量表的語彙架構成問卷，並以 9 階李克尺度量表來評量受測者在不同的氣味對情緒三大構面的影響與關聯性。氣味採用 Milotic（2001）所整理出十大氣味，經過半結構式問卷挑選出六種代表氣味並選出具體氣味；為花香（floral）-茉莉花、

草本香（herbal）-薰衣草、果香（fruity）-青蘋果、甜香（sweet）-蜂蜜、木質香（woody）-松木、柑橘蘚苔香（citrus）-佛手柑。

氣味樣本製作是將氣味以 1ml 的劑量噴灑在 4 cm x 6 cm 的紙片上（紙張磅數：185g/m^2）待其略微揮發，將氣味樣本紙片貼於問卷樣本頁中間（紙張磅數：100g/m^2），再以 8 cm x 6 cm 之膠膜將氣味紙片完整覆蓋密封，每個樣本只使用一次（受測者受測時撕開膠膜嗅聞，受測結束該氣味樣本即捨棄不重複使用，以控制氣味樣本之品質）。

便利抽樣的方式進行，主要以 18-30 歲之男女為受測對象，共 30 人。

1-3.複合感性之情緒作用

此階段目的為測試氣味與產品意象適合度在情緒三構面上的差異，並與第一階段的實驗數據比對，瞭解加入不同的變因（氣味），對產品意象情緒作用的影響。

而此階段研究方法是以實體產品樣本與氣味之組合，而採用的實驗計劃法，將適切的實體產品與氣味作使用者的共感覺之認知比對實驗，進而作情緒量表問卷測試，藉以探討視覺與嗅覺的複合感性之情緒作用探討。

經由上述分析後，選定花器產品（分別為具象與不具象之產品）與氣味（共 6 種），以實體產品為樣本，並採用實驗計劃法，讓使用者去比對兩個相同的實體產品，一個具有附加的氣味（實驗組），另外一個則沒有氣味（對照組），並挑選數個適切的氣味與產品組合進行交叉比對，以探討產品意象與氣味的關聯性與認知空間。而研究的產品樣本與氣味樣本如下（表 2-3）所示。

而實驗流程製作氣味貼片貼於實驗組與對照組的實體產品上，與氣味採交叉比對的方式受測，而每次氣味更換中受測者需嗅聞咖啡豆以去除前一氣味的記憶。在實驗的過程中要求受測者戴上黑色墨鏡觀看產品，以降低受測者視覺與觸覺對氣味上的刺激度。

受測對象以受過工業設計教育 2 年以上者，經由簡單的嗅覺測試無嗅覺障礙者，而且必須不能有感冒、鼻塞、頭暈，當天身體狀況良好者，大家的年齡範圍為 20-30 歲，共 30 人。而實驗的受測方式與實驗器材的配置如（圖 2-13）如下所示：

表 2-3.實體產品與氣味樣本（何俊亨、丘增平，2010）

	具有產品意象	不具產品意象
花器類		
氣味屬性	花香--茉莉花	草本香-薰衣草
	果香-青蘋果	甜香-蜂蜜
	木質香-松木	柑橘蘚苔香-佛手柑

圖 2-13.實驗受測圖與實驗器材配置（何俊亨、丘增平，2010）

六、 觸覺的部份

（一）原理及過程說明

所謂觸覺就是皮膚（圖 2-14）在受到機械刺激後，所產生的各種感覺。而單純的觸覺沒有那麼單純，所以**觸覺按刺激的強度可分為；接觸覺、和壓覺。其實外物輕輕地刺激皮膚，甚至連風吹都會立即產生些微的接觸覺。可見觸覺的敏感度及作用是無處不在的，值得加以研究，該去找出一些原理而，不要把它當作只是件自然的事而已。**

當這些刺激強度增大時，就會產生出壓覺。所以觸壓覺就是觸覺和壓覺的統稱。它們是在皮膚受到觸、或壓等機械刺激時，所引起的有知覺的感覺。觸點和壓點在皮膚的表面上接觸的分布密度、以及大腦皮層對應的感受區域面積，與該部份的對應觸-壓覺的敏感程度會呈正相關。而人的觸壓覺感受器，在鼻、口唇，和指尖的分布密度最高，所以這些區域的敏感度也就自然會最高，可以考慮如何應用此特色於設計、或再利用於各種設計的應用上，這樣也是一種新的方向。

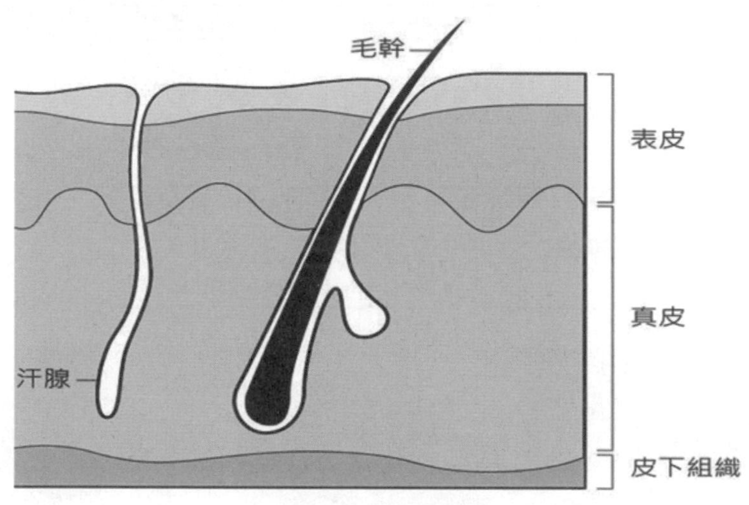

圖 2-14.皮膚構造

上述區分只是爲了區別，實際上二者通常會結合在一起，統稱為「觸壓覺」或「觸覺」。**所以觸覺除觸壓覺外，還有一種叫「觸摸覺」。觸摸覺是皮膚感覺和肌肉運動感覺的聯合**。也就是需要移動才能有這種感覺，因此也稱為皮膚－運動覺、或觸覺－運動覺。**觸摸覺為人手才獨有，是人類在長期勞動過程中所演化形成的**。由於有人的手主動地參與才形成，觸摸覺又稱作「主動觸覺」。

觸壓覺因為不需這種主動的運動參與，而稱作「被動觸覺」。主動觸覺在許多方面優於被動觸覺。所以如何區別兩者加以應用於設計或生活中，除了用觸覺感知物體的形狀和大小外，依靠手的主動觸覺可形成那些產品構想，值得深思。

一般觸覺感受器被認為在有毛髮皮膚中的毛髮，在無毛髮皮膚中則是邁斯納觸覺小體（Meissner tactile corpuscle）。刺激觸盤、真皮神經網絡，也可產生觸覺。巴西尼小體（pacinian corpuscle）也與壓覺有關。身體受機械式地刺激導致皮膚變形，從而刺激感受器、或神經終端而產生觸覺。

觸覺的感受性，可以少見的弗賴（M. svon）的毛髮觸覺計（hair tactometer）來測量，該儀器是在棍棒的一端固定一根毛髮，用毛髮觸壓被試的皮膚表面，感受性以每平方毫米皮膚上所受到的壓力（克/平方毫米）。頭面部和手指的感受性較高；四肢和軀幹的感受性較低。與身體不同部位在大腦皮層中央後回投射區的大小相關。而人體左右兩側觸的覺感受性沒有明顯的差別，女性的觸覺感受性會較略高於男性的。觸覺在持續刺激的作用下會出現適應性，也就是感受敏感度降低，所以我們生活的觸覺會因習慣而無感，例如剛踏到以個新材質會覺得舒適或不安，如果不是很不舒服，久了就覺得還好，漸而不知了；相反舒適性亦然。如何創造或改善生活，需要提出不同的思維，來解決。觸覺的適應時間也隨刺激的強度而有不同的變化，也隨接觸的皮膚部位而不同。

關於觸覺適應的機制，認為機械刺激引起皮膚變形的觸覺，當刺激物停止運動、或刺激觸壓速度減慢到一定程度，感受器就不會被激發。於是觸覺感知因而減弱、或消失。適應其實是刺激物失效，而不是感受器、或神經系統無法反應。也就是說，觸覺適應是刺激由動態而變為靜態的結果，因為無法查知變化所依被認為沒有。另外被認為適應是感受器和中樞神經系統反應能力的減退，嬌生慣養了。

刺激作用於皮膚時，我們可以憑著大腦的運作，而分辨出刺激的位置，來進行觸覺定位的過程。頭面部和手指的定位準確性較高，四肢和軀幹的定位準確性較低。無論是上肢還是下肢，部位越遠離軀幹，其定位的準確性也就越高。在手掌上，定位常傾向拇指和腕部。提示觸覺定位常以身體的某些器官或特定部分來作為參照。人的觸覺定位往往需要藉助視覺表象來實現（http://203.68.243.199/cpedia/Content.asp?ID=4502）。

（二）相關研究及應用

1.大型觸控螢幕內三維虛擬物件的旋轉操控模式與手勢型態配對之研究

「手勢」是人與人在互動時的自然動作，也是一種非語言的肢體訊息，屬不易做假的自然表達方式（Pentland, 2008）。顧兆仁、陳立杰（2011）

提出這些肢體的動態讓人們得以溝通，進而相互瞭解與表達內心想要表達的意思；而面對電腦觸控螢幕，欲進行人與機器最自然、便捷的相互溝通，即需依賴觸控手勢的操作介面。

近年來更多的研究者，利用其特性並結合多媒體數位內容，成功地提升了老年癡呆症患者與看護人員之間的溝通模式（Astell et al., 2010）及協助人們與三維視覺化之科學數據，進行互動（Yu&Isenberg, 2009）。

這個研究以製一款三維擬真生態物種，在大型觸控螢幕上，透過受測者以手勢互動的操作，介紹其細部外觀，並透過實驗與統計的過程加以分析，透過探討水平與垂直拖曳、直線斜角拖曳、弧形或旋轉拖曳與輕推，由四種不同的手勢型態，對三維物件在三視與透視兩種不同視角模式，探討翻轉時的使用績效。

以雙因子變異數分析結果顯示：（1）耗用時間與點擊次數分析，發現完成三視圖模式任務皆比透視模式任務容易；（2）經由行為分析結果發現，完成透視模式任務時，使用者直覺上會先以水平或垂直拖曳來操控物件，若無法定位才會嘗試以其他方向拖曳；（3）無論三視模式或透視模式任務，水平垂直拖曳的手勢型態最能讓使用者認知物件翻轉的對應性，也具較高的使用績效；（4）由於水平或垂直拖曳的手勢往往有斜度，容易與直線斜角拖曳混淆。（5）輕推手勢因與物體旋轉方向較難配對，因此較少使用（顧兆仁、陳立杰，2011）。

2.產品觸覺意象的探討—以握杯為例

莊明振、張耀仁、陳勇廷（2010）探討觸覺以握杯為對象，探討產品觸覺意象，研究方法步驟與分析介紹如下：

2-1.實驗樣本類型篩選

對產品觸感敏銳度高的具產品設計實務經驗為成立焦點小組，篩選出 10 項產品：剪刀、湯匙、筆、茶杯、保特瓶、滑鼠、雨傘把手、調味罐、行動電話、門把等，進行最適性評估。從焦點小組成員所建議產品的原因中，歸納出六項評估原則：

（1）觸摸面積的合適性；

（2）觸摸材質的豐富性；

（3）細節的辨識程度；

（4）輪廓比對的明確性(觸覺原點的判斷）；

（5）風格改變對人因影響程度小；

（6）觸摸安全性。

以此與上述 10 項產品類別進行問卷調查。

以 1~5 分的 Likert 量表，進行評估。選擇握杯來進行實驗是為減少使用行為所造成的觸覺干擾，因此，以手握杯身的方式，排除造形有把手所突出腳座、以及杯蓋的樣本的「握杯」原型，做為辨識觸覺風格的代表產品，所選的類型如圖 2-15 所示，雖然樣式不多卻幾乎代表了所有的類型。

圖 2-15.各式茶杯型態圖（莊明振等，2010）

2-2.握杯的特徵分析

透過實際觸摸握杯，藉由焦點小組的討論，對應上述的觸覺感知，列出與握杯有關的產品特徵。由於實驗的目的在探討產品觸覺風格的辨識關係，將觸摸範圍限制在握杯最常使用的外側杯壁區域。

另外在握杯使用行為中，對握杯擺放在桌面的握觸階段進行探討，將重量與壁厚等項目予以省略。將屬於連續尺度的變項進行整合，最終將觸覺特徵獲得 12 個項目與 25 個類目，如表 2-4 所示。

表 2-4.樣本評估表（莊明振等，2010）

項目		類目		評估
型態構成	中指握觸位置圓周長	F1	25cm	0.75
	圈圍造形	F2	圓形 1/ 方形 2/ 多邊形 3/ 不規則形 4	3
	側面輪廓線	F3	外凸 1/ 內凹 2/ 直線 3/S 形 4/ 不規則形 5	3
	中指握點傾斜角度	F4	3 度	0.23
	表面稜線	F5	無 0/ 有 1	1
材料物性	導熱性	F6	(低暖)0~ 1(高冷)	0.7
	剛性強度	F7	(弱軟)0 ~1 (強硬)	1
表面處理	紋理	F8	無 1/ 咬花 2/ 橫式 3/ 直式 4/ 重複形狀 5/ 不規則形狀 6	4
	凹凸落差	F9	(無)0 ~1 (大)	0.95
	紋理單元大小	F10	(無)0 ~1 (大)	0.7
	分佈範圍	F11	(無)0~1 (佈滿)	0.7
	平滑度	F12	(粗糙)0~1(光滑)	0.95

（1）形容詞篩選與前測

蒐集與包括材質質感意象語彙與產品造形意象語彙，整理後共得到 174 組。接著以焦點團體法，進行觸覺感性語彙歸納與分群。請其中 3 位具有豐富產品設計經驗者，請他們將 174 組感性語彙分成 29 群，從中萃取出 34 組作為代表性的語彙。再請 13 位設計系學生們，各挑選出最適合握杯的 10 組形容詞。將出現超過 2 次以上的形容詞，共 21 組作為前測試驗用的前測樣本（圖 2-15），當作前側。

（2）刺激樣本篩選

於日常生活中廣泛蒐集現成握杯共 32 個，按前述觸覺特徵評估，將每個握杯的觸覺特徵資訊加以紀錄。接著由分析資料中所缺少的類目範圍收集產品，以達到樣本的各項觸覺特徵涵蓋之完整性。總篩選共出 45 個握杯。依據先前決定的 12 組項目評估觸覺特徵，25 組類目，實驗樣本數目不少於 25 個。以 SPSS 的 K-means 進行集群分析，分群的數目定為 25 群，並在各群中選擇與集群中心距離最短的樣本，作為各群的代表性樣本，來表示其代表性。

3.視覺與觸覺意象評估差異

其實我們可發現某一感官，在碰到某些特定的刺激時，會與某些感官彼此之間產生交互作用（Schultz & Petersik, 1994）。這種受到某種感官的感覺刺激，自然會產生另一種的感官感覺，稱之為聯覺（Synethesia）（Cytowic, 2002）。

陳勇廷，莊明振（2014）以兩個階段來進行調查：

（1）第一階段；邀請 11 位具有設計碩士或博士學歷 5 年以上設計教學或實務經驗的專家個別訪談。11 位專家共提出 22 項設計風格，其中被至少 4 位以上設計專家提出者共有：變相高科技（Trans high-tech）、北歐現代、高科技（high-tech）、原型（Archetype）、Memphis、現代主義、極简、現成物（Ready-made）以及綠色設計等 9 項風格。

（2）第二階段；請 30 位受測者針對上述 21 組意象詞彙，進行七點量表的語意差異（SD）的感受評估。然後列舉與說明顯著地設計風格及代表性產品，以獲得視覺、觸覺的刺激樣本及評估用的意象量尺。整理出具代表性的當代設計作品共 35 項，作為樣本如表 2-5 所示。37 項具有不同物理特徵的材料，做為觸覺材質樣本；總結出視覺、觸覺與心理三個向度，共 21 對的對立形容詞作為評估量尺的意象詞彙。

（3）第三階段；請 30 位受測者，針對上述 21 組意象詞彙的感受，進行七點量表的語意差別測試評估。

經由上面的三個階段，藉以釐清及取得調查的資料來判明觸覺的物理材質的關係。

表 2-5.意象評估的各代表產品（陳勇廷，莊明振，2015）

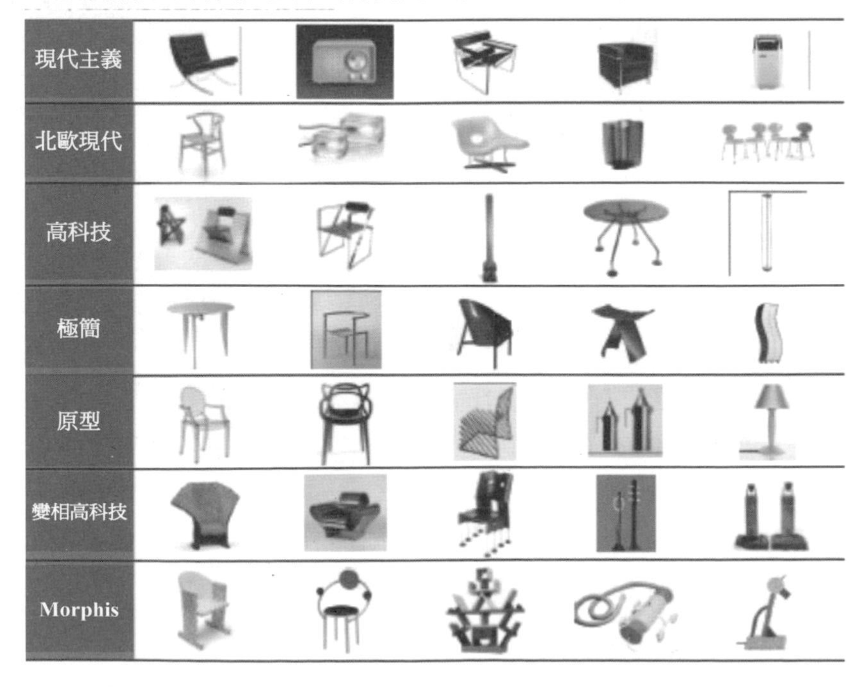

4.塑膠質感在視觸覺上之感性研究

產品的表面的觸覺質感，影響到觸摸產品的高級感。陳志堯（2012）提出我們在隨著生活型態的轉變，人們對於產品的感知已從功能層面轉為情感層面的影響，塑膠聚合物是具有最多種質感變化的人工材料的革新，對於咬花紋理與透明度質感，已是產業界常見的組合。以符合質感層面的視觸覺感受，進行數值化的意象研究，建立咬花紋理、透明度質感因素與感性意象間的關聯性。

實驗之初，必須先行瞭解塑膠質感與表面咬花的屬性，透過塑膠廠的協助製造色板，以控制顏色、光澤度等不確定因素，最後以 ABS、橡膠、PP 作為材質，塑膠廠的色板模具上的咬花，制訂出 18 個實驗樣本；分別進行觸覺實驗、視覺實驗及又觸又摸的混合知覺實驗。

再利用統計方法進行探討，而利用數量化一類模式來建立出方程式。發現觸覺的主要影響因素均來至於材質，而視覺及混合知覺的主要影響因素。而花紋對於材質的實驗，受測者在進行知覺實驗的感受語彙評估，不會同時間受到材質與花紋的交互作用，而產生混淆不清的情形。

（1）受測者在進行知覺實驗的感受語彙評點，不管在哪一個知覺實驗皆不會同時間受到材質與花紋的交互作用。視覺並不能取代觸覺，利用視覺來傳達訊息仍然有其爭議性。

（2）受測者在進行知覺實驗的感受語彙評點，不管倒不管在哪一個知覺實驗皆不曾同時間受到材質與花紋的交互作用。

（3）利用數量化一類的方法，建立出各知覺下感受語彙的聯立方程式，並且經由驗證，結果顯一透過方程式的計算，可以很準確的預估出受測者對樣本的感受語彙評點。

（4）經過數量化一類萃取出代表，住樣本，探究其代表樣本的組成，三個感官矢，三個感官知覺中，花紋相同的感受語彙有「協調的」、「舒緩的」、「休閒的」、「輕盈的」、「輕鬆的」等 7 個，因為其材質的不同，使得觸覺的代表樣本與視覺、混合知覺相異。可以讓一般的產品設計遇到觸感及質感時，可以避免時間及試模的浪費藉以提高設計製程效率。

第三章.　應用的目的及目標

- 讓大家能夠開始可以了解及打算如何抱持研究目的。
- 記得要有自己與感性相關的研究目的，才來進行接著的相關研究步驟。

感性工學研究的主要目的，是希望可以解決人與物之間的問題。因此希望創造與人產生五感互動的設計品是重要結果，所以與物如何產生情感、及如何活用各種情感，就成為重要的議題，概括地整理感性工學似乎可以達成以下的幾個目的。

各種專業的討論，竟然也在雜誌看到陶曉嫚（2012/12/20）工業設計的目的是什麼？如何設計出受消費者青睞的產品？拉風的外型就是設計的一切嗎？面對這一連串大哉問，以及希望在激烈的國際競爭中勝出，南韓政府從 1992 年開始，逐年撥出一千億韓圜的預算，邀請日本「感性工學」的權威長町三生教授，對三星等大廠進行輔導。

目前在韓國的三星企業內，共有 47 個小組在進行感性工學的研發，經由許多的研究發現一些細節，進行許多小小改變，讓生活可以更便利。

和日本一樣，過去冰箱上層是冷凍櫃、下層是冷藏室，而 80%的家庭主婦開冰箱的主要目的是拿冷藏的蔬菜水果，而冷藏室設計在最下層，就必需彎腰取物。這樣的發現，改變了以前美國所開啟的冰箱上面是冷凍室，下面是冷藏室的設計，這樣的改變對熟齡族、或腰椎疾患者有極大的助益。現在大部份的設計，都將常用的蔬果冷藏區往上移動、少用的冷凍庫往下移動，甚至還有許多的分層、及小櫃子藏在冰箱內，讓使用冰箱更順手順心。

韓國、台灣的相關業者對於這樣的想法群起效法，不知是模仿或是研究的結果。

對於能夠有新概念加以突破，將工程方便導入「以人為本」的感性，如果有這樣的思考之設計模式後，就更容易擄獲消費者的心。顧客至上的時代，便須想盡辦法來滿足及符合消費者的想法。

知名學者李歐梵教授建議學校直接給教授發研究費就不要管，就當是風險資本，投資一筆錢，賭一個將來。就算投資三位教授，最後只有一位得了諾貝爾獎，也就值了。美國有個 Bell Telephone Laboratories，他們開始的時候就是這樣的模式，結果一大堆諾貝爾獎從那裏冒出來（灼見名家，2014/11/19）。

感性工學的研究也可需有這樣的精神，方能突破出新的發現。

一、應用的目的

長町三生（2008）提出「**在設計品問世之前，許多企業都沒有思考客戶『真正想要』甚麼東西，而埋頭照自己的思維做生產，而沒有去傾聽客戶的希望。**」廠商應該跳脫過往的思維：「感性工學給研發人員不同的方向，從理解消費者的感性入手，進而創造出客戶『真正想要』的商品」。

而到底如何找到消費者真正想要的商品呢？以下有一些思維可以提供作為設計的參考。

（一）如何建立人和物之間的良好關係

感性工學是考慮所期待的產品能出現，如何能使人和物之間的關係越來越好。**而這種更好的關係就是指人和物接觸時，與物之間的距離和間隔，需要有怎樣的感覺**（長沢伸也，2002，25）。

例如說：產品使用起來，如果感覺「輕鬆」的話，那代表人與物之間的距離減少，甚至沒有了。像圖中的一個電腦照明器，竟然是訴求可愛親切（圖 3-1），就有機會可獲得青睞，除了達到照明的功能，又可看到賞心悅目的產品放在桌上。

就是競爭及符合消費者的基本，藉以建立人和物間的關係。我認為這是在為未來世代設計，需要在意的一些要點，不再只是嚴肅的造形及單純的功能而已，需要再將五感再利用建立起人與物間的更良好關係，才可以的。

圖 3-1.可愛的造形卻是照明器具

1. 產品讓人產生的各種感覺

當然還會產生有其它微妙的好感覺，如果都能有很好感覺的話，設計品與人之間的距離已近消失，此意義是代表延長了人的能力及知識，讓人使用時不會有負擔，就比較可能成為暢銷的產品了。如果使用起來能很快樂、愉快，甚至愛不釋手的話，表示會更受歡迎，生產出來的話就較不會失敗，也可以減少失敗的機會，那就代表為社會產生了資源，節省了能源的浪費及財富的損失問題。

所以，產品讓人產生的各種感覺，如果加以研究的話，可以瞭解人對不同產品所需的感覺，而且這些感覺均可能不同、或有些微妙的差異，而不同的人種對同樣產品的感覺也會有極大的差異，如能及時發現這些道理就能減少損失。所以如何瞭解人類對任何設計品所需的感覺，再想辦法改善，加以縮短人與物間的距離，成為感性工學的重要課題。液晶電視一直往更大更薄發展，進而有可插隨身碟、上網，Sony 3D 高畫質液晶電視更能提供身歷其境的家庭娛樂視聽體驗。到配合可彎曲的 OLED，來達到人類對物品的好奇。

2. 講究各種來源的聲音

從五感的感測器漸漸令電子設備，更接近人類來改變生活。（伊藤元昭、野澤哲生，2009）提出業界在提高感測器元件的集成度時，同時也在開發大面積應用的感測器。夏普（SHARP）與新力（SONY）等公司，已經將液晶螢幕與光學觸摸感測器元件，成對地集成到玻璃面板上。

視覺已經發展到一定程度。聽覺感測器方面，各公司也在研發矽麥克風。此類麥克風由 MEMS 工藝製造，已經開始嵌入到手機外殼內。將矽麥克風像感光元件那樣以格狀排列，就可以達到聲音的空間分散。以此為基礎，業內還研發了更新的技術，即使有多人同時講話，也可以識別說話的人，還可以只提取出某個人所說的話。利用 MEMS 製程設計製作出電容式麥克風，較一般傳統 ECM 麥克風具有小型化及易加工的特性，並適用於指向性或噪音消除等相關功能需求之 3C 消費產品應用（2012/8/29，http://www.itri.org.tw）。當然目前液晶螢幕的觸控已經成為平板電腦，及智慧型手機的標準配備。

3.邁進中的關鍵及努力

通過調味器調整味道；到目前為止，五感感測器中的嗅覺、與味覺，無論是在技術層面還是未達實用層面，屬於進展較緩慢的部份。將來準備可以集成到手機終端上。

目前正在進行研究的還包括可直接再現人類嗅覺、味覺的技術，如何將所收集的氣味、香味進行數值化的技術。在香水界至目前還是僅能夠靠聞香師傅的鼻子，來判定調配得當否。台灣的陶作坊長期的以專利及投資開發，面對消費者的問題，從早期的擺路邊攤到目前將品茶和視覺藝術或展演結合在一起，做體驗活動，如海尼根是賣啤酒的，讓每年透過嘉年華會般活動讓更多人參與（黃亞琪，2015）。才能成為有質感又有有寬展海外市場的力量。

吳宗正（1999）曾于 1992 年以自己發明的「多元陣列壓電晶體嗅覺生物感測器（生物電子鼻）」，在北京國際發明展，在 1300 多件參展發明作品中拔得頭籌，除獲大會金牌獎外，並獲聯合國智慧財產權組織（World Intellectual Property Organization；WIPO）頒發傑出發明金牌獎（The WIPO Gold medal for the outstanding invention）。此一生物電子鼻感測裝置的主要原理為模仿動物嗅覺生理，使用分離、純化自脊椎動物之嗅受體蛋白質，將之塗覆在多元陣列壓電晶體上製成嗅蛋白晶片（http://210.60.224.4/ct/content/1999/00090357/0010.htm）。因為需求科技漸漸地投入，其應用方式勢必會漸漸被商品化，工業設計及商品設計就能接著活用這些成果來更近人。

4.創作者的心態

雖然 Demirbilek 與 Sener（2003）認為設計要著重於使用者本身的想法，這些有助於設計師在處理具感情的設計元素時的重要洞察力，而這些都會影響我們對產品購買和使用的選擇。Khalid（2006）認為情緒能觸發消費者對產品有意識、或無意識的反應，情緒反應會誘導消費者可以在眾多設計品中選擇出特定的產品，從而影響我們的購買決策。

即在設計實務中，產品設計所引發的消費者情緒之應用上，對於愉悅產品的認知與設計特徵雖說已相當成熟，但有時卻還是難以操縱。因此，在利用消費者的真實產品的體驗中，產品情緒的表達之應用，或許是最能強化產品差異化的方向。

最先實用化的有可能是嵌入味覺感測器的炊飯器（電鍋），可以通過感測器知道米飯會在什麼時候加熱，比現有比只針對水溫所模擬出來的較佳煮飯效果，而煮出更好吃的飯來。另外，可以自動加入材料或調味料進行調味的自動烹調器也將不再是夢想。如果五感的量測技術能更進一步的改善，其應用將可擴大到以下三個領域。

首先是採用五感感測器來計量使用者介面的數據。家電與汽車將可以通過感測器，自然地接收人類所發出的資訊，大大提高設備的易用性。有一天如何超越取代導盲犬，與緝毒犬對氣味的敏感性，雖然目前還有距離，樂觀的看法卻可能是指日以待。

（二）找出活用情感的設計

活用情感的情感設計（emotional design），在日益競爭的市場上，消費者對於產品的需求，已經從單純的功能考量，提升至從個人內心產生喜歡的產品、及具有特色等產品。如能將我們的感情無形地融入產品內，那類產品必獲得我們的感應，我們也會無形地回報給產品、且可能慎重地評估後再加以購買。

一項好的設計會吸引消費者、且能與消費者溝通。再經由產品製造的品質、提升使用的經驗而增加其價值（Bloch, 1995）。而具有感性意象的產品可引發人們不同的情感刺激反應，進而滿足消費者心理上的需求（Desmet, 1999）。所以如何將情感融入產品，而得到消費者更深層的喜愛，這樣才是最好的設計，不管事平面視覺設計、建築及室內設計，均需先獲得對方情感的認同方能應用自如。

因此，產品對於使用者而言，不僅只是一項工具，而是一個「活的物體」、一個具有「情感」且可以表達「情感（sensibility）」意象在其外形上（Jordan, 2000）。這是人的反應模式，也是利用研究想達成的目的。所以從活用人的感情出發，而創意出來的構想（圖 3-2），如下的容忍輕微困難及需處理小問題，注意造形情感的元素。

雖然會顯得羅嗦，卻也是比較會獲得主管、老闆、及消費者青睞的想法。而如何活用，就需先找出感性與感情的關係，就如同愛情一樣，沒有情感是無法久遠的。卻是一個好議題。

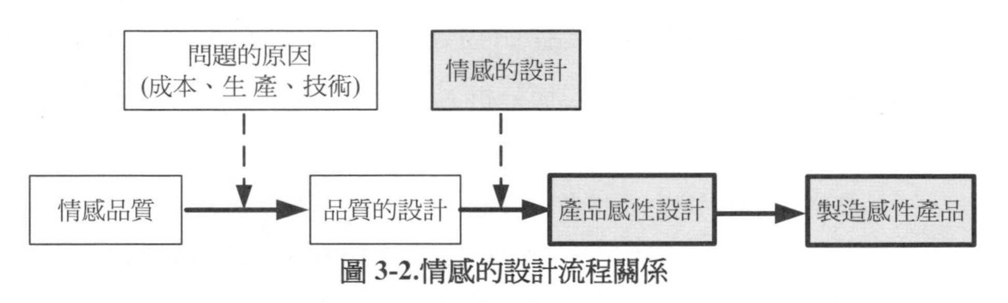

圖 3-2.情感的設計流程關係

1. 容忍輕微困難和需處理小問題

Norman（2004）指出具有吸引力的東西的確讓人覺得比較好用，可以讓人更富創造性，更能容忍輕微的困難和處理小問題；因此，產品必須吸引人，還必須讓使用者感到愉快且有趣。

Noramn（2004）提出「情感與情緒」對於日常的決策的有高度的重要性！情緒能夠幫助人們決策，並且判斷事物的好與壞，做出價值判斷，讓人們生存得更好。

大腦運作的三個層次的情形、大腦運作的三個層次分別是；本能、行為、反思，這三個層次：本能層次－自動化預先設置，行為層次－日常行為，反思層次－深思，三層次相互影響的狀況。所以會因為情感設計而產生消費者隊伍的感情，讓與人產生更深的關係。

2. 重視造形的情感設計要素

莊明振（2008）為了針對產品情緒、產品造形的情感設計要素、使用者特質、及各種情緒評估優劣，作全面的完整研究，擬出「三年」的長期計畫。計畫的研究目的主要分為下列五點：

（1）探討所謂的「愉悅性產品」本身的情感特徵，及它的情感設計構成要素。

（2）探討所謂的「魅力產品」本身的情感特徵，及它的情感設計構成要素產品設計要素。

（3）探討「愉悅性產品」和「魅力產品」的關聯性（如二者是呈重疊關係、某種位移量關係，或者完全沒有關係），進而提出本研究對「愉悅性魅力產品」的定義，及它的情感設計構成要素。

（4）比較各種情緒評估工具與分析方法，期能建立最適用於探討使用者情緒的評估模式。

（5）釐清不同特質的受測者（族群）是否對不同情緒評量方法所用的評估尺度，產生不同感覺程度的認知差異，進而顯著影響其對於產品的各項情緒評估和感性評價（包括感性、愉悅、美感、滿意度與偏好等評價）。

最後，計畫將產品的情感特徵與其情感設計要素視為最重要的工作之一，所以在產品樣本的挑選上需要格外謹慎，因而選用情感豐富的產品類型作為實驗樣本（如汽車或 ALESSI 產品等），而且圖片樣本以電腦螢幕呈現，而非紙本列印，目的是避免因指本列印品質不佳，導致使用者情緒評估的偏頗及實驗誤差。

蕭坤安、陳平餘（2010）為了研究「愉悅產品之認知與設計特徵」，經因素分析實驗的研究結果，萃取出構成使用者在產品愉悅性意象之認知因素為：輕鬆幽默、信賴熟悉、吸引性、外形操作等 4 項因子。接著進行產品的愉悅與喜好程度的相關分析後，顯示兩者間呈現正相關。

也就是如果有愉悅感就會高的喜好度。另外，經產品設計特徵的萃取實驗，獲得 9 種影響愉悅意象的操作特徵：色彩、精緻度、仿生、聯想性、不合理組合、敘事性、象徵符號的應用、操作過程、造形與操作；再針對這 9 項特徵，以數量化一類程序做進一步之分析探討。

結果顯示，在設計具有愉悅意象的產品時，需考量產品在整體事件的脈絡，使用者的自我內在的經驗感受、和與產品所引發的意涵間之關係，且詮釋的意涵需要讓使用者能容易了解與解讀，才能讓使用者真正體驗到產品的愉悅情感意象。

（三）製造出活用情感的產品

活用情感來製造出產品，似乎是件困難的事！這件事是否重要及到底如何達成？又是件重要的事，怎麼說呢?

因為產品如果無法觸動人的感情，消費者就不會被感動而花錢購買，這是大家可立即瞭解的事。雖然設計上可以達到，但是製造是否能夠達成就需努力克服才可以。因為未來為了符合消費者的情感，就需製造出除了視覺之外，如何符合消費者的產品來，如何製造出活用情感的產品是件重要的事，需被業者高度重視才對。

如何製造產品，如圖 3-2 所繪的關係，首先需要從企畫中找出有具體的規格書，作為要求品質的根據，還必須定義品質的特性，才能知道需依據那些條件的標準，來生產出可以達到目的之產品的品質設計。

也就是要將需求的感覺，轉化成各種數值化的品質規範，品管人員才得以依據數據檢驗成品，所以建立產品特性的品質規範，來塑造設計的品質，才能製造出設計師及工程師所要求的產品。這些規範有時是反應當時的生產技術條件、消費者的流行需求、社會脈動的環節，例如：環保、省能源等。不同的時代設計師需與工程師磨合出可以生產，又是消費者所需求的產品。

1. 給客戶想要使用的產品

另一方面，依據製造商的意圖和想法，也就是依據條件及數據，提供給客戶想要使用的產品。客戶需求和產品的要求，並結合其他特點來決定產品的質與量關係。也就是利用設計的質量標識，來考慮解決上述的問題。但是有些如僅以數據是無法做檢驗的，例如：顏色、觸感等五感的條件，就不能給客戶得到想要使用的心情。

符合消費者所希望、及被要求的品質，才能滿足消費者的理想，也就是說理想的品質是應該能夠被形容出來的、及被製造出來的。雖然不同的公司各有不同的經營理念、及組成的成員。但是如果有最高管理者的意志，對於各種品質條件的要求會顯現出明顯的不同，就會產生出來產品與他廠的差別化，創造出該公司的特色，這些特色需要累積研究及深入探討，方能獲得更被想要使用的產品機會。

例如:蘋果的Steve Jobs對各種品質的要求,顯然不同於其它的業者，對產品設計的設計品質要求，更與他人不同。他對音樂的感受力十分敏銳而且要求極高,他的團隊為了滿足老闆的耳朵,並且達成嚴苛的要求，必須不斷改善音質,盡全力做到符合他在品質上的要求。觸控板的部分，他同樣注重操作性能，他要求團隊想辦法拿掉電源鍵，對於整個界面需要的按鍵數量也要求甚嚴。

新產品「iPod」的誕生，如實地呈現了 Steve Jobs 過人的生產能力。每天晚上九點到凌晨一點，他都固定參與 iPod 魔法觸控板的製作過程，一直到自己能夠肯定整個品質之前，他不曾缺席過一天。在行銷方面，他同樣展現了積極的熱誠，由四名成員組成的小型團隊，負責籌畫產品的宣傳及行銷資料，而他固定每週兩到三次會跟他們開會。除他以外，這四名成員的活動對外一切保密，而廣告標語中「把一千首歌曲裝進你的口袋」（1000 songs in your pocket），指的就是這幾個人通力開發出來的傑作。命名產品的過程中，團隊提出各式各樣的名稱，而從數十個名單之中選定「iPod」為新產品命名（金正男，2011）。

可見這個人對於活用情感的執著，其主見是如此的堅定，後來 Johny Ive 傳中看到他工業設計團隊的尊重，甚至最後所有的事情均需通過他們的認可才。設計部門對每件事情均有最後的決定權，擔任產品設計團隊專案主管的霍梅恩說：「我們在他們底下工作」（Kahney, 2013）。

在生產 iPod 的過程中，他又意識到除了賣機器也該賣音樂，於是他開始策畫要開發「線上音樂商店」（iTunes music store）。「線上音樂商

店」的成功與否取決於所能提供的音樂數量。他親自出面與各家唱片公司協商，並且極力說服對方，最後順利和全球五大唱片公司結盟，展開合作關係。將全球五大唱片公司的音樂放在一個「空間」裡販售的驚人之舉，因為是 Steve Jobs 才有這樣不可思議的協商結果。開始或許無人能接受，但是由於他的品味及感性要求堅持，創造出不同市場的產品設計、功能需求，不管設計及工程的困難，才能看起來更接近人的要求本質。

這是可以由企畫開始就決定出的設計及製造的品質，由於有要求及堅持的品質和企畫的品質，這樣才能找出適當且精闢的品質條件。但是如果最高管理者沒能堅持其主張，流於與他人相同的概念，勢必無法創造出蘋果的領先地位及高利潤（金正男，2011）。

2. 供給客戶一個想要用的產品

而對設計品質的要求，會有許多情感相關的項目；「令人輕鬆的」、「令人興奮的」、「高興的」、「可得到緩解的」、「酷的」、「可療癒心情的」等，但是這些和產品規格的特性無關。

在產品設計時，想辦法將心理頭一直在思索的概念，放入最後的規格表中，但是感性的項目，顯然難於放入規格表讓人生產製造者理解。例如，在考慮開發新的軟飲料產品時，被要求「喝得很爽快」（圖 3-3），那種悟性是能夠讓受託者感受得到這種感覺。對於人來講，無法將那種感覺很清楚地說出，就更難於達成預設的目標了。

但是可以用動態的廣告來訴說這種情感，從打動消費者的心，來說服他們認同該產品有此特性，達到品質的要求。台灣啤酒「就是鮮」的廣告傳達的意象是「台灣啤酒最新鮮」，以顏色發音與品質來引導情感，加上國、台語的諧音聯想，再以歌者「伍佰」高級台客的感覺，達到其企畫的目的。

當然不能完全僅靠著廣告就能說服所有消費者，靠著高昂的廣告預算風險很高，在媒體多元的時代，已非一般公司所能負荷，唯有產品力加上行銷力，才能使你的產品獲得滿意的銷售成果。才能創造出感動消費者的情感之感性產品。

圖 3-3.臺灣啤酒的「就是鮮」的廣告傳達(想像一下彩色的感覺)
（http://beer.ttl.com.tw/06media/med_a_main.aspx?sn=89）

Crozier（1994）也提出設計品也如同媒體一般，能夠透過產品的造形所要表達的訊息，來提供適當的情感脈絡。讓使用者能夠了解工業設計師對設計產品時的各種思維面向；產品外觀造形的因素、設計的意涵、產品的使用經驗及其使用功能，與引發產品的愉悅性有關。因此，設計師如何透過產品造形特徵，需操作眾多的影響因素，才能表達出一些特定的愉悅、快樂等意象。

3.放大自己視野的設計

現在的設計師顯然無法達到此任務，因為他們限制了自己的能力，工業設計被限制在造形及操作、視覺就比較自由。我認為是教育使然，台灣的工業設計教育原屬「工學院」，但是漸漸往藝術傾斜後成立為「設計學院」。能夠有自己的專業學院屬於設計很好，就需深思設計學院的定位，設計就不應被定義在太小的框架裡，需要更放大視野，需跨領域去融入許多領域，更應廣納能協助設計的相關應用領域的師資。

雖然需將就專業分工，但不能關起門來，讓工業設計更狹義的只成為造形專家而已。就目前的學界認知，如果太講究專業分工，擔心日後會讓這麼多的畢業生找不到更寬的出路，而只在講究美的範疇打轉。因為美是見仁見智的，而且每個人對美的喜好不見得相同。所以同學們要在學生時代基於增廣見聞下，需多學一些工學製造的可能知識，才能讓自己日後能與工程師們有共同語言可以溝通，畢竟工程講的是數據，而在五感我們講的是感覺，兩者如能和諧就能創造更大的創意空間。

Berridge（2003）研究也指出當人們感到愉悅時，其大腦的左腦和右腦就同時會產生變化。也就是當人感覺愉悅時，其左腦和右腦會同時進行活動。也就是說想要設計出愉悅產品時，必須考量你的設計,要同時具備有理性和感性的條件，也說明出設計品如果能使人常保持愉悅狀態，就可以使人的大腦更能夠活化。這樣的邏輯，讓我們可以考慮從如何使人愉悅，進而使人大腦活化的推理。

二、 感性工學可以達成的目標

關於內心情感的事很多是無法理解及難於捉摸的，我們只是專注於消費者對產品的情感。而這兩者該如何互動，方能達成研究者的目的。

(一)是可以被了解和理解的情感

在傳統的製造業中，需要對產品情感的問題有一定程度的關心，才能因而獲得消費者的青睞。例如，在汽車設計時，需要設計品達到「剛性」和「速度感」和「未來感」等的感覺。消費者對每種設計品會有不同類別的感性需求，如直接與產品有關的理性規格，或造形、形式均會影響產品的情感問題。

在分析的態度上，希望能夠提供某種特定情感的產品。因此，首先需弄清楚那種特定情感和各種評價之間的關係。例如：在感覺想吃食物時、及想多吃點食物等的感覺，一定要好吃、一定要讓食感變好。為了好吃就需要有適當的鹽巴及調味料。在鹽味中要瞭解有那種濃度的鹽份，需變成要有特定的調味料的產品特性。也就是根據那種原因可導致那種結果的因果關係鏈，因此，理解情感和產品特性的連結，可以馬上依據需求，清楚地產生想法了。就是「評價的階層性」的想法，以階層間「由下而上」的因果關係，來做為前提。

因此，情感和產品性的連結就更清楚了，在那樣的產品特性下需由那些內容的品質來構成，由下而上的因果推論聯動關係，上面的需求想法已經決定了，就可以找辦法了。而產生的情感，也就決定了下方的評價及產品特性。

所以正確的需求所確認的是前提，不只為了理解而作因果分析，如果那樣就浪費了時間及金錢了。重視產品與人之間的關係，才能把握及瞭解在那種情狀下的人之情感，知道這才是最重要的，然後才能如何加以活用去設計或製造產品。

（二）達成好使用的滿足

前述的目標，除了達成一些人與物間的關係外，更重要的是對於好使用的理解及如何達成它的條件。

1.好使用的意義

我們身邊有許多的產品及機械，在使用時如果不好用，則使用者將會很辛苦，有時候也會產生災難，這是件值得注意的事情。依據長町三生（2005）**提出的「好使用」的定義**如下：

（1）產品和機械的操作部份，看它是否合乎人類的身體尺寸和手腳的動作。

（2）在操作產品和機械時，沒有力量和能量不足、不適合的情形。

（3）只要一眼就能瞭解及簡單地操作的產品和機械。

（4）在操作產品和機械時的動作，要適合人本來身體的動作和感覺。

（5）操作產品和機械時，不要含有造成災害的要素，以避免產生使用時的問題。

（6）在動作的環境特性內，要能在人的五感的感覺內，來看是含有容許的範圍。

這些好使用的定義，讓我們可以成為在探討感性工學的方向，有了一定的方向。這些因素要儘量地能一件一件加以評估，才可能成為好使用的設計品。雖然有這些定義，但是還需要具備哪些條件呢？

如以通用設計（Univeral design）的概念來看，其代表的意義是所有設計應將所有不同使用者的元素及需求考慮在內，強調所有產品與環境的設計能讓所有人使用，並且考慮每一個個體如高齡者、兒童或是身心障礙者等，而不只是考慮正常使用者而已。

基本上，符合通用設計的七大原則為（TDC，2013/11/13）：（1）使用的公平性-設計應適應許多不同種類使用者。（2）適應性的使用方法-設計能適應不同人的喜好與方法。（3）簡單易學的、符合人性直覺-不論使用者的經驗、知識、語文能力及專注程度，其使用方法應簡潔易懂。（4）提供多管道媒介的訊息---不論周遭環境狀況，有效的透過不同的溝通媒介，讓使用者有效了解相關設計訊息。（5）容錯設計（可回復功能）---產品設計應盡量降低因意外或因不注意所引之錯誤。（6）省力之設計-設計應要有效率省力，舒服並不費力。（7）適當的體積與使用空間。

2.好使用的條件

除了好使用外，如能進一步產生讓使用者有保護感受的產品其使用過程還需；（1）具備「系統的」、「粗心的」與「預期的」意象。（2）無特定方向性的操作方式 :需具備「心安的」與「間段的」意象。須具備「簡單的」與「持續的」意象。（3）分段性操作方式須具備「持續的」、「系統的」與「造作的」意象（許高郁，2008）。

上述的條件是長町三生對於好使用所下的條件，它的內容包含了人對操作及產品與機械件的心理、及生理的感覺因素，為了使好用能更具體，長町三生也提出一些概念及條件。

2-1.適合人類的尺寸

適合人類使用的尺寸會因為種族而有大小的限制，不能太大也不能太小。所以產生人體計測的科學來量測人體的相關尺寸，作為資料供參考，所以有了合適人類的手的握、持、拿等的產品相關尺寸。不同產品有不同高度的需要。加上年齡、性別等條件，更會影響上述的尺寸。

以前可以依產地來調整尺寸，但是慢慢有些產品，不再像衣服、鞋子等有尺寸的概念。尤其 3C 產品就必須被要求任何種族均需合適，適合的尺寸概念，是依據使用者的想法及需求，不再是所謂的一定條件。例如：筆電的螢幕會因為大小而有不同的目的，行動電話竟然從要求攜帶性轉為多用途的各種尺寸。更由於通用設計的概念，介面設計成為重點。

2-2.不能要求太用力才能操作

在操作過程由於無法知道使用者為誰，有些產品不能設計的使用力道需太大，當然如果不依據設定是就會產生危險性、或是專業性高的產品，便需注意不可隨意讓人就可以輕易打開。

2-3.容易地瞭解產品的操作

在工作或操作中，最會使用到短期記憶，其最突出的特點就是其訊息容量的有限性和相對固定性。Miller（1956）發表了我們處理訊息、能力的某些限制之神奇數〈7±2〉的論文，就短期記憶的容量來說，幾乎所有的正常成人都約為 7，並在 5 至 9 之間波動。所以適當的記憶利用，才能使產品可以被容易理解。

柯永河（1986）認為注意力有五個向度：注意廣度、注意寬度、注意強度、注意集中度、及注意速度，並以探照燈之轉移角度大小、鏡面直徑大小、光線強度、光線焦點集中度及探照燈之左右上下轉移速度，來譬喻注意力的五個向度。在顯示注意力及記憶力的因素，需減輕人的負擔才能適當地發揮操作的能力。

2-4.適合立體操作

有些產品的操作使用方式，傳統的是以旋轉、上下或左右搬動、按壓、觸摸來操作產品，但是有些產品為了同時操作兩個量，就必須考量到如何解決，最傳統的產品是水龍頭的操作，一般的可以旋轉或搬動，但是為了控制水量及溫度，便有了立體操作的模式，甚至像滾輪滑鼠、控制搖桿等，必須有立體方式的操作。

2-5. 舒適的環境

產品或機械所在的位置，如果環境是髒亂、噪音太大、溫度太高或低，人就會失去了原有的能力，也就是人的行為就會異常。所以適當或是舒適的環境，就可正常或提高產品好用性。認知負荷的角度，如果在內在的負荷如工作記憶中的心智資源需要使用在學習、表現和了解一個任務，使得任務和任務之間是有劇烈的改變。或是外在負荷的環境因素過於異常便會有些失常，導致操作錯誤，小者重做，大者危及身家性命。所以能有舒適的環境必可獲得好使用的條件。

VW（福斯汽車）集團為了製造出足以媲美 M-BENZ S-Class 與 BMW 7-Series 的豪華大車，2001 年特別斥資重金在德東德勒斯登建構了一個堪稱是全球最先進的汽車組裝廠，

由於該廠區大量採用先進的建築科技與玻璃帷幕，因此整體視覺感格外通透、富有科技感，稱為「透明工廠（Transparent Factory）」（圖 12-14），並且賦予它唯一的任務：用以生產、製造 Phaeton。透明工廠不只是個生產基地，也扮演結合文化藝術的中心，VW 集團藉由透明場地上演著名歌劇、音樂會與定期舉辦的「露天音樂會」，不僅只是先進製車工藝的殿堂，同時是人文薈萃所在。

圖 12-14.福斯汽車集團的透明工廠
(http://vwcv.autonet.com.tw/cgi-bin/file_view.cgi?b112057554001)

（三）溝通設計品與使用者間的落差

設計品的使用已經演進至滿意的面向，不僅是單純的美感好用而已，甚至需要觸動使用者的心及去感動消費者們。如何縮短兩者之間的距離。首要在於必須讓兩者能進行溝通，而這個溝通；就是讓產品有五感的魅力去吸引使用者，讓他們因被吸引而希望溝通。

對於一個不會說話的產品，但是無法有效的以語言溝通，而重要的是發出魅力來產生單向的溝通。所以設計品就是因為其被形塑的五感可以說服使用者，而達成溝通的目的。

（四）達成感性工學的新工學典範

如果注意人與產品之間的感情，就會瞬間產生前所未有的新觀點。長期以來人和產品之間存在著某種對立的關係。也就是產品會向人施放某種刺激，而得到被開發新出產品的機會。從由第三者和實驗者的客觀想法及觀點來看，就能得到這樣傳統的典範關係（圖 3-7 上方）。而不是單純的只是自己的看法，因為對於設計品需要面對多數人的看法，所以在傳統的典範裡是藉由第三者的客觀看法，來達成認識他人之事。

一般研究對於尋找正確消費者，來進行實驗的機會較少、也較難。找到真正的消費者參加實驗，由真正的使用者自己參與實驗，才能產生正確的需求，產生新的典範（圖 3-7 下方）。這個宣稱為自己的參加者必須有確實的動機及使用經驗，才能被邀請加入實驗內，篩選雖會是個障礙，但也是個品質管制手段，有其困難就可達到高效度的結果。圖 3-7 上方及下方，分別說明了傳統及新典範的對象。

而圖 3-7 中間；就是在說明產品所發出的刺激，再經由人的邏輯思維，而達成刺激使用者的反應。然而，當我們從人的角度直接透過情感去思考的話，如果對那個產品已經有正面的情感，將自己捕捉到會有一部份的擱置。如果你有負面的情感的話，也就會產生與自己有距離的不同的產品，**刺激會經由人的邏輯思維，而產生出反應**。如果反應正確就能得到更進一步的機會，再重新得到典範來繼續前進。

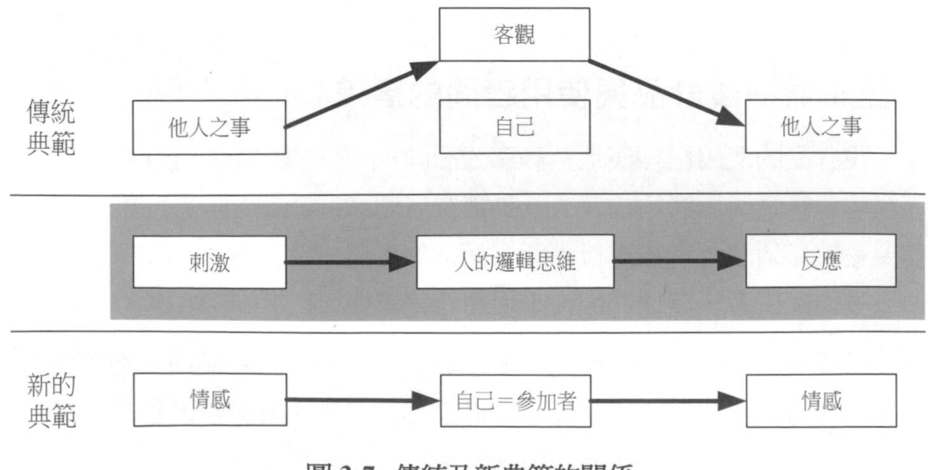

圖 3-7. 傳統及新典範的關係

三、感性與認知心理學

為何需要瞭解感性與認知間的關係，因為在研究時常會將感性與認知兩件事混淆成一起。由於感性來自感知，而感知則是因為人對事物的認知而形成。Protagoras 對認知論的見解：既然感知（perception）是一切知識的來源，就不可能有絕對的真理。因為我們的感知會對事情，會因不同情況而做出不同判斷，我們對同一事物的感知就可能完全不一致。

我們對某一事物的感知，對你而言是真實的，正如我對同一事物的感知對我而言也是同樣真實的。他的格言是「人是一切事物的度量（Man is the measure of all things）」。也就是除了真理外，大部份的感知結果均因我們個人的度量後，所做的判斷。所以形成了同一事物會因人、時、地、物而有不同的感知結果。而認知已經是一個困擾了人類幾千年的事情，人的知識究竟是怎樣起源及發展的，一直未能有確定的答案。對於研究這個問題，在哲學和心理學下已經成為一個重要的分支，叫做「認知論（Epistemology）」。

Plato 把唯心的認知論發揮的淋漓盡致，他與他的老師 Socrates（蘇格拉底）一樣，認為真知是由抽象的概念組成的。這些抽象的概念並非基於對事物的經驗和感受，而是來自思辯和推理。也就是這些抽象的概念，譬如通過觸摸，我們可以分辨軟硬。可是感知器官本身並不能區別軟硬，他們只是中間的一個介質，經由他們的相關感知器官獲得資訊，而作出判斷的是我們的腦部思維。所以人們先從感官獲得了感知（perception），然後運用演繹或歸納的推理，來獲得真實的知識，而記憶讓我們把獲得的感知存作為映象（image）而儲存起來，加上想像力，讓我們可以聯想及再造以前曾有過的感知，隨著映象的日積月累，我們獲得了普遍的、抽象的概念（idea）。

所以感知論是指希望以別人來取代第三者的關係，而得到客觀想法及概念。如果能夠根據消費者和產品之間的關係，而找到消費者對產品的情感，經由融合就有可能產生新的典範，這個新典範也可能無法適應多數情形，畢竟大量資訊的流通，讓大家輕易獲得知識及經驗，隨時隨地一直重複的感知，使得族群的分化越來越明顯。

（一）了解心理學的變革

雖然已經邁入 21 世紀一段時間，心理學卻是在 20 世紀才有了重大的變革，從行為主義心理學說起，從 20 世紀的 20 年代開始達 40 餘年，長期以來行為主義心理學一直執心理學領域的牛耳，主導著美國和歐洲心理學研究的方向和方法。也就是因為行為主義心理學的原理簡單且實用，可以應用在心理學界之外的領域，也產生出極大的影響。

20 世紀以來，心理學家在認知論上有過三次觀念的重要變革。這些變革不是重現古希臘對認知論的簡單論戰而已。這些變革有兩個特點；（1）經過爭論後人們似乎不再是像以前各執一端，對認知論的意見漸趨於一致，大多數心理學家取得了一個大家可以接受的觀點及立場。（2）對認知論的爭辯不再只是哲學觀點的對立，而是越來越重實證。不像以前僅是以辯論方式，就能以口才來分出高下，因此只在乎口才及學識是否廣泛，才能引經據典辯倒對方，對於事情的真偽無法確認，還是懵懂無知的被說服了。現在需要提出實證，需經由實驗對受測者的各方判斷，獲得數據證據才能獲得對方的信服。

因此，心理學家就需想著如何測試這個變數，並且研究變數對人的學習過程、和成果的影響。而哲學式的假設，成為理論的先驅，變成大家想加以驗證或推翻的假設。所以行為主義心理學的認知論，讓整個社會對「認知論」產生了共識，進而影響社會教育的實踐，使人類對行為的內在動機有了一探究竟、及相信凡事皆需有所本的理論式解答（藍雲，2006 ）。人們對認知論的立場，就漸漸因為科學及科技的應用，而哲學式的論證已經再也無法服人，甚至被要求提出證據的立場，越來越易被提出。任何一個有價值的心理學之哲學假設，就會成為心理學研究的一個變數，成為大家想去深入探討的議題。

雖然它為人類在自然科學中，帶來如此輝煌成就，利用實驗的科學手段，其實有可能反而禁錮了人類對自然認識的進步和發展。Galileo（伽利略）只承認可歸納成有數量特徵的物質屬性為真的客觀存在，如大小、形狀、重量、速度等；卻否認色、香、味等不可見的物質屬性之客觀性。他一刀就破開了物理學與心理學的研究分野。

其實這個也是在探討感性時必須的問題，因為我們常對周遭環境有獨特的反應，使得我們對環境的知識會有後天形成的認知。也就是在環境的刺激下，人們與生俱來的本能才變得更複雜。為了應對我們周遭環境的刺激，而常會改變自己的認知，而影響了實驗的真實性。也發現人們對周遭環境刺激的反應，似乎也非人人皆能相同且正確地反應出來。而這些不同的反應，可能受到人來自不同的環境中習得的固有經驗，再因加以刺激時受到太多可能的因素；情緒、知識、固有認同等，產生的臨時不同判斷，結合而成的不同反應，可能一個實驗對同一個人會有不同的結果。但是對於這些心理的判斷，才漸漸進入生理的判斷，不再相信人的表達，而藉由儀器的數據判讀，雖然可能更客觀過於理性，而脫離了真正的複雜本質。

行為主義大師 Watson（華生）花了幾年的時間，研究人們與生俱來的本能到底有哪些？直到 20 世紀的 60 年代，如資訊理論在數學和邏輯學上的發展應用、腦科學的興起等，讓認知主義心理學的崛起，才改變行為主義的認知論，在美國佔據了心理學界達 40 年之久的統治地位。

而社會建構主義源起於 Vygotsky（維谷斯基）的發展心理學理論。1976 年他的理論被介紹到美國後，越來越被美國和歐洲的心理學界所認同，儼然成為認識論的主流。而建構主義強調個體在認識過程中的作用，強調個體過去的經驗和個體所處的物質和社會環境，會對個體所建造的知識起作用。由於個體的歷史經驗和所處環境，建構主義者認為知識都是獨特的、個體化的，並不存在有一個游離於意識之外的客觀知識實體。

Vygotsky 認為兒童從出生開始，就會不斷地透過語言和行為，試著與他周圍的環境互動，尤其是會與他的社會環境產生各種交流，藉以瞭解他身處的現在環境，借此才能得以適應環境，而生存下來。

而資訊加工理論專注於闡述個體如何經由「感知接收（sensory regitor）」從外界來獲得相關資訊，再經過短時記憶（short term memory, STM）的加工，而儲存於個體的長時記憶中 (long term memory, LTM）。這樣的資訊加工理論，也對於知識建構的過程有了一個說法，也就是描述個體的資訊是如何地加工，而只是單純地說明了過程而已，並未加入會涉及到的社會文化及歷史因素，這些因素是真實而且影響極大。在他們看來，學習者在知識的建構過程中，因為有很大的能動作用，而對資訊起選擇的加工作用，造成個體擁有的知識是具有個性化的。經由學習讓個體在生理上產生成熟的過程，在心理上不斷被社會化的動態過程。

因此，個體的心智就在這樣的社會空間中，進行著不可預測的發展，所以心靈（mind）和社會之間的關係，被認為是不可能分開及偏於一方的，而知識的建構也有賴於人與人之間的交往，藉此增加了知識並且重組了心智。孩子的心智也會隨著日益成熟，顯得越來越有知識，我們會隨著年齡漸漸地增加，可以明顯地看出我們成長過程的變化，越來越有自己的主見及看法。在知識的建構過程中，他們越來越多成分地扮演了一個與社會其他成員平等的角色（Wink, 2002）。這一學派的心理學家以Piaget（皮亞傑）的發展心理學理論為中心。

（二）認識一點認知心理學

認知在各設計領域均扮演著重要角色，藉由它來了解人的心理。認知本在研究人類本身的思考、語言學習以及內在心理歷程。而且它主張從個人的外顯行為，來研究其內在的心智歷程，認為一個人會先思考及理解自身環境，再來作出與其思考相呼應的行為，完成合理的行為模式。因此，認知成為一門學問後，有各式各樣的理念觀點，從早期的Kant（康德）強調物的自身不可能被我們所知，認為物的自身可刺激我們的各種可能感官、繼而來觸發我們的認知機能，並產生個人的經驗與現象。

形成了刺激要件必須靠人本身加以辨識，其中最顯著的困難在於應用在缺乏感性基礎的物之本身，如何使用之前的因果概念所呈現的現象，使現象可被作為認知能力來作用於物本身的結果上。這些就需要借用認識論來當做基礎，也就是從心智或任何地方來得到認同，並加以引用。就因當當我們不理解相關知識時，也就無法對現象產生共鳴，更無法產生慾望去深入瞭解內涵。因此簡述相關概念，作為探討感性的先備知識。

1.認識論

雖然對認識論的實證研究歷史不是很長，卻已經建立了深厚的理論基礎及多所建樹，這些研究成果可以被概分為三個階段；第一個階段：發展認知論的理論模式（model）及測試工具。從不同樣本採集的資料並進行因素分析（factor analysis），現有的兩個模式為認知論的研究工作者均普遍可接受的，從中或可得到五感的新認識。

一個是 Schommer（1990）的五因素模式，他認為認識論包括五個因素：（1）知識的穩定性（stability or certainty），即知識是變動的還是一成不變的。（2）知識的結構性：即知識是互不關聯的事實，卻是相互聯繫的複雜體系。（3）知識的本源（source）：即知識是存在於學習主體之外還是主體之內。（4）知識的習得速度（speed of acquisition）：即知識的建構是一蹴可及，而是循序漸進的。（5）及對獲得知識的控制性（control）：即個體獲得知識的能力是先天決定的，但還是可以透過練習獲得改進的。知識是可以被收集及擴張的，需要時間及計劃的。

儘管五因素模式已在不同的樣本中得到支援，但還有一些研究者，如 Hofor 與 Pintrich（1997）認為五因素中的最後兩個因素：速度和控制，其實不是個體對於知識和認知過程的觀點，只是對學習過程的描述。

我們認為學生的認知觀之發展，是經過一個從簡單（simple）到複雜（sophisticated）的過程。當然也會隨著年齡的增長，而見識到更多的情景及經驗，而逐漸改變這些觀點。可同時認識到知識是與時俱進的，而且各種資訊也會互相關聯地而被組合、

或重組成一個更有秩序的系統，所以知識不是自然產生，而是由個體的點點滴滴，所建構而成的一個架構，因為每個人對任何問題均可能有不同的看法，這些看法會因為教育程度、生長環境、內外在環境等影響，產生極大的不同。而對於認知過程及結果的評價和判斷，大部份是基於證據及專家和權威人士的意見，所形成的長期知識以及大家研究的成果。

2. 找尋相關的認知理論

所以如何找尋相關的認知理論及各種研究之過程中，因而產生各種與設計相關的知識。而產品與人之間的互動，也會因為產品與五感的互動而呈現出各種不同需求，而讓消費者產生不同的感受，而產生接受與否的認知。各種認知及感受，對於正面的能讓人有愉悅的感覺，是件重要的議題及觀點，找尋相關的認知理論藉以鞏固五感的理論。

Jordan（1998）指出具愉悅意象的設計品應具備：可用性、美學、達成度及可信度，這類產品影響購買的選擇，比一般產品更經常會被購買來使用。Jordan（2000）也提出透過以產品的愉悅設計為基礎，在未來產品設計的探討，不應只是在乎產品功能性的生理、或認知的研究範疇而已，而是要全面性地促使設計去為消費者所接受，讓人與產品之間能夠在建立全新的關係上，來更加努力試著產出新的概念。

而 Chang 與 Wu（2007）也提出美學、基本形式、文化、新穎與個人意識等 4 項因素，是影響使用者產生愉悅的最主要特性。其中最常被提到為美學因素、與基本形式因素。

所以可發現牽連到的五感會以視覺為主，而這個概念就想辦法把自己希望當作甚麼的理想，也希望別人也會把它當作甚麼。如果能夠做出很好的區別，產生所謂的「自他區別的科學論」，就能夠輕易與別人得產生區別，就有機會可能產生其他感性工學的新典範基礎。我們可以清楚地看懂別人，但就是無法明確地界定自己的也能讓別人清楚的瞭解，中間存在的，就是對於消費者還不夠清楚，也是未來感性工學要去進行、及加強的部分。

試著從思考人和產品之間的關係，把它當作是每一個個人的觀點，這樣個人的情感問題就能被適當地捕捉出來，加以組合或拆開成不同的東西，與之前產品製造就有不同的可能性，這樣利用感性工學，才能產生新的發展。曾啟雄（2012/6/1）在他的 FB 上提及他在東京停留時，受到目前高齡 93 的高山正喜久教授的啟發，持續關心著設計教育中的發想問題。在設計領域中，每個領域的發想之根據地、過程、曲折、衍伸性等等，均有不同的樣貌出現。

比如建築在出發點就必須有點幻想性、理想性的幻想，但是要實現時就要朝向比較理性的方向修正。產品設計的過程就比較趨近於在理性和感性之間，不斷地穿梭往返來回，才能達成可感動的設計，畢竟產品需要銷售出一定數量，所以必須符合一定數量的消費者。而視覺傳達設計領域，就更可整個栽進去進行各種跳躍式的思考，在自我否定中，不斷摸索前進，因為它的成本不高也不會危害消費者。

3. 盡力學習面對消費者

不能忽略消費者個人的特質差異性，所以設計教育，在學習面對消費者方面，是和藝術教育不一樣。但是在創意上一樣必須有較多個性的啟發，不像一般知識性的上課，無法大鍋炒的教學，僅是知識性的講授，而是必須與教師溝通及演練，透過不斷地對各式作業或專題的鍛鍊。

因此，有人說設計科系是會讓人爆肝的科系，雖然一點也沒錯。但是如果能夠隨時思考自己的設計，就不需臨時抱佛腳的熬夜，有人也是能在繁忙中享受設計煎熬的樂趣。就因為如果不作設計實作的練習，如只想聽完課就回家的人，會永遠搞不清楚設計是如何設計者相互激盪的過程。而且無法體會學習設計的魅力，最後只是學習到設計的知識，無法掌握到設計的核心靈魂，只能成為一個設計的欣賞者而已。而學校的主題設計作業就能模擬業界接到案子後的感覺，需要有好的發想作為思考或創意的起點，然後找到爆發點，然後再加以延伸成亮點、加入各樣的應用知識，才能成為有意義及有價值的設計。而其中設計與認知科學較有關係的部分，是稱為型態或形態的部份。

（三）建立形態與形態的辨識

因此，對於包含較廣的形態，在平常英語為‘patter’有圖樣、式樣、榜樣等意思；以及|‘style’有形態。而在心理學，特別是在現代認知心理學中，則專指形態、模式或形狀。廣義說一個形態就是一組刺激或刺激特性，它們會按一定的關係（如空間，時間）構成一個有結構的整體脈絡關係，這個關係創造了對人不同感覺的意義。

這些不同的感覺有曲綫的柔和感覺、三條直線組成三角形的穩定感，或圓形產生的蓄勢待發的滾動感，都是因為一個視覺暗示所產生的刺激形態。例如：音樂中的幾個音符組成音節，幾個音節再組成一段音樂或噪音，形成一個聽覺刺激形態，類似的一堆音符，經由不同的人及心情，創造出完全形態的音樂。以及食物雖然有特定的嗅覺芳香或味覺美味，東、西方的料理卻創造出完全不同的嗅覺、味覺的刺激形態經驗。其他如觸摸得到的柔軟、尖刺或堅硬等感覺，因此，在實際生活中作用到我們感官的刺激物，不只是一些個別的小光點、純音、單味、單調，而應是由五種不同接受刺激器官，所產生的五感整合出來的各種刺激結果，是集合在一起的一種綜合感覺，也是一種具結構的整體，說明了五感需要一起討論的必要性。

但是在形態辨識（Pattern recognition）從狹義上說，通常指的是刺激物的整體結構 (彭聃齡、張必隱，1999，49-50)。在設計相關領域的會以英語的“form”或“style”而且會翻譯成「形態」來區別看得到的形，而非其他五感知覺僅能感受的「形態」。不可否認的是形態辨識最常見的討論範疇就是視覺的部分，而視覺又是所有感覺系統裡最複雜的。

如前述視覺是感覺到電磁波的感覺知覺，而知覺產生是因為已經特殊的結構，此結構為精密的創造，主要用於偵測光能。當光線進入眼睛是透過角膜和水晶體，其將影像投射於視網膜上，不管該影像是黑白或彩色或簡單或立體，在視網膜上都是平面的，在當視覺透過脈衝傳送到大腦皮質區時，再與既存的知識結合，將導致個體辨識出該影像（吳玲玲譯，1998）。視覺的感覺（sensation），亦即從環境接收刺激與將刺激編碼到神經系統。另一方面，比較容易令人感興趣的是接下來會發生什麼事，視覺神經所編碼的訊息傳送到視覺皮質時做了什麼。另外，我們想要瞭解視覺的知覺（perception），也是我們解釋並瞭解感官訊息的過程(陳學志主譯，2005, p.96)。Levine 和 Schefner（1981）提及「知覺是我們解釋由感官獲得（和處理）訊息的方式。總之，我們感受（sense）刺激的出現，但知覺（perceive）是什麼」。經由知覺查知形態，再經由知覺加以辨認出人所認知的形體為何物。

彭聃齡、張必隱（1999）對於形態辨識的特性提出有複雜性、適應性、可學習性、語言的作用外，還有容忍度、恒常性、組成性及生存性等不同特質。而形態辨識過程經由哪些階段：

1.形態辨識的階段

1.1.感覺的登記

人的各種感受器（例如：視覺感受器、聽覺感受器）是一種生物力學中的換能器，它能將外界刺激所致的各種能（物理的、化學的）轉化為神經衝動，使神經系統的電位產生變化，進而在人的大腦中形成外部信息的某種代碼（code）。而且在外界刺激停止作用之後，感覺信息仍可短暫地保存下來。這個過程就叫做感覺登記（或感官收錄）（sensory register；SR）或感覺記憶（或感官記憶）（sensory memory；SM）（彭聃齡、張必隱，1999，51）。如果刺激不斷，而且當外界刺激停止後，感覺信息仍可按原來的方式，短暫的保存下來。

人的訊息處理包括形態辨識，就是站在感覺登記過程的基礎上進行的。利用感覺登記的「後像」，刺激雖消失但視覺現象並不會立即消失。感覺登記提供最原始的視覺和聽覺資料。

1.2.知覺分析與綜合

接著人們藉由注意，從輸入的信息中選擇某些信息、放棄某些信息，進而對被選擇的信息進行分析處理，是通過不同層次的分析綜合活動來完成（彭聃齡、張必隱，1999，54）。在形態態辨識中，知覺分析與綜合也是在不同層次與階段中進行的。

經由從完整的感覺印象中，提取不同的特徵或要素，來將這些特徵或要素加以聯合、統整為一個整體。再藉由發現其中的個別對象之聯繫和關係，得到更具體的形象。來構成更大的知覺單元，以及對個別對象或知覺範疇進行命名等。知覺的分析與綜合表現了一定的層次性或階段性。前一階段是後一階段的前提和基礎，後一階段則是前一階段作為的深化和發展的結果（彭聃齡、張必隱，1999，55）。形態與形態辨識間存在著互存的關係，需要有理論的維繫。

1.3.語意分析與綜合

在對刺激型態進行知覺分析的同時，已經進行了某種形式的語意分析（semantic analysis），這包括對物體命名、理解個別單詞的意義、將物體分類、建立有關的語意圖式等（彭聃齡、張必隱，1999，56）。包括對物體的命名、理解個別單位詞的意義，將物體都分類、建立出有關的語意型態組織，形成知識體系方能被用。

1.4.決策與核證

人對形態的辨識是一個主動、積極的加工過程。這種主動性和積極性具體表現，在人需要的推動下，能產生辨識的願望，並按願望調節自己的行動。人能夠計劃自己的行動，並且根據計畫所產生的知覺期待與預測，就能將識別的結果與輸人的感覺信息不斷地進行核對，或利用感覺信息不斷校正識別的結果。

當核對的結果證明兩者一致時，就可作出肯定的決策，即確認出某一型態。當兩者不一致時，人們就會作出否定的決策，並進而調整自己對結果的認知，直到兩者獲得正確的匹配（彭聃齡、張必隱，1999，56）。

2.知覺與型態辨識的關係

根據上面的分析，我們看到，在現代認知心理學中，知覺與識別的概念是緊密地聯繫在一起的。人們對熟悉事物的重新知覺，稱為辨識（或再認）（recognition）。在這個意義上，對一個熟悉型態的知覺，就是型態辨識。它要求人們將輸人的刺激型態與頭腦中已有的型態進行匹配並運用已有的知識經驗對輸人的感覺信息作出解釋；在知覺一個完全陌生的事物時，人們不能在記憶中找到現成的型態，但他同樣要用已有的知識經驗對輸人的信息作出解釋。因此，知覺新的型態，也需要有記憶的成分參加。由此可見，知覺與識別的概念沒有嚴格的界限，它們在認知心理學中常常是互相通用的(彭聃齡、張必隱，1999，51) 。依據彭聃齡、張必隱（1999）所述的型態辨識理論分成早期、近期的理論，再加上一些其他的理論加以整理出來如下。

為了針對與設計相關的型態的辨識，先加以說明，所以介紹了這些相關的理論來做為基礎知識。有早期的模板匹配理論、原型理論；近期的視覺計算理論、注意的特徵整合理論、相互作用激活理論及拓撲學理論。以及被視為其他的完形組織法則及訊息處理取向。

2-1.型態辨識的早期理論

2-1-1.模板匹配理論

模板匹配理論（template-matching theory）是解釋型態辨識的早期理論之一。這種理論假定，型態辨識是將一個人刺激型態提供的信息，與在長時記憶中已經儲存的該型態的表徵相匹配，叫做刺激型態的模板（彭聃齡、張必隱，1999，69）。Neisser（1967）指出當我們看到所有組型完全相同時，即會自動加以匹配辨識。字母 A 被作為一種刺激的型態，通過瞳孔和晶體，會在眼底的網膜上形成一個清晰的映像。接著視覺系統通過一系列神經的換能作用，將網膜所接受的信息經由視神經傳送給大腦。大腦再將網膜的映像進行轉譯成傳真的譯碼。

當被激發的網膜細胞與某一模板所指定的網膜細胞相對應時（圖 3-8），字母 A 就被識別了。相反，當輸人的刺激與模板不對應時，如刺激輸人與模板分屬不同的字母（圖 3-8），或輸人信息在大小、方向、字體上與標準化的模板不同（圖 3-8d），對字母的識別就比較難以實現（彭聃齡、張必隱，1999，69）。

或許可藉由模板（templates）的方法進行分類，因為模板是所有可分類組型的儲存型態。例如當銀行的電腦讀入你帳戶的密碼時，它正完成一個模板比對的歷程，試圖在你的密碼與其儲存 0-9 的模板間，做物理性比較并加以的確認。可以理解的是當電腦辨識一個組型時，會比對你輸入的密碼與其所儲存的數字或字母模板（陳學志主譯，2005，110）。

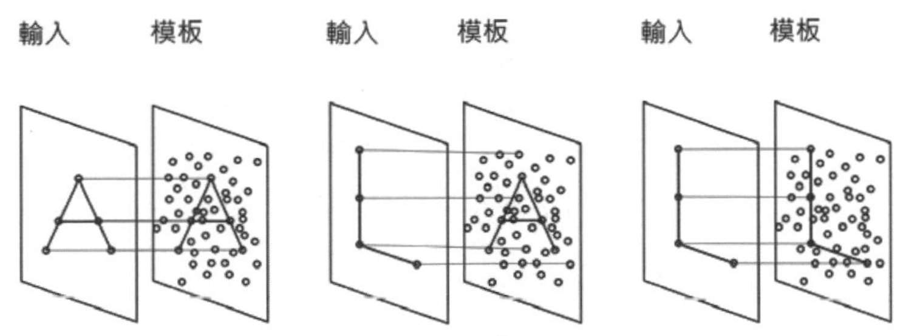

圖 3-8.模板匹配理論示意圖（Neisser, 1967）

2-1-2.原型理論

原型論（prototype theory）又稱典型比對、原型匹配、原型比對、範型比對。是為了解決模板匹配理論無法靈活傳神地比對的局限。心理學家又提出了原型理論（prototype theory）。原型（prototype）就是指頭腦中儲存著代表一組物體的關鍵特有的表徵。

例如：樹的原型可能是樹幹、樹枝、樹葉，人的原型可能是一個腦袋、兩隻手、兩條腿、能直立行走等。初步的原型是頭腦中對於這些表徵，不見得代表某種特定的物體，例如對於樹的表徵，不見得是榕樹、芒果，人則不見得是張三、李四等。而只是代表著某類物體的基本特徵而已。在這個意義上，原型不僅是對一刺激的概括，也只是這類刺激在頭腦中的最優或最易記憶的代表（彭聃齡、張必隱，1999，71）。

主張型態辨識就是基於腦海中的原型對外界事物做比較（鄭昭明，1993），而原型意指該類事物的特徵與訊息，若一個事物與原形相似程度越高則越容易被辨識（鄭麗玉，2005），而這樣的原型所表示的是個體對於該物體最一般的印象（鄭昭明，1982）。

同時也是某種程度的抽象化，並將其儲存於長期記憶中（吳玲玲譯，1998），重點在於讓人類能夠藉其與原型相似而辨識「不同尋常」的物體，因此具備兩點特徵：集中趨勢與特徵－頻率（黃希庭等譯，1992）。

（1）集中趨勢

原型是一系列樣本的平均代表，也就是說原型是儲存於記憶中的抽象物，是該類別物品的集中趨勢。

（2）特徵－頻率

此觀點的學者認為原型是體驗最多的特徵組合亦或是最常感受的特徵。如圖 3-9 為台大一群學生對於杯子的原型測試，實驗方法為就 12 個杯子中，每次任取兩個杯子作比較，直到所有杯子都兩兩比較為止。結果顯示，9 號杯是所有杯子中最為典型，依次是 1 號、4 號，而其中最不像杯子的是 5 號杯。

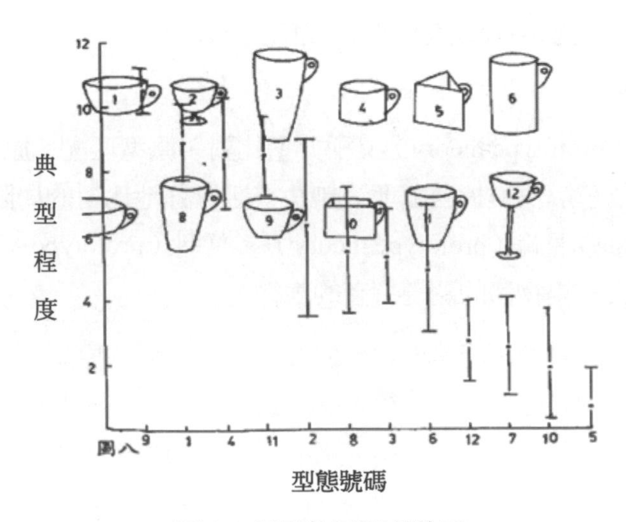

圖 3-9.杯子的原型考驗圖

在原型論中有一個著名的實驗叫做「假記憶」，為 Solso 與 McCarthy 於 1981 年進行，實驗發現受試者會誤認原形為一個先前出現過的圖樣，同時自信大過於先前辨識的組型，其因就是人們會將常知覺到的特徵於腦海中重整，如下圖 3-10 辨識臉孔的圖樣，左列為原型臉，右列為個例臉，臉孔旁出現的百分比為與原型臉的相似程度，受試者於看過個例臉後再看到原型臉時，受試者多認為原型臉就是先前所看到的臉孔圖案。

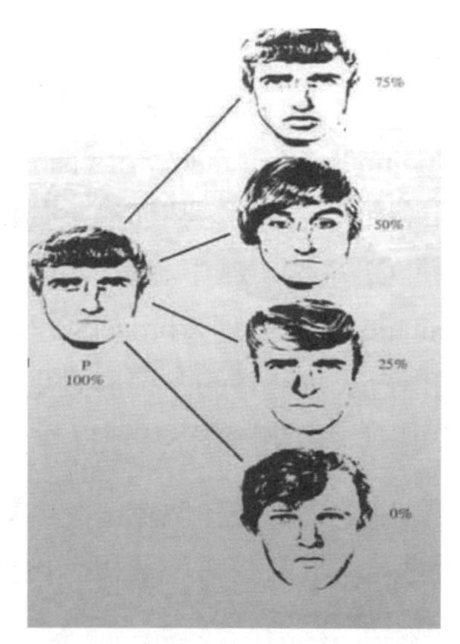

圖 3-10.原形臉與個例臉的示意圖（吳玲玲譯，1998，147）

（3）特徵分析論

Selfridge (1959) 根據特徵分析的一般原則，提出了型態辨識的計算機模型，這些過程和加工單元在刺激輸人的作用下開始工作，各自履行著不同的職務（彭聃齡、張必隱，1999，74）優於模板取向的概念是特徵分析（feature analysis）或特徵偵測（feature detection）。在這個取向中，特徵是非常簡單的組型，透過大量的刺激組型與其他特徵組合的一個片斷或成分。Selfridge（1959）的構想中，魔宮理論不但支配著組型辨識歷程，也是處理視覺刺激的心理機制。

Selfridge 曾運用此學說發展一套電腦程式，其稱為精靈模型，包括圖像精靈、特徵精靈、認知精靈與決策精靈，每一階層軍有任務要執行。圖像精靈接收外來刺激並轉為表徵，特徵精靈進行分解找出特定的特徵後再傳給認知精靈，認知精靈須找到吻合的型態並給予決策精靈訊號，決策精靈依據認知精靈給予的訊號辨認輸入的刺激為何（圖 11）（彭聃齡、張必隱，1999）。觀察特徵分析的一個直接方法就是觀察「眼動和眼注視」（黃希庭等譯，1992）。其研究假定個體相對的長時間注視圖像中的某一特徵，比粗略的觀看能獲得更多信息，而注視的焦點集中於受試者認為是重要的特徵上。鄭昭明（1993）認為特徵分析的辨識能力均來自於「經驗」所致，更可以經由研究獲得更深層的關聯。

2-2.型態辨識的近期理論

2-2-1.視覺計算理論

在視覺計算理論（computational theory of vision）中，Marr 認為視覺就是要對外界世界的圖像構成有效的符號描述，其核心問題是要從圖像的的結構推導出外部的結構（彭聃齡、張必隱，1999；李素卿譯，2004）。理論裡的表徵（representation）與處理（process）是兩大核心概念。前項指能把某些客體或幾類信息表達清楚的一種形式化系統，及說明該系統如何行使其職能的若干規則；後項指的是某種操作，它促使事物的轉換。

視覺經由從接收到的圖象去認識一個在空間內排列的、完整的物體，經過一系列的表徵階段。藉助於某些處理過程，再從一種表徵轉換為另一種表徵，來形成新的視覺概念。

2-2-2.注意的特徵整合理論

注意的特徵整合理論（feature-integration theory of attention），主要探討視覺早期處理的問題。Treisman 認為視覺處理有兩個階段，（A）第一階段為特徵登記階段，（B）第二階段為特徵整合接段。

前者視覺系統從光刺激型態中提取特徵，不需集中性注意，只檢測少數獨立的特徵，包含顏色、大小、反差、線段、端點，發生在視覺處理的早期階段；後者功能在於把彼此分開的特徵（表徵）正確聯繫起來，形成對某一物體的知覺，需要集中性注意，發生在視覺處理的後期階段。簡述兩個以此理論為基礎的實驗。

（1）視覺檢測作業

Treisman (1986)進行了一系列有趣的實驗來支持自己的假設，在視覺檢測作業中，給被試呈現由不同形狀和顏色組成的刺方陣，要求被試確定其中的邊界在哪裡（圖 2-25）。結果發現，當刺激方陣認為圓形右邊為三角形時，被試很容易看到一條垂直的邊界（圖 3-11a）的圖樣，當方陣的上方均為無色圖形，下方均為灰色圖形時，被試也很容易看到一條水平的邊界（圖 3-11b），這說明，單一的特徵維度有利於邊界的確定。相反，當刺激方陣中顏色和形狀兩個維度混雜呈現時（圖 3-11c），邊界的確定就很困難。由於視覺檢測可能造成誤導，單一特徵維度有利於邊界的確定，視覺系統對於個別特徵的處理比對複合特徵的處理容易。

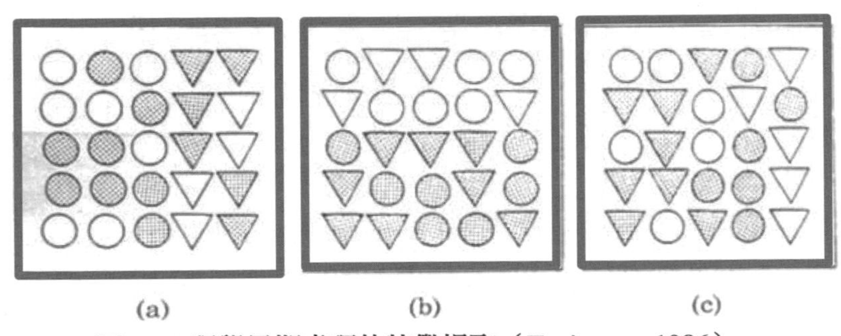

圖 3-11.視覺早期處理的特徵提取（Treisman, 1986）

（2）視覺搜索作業

從一堆干擾圖形中找出目標圖形，發現若一個目標圖形與其周圍的干擾圖形有某些簡單的區別特質，干擾圖形的影響很小；反之則影響大。

（3）成份辨識論

以特徵分析為基礎，著眼於特徵間的關係，致使更準確的辨認（鄭麗玉，2005）。理論的要點除了圖形特徵關係的解讀外，還包括對體積組合的看法（圖 2-26）。Biederman (1987)提出的成分辨識理論（構成要素）（recognition by components theory，簡稱 RBC），指出人類只需要少部分的立體組成分便可描述世上所有物體，因此型態辨識只是描述有限的組成分關係，而非區別千百組的成分（鄭麗玉，2005）。

也就是認定所有的複雜圖形都包含一些圖素。理論指出基本圖素為 24 個不同的形狀，如同 26 個字母形成組合的系統，按其發想只要 3 個幾何圖素聯合起來，可以產生 1.4 億個可能的物體(彭聃齡、張必隱，1999)。

Biederman 進一步以實驗證實組合圖素的重要性，其將圖形的某些線條去掉讓受試者指認，結果發現重要的關聯部分被去掉其被辨識的機率較低，也就是有端點的圖案識別較容易。儘管其理論能充分解釋物體的型態組成，但對於特定型態的物體人類依然能辨識卻難以說明詳細。

2-2-3.相互作用激活理論

相互作用激活理論（interactive activation model），Clelland 與 Rumelhart (1991)主張知覺系統由許多處理單元組成，每一個單位都有一個結點，每一個結點均大量與其他結點相連結一起，而連結的方法有興奮與抑制，若某一個結點支持另一個結點存在那麼之前的連結性就是興奮；反之矛盾則為抑制。此理論不僅肯定了由上至下的處理也重視由下至上的處理，單元間的聯繫不僅存在於低層次的興奮與抑制，也存在於高層次對低層次的興奮與抑制。

2-2-4.拓撲學理論

Weistein 與 Harris（1974）就在一個實驗中發現了令人驚奇的客體優勢效應（object superiority effect）。他們讓被試者在不同的條件下，用視覺檢測快速呈現的目標線段：（1）目標線段單獨出現在注視點附近的不同方向上；（2）將目標線段鑲嵌在另一有結構的圖形中，目標線段與注視點的相對位置與前一條件相同，要求被試者確定線段出現在注視點的哪個方向，如注視點的左上方。

在 80 年代初，陳霖（1986）根據自已的一系列實驗，提出富有挑戰性的視覺拓撲學理論（visual topolo 小 cal theory）。該理論認為，在視覺處理的早期階段，人的視覺系統首先檢測圖形的拓撲性質；它對圖形的大範圍拓撲性質敏感，而對圖形的局部幾何性質不敏感。在陳霖(1 的 1）看來，圖形的拓撲性質是指在拓撲變換下圖形保持不變的性質和關係。如連通性（connectedness）、封閉性（closedness）、洞（hole），都是典型的拓撲性質（topological properties），而大小、角度、平行性等幾何性質則不是拓樸性質。

第四章. 廣泛感性議題的探索

- 加入更多的觀察議題，來充實研究方向，更擴充至其他的設計領域，或需要的範疇。
- 雖然本書先以工業設計的產品設計為例，但是讀者也可發展成利用至你的研究領域。
- 進行你的研究，該如何找到議題加以應用研究，使成果能加以實用成好的結果。

在前一章我們了解了構成感性的要件及應用目的，讓大家初步知道它所觸及的五感之構成，進而說明可以達成的目的及目標。並加以說明感性與認知之間的關係，也就是由於感性的議題除了心理學的感知、認知議題外，也可加上由外部多元的刺激所產生的議題，因此有了多元的組合及可能的議題產生。感性議題的產生除了環繞在工學的探討外，也可由很科學的角度來看其他的議題，也就是除了單純的五感外，也會產生因為五感存在所觸發的多元議題。這些不僅是設計及科學議題外，還可以應用到更多元的社會及地域議題等。

因此，請大家以更開闊的視野來看這個可以很多元的研究方法，讓它可以在多元社會中，讓更多人可以藉此找到探索問題的方法。首先來說說這個方法的需求原因、想想可以研究的方向及問題，進而觸及感性社會學及地域與風土的研究，最後也可以將五感的研究加以組合成更有意義的議題，我們從此可以看到此法的彈性及可用性。

一、感性工學研究的需求原因

瞭解了感性及感性工學的意義後，接著就需理解到底何時才適合及需以此概念來進行研究？不能無所不用其極的到處用嗎？為了藉由感性與其他領域課程的結合及實習，讓學生以一種不同的觀點來重新探索設計之前的產品研究。就是為了讓他們理解，我們需要以更科學的態度來學習及面對設計專業，讓以前似是而非的心理感覺，就做成的設計方向反應，如何得到研究數據來支撐並作為設計方向的依據。這些數據或反應是該如何地利用設備，來加以實驗、調查或實際觀察，而得到更精確的結果，必須先有一些先備知識及方向，方能順利進行。

可以從幾個面向的機會點，來看感性工學的用途，如何協助在教育現場對學生的訓練及感性在更多領域的應用機會為何。

（1）可以做為參與技術的研發：大學部學生或研究所的碩士生對設備及基本概念的認識，或有機會可以實際操作設備實習，來瞭解某個議題對五感的探討反應，讓他們瞭解不同的設計會有人類不同的反應，他們除了得到學習及認識技術研發是需要多元的知識來支撐設計的進行。

（2）可以提供成作為推進產學合作的誘因機制：感性工學的研究在大多數的台灣產業，均未能有機會接觸到、或認識它的真正價值，可以利用這個研究方法來產生產學合作的機會。以感性研究的不同成果的觀點，來提供企業之前以直覺為判斷基礎的設計決策、及設計方向確認。讓產學能夠獲得以更科學的方式來獲得證據，藉以說明設計過程可能提高及產生的價值，這樣就較有機會爭取到產學合作機會。

（3）運用過程做為專題設計或碩士論文的研究方法：由於五感概念的加入，對於設計品可以切入的角度增多了，除了可豐富研究的方向。讓大學生的專題研究或研究生的碩士論文，運用五感的議題利用設備對於生理或心理的使用探討，可改變之前一直存在的舊有觀點，可讓研究成果的產出增加，有更多可發表的內容，同時對於大學生可以提高他們製作專題設計的興趣。

（4）協助學生提高產品設計過程的理性態度：由於利用了各式各樣量測五感的設備及技術，讓學生瞭解設計的理性、與感性之間的關連性，以及可以產生的互動性，可提高學生對於黑箱作業的設計流程時，解釋設計方向的說服力，藉以擴大工業設計領域的理性知識及能力。

如果要更深入瞭解，便需從設計品的消費行為開始談起。其實生活中常會有喜歡程度、舒服程度，甚至討厭程度的情境差異。通常也僅能由當時情境（天、時、地利、人合）綜合性地由個人加以判斷，才做出決定。最常見的是在購物時如何選擇、如何下決定;常常買回來的東西，並不是真正想要買及需要的東西。也就是我們總會被某些臨時生出的不名變因影響，而做出預想之外的購買決定。也不清楚自己做那樣購買決定時的真正動機及原因，但是，結果就是已經買了。回到家開始思考為何決定買下該物，雖然有時也會有些莫名的遺憾，但畢竟買了已經是事實了。雖然目前有 7 天的審閱期，但是除非有瑕痴、或不滿意，通常也不好意思將之退回。有些也限制僅能換新品，不見得能另購它物，而另購它物則更可能繼續讓荷包失血。因為買不到那個價位的東西，餘額可能會被沒收的，這種瞬間損失的落寞感，不是一般人可以接受的，所以一定要買個比原價高的物品。此時的購物，恐怕不見得能達到消費的目的，買第二件物品可能更是增加了額外的消費而已。這樣的行為難道不能改善嗎？有時可以很理性地說：因為價格便宜、功能好、這些項目可以由量化的數值，來加以判斷比較。

生活中除了為購買產品的判斷外，也會在接觸新事物，對事或物的印象及感覺，例如；首次拜訪朋友或親戚時，也會對他們的家有想像，他們喜歡那種格局的裝潢，那種形式的家具、那種品牌的電器等。我們會試著從對方的性格來預測他的喜好，或喜歡聽聽他那種選擇的理由。到不熟朋友的家裡，更會想像他的太太和小孩是怎樣的人，太太會對我們笑臉以對嗎？小孩的規矩如何？會抱持著像這樣有各種印象的感情，這樣的印象及感情就是所謂的「感性」(長町三生，2008）。

從文字也可以構成感性；席慕容 (1982）在文章寫給幸福感中的「翠鳥」：夏日午後，一隻小翠鳥飛進了我的庭園，停在玫瑰花樹上。我正在園裡拔除雜草，因為有棵夜百合花擋在前面，所以小翠鳥沒看見我，就放心大膽地啄食起那些玫瑰枝上剛剛長出的葉芽來了。我被那一身碧綠光潔的羽毛震懾住了，屏息躲在樹後，心裡面輕輕地向小鳥說：「小翠鳥啊，請你儘量吃吧。只求你能多停留一會兒，只求你不要太快飛走。」原來在片刻之前還是我最珍惜的那幾棵玫瑰花樹，現在已經變得毫不重要了。只因為，嫩芽以後還能再生長，而這只小翠鳥也許一生中只會飛來我的庭園一次。短暫的感性掌握勝過了深具美感的玫瑰，所以時間性也是感性特色之一。

近來王品集團在網站訴求「只款待心中最重要的人」(http://www.wangsteak.com.tw/link.htm)，其系列餐廳以高級平價為訴求，其中夏慕尼系列中以藍色、接近紫色為基調，透露出神秘及慵懶的感性。經由設計顯出其特色的用心裝潢，顏色及商標產生的系列感。例如；座落於台北香榭麗舍大道的中山北路商圈，兩側綠意盎然的林蔭道，鄰近百貨商圈及高級飯店的便利性，集結優雅與時尚的獨特魅力，由許多感性所構成的分店，勢必可以有好業績(圖 4-1~2）。

一走進玄關可聽到從櫃臺發出的女性招呼聲，一面引導走到位子。開始感覺到是一家很棒的店。從感覺到很好服務生的好心情、好引導，產生的感性氣氛就被吸引決定了。進而從桌上的擺飾品感到的設計感，感到這家店有很好的氣味，應該很好吃吧！從完全沒有興致因為看到的、聞到的，由味道等的五感體驗，未用餐前就一定會產生「這是一家好店，下次要帶朋友來」的好感情。如果食物又很好吃，所產生的趨動力一定更強。聖誕節為了更加購物氣氛，所做的裝飾及音樂（圖 4-3）。

也可加深消費者的印象，及激起購物的衝動。這些連續的感情就是一種感性，是一種現在驅動消費者的真正能量。

圖 4-1 王品夏慕尼的屋外感覺

圖 4-2.夏慕尼的屋內擺飾（http://www.chamonix.com.tw/about.htm）

圖 4-3.2014 年新光三越台南新天地夠感性的聖誕節裝飾

除了流行外，通常產品需要流露出一些特有的感覺，才能夠驅動很多人去購買，例如：apple（蘋果公司）的 iPhone 及 iPad。流行是個大方向，但是像 iPhone 從第一代開始，從一季幾十萬台卻越賣越好至第四代竟然可以一季賣出超過 2 千萬台，如果仔細一算不到 100 天的時間，幾乎每天賣超過 20 萬台。實在無法想像如何達到這樣的成績，難道只有 Steven Jobs 迷才買嗎？恐怕不只如此，一件產品可以獲得那麼多人的喜好，恐怕已「前無來者、也可能後無來人」了。

在手機市場上有數千種機型，功能與 iPhone 相似者也有，但是 iPhone 從造形、功能、操作性各種條件所構成的感性優勢，竟然可以驅動各個年齡層的人花高價購買，同時也觸動了流行的感性。接著的 iPad 從筆記型電腦的價格戰中，走出一條新路。改變了筆記型電腦原先替代桌上型電腦，成為行動電腦，但是平板電腦卻改變了使用行為，從網路世界、行動行為加上遊戲（圖 4-4）。資料查詢中，得到一個新的產品定位，滿足價格及休閒的需求，讓攜帶式電腦有了新的需求，當然會觸發新的購買行為。其中最特別的是，觸控技術所衍生的介面使用的快感，得到了方便及新潮的使用行為（圖 4-5）。

在教育的職場，老師會從觀察來理解小孩的各種感性的傾向，學生可能僅是抱持著從課業及成績的方向來表達感性。在家族關係父母如能理解自己的小孩是抱持著怎樣的感性時，一定就能維持及發展出好的家族關係。同樣地在生意業務上，營業者如果能查察消費者的感性，從滿足消費者的感性（消費者滿足：CS）的方向開始做生意，消費者就會很容易得到滿足而產生興奮感，就較容易得到生意的機會。感性在任何情形及世界中均會是重要的心理情緒，如果能瞭解感性的意義，如何觸動感性、及滿足感性的需求，我們一定可以順利地完成所有的使命。

＊思考的問題：雖然 iPad 到 2016 年後有銷售下降的趨勢，但是到底 iPad 吸引人的是那部分的創新，是使用行為的感性魔力，或只是一種流行。新推出的 iPad Pro（圖 4-6）該公司聲稱並非只是新一代 iPad，更是大家對當代個人電腦運算領域的願景。它擁有超越多數筆記型電腦的強大威力，讓你以指尖運用自如；即使再複雜的工作，都可以輕觸、滑動或動筆書寫等自然的方式進行，似乎有想以平板來取代筆電輕度使用者的需求，同時可以便以攜帶，想藉此取得新的消費趨勢。

而 ASUS 的變形金剛更進一步將平板及筆電結合（圖 4-7），這樣的設計創意，是關懷了使用者接著相信會有更多的產品，以感性的需求或迷人的價格，可以取代或接收這些市場需求的消費者，甚至會普及至老少，用於娛樂或生活的用途，到底如何解決或發現，前述的感性研究是一個適當且可行的方法。

圖 4-4. iPad air 的置放使用情形

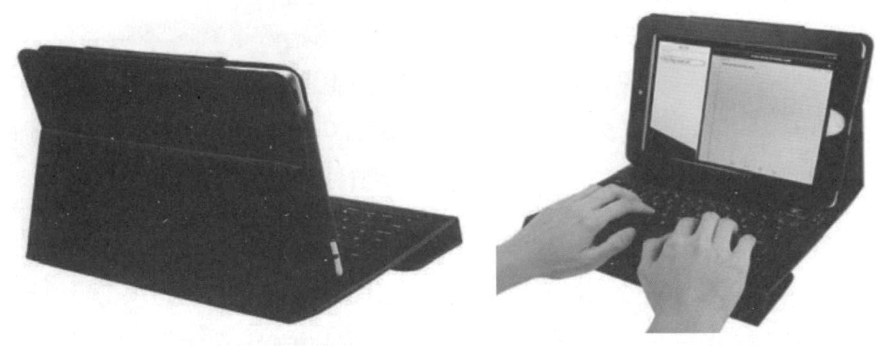

圖 4-5.iPad2 (http://www.geekalerts.com/apple-IPad-2-case-bluetooth-keyboard/)

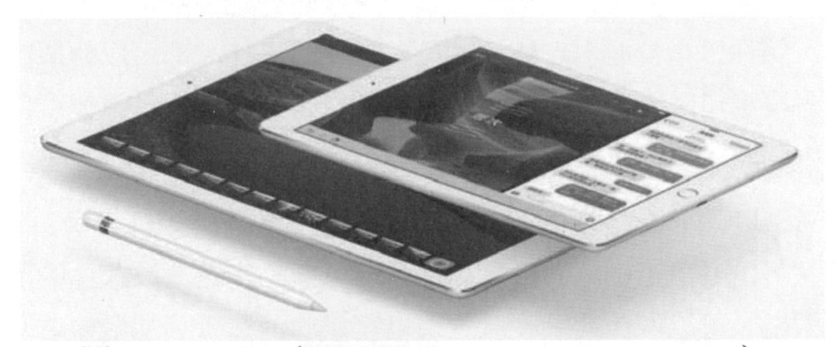

圖 4-6. iPad Pro（http://www.apple.com/tw/ipad-pro/）

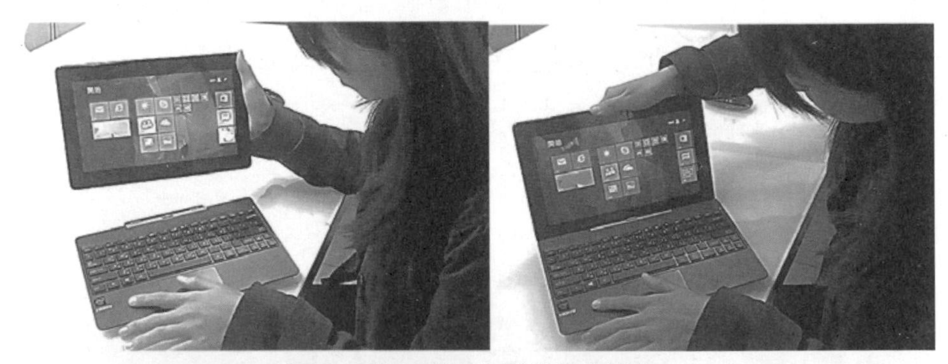

圖 4-7.華碩變形金剛的接合操作

二、可思考的研究方向及問題

有多少可以利用感性的目的，來進行的研究，我們除了說了一些相關研究外，還有一些值得思考的研究方向、及值得探討的問題方向。

前成成功大學校長黃煌輝，他曾於 2013 年的任內和來訪的富士通會長間塚道義，說明成大在橘色科技上的發展與成果，說明成功大學不僅要發展科技，更重視對人類的關懷，希望能將科技研究成果應用到醫療關懷、老人照護，生命服務…等，以增進人類的幸福。隨後贈送他一本王駿發教授的書「橘色科技」。

間塚道義會長對於黃校長發展幸福科技的構想也深表認同，他說：日本富士通集團是全球第三大 IT(資訊技術）服務供應商，多年來也是以人為本的發展科技，希望所有的研究成果都是為了增進人類的健康與幸福，除了建立防災或減災的系統，也努力在抗衰老的醫療領域上付出大筆經費及心力，更與農業種植蜜柑的農夫合作，所有努力都是為增進人類的福祉（http://web.ncku.edu.tw/files/14-1000-101974,r1353-1.php）。

愛比科技的 CEO 與身兼設計師的洪裕鈞，他橫跨了工業設計、平面設計、網路／互動媒體、建築等，以設計為事業的核心能力，十年內創立了三家成功企業，洪裕鈞（2012）在其書進一步解釋到許多人對「設計」的理解，僅止於認為它是一種表面裝飾的工作，他一直相信設計的重點是在於 “howit works” 而非“how it looks”。

由於很多人因為對設計的不理解，而做出不貼切、不適合的設計，以台北市的路燈為例，原始設計忠實呈現功能之美，但因應花博而換上華麗的新路燈，毫無意義的線條、裝飾、和顏色。從使用者如何使用，這樣的功能性出發而作設計，他的設計作品不只是除獲獎外，還進一步銷售到全球，他正式創業的處女作－SKYPE 專屬電話「IPEVO FREE-1」（圖 4-8），一販賣就一鳴驚人，不只是操作方式貼合使用者習慣，話筒設計能夠大開，而解決以前使用網路電話的回音干擾 (洪裕鈞，2012）。

圖 4-8. SKYPE 專屬電話「IPEVO FREE-1」（http://chinese.engadget.com）

（一）城市的美學

台灣目前的城市美學，台北已經成為與其他國際重要城市一樣，到處的高樓。2010 年中華民國縣市改制直轄市，俗稱五都改制、五都升格。台南市縣以自己是文化之都為名，爭取成為五個院轄市之一，但是長期缺乏有文化觀點及長遠謀略的主政者，舊部落漸漸崩毀，目前只有少數以文創為名的空間再造業者，整理一些快要坍塌的房子，成為了熱門的住宿或觀光消費地點。

希望現在及未來的市長能體認這個城市在台灣的重要性，不要太政治化，應為為美麗之島(Formosa；福爾摩沙）留下文化城市的一點城市文化，不要一昧地學習西方的建築方式。

想想台南應有的城市美感特徵，想想日本京都之美，市民對城市之美的堅持，回想政府在 20 世紀末要重建京都車站時，大家的討論及市民的參與，擔心高樓破壞了城市上方的空間。台南市在擁擠的市內蓋了一座斜張橋，將整個不斷被縮小的運河，弄得壓力更大，空間除了目的外設計更是百年的事情，不太符合美感及實用性，均需審慎討論再進行，不協調及設計有違基本設計美感的問題，例如：該橋的上方均勻變化，顏色也讓人不敢苟同，這座位在台南運河上的吊橋，論地段及造型均可成為奇怪的(圖 4-9）。

反觀高雄的一些設施，從城市光廊，甚至博二的裝置藝術（圖 4-10），看得到的是精緻及創意。

在遠看中國目前的城市，已經看到他們過度開發的失敗，每個城市均長得差不多，一樣的高樓一樣的街景，已經不需老遠地去看了，只要看過一個城市即够了。發展快速的中國除了蘇州外，沒有時間將城市美學想清楚，即爲了大量湧入城市的居民，蓋起大量的居住空間，到處蓋成類似的高樓，已經第二次破壞中國的城市之美，我認為比上次的文化大革命還嚴重，長期將破壞了中國的特色。

圖 4-9.台南運河上的吊橋

圖 4-10.造形與有無光線的差異（地點：高雄駁二）

（二）食品的包裝：包裝米的袋子設計的省思

小小的台灣在市面上銷售的包裝米，到底有幾種？一定超過 100 種，實在沒有道理，老闆們的思維，到底在想那些事情？也同時可聯想到，台灣有幾種品種的米，那會產生那麼多種品牌的米，所以應是大同小異。看著在賣場堆著一大堆的包裝米（圖 4-11-1），你會買一種呢？我會稀奇地先看看米種，但大多數人恐怕無所知的，選便宜或選最貴的，但是同樣價格時，包裝米的包裝設計可能變成選購重點。

消保會曾公布包裝米抽查結果，20 件有 18 件品種標示不實，比率達 9 成，有 8 件更「完全不實」，如上面寫越光米，卻無越光米粒的成份，卻比一般米價貴 2 倍；金農米的越光米除無越光米粒，其中有 6 成還是

裝了價格便宜的台南 11 號米
(**http://www.appledaily.com.tw/appledaily/article/headline/20100529/32547947**）。

如果同樣品種，如何勝出被消費者選上，因為無法試吃，包裝設計絕對是吸引消費者的重點。圖 4-11-2 的產品就是改變設計則改變大小形式，圖 4-11-3 改進了設計以彩色及圖案來增加價值。但是如何設計成符合產品本身特質的包裝，就值得探討，而不應視覺設計只是憑自己的想像，就開始設計一包吸引消費者的米。

坊間的水餃亦然，除了品牌及記憶的滋味，包裝產生的優質感，絕對是影響購買者的決定要素。購買飲料等食物也都會由此情形，受影響，只有瞭解你的客戶，才能設計出合適的包裝來。

好好地研究你的產品及消費對象，將是勢在必行的活動。所以適當的研究，已經是這個競爭代的決戰關鍵。如果你是老闆，要體認的是；你的喜好，只是代表你自己而已，因為時代在變，每個人的思維及決策過程，需有一些研究的背景來作為支持的依據，衝動購買的機會正在減少中。如果只是想在市場嘗試一下後再做打算，需要時間及費用；想想合適的研究方法、及流程。

老闆們不要想到研究，就怕研究會沒有用，想想如何決定出清晰的目的，才不會產生無用的研究結果。如何規劃研究後面的章節再談，但一定要有真正的動機才行。所以研究生就像老闆們一樣，研究代表的是你深入思考問題，想清楚再動，現在已不適合衝動決策的時代了。

圖 4-11-1.架上各類包裝米

圖 4-11-2.提高價值感的各類包裝米

圖 4-11-3.提高價值感的各類包裝米

(三)抓住數位時代的消費需求

這類的產品相當多，著名的 3C 更不勝枚舉，尤以筆記型電腦、行動電話最多。一些搭配數位時代的小產品卻常被忽略。例如下述的產品：實物投影文件不再需要購買大又笨重的機器了，以前動輒十數萬元的產品又大又笨重，操作應該簡單，卻相當不易。現在只要原先數十分之一經費的 USB 攝影機（圖 4-12），成為最簡單易用的替代方案。將 USB 攝影機接上您的 PC 或是 Mac，搭配既有的投影機，即可立即為課堂教學或是會議簡報添加許多互動樂趣；展示筆記、圖表、試卷、地圖或任何紙本文章，更可省下列印給會眾的費用，節費又環保。

當然這類偉大設計師不會忽略消費者的需求，開發有自由式旋臂底座，具備多重關節以及底部額外配重設計，可變化出多樣投影角度，無論平面文件或是立體物件，均可應用自如。

還可應用在自然、數理幾何但還有個缺點就是解析度還不夠。因此畫面品質不好。反過來說，就是你的想法只要有價值就會被轉成零件，可以裝載在各類產品尤 3C 產品。

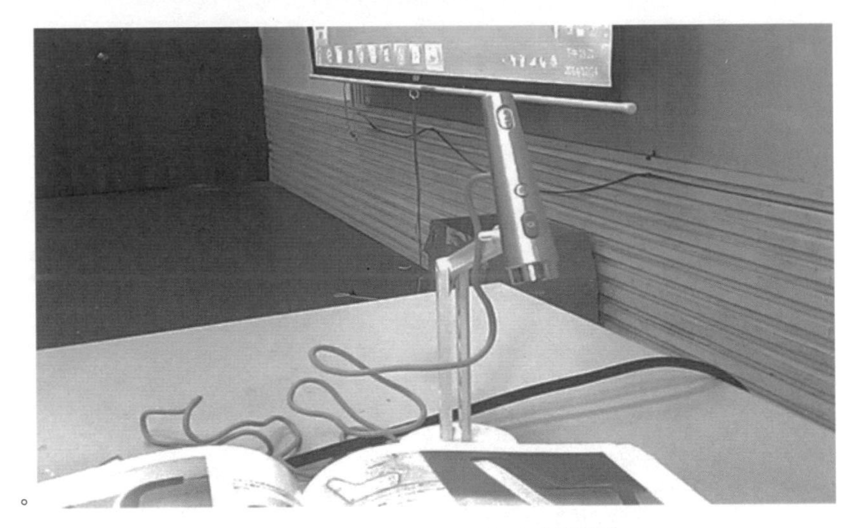

。

圖 4-12. IPEVO P2V USB 攝影機

(四)生活小用品

在繁忙的生活中，許多族群需要各類的需求，關懷的出發點再加上感性的探討，即可產出許多產品；防止燙到的手套，從呆板的布手套，轉換成矽膠的手夾 （圖 4-13），折疊式濾杓（圖 4-14）使生活空間可以減少，可以當勺子。

Alessi 的清官人造形的擠果汁機（圖 4-15），除了復古及吸引人的可愛造形，再加上一個擠果汁的功能，平常可以蓋住像帽子，使用時再翻過來成為漏斗狀。

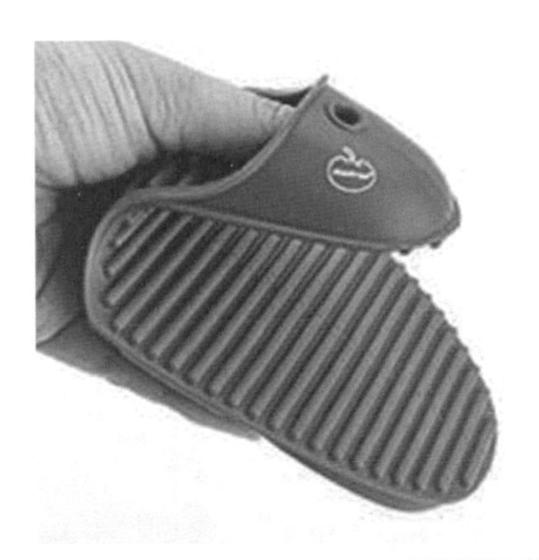

圖 4-13.mastrad Pot Holder U 型隔熱手套 （紫）；圖 4-14.Chef'n SleekStor Small Colander 折疊式濾杓（綠）（http://www.ipevo.com.tw/）

圖 4-15. ALESSI 清人擠果汁機（攝於高雄新光三越）

三、感性與社會

雖然感性由設計的眼光來看僅是對人呢的研究，但是人畢竟生活在社會當中。有必要探討兩者的關係，由感性與社會所構築出來的「感性社會學」是這樣的領域呢？而它們又是以何為方向？雖然很難回答出來，但是爲了後續研究也值得加以討論。

為何有這樣的研究及目前正在研究的領域有哪些？研究方法又是如何？與後面敘述的方法及過程又有何差別。

根據武田龍彌（2004）提及感性社會學是與感性工學相鄰的領域，是與具體的製作設計品的現場相連，而加入這樣視野的構想。它是與感性工學的感性為發餉的。他探討感性的由來認為為何以感性有兩個理由；第一：以日語的感性超越了西方的其他語意而有獨自的概念，在相關的'sensibility'是由外界的刺激而伴隨著感情或動情的印象，而接受的能力之狀態和性質，它的語義是以「美的鑒賞能力或價值的識別能力」。

另外是，近代移入日本的哲學用語 'Sinnlichkeit'是有點 Kant(康德）的味道「得到從外界的感覺、資料而後的能力」。前者是有種確認能動性，而對於後者它只是單純地受動的能力。而日語的感性又是屬於何者？日本人用了漢字的感性，雖然前述的兩種意義的差異，必須闡明，但是漸漸地已經無法還原當初的意義，而有了自己的多樣意義。

對於感性工學，其感性的定位已經瞭解了它的寬廣的意義，而一般**「工學」通常是以追求合理性為目標、而輕視人的側面之感性，結果無法產生讓人感覺安全及舒適生活的人工的設計品及環境，而人因為常常有極大且明顯的壓力需要解除。**

因此感性工學真誠地反省了這樣的情形，考慮到人的感性而得到新的創意，因此，不再是狹義的工學，加入了其他的科學如；心理學、認知科學、神經生理學、腦科學，也漸漸地融入哲學、社會學等人文的學系理論，成為廣泛的知識範圍，因此在多義下的感性加上工學，使研究的領域擴大加寬了，社會學也注入了感性的內涵而成為了感性社會學。雖然前述對於感性的五感理解，就是經由感覺器官接受外界刺激所產生的刺激對應，如何的運作不再詳談，但是在這樣的觀點下，我們可以理解單純的感性工學。

（一）感性社會學的面向

雖然感性會從生理及心理產生，而兩者也會互相影響，會在特定的環境中產生維持人的身心之貢獻，也就是人有兩種不同的感性處理向外界的信息，才能得到自己和環境的統合關係。也即是人對社會的事情也會做出反應，影響了人的心情及感覺。

武田龍彌（2004）感性社會學所用的感性是「帶著社會性的感性」，也就是著重於感性和社會的相互作用，歷史、文化、技術、自然環境等在規定下的社會關係中，感性能夠發揮的功效及角色，或者是以個人的感性來判斷社會的變動、或相反地以一般主觀的概念，感性能給社會那樣的影響等追求的學問。所以從感性的角度來探討社會的議題，不只可以改善社會問題的直接性，也可以藉此來表達感性工學的多面性。提出幾個研究模型來說明：

1.以人的關係為基礎來研究感性的運作

由於社會多數人的集體，所有的事情均會經由這些人的互動後，來累積成一般的行為，透過這樣的研究可以理解社會機能的運作。例如：人之間的溝通行為，如何在選舉時提出那樣的政見或選舉海報，來說服及感動選舉人。或者那種行銷計劃可以感動消費者，廣告內容、語調、明星均是感性社會學的一環。

2.從具體的東西出發

我們周邊被許多人造物所包圍,也即是我們生活在這些設計品當中，雖然有些是大量生產，但有些是少量的。這樣作品如何讓人得到感性的感覺，尤其是藝術品，藝術家更為表達當代的思維及社會現象。

例如：以太極系列出名的朱銘，他的設計思維創新了創作的方法，很多材料是以保麗龍為素材，利用切削的簡單技法，表達出了太極姿勢及意念。太極系列是朱銘雕刻語言成熟和藝術風格成形的一個重要標誌,作品取自太極武學單鞭下勢的動作（圖 4-16），將人體動作細節省略，化繁為簡，取其意、重其氣（http://www.juming.org.tw）。雖然經過調查研究，但是卻也抓住了我們內心的一股力量，想要比劃一下的衝動了。

這樣的作品深受好評，絕對不是個人的藝術執著的創作概念，他也深深體會如何觸動社會而展現出來伸向社會的觸角。Apple 的系列產品能夠獲得消費者的喜好，當然也是抓到了消費者需求，也就是創作不是只用手而已，還必須廣義的探求消費者的感性時那樣才有效。所以如何讓東西別人接受，而且能夠被消費，一定大大地需要依賴消費端的感性。這是消費的現代社會很顯著的趨勢及必須探討的議題。

圖 4-16. 朱銘太極系列-單鞭下勢

3.以技術和感性的關係為基礎的研究

技術絕對不是手段而已，而必須利用人的行動模式和生活的方式隨著改變，所以技術也就隨著人的感性行為而改變。例如：交通工具的技術改變，人從走路、騎馬、騎腳踏車、坐汽車、火車、高鐵，甚至飛機等。人的距離被改變了，天涯若比鄰的生活哲學被達成。甚至近來的網路通訊科技，都是爲了解決人類的溝通方式。

面對面講話為了瞭解彼此最原始及直接的有效方式，但是礙於距離或緊急情形，無法隨時隨地進行這樣的溝通。因此，人類試圖發明各種方法，從原始的烽火訊號來傳達緊急的約定內容，藉物力的飛鴿傳書、或人力不停奔馳的驛站快馬來傳遞書信。這些方式常受限於時效及傳達內容完整性的不足，更是難於應付緊急事件，因此，人類便想盡辦法尋找更有效率的方法，這些努力促使文明的演進。接著從音波通信，可以單向只能傳達信息給沒有定向聽者的無線廣播開始。

1875 年，Bell 發明了可定向的有線通信，以通信線連接了發話及收話雙方，但是必需同時站在話筒兩端才能通訊，還是無法完成隨時隨地聯絡所期待對象的目的。行動電話產品需架構在通訊系統下，才能進行語音、文字等傳輸，所以此產品與系統必須搭配，兩者有密不可分的關係，而通訊系統的發展已經至第 4 代。其實設計品除了技術外，還需對人的價值觀、生活型態、習慣、美感等的要因，才能達到目的，感性社會學就是可以針對這些課題加以研究，看似與一般感性工學所指涉的部

份有相關，但是如何過富足的生活是關鍵，如果想要過這樣的生活，就需瞭解時代、文化和社會的狀況，將這些要因加以瞭解，讓我們更充分地分清楚那些差異。這是一個重要的議題，值得深入研究。

（二）物品與文化背景的感性

所以有人從設計品的文化背景出發，探討物品與感性的關係。在工業革命之後，大量製造成為滿足大眾對於手作物品價格昂貴的期望，因此大量的製作降低了價格，但是隨著文化條件的改變，消費者不再想擁有與人相同的東西。

這是文化的因素改變了消費者的想法，雖然這樣，還是有希望擁有一樣的產品顯示自己的地位，尤其是高價品或是流行商品，以擁有來代表自己是跟得上時代的，甚至希望能擁有限量品或是唯一品的價值。

也是因為人對於文化有閉鎖的現象，我們習慣與文化背景相似者在一起，而且形成自己的文化圈。也因此形成類似的消費行為，如果獲得這些社會信息，就可以獲得他們的認同，物品就想當然被接受。而這些文化的形成似乎與歷史有關，因此以前每個地區不同的成長背景及氣候環境，對於東西的需求不一樣了。例如：乾燥地區希望擁有「加濕機」，而相反的潮濕地區希望擁有「除濕機」。

尤其在世界上的生產與銷售已經分屬不同地區，因此對於異文化的瞭解就必須深刻去研究，才能設計出得到他地認同的產品。能源危機以前美國人喜歡大 cc 數的汽車，因為他們地廣人稀，日本則需要小車，設計上也是不一樣。德國車則講究高級，以技術領先來述求產品給消費者認同。因此，對於技術的感性、技能的感性、文化美的感性，均會在不同民族、不同區域產生差異。

生活中有太多的事務值得我們關心及注意，這些事務會因不同的人而有不同的意義，你可能會關心產品，他可能會關心圖像、景物、食物等，還有些許多的公共事務或物品，也需我們投入關心，才能使這個世界更美好。你也可關心如下的事務，或可成為有意義的商機。

（三）紀念碑的感性

任何地方均有爲了紀念某事某物的牌坊、碑樓、雕像，這些除了文化意涵外，還象徵著不同目的。通常均是在公共場所來宣示一些事件，或告知某事。有些是個人的有些是大眾的，你可以在私有空間設立，不會有人干涉你。

但是因為社會的開明，目前較不以個人崇拜的目的樹立紀念碑。回想台灣在蔣中正時代，處處樹立著他的半身、全身甚至有背景的雕像，但是這些雕像隨著政治的變遷，台灣在政治風氣開放，一大堆的雕像被丟棄，只好統一擺放在慈湖紀念雕塑公園，由大溪鎮公所設立於西元 1997 年，西元 2000 年 2 月 29 日舉行園區由高雄縣捐贈首座銅像移置典禮迄今，共已設置 152 座銅像。

全公園內最大量的是由高雄市所捐贈的銅像，經過桃園縣政府與大溪鎮公所修復後於 2008 年 4 月 5 日重新開放參觀，名為傷痕與再生，是全世界唯一單一個人的雕像紀念園區。銅像中有大家熟悉的全身、半身像，多半由學校或機關捐贈，也有坐姿與騎馬的塑像，每一座雕塑皆具藝術價值（圖 4-17）。整個園區以步道方式串聯銅像的擺放位置，還有庭園造景及小橋流水，相當雅致。隨著還在外面的銅像減少後，無法隨處可見時他們便慢慢成為了藝術品，不再那麼被討厭了。這也是一個社會對於藝術認知的進步，不能全部均以政治圖騰來掛在他們身上。

圖 4-17.蔣中正的銅像群（攝於慈湖紀念雕塑公園內）

（四）公共空間的議題

我們要說明的是除了以前的，個人祖先或公共場所的這些紀念碑或是墓碑，在消費時代也被訴求了不同的形式及內容。

- 公共器具、街道傢具是否需要顏色的考量。
- 競選活動除了音樂外，讓人感動的味道是否更可引導聽眾情緒，使他們更激昂獲得認同，甚至協助推廣講者的概念。
- 行銷活動，加入味道，是否可以激勵或感動對方。

四、感性與地域、風土研究

在地域的議題關於感性的議題，如果是從一般的議題會把它與台灣以前的社區總體營造，1994 年引入源於日本的造町、英國的社區建築與美國的社區設計。

文建會將社區總體營造定義為：「是以社區共同體的存在和意識作為前提和目標，藉著社區居民積極參與地方公共事務，凝聚社區共識，經由社區的自主能力，配合社區總體營造理念的推動，使各地方社區建立屬於自己的文化特色。讓社區居民共同經營『產業文化化、文化產業化』、『文化事務發展』、『地方文化團體與社區組織運作』、『整體文化空間及重要公共建設的整合』及其他相關的文化活動…等」。將所有的活動連接在一起，這些領域帶動了台灣人，開始重新認識自己的曾居住過的土地、及相處的人民及朋友。

（一）地方特色風貌的建立

對於土木計劃及風土工學值得注入適當的設計，通常土木被人聽到就覺得不好、髒亂、討厭，為何如此。因為農業時代及前工業時代，它們就像神明一樣，治水在乎的是是否成功，只要成功人民便可安居樂業，可以有豐收的機會，因此治水工事常需拜神明、土地公等。在工業時代後雖有改變，但是似乎離不遠，在乎的也是有否治水成功，能夠成功治水又完成與人們共有的想法，漸漸被提及出來。

例如：台北基隆河濱公園改造了台北近郊的親水環境、宜蘭的冬山河（圖 4-18）已經是著名的地方，經由歷任縣長的經營及設計團隊的努力，確實有了極佳的效果。

更令人激賞的「冬山火車站」，整體空間表現有著極簡的現代風格（圖 4-19），明亮開放的空間，具有寬廣無拘的視覺效果，月台上還有座風箏意象座椅。

色彩鮮豔、造型新潮，強烈的風格表現，這麼感性的設計，讓人一見就很難對它忘情，我也購買了 6 元的月台票與家人專程進入一看，就是為了一睹它的風采，這是不需此行，台鐵有這樣的思維真是讓人興奮。這樣的案例似乎在近來才漸漸被接受，但是還有許多可惜的案例。

圖 4-18.宜蘭冬山河的親水

圖 4-19.宜蘭冬山火車站

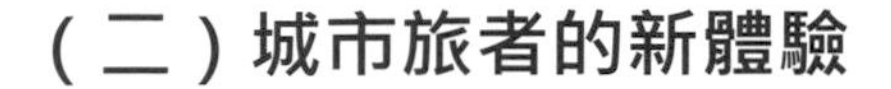

（二）城市旅者的新體驗

對於城市的內涵其中的食、衣、住、行、育、樂，漸漸地因為旅者的變化而專注於住，在台南有以古著著稱的老屋特色，每每將廢棄或是被埋沒的地方整理成旅人的所愛，再以五感來抓住我們。

台中又有新的境界，它是以休閒著稱，除了旅館、大飯店外，其所展開的各品牌摩鐵（motel）成了大陸富豪搶住的地方。他們抓住了與大飯店比價的空間，加上以設計來改造入住者的心情，總之是想要重新創造新五感的體驗空間，而到底如何達成的？必須改變以前設計的思維，如何讓旅者願意常來。

一般的大飯店無法做到的，有心的摩鐵卻能更機動地達成了。水舞系列的想法就是隨時在創新，2015 年底開幕的新旅館佔地一千多坪有 41 個房間，每間造價 950 萬已經夠買一間小透天厝了，想盡辦法讓人體驗新的住居，將豪宅的元素納入（圖 4-20），使想體驗豪宅的人可以過一次癮，改變以前摩鐵陰暗、色情的感覺，創造旅者體驗豪奢生活的機會。

他們加大空間卻僅比同業貴一成，而比大飯店高出許多的享受，價格還低一些，一種特別的規劃。而且為了延長蜜月期創造「三年一小改、五年一大改」，讓每次的改裝都是一個新的賣點，同時換掉裡面的家具，這些家具移至品牌次一級的地方。他們想盡法提升大家的五感來滿足新的都市豪奢生活體驗。

圖 4-20 水舞行館的住宿

劉岩等（2015）針對中國成都的近郊觀光區域的開發現況研究，經由以感性工學的流程來了解成都市的觀光問題及如何來統合那些歷史建築物，藉以加速保護及活化觀光開發。保田敬一、白木渡、井面仁志（2015）對於從住民的感性來考慮橋樑如何長壽命的修繕計劃之制定。顯示這些議題的利用此方法的可能性。

五、五感研究議題的可能組合

文化創意產業簡稱文創產業，中文詞彙由行政院於 2002 年 5 月依照〈挑戰 2008：國家發展重點計畫〉的子計畫「發展文化創意產業計畫」的方案共有 13 項產業：

（1）視覺藝術產業、（2）音樂與表演藝術產業、（3）文化展演設施產業、（4）工藝產業、（5）電影產業、（6）廣播電視產業、（7）出版產業、（8）廣告產業、（9）設計產業、（10）設計品牌時尚產業、（11）建築設計產業、（12）創意生活產業、（13）數位休閒娛樂產業。目前均成為熱門產業，但是常會看到大學院校以文化創業設計或文化創意產業為系所命名，殊不知從上述的內涵，分別在大專院校均有相關系所，卻統包地命出一個綜合卻吸引人的名字來，卻多只是包含一個或數個領域而已。看似特色卻又似乎失了特色。各國對此產業的定義不同，文化創意產業為台灣官方定名，或稱為文化產業、創意產業、內容產業等。為激發年輕族群對農業文化、環境議題的創意，新北市政府農業局找來會計事務所總經理黃正忠演說、邀請古典長笛、古典吉他演奏，並搭配青年茶農揉茶、試喝，打造出五感體驗（中央社，2015/12/20）。

目前推動文化創意產業較出名的國家，約有；英國、韓國、美國、日本、芬蘭、法國、德國、義大利、澳洲、紐西蘭、丹麥、瑞典、荷蘭、比利時等（http://zh.wikipedia.org/wiki/）。上述領域可以在無形中得到交集，與其說是一個「空間」，其實我們正面臨著如何在一個點中或一張網中，來梳理出自己的意義，來認定自己的內涵，來制定出自己的存在。通過它我將是能夠說出我是誰後，到底是另一個誰講的，自己講話從來沒有完全與它是不謀而合，從來沒有完全填滿那個命題或邏輯的「內容」。這是文化創意產業的困境，每個人自作主張的為它作詮釋，我們不認為是不對的，對於說出來的產值竟是如此巨大，令人不得不懷疑，只是重新張了一個網，撈起另一堆既有的東西而已。

感性是可以用作來回載運表現這些藝術內涵的車輛。這個工作涉及到語言，神話，軼事，描述，而不只是透過傳統的展覽方式。這個工作想要獲得可能聽眾或觀眾一就必須在藝術家的談話，發表文件，謠言流通有關的工作等工作中，希望只適用於更多目標受眾的接受，感性工學的過程是可以獲得些許進展的。

因此，主體的追問及自我語言的表達是重要的，因為它承擔的修辭條件、講話條件、現場內，發現自己的定位。形成在其中間（in between），可以有兩個圓圈或多個圈圈，Merleau-Ponty (1968, p. 138)提出兩個旋渦、或兩個領域同心時，我可以天真地生活，只要我懷疑自己，對於其他稍微偏心即可。因此，在現有的領域稍加提出偏離、或與其他領域做交集，再以感性為主軸似乎均可獲得新生命。

（一）嗅覺與設計品（生活用品、服裝、景觀）

如果服裝一直有你喜歡的味道，就不需每天出門前噴你喜歡的香水，這種味道就會決定你今天的衣服選擇，所以研究嗅覺與衣服間的關係，就可使消費者更很方便。當然要包裝現有的女的香水、男的古龍水等與嗅覺相關的產品，都需研究對應的消費者之喜好，才能得到他們的青睞。

家裡的室內設計，傢具除了原先材質必有的木頭味之外，是否可以轉換它的味道。因為我們可能喜歡它的紋理，但是不喜歡它的味道，例如：夾板應該不只是存在化工材料的味道，應讓這種化學材料的味道消除、或加入別的味道，不要有讓人覺得不舒服的味道，才對吧！那又該如何才能符合消費者的期待。尤其近來流行有木紋的塑膠地板，利用大眾喜歡的紋路複製在塑膠地板上，我要說的是如果有味道可能可好，而且可以永遠散發出其特有的味道，應該不錯才對。當然人類也可以創造特有的紋路，特有的搭配味道。3C 產品的筆記型電腦、手機如果有味道不是更好嗎？但是如何才能找到大眾的味道，或是適當的背景味道，或是如何讓味道上去。如何讓筆電的按鍵消毒可以進行、或如何進行。上述的想法，不是在講個性化商品，而是在強調如何能讓消費者從不同的情境中，得到不同的生活體驗，讓體驗帶領消費者的感性，其實嗅覺也是一種品牌的表現。所以嗅覺可以在現有產品中，還有很大的發揮空間，只是稍有這類研究，廠商忽略了大眾消費者對此的需求。

（二）擴充設計品的觸、摸覺應用

衣服除了設計式樣外，穿起來后與皮膚的觸摸感覺，或是別人的碰觸感，均在顯示你衣服的價值。所以觸摸感應早就應用在此領域，只是如何進行一般不太清楚。漸漸地 3C、生活用品也開始有此需求，只是均因研究麻煩或是競爭未至此境界而已。想像如有一天你的手機摸起來比較舒服，造形、色彩一樣時，我們當然選擇摸起來喜歡的感覺之產品。目前的產品以視覺來導引觸摸覺的心理感受，亮亮的金屬感加上髮線處理的新潮，那是給別人看的。而使用者可能摸起來不自然或不喜歡，流行使然不得不就範了。

（三）室內傢具、家電的觸摸覺

室內除了整體感覺值得探討外，構成感覺的傢具、家電，除視覺外的觸摸覺的重視會是未來可以加值產品，賓士品牌的沙發組（圖 4-21），當產品的競爭發展成價格戰時，惠而不費的方法就會是決戰重點。如果沙發的材料開發，皮面可以隨心所欲時，符合消費者需求的產品就會更受歡迎。家電產品不一定均是強調科技感的光亮觸覺，如果摸起來更柔軟、更細緻，就可以改變一點點即可有不同定位的產品。最近許多知名的汽車廠加入傢具的市場，利用其原有的製造能力，生產相關的產品。這樣的跨業也可能是未來的趨勢，因為他們可掌握品牌的忠誠支持者。

圖 4-21.賓士品牌的沙發組（攝於台南新光三越新天地）

(四)景觀設施的身處感覺

如何產生想要的感覺，有些人想要有大自然的感覺、有些人希望親切、有些人則是渴望孤寂的設計。

(五)產品的味覺

各式各樣的產品，在販售時有時需完全從視覺來延伸其他的體驗，吃的更是如此，我們常無法試吃僅能從其包裝的設計，來聯想或反映出其內容物的味覺。近來量販店常有同樣的商品卻陳列一大區，消費者除了品牌、價格外常無法加以識別。

難以想像的包裝米在量販店至少有 100 種，對於消費者而言如何選購是相當頭痛的問題，消費者恐怕無法從公司名、米種或產地來判斷。因此，其包裝就成為最吸引人注意的地方，而且可以超越前述的資料。現在的冷凍水餃亦然（圖 4-22-1～2），如何看起可口高級感，當然是在內容物亦可口好吃下，如何以包裝及陳列讓消費者能優先採購是設計者應該思考探討的部份，如何從視覺來讓人有食慾味覺的聯想是設覺設計覺得探討的議題。

上述的食品恐怕需要從視覺產生味覺的聯想，米的包裝設計與消費者的購買行為是否有聯動關係;冷凍水餃的包裝是否可傳達水餃的味道，到底如何引起購買慾，如果僅是單純的設計一個產品的包裝袋，恐怕值得我們再費心一點來探討一下，這時感性的探討就可利用本書的方法來加以研究一番，方能打破以前不知所以然的問題。

圖 4-22-1.量販店內橫列冰櫃的各類水餃（攝於台南家樂福）

圖 4-22=2.量販店內直列冰櫃的各類水餃（攝於台南家樂福）

第五章. 感性工學的類型及研究方法

- 區別自己研究所使用感性工學的類型、及該類型到底如何進行研究的步驟，藉此能規劃自己的研究及所需的材料。
- 如果沒有弄清楚這些類型，不要輕易決定選擇何種類型，否則將會使自己的研究規劃陷入混亂。
- 因為不知道類型及方法就無法規劃的研究，所以研究者一定要弄懂這部分～

隨著過度的經濟發展與科技進步，消費型態隨之也改變了。從過去以產品為主的「產品導向」，轉變成以消費者為主的「消費者導向」，形成了買方市場的型態。同時目前由於商品市場越趨於成熟化、與競爭也越來越激烈。迫使大多數廠商必須致力於研發與生產具有感性的商品，借此找到消費者的需求，以求滿足消費者的偏好需求，加深了買方市場的地位。而為了達成更佳的商品設計與開發，利用感性詞彙評量所構成的感性工學，來掌握消費者的感受與需求將其轉換成為有效的商品設計，進以創造出更令人愉快舒適的商品（吳偉文，2010）。

Roy et al.（2009）認為發源於日本的感性工學，有助於現行市場所進行的產品市場區隔的運作，也就是針對不同生活型態開發出不同的新產品，可以幫助產品設計者來取得那些感性條件感受是需要調整。感性工學的研究，在本質上就是必須去收集消費者相關的偏好資訊，尤其是有關感官（視覺、聽覺、觸覺、味覺與嗅覺）的資料。而如何抓出這些資料，就有賴方法的操作。

中森義輝（2000）強調消費者對於商品的選擇，不僅是止於有關商品功能與用途的理解，需涉及嗜好和興趣、乃至於個性層面的討論。對於熱門感性詞彙的喜好度，首推「酷」和「可愛」。而運用感性詞彙，進行評量消費者偏好時，可以使用 5 或 7 階段的 Likert 尺度的語意差異法（SD 法; Semantic Differential）來加以探討。

藤由安耶等（2008）強調現在的商品設計與開發，必須重視產品的感性和新奇性，即使產品已具備了感性的設計要件，假如欠缺吸引人的產品新奇性，也難以獲得很高的評價。因此，**對於感性產品的研究，不可缺少感性詞彙和型態要素，同時在規劃時就需安排適當的分析技術，藉以達到研究分析的目的。**

一、感性工學的類型

如何從感性出發進行設計也就是需先感性工學的研究，其類型可分成：A 型（Type A）、及 B 型（Type B），兩者雖然差別不大，但是需要加以理解後，依據自己的研究需求來判斷如何進行，分述如下：

(一) A 型的感性工學

A 型感性工學是最基本的方法，可從感性的評價來得到設計方向的設計感性工學流程方法。也就是將生活中的感性需求，以感性的語彙轉化成工學的資料，然後以科學、數理式的方法加以應用，例如：如何以技術或原理來達到功能需求，如何以數位的方式來建立可用、可感動人的造形，將這些加以掌握後進行應用，找到未來或馬上可用的造形、其他流行趨勢，其過程如下：

1.決定新產品的定義

因為在研究過程中常需尋找或收集樣品，如果無法將所研究的產品定義清楚，常會造成收集資料時的困擾及誤解，更容易產生錯誤的後續步驟，容易得到錯誤的資料或樣品，而產生誤會造成時間浪費的問題。如何定義產品前面已經稍有敘述，一般會將其範圍定義的太大或太小；太大會失焦，太小則會失去產生創意的機會，只能讓產品在原地打轉，失去超越他人與其他產品競爭的機會。

2.決定產品的新概念

同前述的問題，如果能決定新產品的定義，那對於新產品的方向就會有正確的概念，也就更不會蒐集到錯誤的資料了。

在深入認識該類產品後，才有機會定出新的產品概念來。例如：如果把行動電話只定義為行動中可通訊的電話，那麼它的發展除了往輕薄短小，易於帶著走的好處外而已。所以各家公司對行動電話的定義就有極大的不同，產生極大不同的後果。發明行動電話的 Motorola 公司，最後賣掉這個部門給 google 收場，紅極一時的 Nokia 也因為誤判，忽略了智慧型手機的觀念，甚至 2013 年賣給誤判的微軟，原以為這樣的結合可以有一片天，結果還是一塊燙手山芋。給了後來的 Apple、及在 google

的 Android 系統下的 HTC、Samsung、Asus 及後來的 mi（小米）等其他公司有了極大的機會。

以 google 的開放系統獲得了多數業者的支持，目前的被使用佔有率超過 75%，更因為這樣的概念讓筆記型電腦業者，發展出更多機會。因此行動電話，整合了筆電、數位相機、GPS，甚至加大一點尺寸，也能與平板電腦競爭，永遠有機會在市場發光。

迫使數位相機業者想盡辦法想擺脫它，只能回到傳統專業數位相機的市場，不再往小型隨身的傻瓜型相機發展。Nikon、Canon 的及時反應免於受困，像柯達（Kodak）等公司就這樣消失了，所以需抓住我們五感的感受，才能不致毀滅。

3.收集感性語彙

在進行感性研究時，感性語彙常被隨意地決定，通常只是心裡想想就決定了，這樣的作法常導致所花費的時間形同浪費。因為如果是在課程中，學生總覺得以後再好好做就好了，先趕快進行下一步。

但是此類研究的後續步驟是要許多受測者的幫忙，需很辛苦地幫你做完問卷，他們是想幫你澄清研究疑問，如果你隨意的進行，會浪費了許多人的時間。而且如果想發表進行時，結果恐怕也會有問題，所以正確的作法是謹慎地依據下列的說明，來收集感性語彙。

（1）**語彙來源在哪裡**：相關的廣告、目錄、研究等的語彙，因為他們已經為你做好了，你只要收集即可。通常如果你用心收集，就會有數十個之多的感性語彙被收集到，而且不會很浪費時間。

（2）**如何歸納語彙**：那麼多的語彙到底要用那一些，遇到學生問說：「老師，這樣的語彙好不好」，我則會回答：「你有做歸納嗎？」大部分學生會犯了只想快速應付問題，沒能體會到這個研究的重要及發現問題的好奇。因為如果這些語彙是你依據原則，所謹慎收集而來並加以歸納而得，你一定有會有信心。

對於收斂這些語彙，可以利用質性的 KJ 法，來歸納眾多的語彙是常用的方法。如果你想以其他量化的方法來收斂的話，要判斷時間是否充裕，否則因曠日費時而影響了應有的進度，就可惜了。

大部份的研究均認為嚴謹地進行 KJ 法，即足於得到歸納語彙的目的，這樣的過程就能顯出嚴謹的研究。而到底歸納成幾個較佳，我建議依你的樣品數而定，如果樣品多，而語彙又多，所交叉出來的題目會讓人覺得很繁，建議最後留下 2-8 個歸納出來的形容語彙即可，通常 4 或 5 個那麼在進行問卷時，加上你收集的龐大產品樣本，就會產生相當多的問卷題項來。

4.設計評價表

通常目前可以利用網路的問卷網站，選擇同意題，也是所謂的 Likert 量表，決定適當的評價指示詞：「同意」、「滿意」、「贊成」、「認同」、「喜歡」等不同的形容詞，需適確地選擇，讓受測者能感同身受的回答你的問題。

否則回答的題目一多時，回答者就會一直繞著你的奇怪回覆評價形容詞，漸漸會感覺奇怪甚至誤會或不耐煩，造成混淆而降低了問卷的信度，需要很小心及時時警惕自己研究的嚴謹度。

5.收集樣品

樣品的來源，如果以流行的網路圖片收集，會有收集到太多的困擾，所以適當地訂出範圍，或適切的界定研究題目。在開始會首先訂出幾家代表性的公司，從其公司的產品中收集相關的樣品，然後再補上網路樣品，如果網路的實在太多，可利用 KJ 法將接近的造形或顏色加以歸納，這樣的樣品較能說服指導教授、及多數論文的審查委員。

收集樣本的照片需注意（1）**拍攝角度**：也許考量清楚。我們通產難於將樣本全部買齊，也不見得會去買，所以適當的角度是很重要的。大部人會受限於從網路收集到的樣本拍攝角度，其實這樣的拍攝一定有它的道理，顯示這個角度最能說明產品，尤其以 45º 透視最多，但是這樣的角度無助於設計的判斷。所以更精準地以三視圖，也就是選擇該產品最具特色的視圖來調查為佳。（2）**三視圖**：因為大部份的設計師在設計時爲了簡化問題，會從三視圖著手，因為這樣的圖較能為後續進行的作業所用。（3）**統一的顏色**：如果研究造形會被色彩計劃混亂了調查，就利用灰階統一色調，以免產生另一個影響的變數來。

6.進行感性評價

開始施測時，為防止有錯誤的內容或不小心的排版等，造成辛苦得到的問卷結果資料有疏忽，需將評價過程分成兩個階段：預測、及正式的施測。找周邊 5-10 個的朋友進行預測，來挑出問題，通常我們均會犯錯，藉由他們的幫助可以讓後續的測試順利得到滿意的資料。**通常會犯的問題有：**（1）不當的回覆評價指示詞、（2）樣品放錯、（3）量表與回覆評價指示詞未配置妥當、（4）基本資料的問題過多或過少、（5）不夠客氣的開頭說明等。任何可能的失誤，均會影響受測者在受測時的心情，一定要小心。

7.進行統計分析

通常在調查前，需在流程中畫出你的過程及想達到的目的，依據研究目的設定調查方式，思考利用那種統計技術進行分析，才能瞭解到消費者的想法，這是一個重要的課題。需要認清自己的目的，才有辦法利用相關的統計技術進行分析。我們不在此贅述，你可參考其他的統計書籍。基本的有以下樹種，其他可在第八章感性評價的量化測定及第九、十章的相關統計技術，再閱讀理解。

8.得到產品的新設計方向

如果前面的研究及統計進行順利，你就理解消費者的想法為何，他們對現有的產品看法為何？在傳統因素分析,就能解決設計方向的問題，因為它的結果就說出了消費者對產品看法的歸納。

9.研究範例：牙膏的味覺案例（第一科大李瑋翔）

此案例由在課程中鼓勵李瑋翔探討產品發展及味覺的喜好，由於少有類似的研究，借用加以介紹，藉來瞭解年輕人對牙膏口味的喜好。

9-1.決定新產品的定義：探討產品的發展過程

高露潔-棕欖（Colgate-Palmolive，NYSE：CL） 1806 年，在紐約布魯克林,一個叫威廉· 高露潔的美國人以自己的名字註冊了一家公司，以生產牙膏開始了畢生為之奮鬥的事業。是一家跨國公司集團，總部在美國紐約，公司已有著近二百年的歷史。公司在全球 200 多個國家和地區設有分公司或辦事機構，雇員總數達 40000 人。

在 100 多年的發展歷程中，不做多元化的跨行業經營，只關註核心業務。我們的核心產品分為五大類：口腔護理品、個人護理品、家居護理品、織物護理品和寵物食品。做這個行業強調的是關懷備至和精益求精，要求每一天每一處都要做到最好。

生產經營護理（Care）、衛生用品，產品包括牙膏、牙刷、肥皂、洗髮露等，其中以高露潔牌的口腔護理系列（牙膏、牙刷、口水）產品最為知名（圖 5-1）。高露潔-棕欖公司另還有「Hill's」品牌，經營寵物用品。1958 年，高露潔在香港成立分公司（http://zh.wikipedia.org/wiki/）。

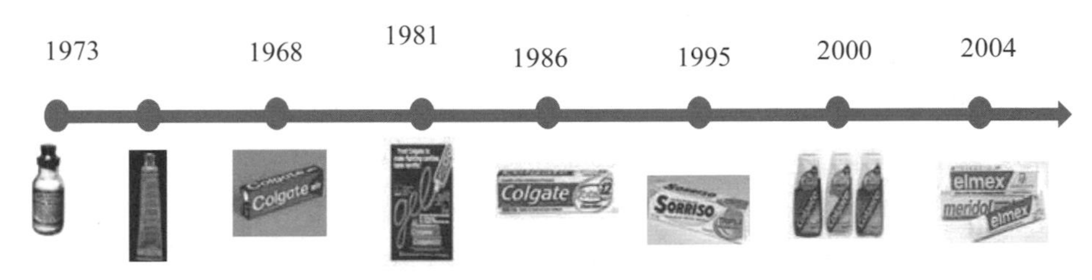

圖 5-1.高露潔牙膏發展

9-2.決定產品的新概念

研究目的：（1）了解使用者對不同口味的牙膏喜好程度、（2）了解牙膏口味的趨勢。收集市面上同牌，不同口味的牙膏，請受測者分別使用少量的牙膏。

受測之後再以問卷的方式，問出受測者的意見，找出不同的牙膏給不同使用者的感覺為何。

9-3.收集感性語彙

收集牙膏廣告文宣內的形容詞語彙共 20 個，經整理及分類後。

最終將形容詞語彙可分為:（1）飄逸順暢、（2）瞬間激醒、（3）冰激酷涼、（4）和諧自然，共四個形容詞語彙（圖 5-2），做為感性語彙。根據市面的宣傳廣告，試著將牙膏的味道整理成，如圖 5-3 所示的品牌及形容詞語彙，做為調查之用。

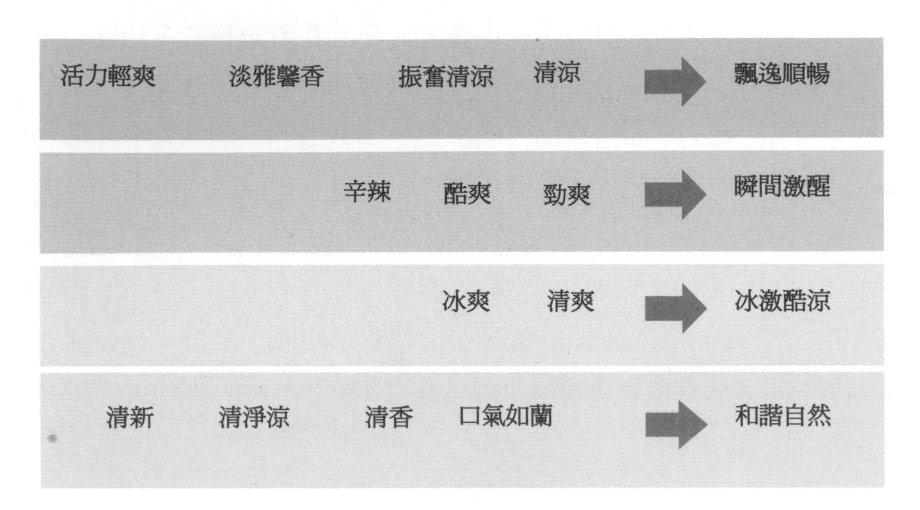

圖 5-2. 口味整理表

圖 5-3.產品的宣傳與味道的整理

9-4.設計評價表

其評價表依據個人見解可分成各種不同的段，例如：三段、四段、五段（圖 5-4）、或六段、七段等，如果是雙數可以避免中間的不表態。

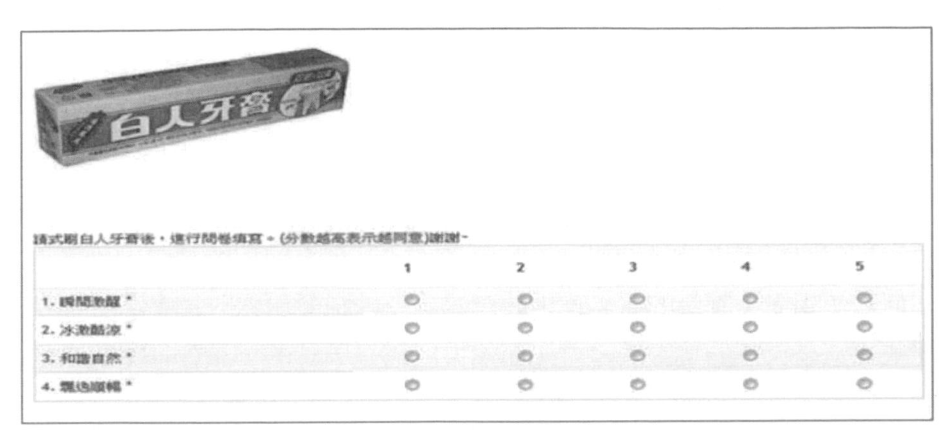

請試刷白人牙膏後，進行問卷填寫。(分數越高表示越同意)謝謝~

	1	2	3	4	5
1. 瞬間激醒 *	○	○	○	○	○
2. 冰激酷涼 *	○	○	○	○	○
3. 和諧自然 *	○	○	○	○	○
4. 飄逸順暢 *	○	○	○	○	○

圖 5-4.評價表

9-5.樣本收集

味覺在這個研究中嘗試以一般少為研究生所進行的，所以特別請第一科大李瑋翔同學，以此為例。其收集的樣品（表 5-1）如下，是常為一般人使用的牙膏。

表 5-1.收集的牙膏樣品

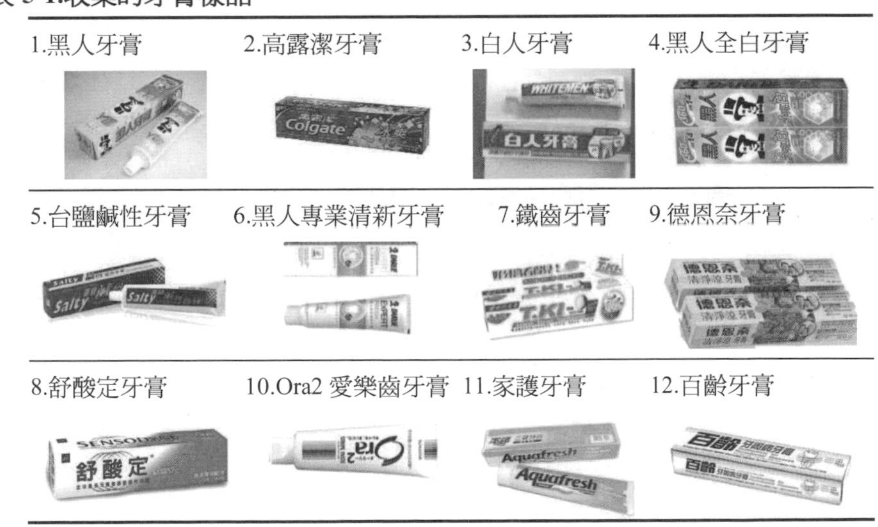

1.黑人牙膏	2.高露潔牙膏	3.白人牙膏	4.黑人全白牙膏
5.台鹽鹹性牙膏	6.黑人專業清新牙膏	7.鐵齒牙膏	9.德恩奈牙膏
8.舒酸定牙膏	10.Ora2 愛樂齒牙膏	11.家護牙膏	12.百齡牙膏

9-6.進行統計分析

利用 SPSS 統計軟體，分別對問卷結果，可以進行（1）敘述性統計、（2）交叉分析、（3）因數分析、（4）集群分析等分析。經由敘述性統計得到四個語彙評價最高的產品：（1）使用者認為樣品 4（黑人全白牙膏）最符合語彙，「瞬間激醒」的產品（圖 5-5）。（2）使用者認為樣品 2（高露潔牙膏）最符合語彙「冰激酷涼」（圖 5-6）。（3）使用者認為樣品 4、6（黑人全白牙膏、黑人專業清新牙膏）最符合語彙「和諧自然」（圖 5-7）。（4）使用者認為樣品 7（鐵齒牙膏）最符合語彙「飄逸順暢」（圖 5-8）。

這個研究提供了我們對味覺的感受，尤其天天使用的牙膏。到底是如何被使用者所感受的，如何地讓感覺化為味道及訴求，消費者更期待這些味道是天然的無害於身體，而如果已經是天然的，該如何呈現來告訴消費者。

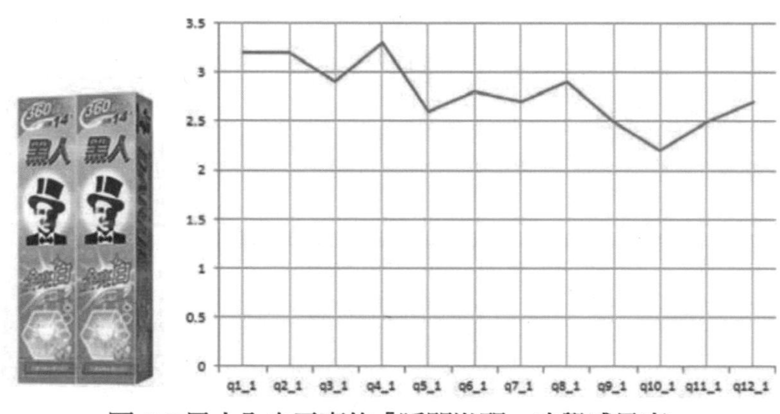

圖 5-5.黑人全白牙膏的「瞬間激醒」味覺感最高

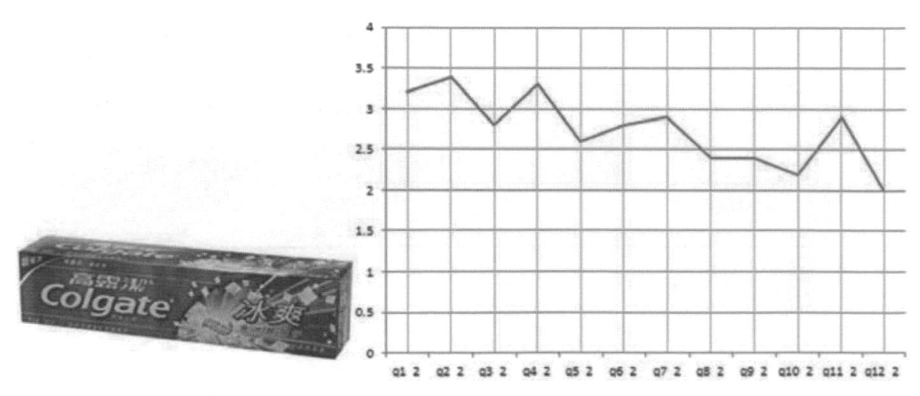

圖 5-6.高露潔牙膏的「冰激酷涼」味覺感最高

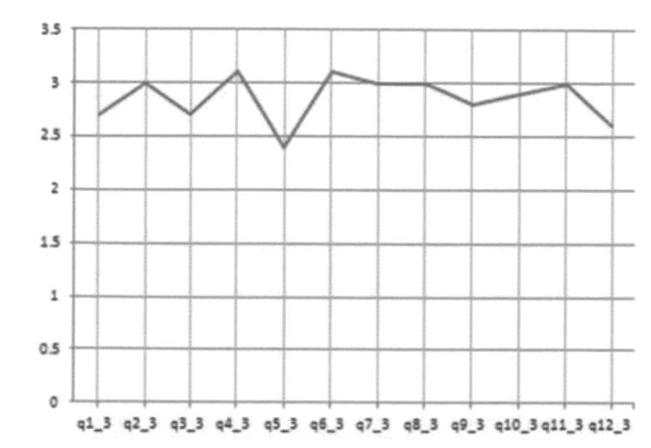

圖 5-7.黑人全白牙膏及黑人專業清新牙膏的「和諧自然」味覺感最高

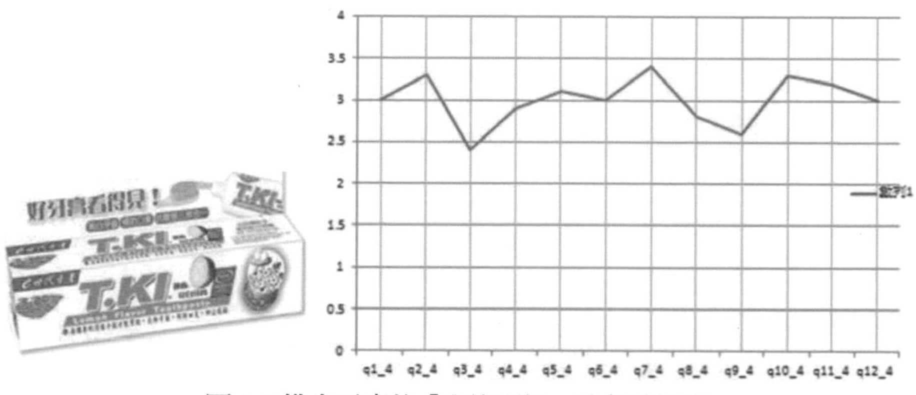

圖 5-8.鐵齒牙膏的「飄逸順暢」味覺感最高

經由因素分析，將各品牌依據因素加以歸成：瞬間激醒 4 種如下圖 5-9；冰激酷涼的品牌如圖 5-10；和諧自然的品牌如圖 5-11；圖 5-12.飄逸順暢的品牌；飄逸順暢的品牌如圖 5-12 所示。不同的味道就呈現在不同的位置，不同的坐標位置差異，代表著使用者對它的感受及心理感覺。

我們需要許多的調查及測試方能知道味覺的感受，更需要一些味覺的測試設施及生理、心理的條件測試設備，方能找到實際的味覺與心理感覺。

（1）瞬間激醒

	元件			
	1	2	3	4
q6_1	.924	.122	-.269	.177
q5_1	.880	-.178	.216	.271
q8_1	.797	.272	.387	-.080
q7_1	.084	.927	.158	-.042
q10_1	.137	-.924	.187	-.099
q1_1	.514	.737	-.280	-.044
q9_1	-.203	.368	.783	.193
q4_1	-.219	.239	-.726	-.091
q12_1	.455	-.130	.717	.290
q2_1	.250	.338	-.570	-.441
q11_1	.048	.152	.246	.935
q3_1	.431	-.079	.144	.786

圖 5-9. 瞬間激醒的品牌

（2）冰激酷涼

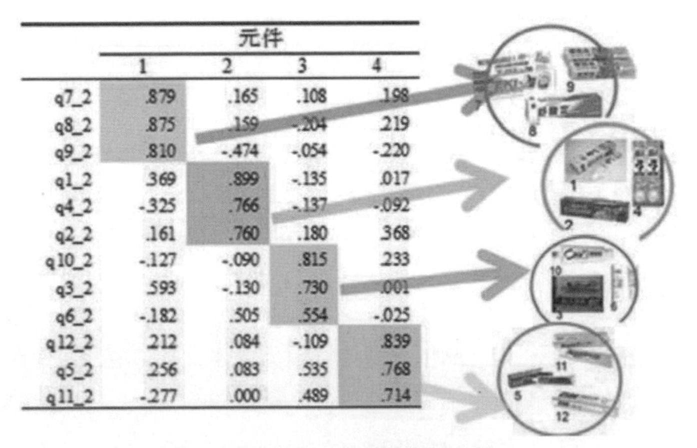

	元件			
	1	2	3	4
q7_2	.879	.165	.108	.198
q8_2	.875	.159	-.204	.219
q9_2	.810	-.474	-.054	-.220
q1_2	.369	.899	-.135	.017
q4_2	-.325	.766	-.137	-.092
q2_2	.161	.760	.180	.368
q10_2	-.127	-.090	.815	.233
q3_2	.593	-.130	.730	.001
q6_2	-.182	.505	.554	-.025
q12_2	.212	.084	-.109	.839
q5_2	.256	.083	.535	.768
q11_2	-.277	.000	.489	.714

圖 5-10.冰激酷涼的品牌

（3）和諧自然

	元件			
	1	2	3	4
q9_3	.845	-.149	-.200	-.072
q8_3	.845	.420	-.054	.003
q3_3	.783	-.037	.087	.442
q12_3	.548	.403	-.504	-.409
q10_3	.157	.922	.178	.050
q7_3	.091	.780	.367	.227
q4_3	-.245	.701	.275	.481
q1_3	-.305	.182	.809	.002
q2_3	-.108	.337	.799	-.058
q5_3	.304	.195	.737	.429
q6_3	.015	.373	-.177	.872
q11_3	.101	.047	.226	.865

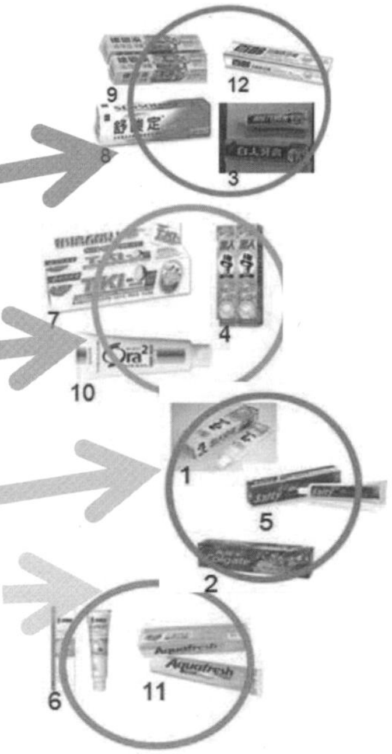

圖 5-11.和諧自然的品牌

（4）飄逸順暢

	元件			
	1	2	3	4
q12_4	.884	.173	-.069	.066
q5_4	.857	-.031	-.054	.241
q2_4	.807	.076	.117	.328
q7_4	.742	.274	.257	-.345
q11_4	-.013	.963	-.035	-.007
q6_4	.207	.818	.089	.354
q10_4	.433	.762	.161	.008
q9_4	.173	.298	.926	-.028
q8_4	-.109	-.048	.914	.018
q4_4	-.132	.535	-.578	-.115
q3_4	.047	.123	.100	.883
q1_4	.174	.025	-.048	.660

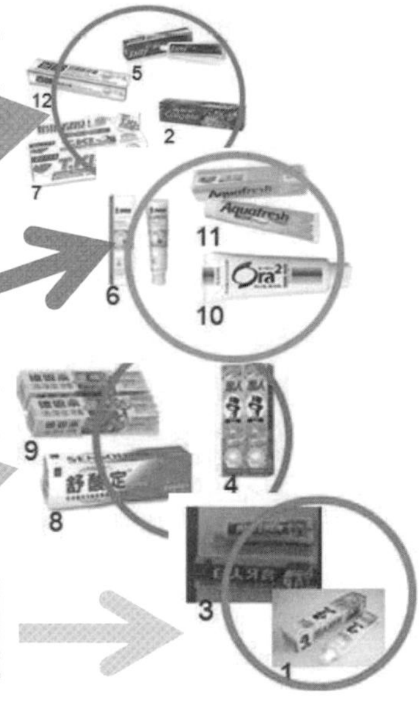

圖 5-12.飄逸順暢的品牌

9-7.集群

可以依據因素分析的前幾個因素，兩兩構成兩軸的座標，再依據構成其得分以散佈圖，畫出各品牌的座標如圖 5-13。

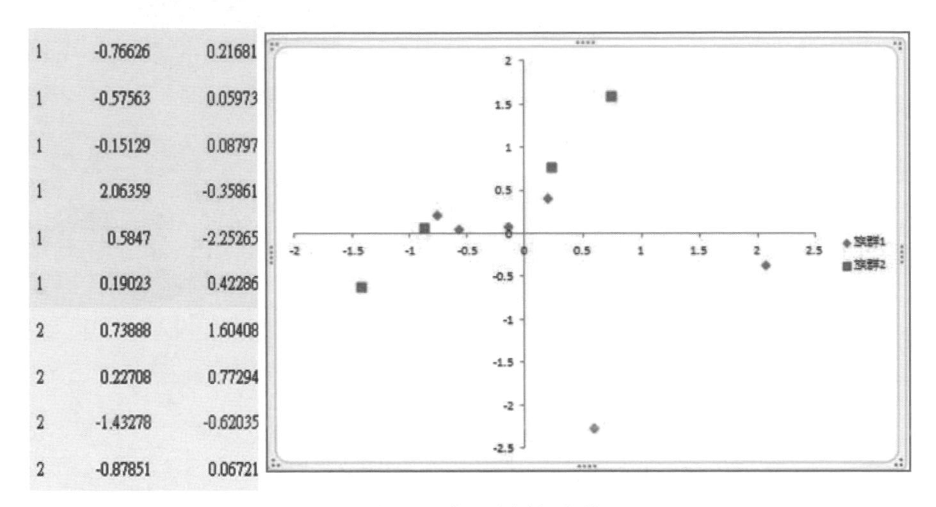

1	-0.76626	0.21681
1	-0.57563	0.05973
1	-0.15129	0.08797
1	2.06359	-0.35861
1	0.5847	-2.25265
1	0.19023	0.42286
2	0.73888	1.60408
2	0.22708	0.77294
2	-1.43278	-0.62035
2	-0.87851	0.06721

圖 5-13.各品牌的分佈

本次研究第一部分進行了牙膏的歷史演進研究，由網路資料以及高露潔公司官網所提供的資料，了解牙膏外型包裝的變化，以及內容物的改變過程。得知牙膏型態從粉狀轉為膏狀，外型包裝從灌裝轉變成軟管包裝。

第二部分針對市面上不同品牌的牙膏，對於不同性別、居住地點的使用者進行味覺的測試，得到的結果為黑人全白牙膏最符合語彙「瞬間激醒」，高露潔牙膏最符合語彙「冰激酷涼」，黑人全白牙膏、黑人專業清新牙膏最符合語彙「和諧自然」。鐵齒牙膏最符合語彙「飄逸順暢」。

有添加薄荷的牙膏普遍會使使用者感到清爽，有助提神效果。添加蜂蜜的牙膏，使用者普遍決的較為溫和不刺激。藉由這個在高雄第一科大的教學課程中所進行課業達到理解味覺的研究。

10.研究案例

盧瑞琴、張順欽（2013）以感性工學為基礎，探討高、低年齡層族群與男、女性族群之感性意象差異。經過德菲法篩選後之16組感性語彙，將經過篩選的 16 組感性語彙，配合透過階層集群分析，所擷取出「篩選感性語彙用之代表性樣本」5 個，以問卷方式進行五階語意差異法（SD法）之主觀感性評價調查：

（1）萃取出4組手錶之代表性感性語彙，「高貴的-廉價的」、「多功能的-單一性的」、「年輕的-老成的」、「鮮豔的-灰暗的」。

（2）建立視覺型態要素表，分別是錶面形狀：圓形、方形，刻度為長條、點狀、無，顯示方式：數位、指針、混合，調整紐：按鈕式、旋轉式，錶帶形狀：鏈狀、環狀，整體顏色量：2色以下、3到5色、6色以上，顯示資訊量：1項以下、2到4項、5項以上。

（3）在全數受測者方面，影響「高貴的-廉價的」、「多功能的-單一性的」語彙皆以資訊顯示量為最大。

（4）在男女性受測者方面，在「高貴的-廉價的」、「多功能的-單一性的」兩組語彙中男女性受測者的感覺是一致的，但在「年輕的-老成的」、「鮮豔的-灰暗的」兩組語彙中則是有差異的。

黃綝怡（2004）探討高、低涉入族群之感性意象差異，以巧克力商品包裝為研究對象。調查後以數量化I類之線性分析模式進行分析，得知視覺設計要素影響受測者的感性程度後，再現有市場上找出較符合各感性程度需求的驗証樣本，進行受測者的評估與模式驗證工作。

（二）B型的感性工學

由於A型無法在所有的場合都能使用，對於要更嚴謹地使用感性語彙時，就需改以B型進行比較好。

1.收集感性語彙

首先要決定產品或任何設計的類別，在那個領域徹底地在那個領域的相關資料（例如：目錄、專門雜誌、專門店的訪談）收集感性語彙，需要收集到約100-200個。

2.SD（語意差別法）量表實測

以 SD 的量表，收集該領域約 10 種來進行調查實驗。而 SD 量表會在下一章介紹。

3.因素分析

將調查的數據以因素分析，來分類感性語彙的構成情形，其累積的寄予率要達 0.8 以上的因子數才可以。各個因子座標軸要以負荷量較高的感性語彙為軸，這時所收集歸納到的感性語彙，也可以當成 A 型的 SD 量表來加以應用。

由於 B 型利用了因素分析的過程，所得到的感性結果較 A 型嚴謹，但是過程所需時間較長，使得 A 型的應用較方便容易。但是基於研究需求及探討深度等問題，還是不能以方便為主，嚴謹的研究才有價值。

4.案例

張建成等（2007）針對 Olympus 數位相機樣本，以語意差異分析方法（Semantic Differential Method），針對代表數位相機產品造形風格的形容語語彙詞組，進行主觀評量分析，並且以 1994~2005 年 Olympus 全系列數位相機產品為樣本，進行造形風格的探討。從風格評量實驗所得到的感知資料，透過各項統計手法，再以量化的方式，來釐清產品的造形風格與造形特徵的關聯性。

依據產品樣本在主要因素向度之定位分佈型態，這個研究將 Olympus 數位相機分成（1）世代系列、（2）改款系列、（3）花色變化系列、共同造形系列；和（4）理念系列四個集群，並由數量化 I 類分析，探討不同設計因子對主要因素向度的相對重要性，以及造形特徵手法對主要因素向度與對受測者偏好度的影響力。

由數量化 I 類分析可看出，旗艦型（1.世代系列）機種造形風格設計焦點放在鏡頭式樣、鏡蓋造形、開關 Power 造形，以及握把型式的設計。（2.改款系列）機種造形風格焦點為外觀型式、開關 Power 造形、鏡蓋造形和握把型式。另外，流線型（3.花色變化系列、共同造形系列）機種焦點在鏡頭式樣、外觀型式和開關 Power 造形設計因子上。透過主成分分析後，可得到精簡後主要向度的座標值。

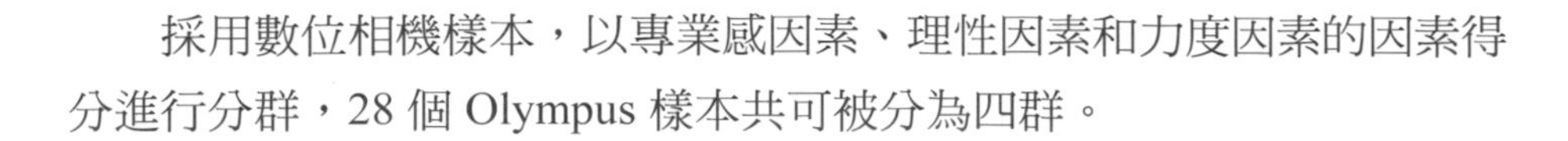

採用數位相機樣本，以專業感因素、理性因素和力度因素的因素得分進行分群，28 個 Olympus 樣本共可被分為四群。

（三）兩者的差異比較

研究者可根據自己的時間及能力，依據下述的判斷，瞭解所欲進行的方向，及繼續的閱讀內容。

1.時間

所花時間因程序的詳細程度不同，而致所花費得時間也不同；B 型時間較短，A 型則較長。

2.彈性

因程序長 A 型彈性較大，也就是可變的內容較多。

3.所需能力

依研究的分析方法，B 型較單純容易；A 型雖看似複雜，但是可以從中可以探討的內容也較多。最有趣的是有利必有弊，有弊也必有利，除了自己研究的理想外，必需研究者依據自己的情況；時間、能力、企圖心，手邊所能掌握的資源來做選擇及下決定。

二、 感性工學的研究方法

但是生活中的產品在漸漸地成熟後，消費者可以在使用後，馬上可可指出的問題漸漸地減少著。其減少的原因乃是這些產品的缺點就在每次的新產品中被改善了，而隨著減少至一定程度便無法立即察覺、或不敢確定是否為有問題的感覺。但是有時覺得怪怪的，便得賴儀器的記錄觀察、量測五感的相關部位變化，來確定問題所在。所以你所要探討的產品，在它的生命週期中的位置，便影響了量測感性的方法。有些只需觀察消費者，問問消費者便能知道問題，最後便需靠儀器去確認問題了。

以家用冰箱為例，歐美及亞洲的使用需求便不一樣，原因是身高及生活空間決然不同。在亞洲以日本最早引入此產品為領先消費群，他們也因為面對最多空間及身高的問題，所以一直想辦法解決問題及創新產品。家用冰箱的門從開始的一扇，因為不需一次打開而浪費能源及對女性需用很多力氣，發展成上下兩扇們；開始是上面為冷凍庫、下面為冷藏庫。但是對於身高不夠的女性，就是問題。SHARP 公司開始觀察、紀錄主婦在取蔬菜時經常的動作流程，發現其實使用下層的機會常多於上層的隔間，而下層的高度對一般女性常需要彎腰，造成不便，她們也覺得不自然、不順手。因此，將冰箱上與下兩層的功能加以顛倒，上面變成是常用的冷藏庫，甚至覺得不需一次開那麼大的們，以及每種食物冷藏的適當溫度不同，如果分開保存應該更好，發展出許多門的概念（圖 5-14）；利用各層來作為規劃儲藏食物的方法：魚的儲藏不需冷凍，但要低於一般的冷藏溫度就不需退凍，不需料理前的等候。

美式的冰箱又有另一種不同的觀念，則從一扇門開始，發展成左右對開的兩扇門，一邊作為冷藏、一邊作為冷凍（圖 5-15），因為取水需要開門，發展出外部的冰水出口。但是沒有發展出像日本更細心的分類門，或許從省能源角度來看，美式希望方便且夠大，一打開冰箱門便希望一覽儲存物無遺。

只要能感受到人類五感的負擔，就能導入人因工程來解決問題而獲得構想，就有可能創造出人類喜歡的產品。在產品已經越來越成熟之後，如果要獲得真正讓大家滿意的產品，便需深入地研究人的感性內更深入的需求。與生理或心理負荷的相關問題，只使用問卷調查，無法確實證實是否答非所問，已經越來越不客觀了，但不是說沒有效果。理由是問卷調查法是以認知為主體，無法完全地獲得消費者深處的感性需求，只是有效地掌握住一般的感性想法而已，因此藉助設備慢慢是趨勢。

1996 年出現，曾經很流行的「電子機」（圖 5-16），4 年間全世界約了 4000 萬個，たまごっち(Tamagochi)」是由 BANDAI 公司在 1996 年首度推出的掌上型電子寵物遊戲，名字的由來是取自日文字的蛋「たまご(Tamago)」和錶「オォッチ(Watch)」的結合。真板亞紀小姐是由日本東京的澀谷地區附近的中學生處聽來的想法，從那些女高中生說：「一下子要餵飼料、一下子要掃糞便，有時還會死掉」等有趣的「感性」意見中得到的開發構想，曾是每個國小至高中生，人手一機的暢銷產品。更因為它帶來絕佳的市場業績，使得當時面臨被合併危機的 BANDAI 公司，財務狀況得以出現轉機（橫井昭裕，2013）。

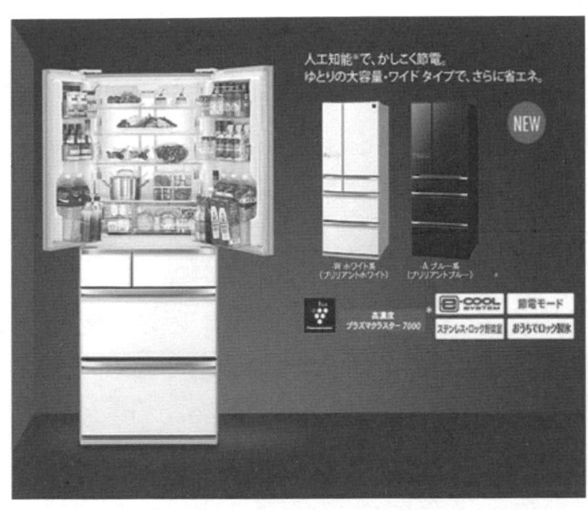

圖 5-14. SHARP 冰箱（http://www.SHARP.co.jp/reizo/product/sjgf60w/）；圖 5-15.美式 GE 冰箱（http://www.geappliancepartsonline.com）

圖 5-16.電子雞

本章與其說要討論感性的研究方法，導不如說是要告訴大家，如何組合出自己的研究方法。感性研究方法其實是一種如何達成研究目的之過程，特色是研究期間必需應用到跨領域的知識及方法，有些內容自己不見得是能懂的知識。我也是在這種情形下，將自己在教書及研究過程所遇到的相關議題，當遇到困難時費盡心思去尋找解決問題的方法時，所得到的經驗及心得，有些也是自己的專長，純粹是希望大家作為參考，所以必定有不周全之處。

進行統計分析時會有些人偏向以高階、新的統計或是數理的演算法，來整合出任何可能的研究方法，獲得自己所要的研究目的，確實需要有組合或尋求協助的心態、及能力，方能進行較深入的相關研究。否則常會陷入自已熟悉的那套方法，一而再、再而三地使用相同的流程，來解決所有的問題。想突破研究的難處就在如何才能從不懂之處，快速地去弄懂它。雖然限於個人的背景有時很難，尋求外力、及與他人合作，學習團隊運作來解決研究的問題。

Lévy（2013）提到最近約有八型感性工學存在，每一型均有一組特定的工具組，例如模糊邏輯（fuzzy logic in type 3）、虛擬實境（virtual reality in type 5）、協同工具（collaborative tools in types 6 and 7）（Lokman, 2010）。一直有新的可能可去建構感性空間，Lokman 也描述靠其他的顧客滿意評價去區別特定的感性工學品質，例如：品質機能展開（Quality Function Deployment : QFD）、聯合分析和消費者聲音（VoC）。然而這些方法集中在消費者的外顯的需求，感性工學是進行去測量及分析消費者內在的需求然後組合他們成為產品設計的特性。

我們還是以**長町三生（1998）所提出的六種感性工學的方法論**，加以介紹來使大家可以應用於相關的研究，當然這些方法僅能簡述，詳細的操作及內容就得再去找尋相關的技術、或與相關專長的學者合作研究，過程說明如下：

（1）類別分類感性概念：也即是決定了初期的產品開發的概念，進行那個概念看得到得物理量的分解，是很容易瞭解的擊穿（Break down）且是很容易瞭解的主流方法，但是在台灣很少見到這樣的方法被介紹及使用，可能被認為不夠學術及神秘吧！

（2）感性工學系統（Kansei Engineering System）：以專家系統為基礎，在幾個電腦裏面實施數據庫和推理引擎的計算，生成出適合消費者的感性設計的方法論。

（3）混合式感性工學（Hybrid Kansei Engineering）：也即是「順向的感性工學」，利用電腦生成設計，系統開展感性工學的診斷，及加上電腦的創造力，而生產出的設計結果。

（4）感性工學模型（Kansei Engineering Modeling）：數學表示的方法，構築出的感性工學的機制。

（5）虛擬感性工學（Virtual Kansei Engineering）：感性工學設計的開始，接著進行模擬體驗。就像你製造一個電腦虛擬現實技術的空間，然後進入模擬體驗，也就是將感性工學和虛擬實境結合在一起，進行開發消費者個別感性的適應，產品開發的電腦系統。

（6）協同型感性工學：網路感性群體的設計支援系統（Internet Kansei Group Designing System）：將立體的設計軟體，製作出的設計放在網路的伺服器內，利用資料庫和設計來支援，將相互有距離的設計師，結合起來讓他們協調討論，而進行設計的電腦系統，也就是一般設計上所稱的協同設計概念。

雖然上述六種為主，但也可看到其他整合出來的方法，還是沒有脫離這六種系統概念之中。近來由於許多運算軟體及 3D 設計系統的進步，有些研究需求已經由公司加以置入軟體內，成為系統的套裝軟體或模組，對於協同的概念可以經由網路，同步修改或同步進行討論，縮短了相互間的時間及距離。

（一）類別分類的感性概念

類別分類是個基礎，但是有效的感性工學的方法。藉由解析需求來找到如何解決需求問題的方向，僅是單純的邏輯思維的過程而已。其實是個不錯的方法，但是很少人將之作為研究方法，倒是一個快速教會學生，可以藉以協助學生進行感性分析，應用於產品設計課程內。

從零次感性概念開始，能藉以解構概念得到研究成果，可決定產品開發是否能夠成功，零次感性概念就顯得相當重要。感性工學是可以很順利地取得消費者的感性，然後超越設計的技術。而如何才能把握住消費者的感性呢？有許多的方法，而這些方法也和不同領域的產品有關，也就是這些方法依賴消費者的感覺和認知

。所以沒有標準的方法，也無法靠一種形式就能成功。與企業的企畫部門想如何取得消費者的感性有關（長町三生編，2008）。因此可以理解經驗會變成重要的參考，儘量參考別人的方法，研讀相關的書籍，用來減少錯誤、節省時間的好方法。

由於人類很討厭身體有不便及有負擔，如果可以發現一直存在且隨著我們的負擔，就能激發出新產品的可能。

而從使用產品過程的五感之間接的變化中，發覺身體所產生的各種不便及負擔，或直接找到五感的消費需求，能從瞭解及解決問題的討論中，產生好商品的機會。

而這些消費者原本不以為的為題，就在時代的進步及人的好惡中，認為的不便或負擔便從消費者的行為反應出來。

1.實施的過程

經由企畫而決定出「零次感性」的開發產品概念後，再依此開始分解出；1 次感性、2 次感性、…至拆解成可以應用某種方法、或調查方式，加以量測後就可得到結果。

往前推出表示出獲得開始的零次感性，其過程如下（長町三生編，2008，28）：

（1）新產品的概念決定後，將其分解成數個代表性的概念，稱為：1 次概念。

（2）接著，將 1 次概念發散分解成 2 次概念，一直分解成 N 次概念，至無法再分解時截止。

（3）在這個階段，概念就像物理量一樣堆疊展開起來。例如；「跑車的舒適空間」→也不狹小也不寬敞」→「兩個椅子」，就像這樣展開。從最初的大概念，開始一步一步地以引導至可以物理量表示的程度，將構想拆解成可達成構想的「物理量」來。

（4）到底要幾次，就依據實際需要，無法決定說需要幾次。

（5）這些物理量就可能需要實施人因工程的實驗或計測，將其數值化成設計的規格、使規格能達到滿足消費者的慾望。但是，有些是屬於感性的部份，就需更深度的量測設施及方法。

例如：圖 5-17 的從零次之「很容易操作的滑鼠」企畫：

（1）開始進入第一次感性，提出了；沒有一條線、輕的、很合手型、反應好；

（2）至第 N 次感性；

（3）接著解析其達成的物理特性；

（4）探討人因工程試驗；

（5）然後以適當的手段來進行；工業設計、CAD、CAE、造形設計、色彩計劃等。

接著，決定各零件的物理量（數值）後，全部再檢討一次，將全部的小修正統合過後，整個產品的設計方向就被決定了。

這樣的方法比較像是質性的感性工學，也可容易進行，尤其在小組討論中，只要願意就能很快又成果出來。尤其結合腦力激盪的方法，加上專家法，更能將此法的成效發揮至極致。

這是一個有效且快速的方法，可以依不同專長的小組，或混合編組重複進行，就可能找到一些問題出來。然後分工處理問題，為問題找到答案或解決方法。此法常被研究者忽略，認為不夠客觀，倒是很適合產業在解決問題時的方法，可以幫助業者迅速有效地找出問題，並進行分工，是值得推薦的好方法。

如下圖 5-17 對於滑鼠的分析，在零次感性的目的是「很容易操作的滑鼠」，經由至第 2 次感性即可將產品的需求給定義出來。

接著依據其物理特性分類歸納，進行原理設計及實驗，或進行相關的調查，確認消費者的需求，同時可以前述的 A 型或 B 型的感性工學程序。接著就可得到感性的設計產品，這樣的概念是可以被產業所接受的，你也可安心的去學習，不要怕學非所用了。

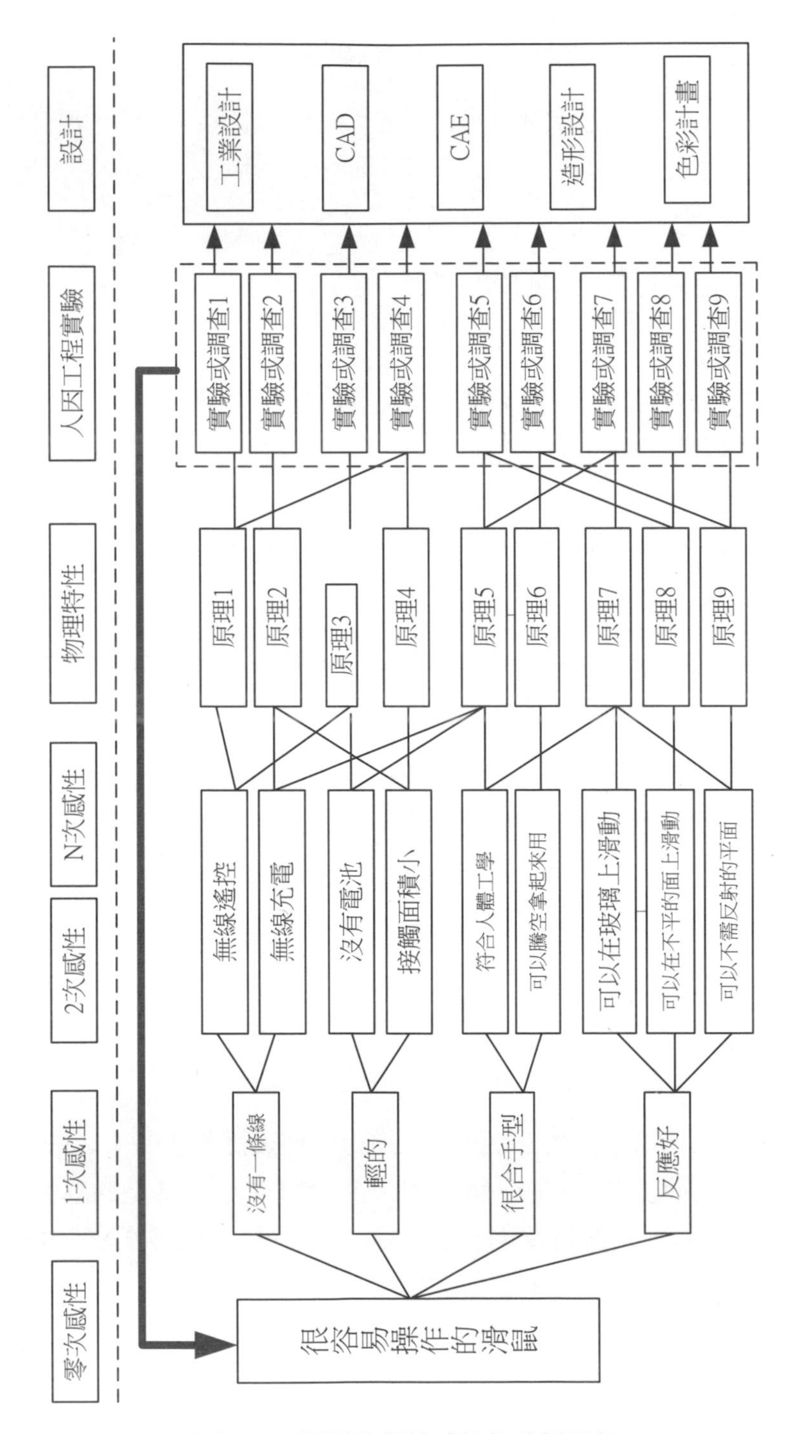

圖 5-17. 類別分類的感性的分類過程

2.實施結果

利用滑鼠產品的類別分析過程，其實這個圖解中可以發現許多的創意，可以從中產生，而且也出現在我們的生活中了。是一個很基礎好用的方法，將自己的想法需求或是消費者的需求轉換成其他的感性呈現，便能從中找到答案，再順著物理特性去找答案，如果是好的有價值的方向，便會被採用及實現出來。

這個方法可以容易的實施，而且不需花費許多時間，只要有心思想把事情做好，即可順理成章的得到不錯的結果。可以應用於大學部的設計課程的教學、或企業的效率創意。

（二）感性工學系統

感性工學系統（Kansei Engineering System）是如何將感性、與設計利用圖像方式加以相連接（長町三生，2008，28-30），而達到目的之知識需求的系統，它是利用一些資訊及資料工程的方法，所組合而成的應用。同時利用一些運算將圖像、及過程，以電腦的程式及推論模組加以分析、或統計，得到所預期的結果的系統。其構成約有如下的構件：

2-1.感性字彙資料庫

從相關的地方，收集有用的感性語彙，例如：調查速克達機車，可以從風火輪雜誌、摩托車雜誌，或從各家公司的目錄找出相關的形容詞語彙，藉以找出對於速克機車適當的形容詞或名詞，來作為感性語彙的資料庫內容。

2-2.意象資料庫

從感性語彙創造出意象的資料庫，例如為了調查產品意象與概念，設計圖之間的關係，收集各品牌的行錄及摩托車雜誌上形容速克達機車的廣告用詞共 191 個，再利用 KJ 法將語彙分類，最後歸納成 7 個產品的意象形容語彙（image words）。

選擇其中 4 個與造形相關的語彙；科技感的（scientific）、流行感的（fashionable）、創新感的（innovative）、流線感（streamline）。

2-3.知識基礎

從感性語彙所推定出來設計。

2-4.推論引擎

實際的應用於推論的機能。

2-5.圖像模組

根據推論引擎所得到的計算結果，檢索特定的影像。

2-6.「設計資料庫」和「色彩的資料庫」

建立圖像或色彩資料庫，使建立的模組可以在設定的條件下採用造形設計。

2-7.系統控制

利用所有的這些機能，形成感性工學系統的概念為，例如：想要創造設計一個「有智慧的手機」，首先將「有智慧的」的感性語彙輸入電腦中，電腦就會詢問有智慧的手機的問答，回答「yes」。

如果原先的系統已經建立好了參考的推論引擎或知識系統，就會針對這些要求顯現出許多的印象圖片，有可能是來自收集的圖片加以分類後，或是經過演算的客製化系統的圖片。

又可分成各部品加以形成，例如；手機的外形、按鍵，介面系統、功能等。通常會產生許多的樣品可供參考，而可再經由評價而選出更適當的構想。

通常感性工學系統或與其他系統相結合，例如：以感性語彙的關係因素分析結果再以數量化 I 類加以計算。張育銘（2004）消費者對產品感受的心理意象，除了視覺之外，觸覺也是一個重要感受感官。

在影響觸覺感性意象評價上，產品上的材質表面屬性與其內建的振動屬性是非常重要因素，為了探討單純材質表面屬性與振動屬性條件下，材質表面屬性在觸覺感性意象評價上的影響效果，並且瞭解屬性間之交互作用，本研究藉由屬性變數的定義、意象語彙的挑選，並對 30 名受測者進行「單純觸覺」與「振動觸覺同步」之感性意象評價實驗，然後依據實驗所得之數據，分別以獨立樣本 t 檢定與數量化一類進行分析。

結果顯示：（1）在材質表面屬性中，「表面粗糙度」影響觸覺感性意象的影響力大於「材質硬度」。（2）單純材質表面屬性與振動條件下材質表面屬性所引發的觸覺感性評價是存在差異性，且振動條件下材質表面屬性所得的觸覺感性評價均高於單純材質表面屬性觸覺感性評價。（3）振動屬性對材質表面屬性在觸覺感性意象評價上所產生的影響作用，可歸納出「減弱」、「強化」、「轉移」與「取代」四種作用加以解釋。

吳紅、彭義紅、徐秋瑩（2007）以簡單的分類試圖找出女性手機的形態策略、顏色策略、功能策略的分析。王振琤（2009）運用數量化理論一類分析法，解析產品的意象所對應之造形要素，建立最適化的造形設計與組合，以個人數位助理產品作為研究驗證案例，施行程序包含著 8 個步驟如下：

（1）確認代表性產品樣本；

（2）確認造形要素與類目；

（3）分析各樣本之造形要素類目；

（4）確認代表性的感性語彙；

（5）進行感性評價實驗；

（6）建立感性語彙與造形要素之關係；

（7）感性設計模型有效性檢定（成對樣本 t 檢定、變異數分析）；

（8）定義造形設計原則，建立感性語彙與最適形態要素的配對關係。

然後將此實驗統計資料運用數量化 I 類法進行分析造形要素與產品意象之間的應對關係，從而建立該產品的感性設計模式，並對該模式之信賴度進行成對樣本 t 檢定。

結果顯示預測值與實際測量值之差異不具備顯著性，因此該感性模式具備可行性，因此所設定之產品造形設計原則，輔助設計者進行操控組合某種特定造形要素之特徵。以創造特定的產品意象，如此可提高消費者對於產品的某一特定感性意象的偏好程度。

也因此，為了協助設計或作為設計的參考，進行規劃及創造出感性系統即可發揮適度的功用，所以有利用「設計支援系統（Designer Assisted

System）」來協助進行設計（圖 5-18），或從消費者的選購角度，進行意象的感性輸入，替消費者選取數個適當的產品，來最後決定的「消費者支援系統（Customer Assisted System），這樣可以減少工作進行時類比式的複雜步驟，讓系統進行數位式的篩選。

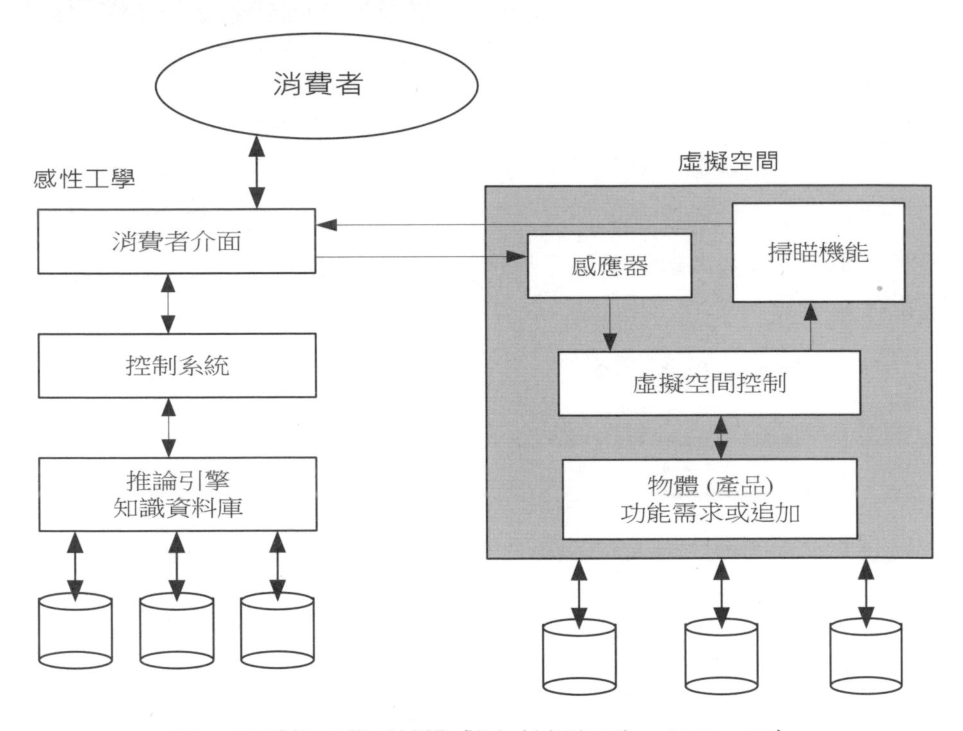

圖 5-18.感性工學系統模式圖（長町三生，2008，29）

(三) 混合式的感性系統

Nagamachi（1995a）在原始定義提及正向（順向）感性工學系統，是為了搜尋滿足消費者偏好的產品設計提案。逆向感性工學系統，則是產生一套讓設計師可以評價設計提案的系統。

由於逆向感性工學系統的預測能力，主要是依靠受測者（設計師或消費者皆可），對產品樣本所做出的評價得分。由此可見逆向感性工學，當然不只可用在預測設計師的主觀偏好外，對於預測消費者的情感反應也非常有效。根據所收集的情感反應資料的目標族群，正向感性工學系統可針對不同的目標族群，產生產品設計提案。

1.基本概念

混合式的感性工學系統（Hybrid Kansei Engineering System）是一種希望能應用於產品設計之專家系統，主要功能在建立消費者偏好的預測模型。藉由預測模型的互動結果，輔助設計師能更有效率地得到不同消費者的看法及喜好，讓開發新產品可有更優越的表現。而這個方法在產品競爭不激烈時還可以適應，如果在競爭激烈時，這樣產生的設計在學理上雖有道理，但是結果卻缺乏更具體的感性設計表現，目前的應用以將結果當參考用。當然每家專業廠利用的方法及過程，經長期的修正所用的方法可能已經穩定且可用高增高了，尤其日商每個大廠家，多有其一套適用及可行的方法，來進行五感的研究。

如圖 5-19 為混合式感性工學系統的基本架構；一個完整的混合式感性工學系統會由兩個次系統所組成，分別是順向感性工學系統（Forward Kanseiengineering system）與逆向感性工學系統（Backward Kansei engineering system）（長町三生，2008，30-31）。綜合此過程共有兩個步驟，說明如下：

（1）從感性至產生設計提案的感性系統，

（2）從產生的設計提案再經由設計師以傳統的設計手段及方法，加以改進設計，再設利用計師所繪製的設計圖進行感性評價；可以白行選擇從何處開始。

第一步過程就是順向式感性系統（Forward Hybrid Engineering System）（圖 5-19 上），第二步則稱為逆向式感性系統（Backward Hybrid Engineering System）（圖 5-19 下）。

真正設計進行時，可以利用上述兩個過程的多次交覆使用，得到真正滿足感性及消費者需求的設計。可以避免設計師單靠腦袋運作的感性黑箱作業，及過度依賴系統產出太過理性的疑惑。所以交叉使用，可以使設計師滿足其設計感性的提案，及透過詢問消費者的系統設計。

一般而言，順向感性工學系統用於自動產生產品設計提案。而逆向感性工學系統，則用於預測新產品提案的消費者偏好度。為了建構有效的混合式感性工學系統，必須建立好具有高準確度的情感反應預測模型，並且使用有效率的搜尋演算法，來產生新的產品設計提案。更要注意的是在這個混合式系統架構當中，若無逆向感性工學系統的支援，正向感性工學系統將無法運作。

主要的原因在於正向感性工學系統產生的產品設計提案，是由產品屬性組合而成，需要逆向感性工學系統，來預測這些產品屬性組合而成的設計提案，及計算出消費者情感反應得分。我們對於正向與逆向感性工學系統定義和 Nagamachi（1995a）有些不同。

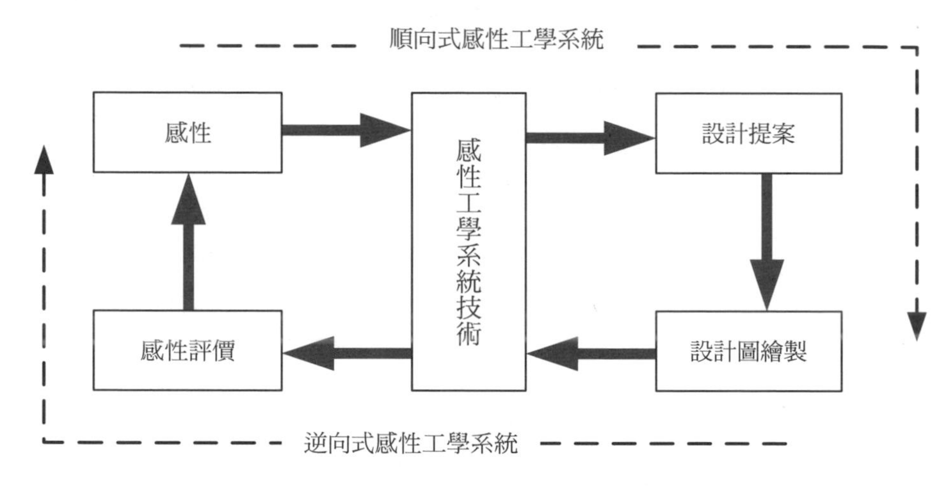

圖 5-19.混合式感性工學系統關係圖（長町三生，2008）

2.步驟

這些方法都在提高實現傳統感性工學（Grimsæth, 2005），在過程中感性的形容詞是根據消費者的意見所匯集而成。因此，最終的設計會更適切地反映出消費者的情感需求。Huang et al,（2012）感性群集方法的框架（圖 5-20）方法包括八個步驟；

（1）採集感性的形容詞（Collecting Kanseiadjectives）

（2）建立感性的子集（Building Kansei subsets）

（3）收集產品樣本（Collecting product samples）

（4）評估調查問卷（Evaluating survey questionnaires）

（5）建立 DSM 每個感性的子集（Building a DSM for each Kanseisubset）

（6）整合 DSM（Establishing the combined DSM）

（7）加工結果（Processingthe combined DSM）

（8）分析和操縱結果（Analyzing and manipulating result）

語意差異（SD）方法（Osgood, 1962; Osgood et al., 1967）已經被廣泛採用在最傳統的研究方法的感性形容詞上，如汽車輪圈的研究（Luo et al., 2012），女性的服裝及鞋的設計（Au&Goonetilleke, 2007），以及客戶在房地產的喜好（Llinares et al., 2011）。Huang 等（2012）以感性語彙所作的集群演算：（1）收集感性語彙、（2）建立感性物件、（3）收集樣品、（4）問卷評價（圖 5-20）。

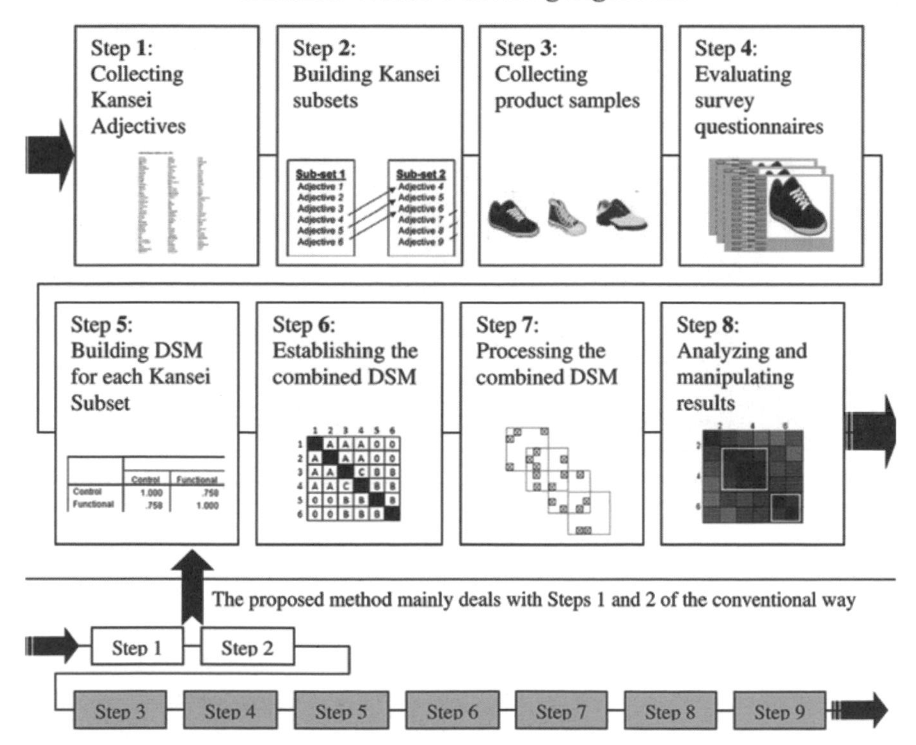

圖 5-20. 感性群集方法的框架(A framework of the Kansei clustering method)(Huang et al, 2012)

然而這樣好用的方法，卻常讓執行設計的設計師們難於理解其運作的方法細節及程序，導致不信任而忽略其產生的結果。所以經由感性工學的程序，如何得到感性的設計，是需要不同專長的人才之結合。由於前述的支援系統，從感性的過程至設計的結果，由專家系統在電腦內經由運算即可得到一定程度的結果。

由於設計師所能參與的均在前半部，後半段的黑箱作業（專家系統的運算），很難獲得設計師的信任及其結果滿足他們能的需求，如果設計過程過度依賴系統，所產出的結果會覺得太僵化。

因此如何能夠產生滿足傳統設計的繪製快感，與適合前述感性系統產出的設計自動感，兩者之間的混合式感性系統，如何將複雜的運算發展成較簡易、易懂的運算，才能說服設計師自行利用它，來輔助其提出設計想法，期待此方法能更接近設計師，是值得多數造形演算學者的深思。

Matsubara 與 Nagamachi（1997）來做為感性工學及決策支援，其步驟：（1）消費者決定支援、（2）設計師支援系統、（3）混合式的感性系統的架構。這個混合式的感性系統的有四個模組：設計過程模組、推理模組、感性語彙運算模組和系統控制者，還有五個資料庫（DB）：設計、圖片、知識基礎印象、與感性語彙（圖 5-21）。

當使用者以一般語言投入感性語彙，系統會試著從感性語彙運算單位去提取感性語彙資料庫的資料，然後這個系統會從順向式的方式去操作推理引擎（知識基礎和圖像數據庫）提出設計候選者，最後這個系統會用電腦繪圖（Computer graphic: CG）輸出候選設計。

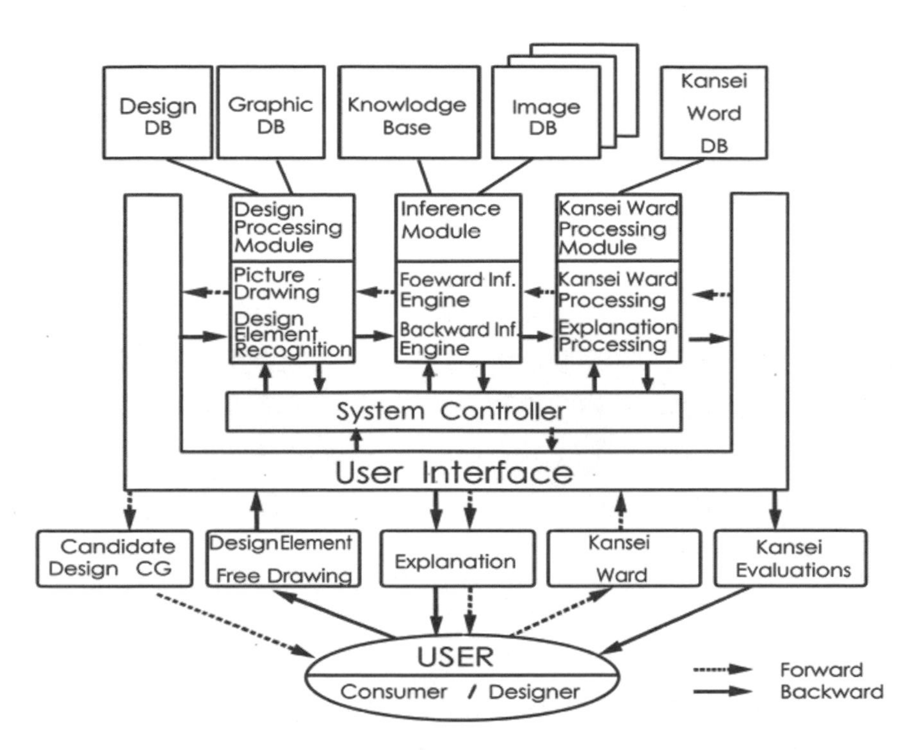

圖 5-21.混合式的感性系統(Matsubara & Nagamachi, 1997)

(四)感性數理模式

為了從字串中去找尋設計的配對，在字的印象感性調查（word image Kanse research）中，可以仔細地將一些字符去除掉一些不必要的發音。讓這些字被認為是單一或獨立的字符，但是事實上它們是獨立而且還是是字串，因此創造了可仰賴的名詞地圖（nounmap），讓它們是隨機地選自一本文學的雜誌，然後評價出 66 個樣本，做為最高的評價依靠（Nagamachi & Lokman, 2010）。

接著創造一個電腦系統來比對字的印象作為文字字符的輸入，為了從資料庫得到文字感性（word Kansei）成為一個一些字母的群組，及可依賴的權重感性。通常會用模糊（fuzzy）計算及整體模型，這些很難解釋細節，跳過理論部分，如果以系統圖，從一個單一的字符用模糊整體的模型，來加以說明過程及決定一個臨近字的感性診斷係數，就如圖 5-22。在這個圖裡，我們向 20 對的感性字彙輸入評價，從沒有意義到最右邊的總體評價值（overall evaluation value），左邊則是輸入字符發音

（Articulation）、元音（Vowel）和操作（Operator）的值，而且用模糊整體模型去計算所得到權值，這樣我們就可以由此得到模型的權重，以此這個模型可以診斷出感性語彙的類別。這個系統圖如圖 5-23 稱之為 WIDIAS(word image diagnosis fuzzy expert sysem)(Nagamachi & Lokman, 2010）。

這樣可以利用此 WIDIAS 來利用選擇名字而得到新產品，例如開發人員依據一些概念完成了一個新產品的開發，然後想要給它一個名字。這個產品概念的感性已經被安排了，這個感性語彙已經被顯然其意義且輸入 WIDIAS 內，因此這個系統可以根據你再輸入的感性語彙所形成的字串，來決定一個組合成的名字，並且列表排列讓你選擇結果，我們就可以從中找到希望的結果。

字圖像診斷系統-感性數理模組（WIDIAS）是從感性至設計的過程，也就是經由數學的方法實現設計，不需再經由設計師動手繪製設計圖，似乎是很科學的方法（長町三生，2008，31）。也是自動演算者的理想，但是所產生的圖是否可以被接受還是個問題，或僅當作設計參考。再舉例如下的字圖像診斷系統（WIDIAS：word image diagnosis fuzzy expertsystem），步驟如下：

（1）以音韻學為基礎，進行口的形狀（硬體）的模型化

（2）以音韻學為基礎，分類調音語言和調音點位置，明記特徵。

（3）評價診斷 40 對語言的印象，使用感性語彙，如果是日文，有 68 個基本字，一個一個地對 40 對語言的感性語彙加以評價。

（4）對於感性語彙，以數量化一類將對於調音、調音點等的構想及類別加以分析。

（5）準備 8 個無意義的字符，從他們的基本感性（調音、調音點位等）開始，以那 8 個文字的感性評價為目標值，當 fuzzy 測度及積分模型來加以計算，求出階層模型的各個計算的數值。

根據具定的原則，將樣品分類並將之以特徵標記區隔。依據形容或描繪該產品的形容詞或名詞，轉成感性語彙，準備適當的語彙量，例如；根據目錄或書籍等範圍，文章書寫時需說明清楚。

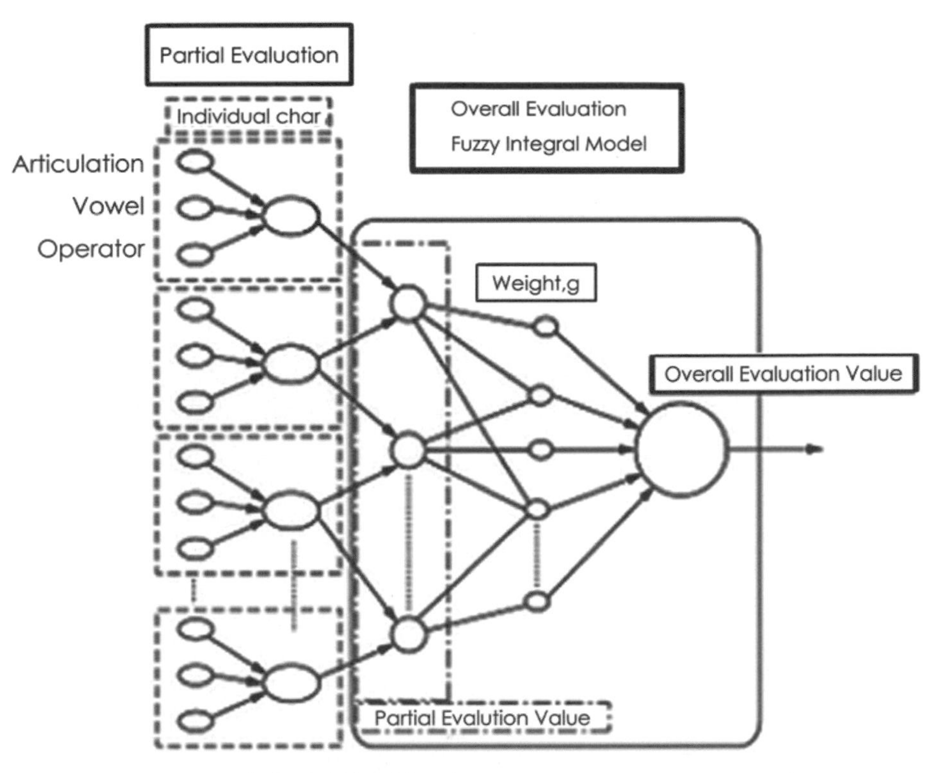

圖 5-22.字彙聲音評價模組（**Nagamachi & Lokman, 2010**）

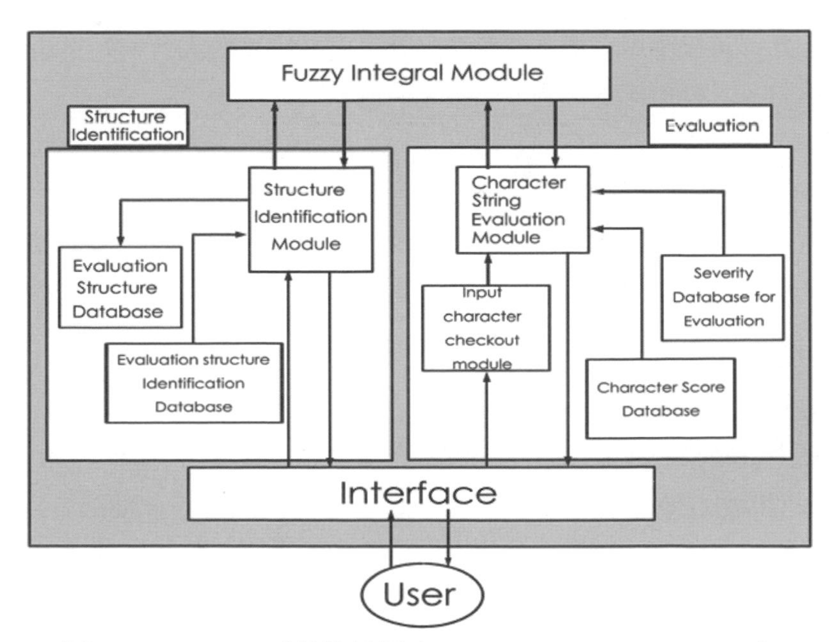

圖 **5-23. WIDIAS** 系統的骨架（**Nagamachi & Lokman, 2010**）

(五)虛擬型的感性工學

不管設計經由圖面表達，如果想要實現實際的設計結果，不管是工業設計、建築設計、或是其他視覺設計，皆需要花費極大的力氣及經費才可完成。才能見到實際的樣子，但是結果所遭遇的風險，常無法讓業者所承受，而承受失敗的風險。

例如；一台汽車，如果畫完了設計圖，就進行製造生產的準備及運作流程，由於單單這些流程即需花費數億或十數億元（台幣）的金額，生產後每台以 70 萬元計算，每天的生產量 200 台算，即需 1.4 億元，一個月即 42 億元。所以設計過程需有各種步驟及嚴密的審查評價過程，藉以降低失敗率、確保產品銷售順利，這些過程也就需花費更多的時間及人力，或許導致產品過時、未能掌握最佳的流行趨勢（長町三生，2008）。

因此從各種實體的方式，發展出許多虛擬的表現方法，藉由聲光來傳達後進行感性工學的虛擬感性工學（Virtual Kansei Engineering）流程（Nagamachi, Lokman, 2010）。在松下電工，對於系統廚房的相關資料為基礎，以感性工學來決定感性系統廚房，以 3 次元的虛擬實境的畫面來讓客人觸碰，這樣的方法讓客戶得到適合的設計，也就使用前述的流程表。因此，可以應用在很多的產品設計，尤其體積較大者，如玄關、浴室等地方，先模擬再實驗是一個接近消費者的方法。

(六)協同型感性工學

所指的是透過網路通信、視訊技術，將一組人或一群人為了避免見面所耗費的時間，利用網路方式加以組合，可達到效率及方便性的方法。

1.協同型感性工學的意義

協同型（collaborative）是活用各式各樣的通信技術，使不能在一起的人經由這些設施而能為了同一目的一起工作（長町三生編，2008）。「協同型感性工學（Collaborative Kansei Engineering）」如前述是指利用網路，將擁有感性的資料庫、感性推理機能的電腦，再利用感性工學的程序，來進行設計活動。其目的就是要進行協同感性設計之前的產品企畫。利用此法可以進行許多種工作，利用組合的程序完成工作。

2.協同型的感性設計

協同型的感性設計（Collaborative Kansei Design）首先需有一套感性系統，也就是以一套能推動感性推論機能的核心伺服器，能將分散在四處的數個設計師，建構一個平臺，以網頁（網路相關技術）將他們統合起來。每個設計師可以將自己所繪製的設計，以二次元（平面）或三次元（立體）的設計圖，展示在約定的平臺上。從遠端放入可以瀏覽的伺服器內，互相利用適當網頁或軟體。來閱覽其他人的設計圖。也就是每個設計師利用這樣的感性系統，檢索感性資料庫中所需的設計圖，來參考或修正自己的設計。

全部成員可透過網路的影音技術，來相互溝通意見，使不在同一處的設計師可以合作完成產品設計、包裝設計、景觀設計等。也可將系統的概念，擴大應用在設計相關教學等。尤其現在講究自由及效率的時代，如果能夠利用這樣的方式，許多工作可以隨時進行，也可以不必碰面即可討論，甚至可以避開時差，讓許多工作可以日以繼夜的進行。

3.協同型感性實驗系統

協同型感性實驗系統（Collaborative Kansei Experiment），原本研究需麻煩地將人召集在實驗室，進行相關實驗。藉由網路無邊界、及擁有感性系統的伺服器，將設計好的設計圖，由遠端的消費者進入感性系統進行相關的實驗，免除了舟車不便及時間限制，改進了實驗的方便性，進行感性評價的資料，有可以一直追加資料的優點。

近來的網路問卷調查（my3q.com 等），也有相同的概念，環保地不需印出問卷紙，事後也免除了數據輸入的痛苦，馬上可以獲得正確的數據，萬一受測者不夠，也可透過社群網站所建立的人氣，請遠處的好友協助完成達到預期的樣本數。

4.選擇感性系統

選擇感性系統（Choice Kansei System）由於網路的普及，許多的活動均可在網路上進行，在產品購買不需至實體市場，只要上網即可找到且比價完畢完成採購，不管是生活用品的用的吃的均可。所謂網路市場、百貨公司、拍賣、團購，滿足了消費者的方便性、佔便宜的心理。網路展覽會等，2011 年的台北設計博覽會之線上展覽，滿足了動態遠距的觀賞展覽會的功能。進一步可以利用這些系統整合出產品選購感性系統，透過平台的比價及購物希望，找到適合的產品或展覽及設計。

例如：消費者的購買行動「買行動電話」的目的，「適合生日禮物」、「適合女性」、「適合的價值」、「顏色」、「適合…」等，透過這樣的感性需求描述，找到適合的禮物或產品，滿足了消費者購物時的感性的造形、色彩，或理性的價格、功能等需求，同時不需花費太多的時間，讓現代人可以有更多時間去進行更多的感性活動。

第六章. 感性評價說明及心理計測評價

- 心理計測是心理學的一門基礎技術，是理論學科，也是應用學科。
- 為了進行感性工學的研究，除了理解心理學內涵之外，必須知道如何進行評價，了解對於那些評價的計測的方法，那些量測的調查法。
- 否則就不知道自己的研究可能得到哪些成果，如果弄錯了就越偏越遠了。
- 要知道自己的研究是想了解哪些感性的內容，才能決定如何計測喔！

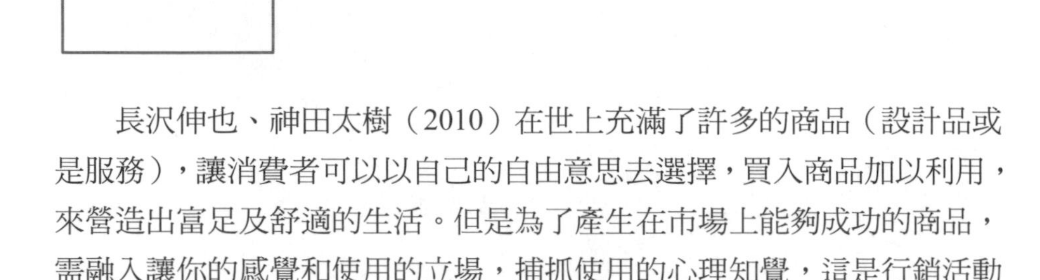

長沢伸也、神田太樹（2010）在世上充滿了許多的商品（設計品或是服務），讓消費者可以以自己的自由意思去選擇，買入商品加以利用，來營造出富足及舒適的生活。但是為了產生在市場上能夠成功的商品，需融入讓你的感覺和使用的立場，捕抓使用的心理知覺，這是行銷活動重要的一環。

尤其最近在社會上**重視人的生活動態，「感性價值」、「感性時代」、「感性社會」、「感性產業」**這樣的話常被用來當作關鍵字彙。也就是消費者能夠感受得到的一些信息，人的情緒和感情、心情和氣氛、好感度、偏愛、舒適性、好用、生活的富足感等等的感覺，變得是許多領域必須被重視的問題或是課題。消費者對於商品能夠感知的是人的五官等的感覺，這些感覺使得人對商品的消費行為產生巨大的影響。

因此，**必須在日本產生需有一套評價感性機制的需求，來抓住它，也就產生了感性評價的過程**。感性評價的意義在日本的 JIS（日本工業標準）規定了以「感官評價」為基礎，這樣做比較有一個標準，可以容易有依據去加以擴大及互相溝通理解。

這個標準在日本從 1990 年制定後，在 2004 年又加以修正成 JJS Z8144:2004（表 6-1），如以此為基準而形成的內容，開始就會開始用語的定義，而開始的「感官評價分析用語」如表 6-1，要進行感官評價(JIS Z 8144 1014) ，也就是要以那個標準用語為基礎，來完成的評價分析。

接著感官評價分析（JIS Z 8144 1013），就是根據人的感覺器官去調查這些的器官的官能特性的總稱。而官能特性（1012）就是人的感覺器官所能感知的屬性。有興趣的話，就可以去找出來加以應用、並擴大及延伸或縮小，而生出台灣可使用的部分。

表 6-1. JIS Z8144:2004 根據「感官評價分析-用語」的感官評價定義（JIS Z8144:2004）

號碼	用語	定義	對應的英語
1012	官能特性	人的感覺器官能夠感知的屬性	Sensory characteristics
1013	感官評價分析	根據人的感覺器官調整的官能特性之總稱	Sensory analysis
1014	感官評價	以感官評價分析為基礎的評價	Sensory evaluation
1015	官能試驗	以感官評價分析為基礎的檢查及實驗	Sensory test

而現在感覺加上感知，感官評價被擴大了，在 JIS 也擴大為「人類的感性就是對於感覺及知覺的評價技術，而將感官評價改成為感性評價且去積極地宣傳」。

為了對於評價特徵的理解，物理或化學的檢查必須加以比較，檢討感官評價的特質、實施的注意點及用途的檢討。

一、　感性評價的說明

是以前面的心理感覺為基礎，利用問卷調查的方式，來取得受測者的感受資料，也算是定量計測的一種形式。所以必須配合研究目的來設計相關的問卷，藉以達到對議題的感性調查。不管是五感的那一感均可經由調查來達到心理感受的結果。因此，如何藉由問卷內容及分析方式，來找到消費者的五感計測結果是此計測方式的重點。

也就是爲了**找尋適當的理化學的計測，從以人為核心**；（1）進行對象的物理化學的計測來得到物理量（S），或（2）對人進行生理計測得到生理量（P），（3）對人進行心理計測得到物理量（P）；然後在（1）的物理量及（2）的生理量間找出對應關係（P=h(S)）等，成兩兩的關係式（圖 6-1）。找尋適當的對象，經由上述的數種對人的計測：生理計測所得的生理量，或心理計測所得的物理量，獲得之間的對應關係，所得的值如何加以分析解讀，就成為感性工學的量化重點了。

因此，感性計測成為感性工學主要方法及工具，必須熟悉各項計測工具及量測的方法，這是未來台灣感性工學的主要發展之道，同時亦是直追日本的首要之道。

我覺得台灣目前的感性工學的學術研究，還未能深入可使用的核心，認為需要與其他如資訊工程、資訊管理、心理學領域的研究者之跨領域合作。將設計領域所期待探知的內容，轉換成可探討的內容，互相的交流方能產生更有意義有用的研究出來，所產生出來的內容及深度。才可能成為依照設計研究者的理想，達成後加以應用。近來也有設計研究者，跨領域學習，更促進了應用的機會。

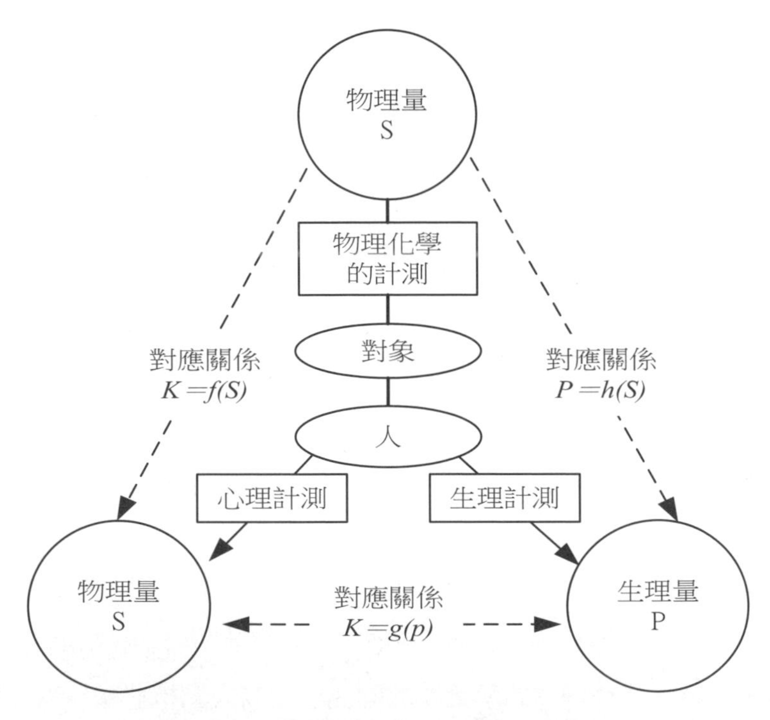

圖 6-1. 感性的計測（石原茂和，2005）

(一) 感性評價特徵

1.物理和化學測試的比較

由於感性評價有許多的方式，對於感性評價與物理或化學的檢查，需要加以如表 6-2 的比較，這樣才能讓研究者理解及判斷如何使用，而感性評價就是針對人關於曖昧程度及數值化的困難，對於疲勞及舒適等訓練的效果等，與物理化學的檢查裡沒有的的特有特徵（長沢伸也，1993）。

尤其是根據個人的差異的判斷，在實施上所得結果的活用要加以注意（長沢伸也，1998）。許多研究可能忽略了這樣的參考方式，值得未來大家加以注意。

表 6-2. 物理、化學的檢查及感性評價的比較（JIS Z9080, 1979）.

	比較內容	物理和化學測試	感性評價
1	量測方法	物理化學的機器	人類
2	過程	物理的、化學的	生理的、心理的
3	產出	數據	話語
4	誤差	小	大
5	校正	容易	困難
6	感度	有限度	在好的場合有可能
7	再現性	低的	高的
8	疲勞和適應	小的	大的
9	訓練效果	小的	大的
10	環境影響	大的	小的
11	實施的困難度	需要儀器	簡便、迅速
12	測量的領域	狹小的（不適合嗜好）	廣大的（也適合嗜好）
13	綜合判斷	困難的	容易的

2.特質

在感性評價（感官評價）上有的特質，其特質大致可以做成以下的幾個結論（長沢伸也，1994），在實施感性評價過程的前後要加以重視。

2-1.感性評價是有範圍

如表 6-2 所示，感性評價是需要使用計測的儀器，來測量心理及生理的過程。但是這個評價是在心理學、生理學及統計學的範圍內，為了活用這些評價，不是只有統計學的方法才能解析這些資料，也需和感覺相關的生理學或與人類相關的心理學內容，也要好好地加以理解，才能使其平衡是相當其必要的。

2-2.感性評價的資料是以順序尺度、名義尺度為中心

在感性評價其產生的結果，所得到的資料因為是基本的文字，在性質上還不是很好。因此需要有量測的尺度，為此就是需像機器有的測定值一樣，有比例尺度、區間尺度外，需要以順序尺度及名義尺度為中心，才能根據加以測量，**此部分可以參考第八章的內容**，加以選用。

2-3.感性評價有許多獨特方法

在感性評價（感官評價）方面，從疲勞和適應就可以看出那些隱而不顯、那些是明顯的，也就是可以在度量的尺度加以衡量。為了有訓練效果，需要有實驗方法及解析方法的功夫。從這些是開始有很多的方法介紹，都是一些獨特的方法來加以活用。在後面的章節中，也編輯了一些相關的方法，可供參考。

3.注意事項

在實施感性評價的過程，其實會產生許多問題，其中被認為最重要的是實驗如何的進行，日本 JIS 29080:2 對於「感官評價分析的方法」有加以敘述；**受測者的選擇及訓練、實驗室等有專書可參照**。實驗實施在實驗前需要對受測者施以簡潔的說明，問卷的設計不只是要得到從受測者那裡得到數據的結果而已，還要考慮資料處理該如何進行及使用何種方法，會比較好。後面的章節也提供了相關的方法及統計技術等。

其中最重要的感性定量計測，依據長沢伸也（2002）的分法，可以分成：**生理計測、心理計測、感性計測三種**。必須先了解自己的研究適合以那種計測方式來取得資料，也就是可以依據不同的目的，進行符合需求的定量計測，才能得到有效的數據，來進行後續的分析。

（二）心理及物理學的判斷

1.感性計測

長沢伸也、神田太樹（2010，21）**感性代表的是試著去測試「心靈的動作」**，從心理學的初期就已經有這樣的概念，心理學有它的歷史，所以已經也開發出一些物理學的示範作用。因此當作刺激的物理量之動作結果，成為出力反應的關係就是一種意識，**這個反應得到的心靈動作**

之結果稱為心理量。心理量就是從感覺和知覺的刺激開始，被認知的心情之感情、意思等情意問題，一定會有很多的面向。這些面向就需依據研究的需求，去加以設計而取得相關數據，再將心理量所得到的數據加以分析及應用。

所謂的 **Psychophysics 當初叫做精神物理學，現在叫做心理物理學，**依據圖 6-2 的刺激與反應的關係圖，就可以知道**刺激是一種特定的物理屬性量之變化，感覺則是心理量的變化**（長沢伸也、神田太樹，2010，21），例如：香味量的變化，對於人是如何地對香之感覺，到底如何的變化，這對於香水開發是有關係且重要的信息。而如何加以截取獲得，就需先理解其關係才可。

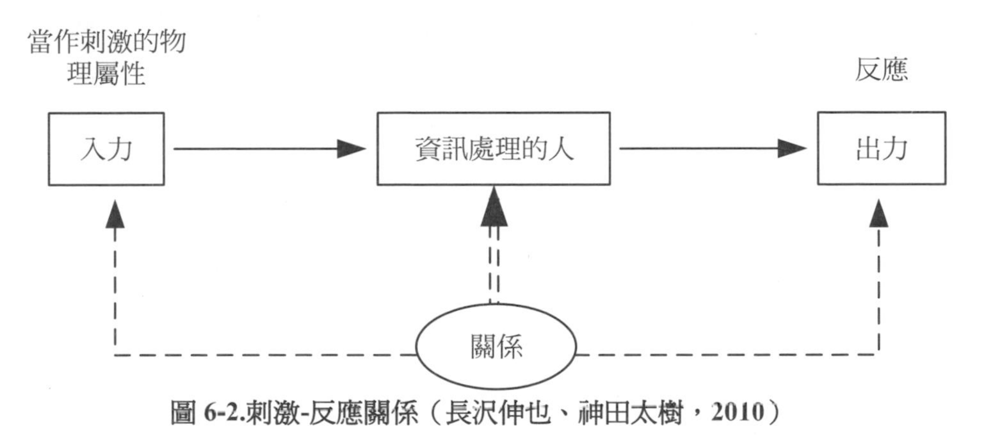

圖 6-2.刺激-反應關係（長沢伸也、神田太樹，2010）

2.尺度與心理物理量的關係

對於如何找到「刺激和反應」的對應關係，就必須仰賴量表的尺度，才能測得心理量，這個尺度需依據不同的需要來設計。可能是長短之分、輕重之分，也就是希望將要測的心理量，以物理量的方式呈現來讓受測者回答，因為人在不是用儀器其偵測之外，只能回答這樣的感覺問題，例如對於五感的各項反應，觸覺的平滑的感覺程度，以數值來表達。這就是心理物理學的測定方法了，這些尺度可見於後面章節的內容。

同時，**也有生理的計測是生理學（physiology）的一門基礎技術，是由生理學來探測人的感知反應，它是一門研究生活、生命、生物系統（living system）功能的科學**，內容包括對有機體、器官系統、器官、細胞和生物分子，如何進行化學或物理生活功能，讓他們的反應均能測得，來反應感性計測的結果，這兩大類均存在於此計測系統中。

二、　心理計測

心理物理學是 Fetchner 在 19 世紀中期所確立的方法，他根據身體和精神之間關係，所做成的精密理論。前述對於外界的物理事項把它當作刺激，所對應出的心靈的運作的心理的反應現象，研究之間數量的關係，以科學的方式來加以說明及提倡出來。

Fetchner 觀察我們眼睛所能看得到的世界，發現可以用物理屬性的量加以測得所給予的刺激，所表現出來的感覺結果關係，此種學問稱之為**「外的精神物理學（outerpsychophysics）」**，也就是刺激-反應的關係。

另外，心理量對應的身體活動，也就是因為刺激所引起的生理的變化，到底是能夠從哪裡可以開始得到對應，就是所謂「生理學的對應」。也就是因為刺激所引起的生理的變化，這種身體活動和感覺的關係，是無法直接可以肉眼看得到的世界，這種關係稱之為**「內的精神物理學（inner psychophysics）」**，也就是必須從外的精神物理學和心理學的對應，來推論一些關係。這些關係可以從圖 6-3 來加以了解（長沢伸也、神田太樹，2010，24）。

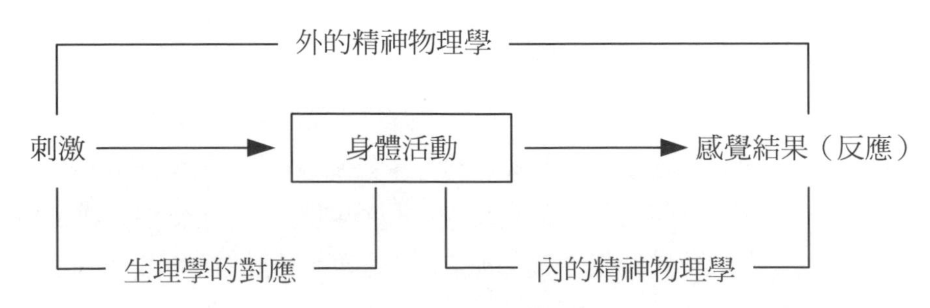

圖 6-3. Fetchner 的精神物理學（長沢伸也、神田太樹，2010，24）

因此，我們試著將之分成如下的幾種方法去量測心理量；**就是計測有機體的器官系統，器官，細胞和生物分子的數據。心理計測採用的方法有；精神物理學測量法、及尺度法、環境心理計測等**；（1）精神物理學測量法：用物理學的方法，測定人體神經的最小刺激量，以及感覺刺

激量的最小差異。（2）尺度法：以順序在心理中劃分量度，例如在直線上劃分線段，依順序標定評語。這樣可由專家或一般人，經由了解相應地對長短、新舊、美醜、優劣等項目，加以進行評價而測得數據。

（一）精神物理學測量法

就是用物理學的計測方法及探究所得到的值量數據，來測定人體神經所受的最小刺激量，及有機體所能感覺刺激量的最小差異。

需藉助於相關的儀器及設備，才能來加以進行測定，方可得到有用可信的數據，藉以進行後續的研究，並且得到引導解決問題或進行設計的方向，減少一些疑惑及可能的爭執，以利計劃的進行。

（二）尺度法

由於人是可以有判斷及認知差異並表達的動物，所以利用人的感覺，告訴他們以順序選取在心理學中的量表，此量表可依據不同的目的，選擇尺度類別的各種量表。

如；Likert（李克特）量表等：劃分刻度的意義，依順序（由大至小、多至少，或相反過來的順序）評語之數值，經由專家或特定對象，來相較性地對物、或事美的醜、新舊、優劣等，進行直觀的評價。

（三）環境心理計測

由於大家漸漸地對於環境的重視，就產生了許多新興的綜合性學科，例如環境心理學、與對應需求的多門學科；醫學、心理學、環境保護學、社會學、人體工程學、人類學、生態學，以及城市規劃學、建築學、室內環境學等學科，這些均因為需求所產生的研究，量多了、時間久了，自然而然地成為了一門學問，可以預見的未來勢必會產生更多更細的類別，來輔助需去找到所需的答案。

「環境」和「心理學」的內容，環境即為「人周圍的境況」，環境圍繞著人，就是對人的行為產生一定程度影響的外界事物。會具有一定的秩序、模式和結構，是一系列有關的、多種元素和人所產生關係的綜合體。

人們可以利用力量使外界事物產生變化，而這些同時變化的事物，也又會反過來對行為主體的人產生影響。

要計測環境心理之前，需對環境心理學稍有理解，「環境」和「心理學」的概念；相對於人而言環境可說是圍繞著人們周遭，並對人們的行為產生一定影響的外界事物。如果環境具有一定的秩序、模式和構造，那麼我們可以認為環境是一系列有關的、多種元素和人的關係所形成的綜合關係。

而我們既然可對外界事物所產生的變化，加以了解，因此我們必須利用加以創造環境，例如設計出簡潔、明亮、高雅、有序的辦公室環境。，改善環境各種條件。同時環境也就能塑造出一個新氛圍，來使在其間工作的人們有良好的心理感受，能誘導人們更向文明及更有效率地工作。人們就是經由設計創造了某種情境的辦公室環境，環境也能使在這一氛圍中工作的人們產生良好的心理感受，互動誘導人們更加理解環境可影響工作情緒及效率、使工作能有效地進行。

加上前述的心理學使我們能更徹底地知道事情的本質，經由研究認識、情感、意志等心理過程和能力、性格等心理特徵，而達到心理學的內涵，使設計更能達到消費者的需求，更能發揮設計的功能。

如果想研究，為了計測就需先了解環境心理學的一些要件，也就是研究生活於人工環境中人，其心理的傾向所著重的研究問題。然後才能依據其中的要素，來找到必須計測的項目，以及需設計實驗或尋求可用的器具，在人為或是自然的環境中進行計測實驗，以下列舉了一些議題，或可作為觀察或是尋找的方向：

1.瞭解環境和行為的關係

主要以人為主要的範圍，我們生活環境的會影響人的行為，如果聲音嘈雜、氣味不佳，就會讓生活在其間的我們不舒服，更可能產生疾病。

而這些判斷及認知便需要花時間加以探討，否則一直存在，而我們卻無法自覺。近來的大氣品質，南部的 PM2.5 一直紫爆，卻是沒人理會加以探知問題，加以尋求改善之道。環保署指出，台中地區細懸浮微粒達最高等級，外出要戴口罩。專家表示，平面、活性碳口罩是戴「心酸

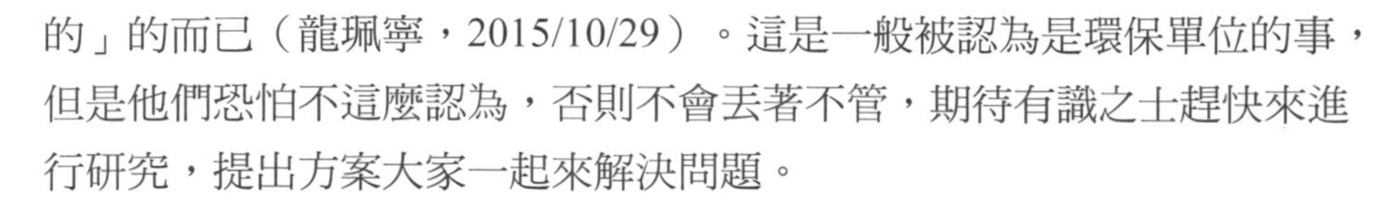

的」的而已（龍珮寧，2015/10/29）。這是一般被認為是環保單位的事，但是他們恐怕不這麼認為，否則不會丟著不管，期待有識之士趕快來進行研究，提出方案大家一起來解決問題。

2.去進行認知環境

所以對於自己環境的認知，也就需要一些工具儀器，才能真正地判斷出問題是否影響到我們的生活。社會的進步，對於五感中可能被影響的聽覺、嗅覺等受到干擾，就開始有法律的保護規定。

其餘的部分，也需有好的觀念，才能使自己及大家的生活感到愉快。如果是業者，勢必與五感都會產生關係，因此了解環境並加以認知出成觀念，才能使事業發達，食品業必須管控味道，酸、甜、苦、辣才能符合消費者的需求，香水業者更需對嗅覺有研究才行，布業則需對衣料的觸覺。

因此台灣的紡織業如宏遠紡織、得力的機能布料帶動了新世代品牌Under Amour，奪得美國的運動衣的領先地位、南緯研發多年的智慧衣，是結合科技、醫療與紡織，預計 2017 年進入市場，將成為國內成衣業第一家進入市場的產品。

3.利用環境和空間的關係

而環境的構成就是空間，如果環境不能處理好，那空間就是再大也沒有用，必須尋求兩者的合一才行。就像前述的空氣品質一樣，如果不好就會影響健康、甚至產生疾病，我們關心的環境還需空間的情境反應加以配合，方能得到較佳的效果。因此，需找出兩者之間的關係來。

4.感知和評價環境的要素

就因為環境的要素是多元的，因此對於不同的環境需要有不同的評價要素，而自然或人造的環境也均一樣。如果再談至人需接觸的五感環境，就需分別感知那些是重要的、必要的要素。

許多的設計品均以視覺及觸覺為主要方向。但是真正構成一個好的設計，一定還需要加上其他的五感因素來支援才行，所以任何產業均需不同的因素，必須面對自己需要的五感要素。

5.測定環境中人的行為和感覺

我們均想要滿足環境中的生活著之需求，因此前面的評價要素被感知後，所定出的標準，就需符合現有的標準。所以測定現存環境中，人的行為及感覺作為基礎，才能以之為基準，才有得到認同及滿足的機會。而且不同的種族及地區均會有不同的行為及感覺，以味覺為例，有些地方喜歡辣的、越辣越好，嗅覺亦有不同；視覺的美感更是有差異，雖然在國際化的影響下，有一大部分的地區有漸漸趨近的情形，但是其內的一些人也是不同的看法。

因此，需測定他們在環境的行為及感覺，才能有趨近的設計出現，得到認同。藉由上述的各種問題的過程，達到瞭解環境與人的關係，所以不同的人（性別、年紀、職業、人種等）與各種不同的環境（居家環境、工作環境、營業環境等）所組合出來的關係，需要加以判定方能有效地得到更好的結果。

人與環境在各種主動或被動的互動過程中，人通常依據著自我的舊經驗，一定程度的選擇吸收外界環境所透露出來的訊息，再經過人類自我的潛在之抽象心智能力。經過我們的認知、態度、分析，並通常以每天依賴的空間為基礎，來發展出如何對環境加以學習，進而發展調適與創造等不同行為的動作。然後藉此讓我們能理解空間環境，並成功的在其間進行各種活動，因此我們就是在其中感受環境給我們的條件，而能在其間活動，並順利地工作。

如果是在學校，學校的環境就包含了硬體設備：校舍、校園、運動場及其附屬設施。軟體方面則包含：校園美化綠化、造形、色彩、動線、裝飾等，從各方面去尋求學生與空間及時間上的連貫性，才能讓學生在其間活動愉快、學習順利，使學校產生完美的意境。

在教育上就達到了環境的因素來教導學生，並使其可快樂地於其間學習。就像心理學研究的主題是行為，行為包括外顯、內隱（感覺、思考、動機…）的行為一樣。這樣在學校的學生的學習效果就會增加，尤其越小的教育就會在環境被感動而改變。

第七章. 感性的生理分析及計測實驗設備

- 生理計測方法是屬於人體物理學的測量法。
- 不再是一種讓人覺得感覺不夠準確的輔助方法，但卻需要設備及更繁瑣的方法，對於重要的研究還是需加以應用。
- 目前一般研究者難有相關設備，需要與其他研究者合作、或是必須跟大型的研究單位之設備中心借用。

生理計測是生理學（Physiology）的一門基礎技術，而生理學是一門研究生活、生命、生物系統（living system）功能的科學，內容包括對有機體、器官系統、器官、細胞和生物分子，如何進行化學或物理生活功能，讓其均存在於此系統中。

簡單地說是一種研究生物的物理，和生物化學功能的一門科學。或可說心理學是一門研究人類及動物的心理現象、精神功能和行為的學科。既是理論學科，也是應用學科，包括理論心理學與應用心理學兩大領域。

一、 概述說明

而人體物理學測量法的生理計測方法主要有：（1）肌電圖方法把人體活動時肌肉張縮的狀態以電流圖記錄，從而可以定量地確定人體該項活動強度和負荷。（2）能量代謝率方法由于人體活動消耗能量而相應引起的耗氧量值，與其平時耗氧量相比，以此測定活動狀態的強度，能量代謝率的計算式，以及不同活動的能量代謝率（RMR）。有機體的能量代謝率是指單位時間內所消耗的能量；單位為 kJ/（h）。

雖然很難直接測出糖、脂肪和蛋白質，在體內氧化時所能釋放的能量。根據能量不滅定律，有機體消耗的能量會等於所產生的熱能、及所做的功。所以如果有機體在一段時間內沒有對外做功，因此所消耗的能量就會等於單位時間內所產生的熱能。

由於人是一種恒溫的動物，因此單位時間內所產生的熱量就等於向外界所散發的總熱量，所以測定有機體在一定時間內所散發的總熱量，便可推算有機體的能量代謝率。

因此，就可以推算出有機體在一定時間內所產生的熱量，來推算每一種食物在氧化過程中所消耗的氧氣量，與所產生的 CO_2 量，而各種熱量間會有一定的比例，例如：1mol 的葡萄糖（mol：莫耳；物質系統中所含之基本顆粒數、與碳 12 之質量為 0.012 公斤時，所含原子顆粒數相等之物量），其氧化時會消耗 6mol 的 O_2，產生 6mol 的 CO_2 和一定的熱量。

（3）精神反射電流方法：以人體因活動時所排出的汗液量，所作的電流測定，而能定量地瞭解到有機體受外界刺激因素的強度，來確定人體活動時手受的負荷之大小、多寡。

由於生理計測是藉由設定的外部刺激後，再利用感測儀器來偵測，因此，由刺激產生五感所發出的變化量，例如；腦波、溫度、反射等，來作為受測者，因受刺激所產生的反應的結果。雖然這樣的方法被認為較客觀，但是事實上也難於測得真正的反應，因為過程中還是會有許多變數，干擾到受測者而影響計測量。人體生理計測也可以說成；人體在進行各種活動時，有關生理狀態變化的情況，藉由通過計測手段，以求予以客觀的、科學的測定活動所產生的五感的變化量，藉以分析人在各種活動時的能量和負荷大小。

大部分人對於五感的研究，均只停留於心理的問卷測量。尤其人體工學從計量進入生理的研究後，此部份的目的在於配合前面的五感構成及身體結構關係，協助介紹五感測試的試驗設備。由於一般礙於不太理解這些設備，無法在進行研究時加以適當使用，加上沒有得到建置的經費，因此在台灣的研究也只能均以心理測試為主。

而如果想要深入進行生理測試，便需相關的設備。而研究者有設備及興趣對五感加以研究，這些相關設備到底有那些、及大致如何，是研究者在研究的第一階段必須瞭解、及知道如何操作，才可能獲得相關計劃及費用的支持。

目前這類的設備對於學校的個別老師來看，均相當昂貴，因此通常無法自行購置，目前以眼動儀（Eye tracking）、肌電圖、腦電圖、腦磁圖為主。可進行以下的量測，然後再配合五感的量測設備，來構成完整的生理測試。

二、生理律動分析

（一）多媒體訊號處理

多媒體訊號處理（Multimedia Signal Processing），也就是透過電子資訊技術，來組合兩種以上的不同媒體，這些媒體可以是文字、圖片、照片、聲音、動畫、影片等等。為了讓這些多媒體資訊能夠更有效率的儲存、傳送、播放、處理、編輯及進行人機互動，由於我們為了需要多媒體訊號處理的技術。

以現有的技術為例，多媒體訊號處理將會討論如何將長達兩小時的影片存在小小的光碟片上，如何讓數位相機及攝影機快速準確地拍攝影像畫面，如何用手指便能操控智慧手機，如何類似讓像阿凡達電影一樣將真實人物與虛擬場景天衣無縫地結合在一起等等。透過這樣的訊號處理可以使感性的生理律動對分析出來，因為這些觀察了人的細微反應，使研究者可以更了解人的一些情緒與行為。

而在其中的正向情緒與行為（Positive emotions and activities），隨著對身心關聯研究的證據顯示，正向情緒對生理健康和疾病復原方面扮演重要的影響。如果負面情緒是罹患身心症的因素，那麼正面情緒或許可以讓我們康復（鐘洞偉，ns）。這是正向感性所必須具有的情緒，如果有了這樣的情緒才能邁向正向的心理，為了在開始的行為可分成定義情緒的不同，接著是要列出你有多少種情緒，這樣才能識別情緒及識別你有多少種情緒。

情緒是當事情發生時而存在你的感覺裡面，情緒也被稱為感情。為了說明情緒的內容，可以包括（1）害怕：感覺恐懼和憂慮；（2）憤怒：對一個人的行為、或想法感覺瘋狂；（3）慚愧：做錯後感覺不好；（4）自信：感覺能夠做些什麼；（5）困惑：感覺無法思考清楚；（6）鬱悶：感到傷心，藍色，氣餒，不開心；（7）尷尬：對於別人的想法感覺擔心；（8）精力充沛：感覺充滿了力量；（9）興奮：感覺幸福和激昂；（10）高興：感覺歡樂和愉悅；（11）嫉妒：當別人擁有你想要或喜歡的，你感覺氣餒；（12）寂寞：感覺孤單及沒有人關心；（13）驕傲：因為做好一件事情感到高興；（14）放鬆：感覺放心，無後顧之憂、平靜；（15）壓力：感覺緊張，疲倦，煩躁，不知所措（Pettry, 2006, 7）。上述的情緒有好的及壞的兩類，因此，如何避壞趨好才能讓人或消費者可以進行正面的行為。

因此面對正向情緒才能有正向行為，任何的設計或行銷都需往這方向前進，才是對社會有助益的設計，所產生的設計品才對人類有貢獻。

（二）生理訊號處理

生理訊號處理（bio-signal processing），在十年以前，全世界的醫學界還對生理訊號的短期律動，仍然感到相當陌生。這些律動約 3 秒至 10 秒發生一次，且普遍存在於血壓和心跳的測定而已。

由於對於這些資訊的分析方法尚未成熟，只有少數實驗室才能以特殊的電腦程式，來進行研究。當時這些律動的重要性也很難受到學界的認同，更不用說是一般大眾。現在已經可以藉由以下各式測得的數據轉換成圖形，來了解人的生理狀態，不管作為擺脫問診的心理狀態差異導致誤診，或作為判斷個人的生理狀態的依據，使研究能擺脫個人對自己心理誤判的阻隔，而能更客觀。

1.腦電圖

腦電圖（Electro encephalogram；EEG），人體組織細胞總是在自發地、不斷地產生很微弱的生物電。通過醫學儀器的腦電圖描記儀，利用電極安放在頭皮上，將腦細胞的電活動引導出來，測得人體腦部自身產生的微弱生物電，並經腦電圖機放大後記錄在專門的紙上，即得出有一定波形、波幅、頻率和位相的圖形、曲線，加以放大記錄而得到一個曲線圖，即為腦電圖。。腦電圖原本主要用於檢測顱內器質性的病變，如癲癇、腦炎、腦血管疾病、及顱內佔位性病變等的檢查。

當腦組織發生病理或功能改變時，這種曲線即發生相應的改變（http://cht.a-hospital.com/w/）。這樣的監測及觀察漸漸被心理學等其他領域的應用，作為探討人在心理思考變化的波動情形，藉以了解人所無法說出的感覺。正常的腦電圖均由不同頻率和振幅的波所混合組成。依頻率不同分為 4 種（圖 7-1），腦電圖的各種波形通常為正弦波，但在某些情況下可出現特殊形狀，如探究視覺有關的三角形λ波。也可能因為肢體運動受到抑制，而出現梳形節律（Mu 波）和睡眠時的頂部尖波等。

更特別的是腦電圖有明顯、穩定的個別特徵。更被認為其穩定程度可與人的指紋相比擬，年齡也是影響腦電圖的生理因素，不同年齡人的腦電波有顯著的不同。新生兒腦電波幅低，節律不明顯。以後慢波增多，以δ節律為主（王伯陽，1982）。人的不同精神狀態也會有不同的波形（圖 7-2）。腦電圖極易受各因素干擾，應注意識別和排除。

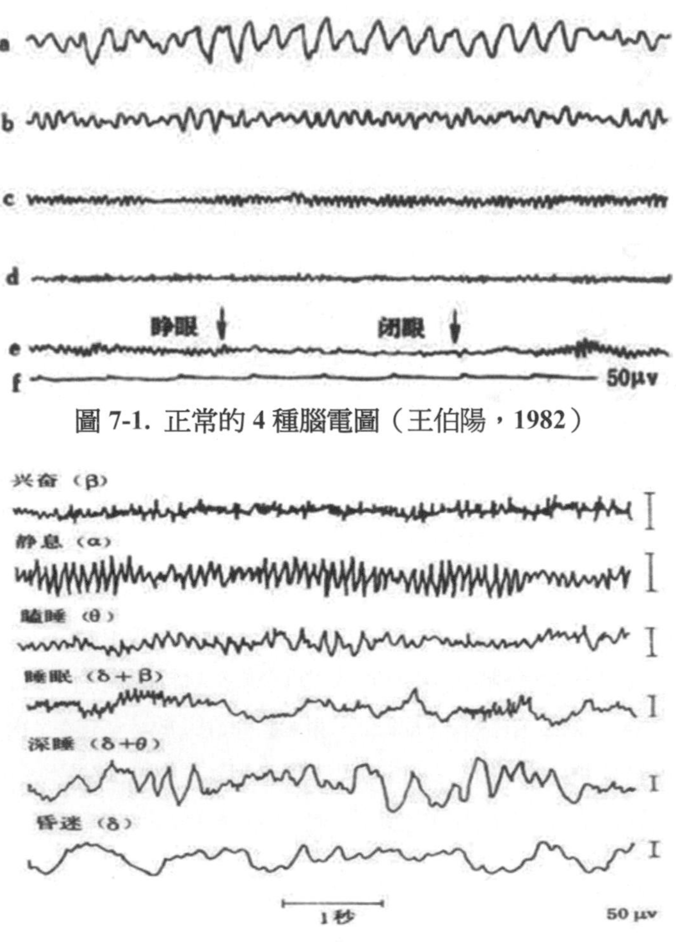

圖 7-1. 正常的 4 種腦電圖（王伯陽，1982）

圖 7-2.不同興奮狀態的腦電圖（王伯陽，1982）

EEG 就是在無刺激的狀況下，用來收集腦波，也可給予刺激後再觀察腦波的變化，或是針對特定事件進行分析，再藉由平均地過濾多餘的雜訊，便於控制與觀測它們。這種作法被稱為誘發電位（evoked potential, EP）、或事件相關電位（event related potential, ERP）。

誘發電位代表感覺傳導的過程，ERP 則與事件認知的功能有關。ERP 有時間恆定（time-locked）、及波形恆定之特點，不會被背景腦波之隨機變化所影響，有利於訊號的分析。任何事件若能找到 ERP 的變化，不但可以證明或找到某些假設，更能讓研究目標指向特定的認知過程、與神經傳導途徑，來發現一些關聯性（黃偉烈等）。

由於 EEG/ERP 已經歷了 50 多年之發展，也已有長足之進展，已成為多項腦功能機制的客觀指標，也已可應用於評估人類的多項認知功能：視覺空間的認知、對於視覺傳達的注意力、辨識與記憶力的客觀評估指標，也已可逐步地運用於設計與傳播領域。因此，如何建置視知覺認知的神經實驗室，如果設備可以漸漸降低，已是未來生理研究的必然趨勢，值得觀察及注意。

EEG/ERP 的認知神經研究，已是研究腦功能生理心理的一項非常重要之工具之一，先進國家也莫不投入大量的軟硬體、與人力資源建置相關實驗室，來整合其他的影像，基因工程與生物計量等尖端科學。ERP 常依波的方向與潛伏期（latency）命名。P50 是波為正向（positive），會在刺激後 50 毫秒的附近出現。所以必須依據需求來找尋出不同的類別。運用腦波 P300 振幅大小之差異，來檢驗受測者對於人臉印象之研究。讓受測者觀看一張人臉圖片，直到受測者記住圖片中的臉部特徵後，開始進行腦波的實驗如（圖 7-3）所示。

實驗中的過程將人臉分為：眼睛、鼻子、嘴巴分成三部分，每部分以隨機方式在電腦螢幕上，將各人臉的每一部分圖片重複呈現出來（圖 7-4），收集受測者回應出來的腦波訊號，如圖 7-5 所示。來分析比較 P300 的振幅之差異，可以來找出受測者所記住的人臉之眼睛、鼻子與嘴巴，系統並可藉著資訊自動組合出一張臉，來完成腦波對人臉辨認之目的（孫光天等，2010）。

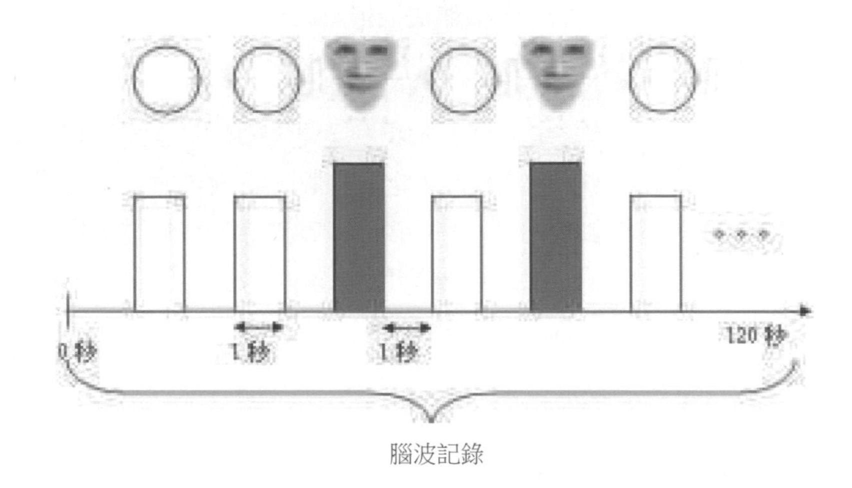

圖 7-3.Oddball 實驗腦波紀錄流程（孫光天等，2010）

EEG/ERP 除了認知神經記錄與分析系統，可以從事腦電波與事件相關電位之研究，是研究人類認知過程中觀察神經機制的有效窗口。

其應用範圍廣泛、如心理學、生理學、神經科學、人工智慧、臨床醫學、語言研究、文學認知及其他生命科學等，也可用之於從事基礎的研究，亦可由之從其應用，而加以著手找出應用。

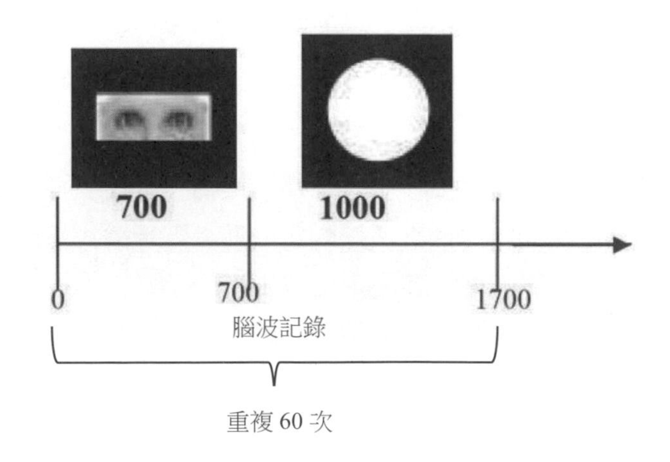

圖 7-4.人臉辨認實驗腦波紀錄流程（孫光天等，2010）

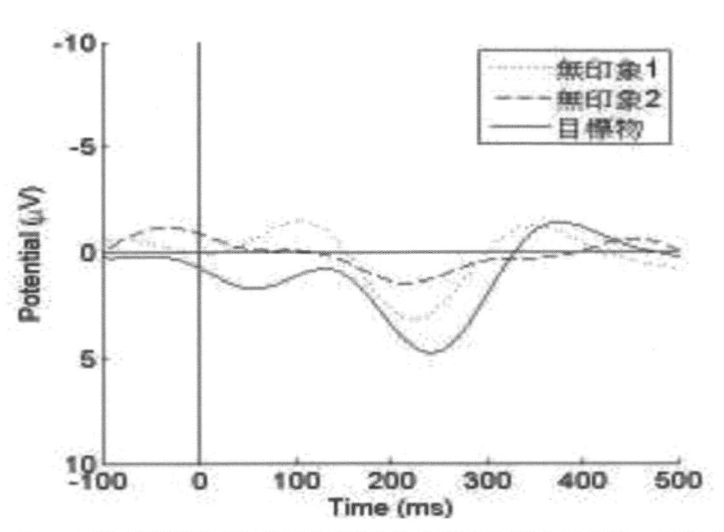

圖 7-5.臉部辨認實驗事件相關電位波形圖（孫光天等，2010）

實驗設備:這類設備依據經費可以購得不同頻道,越多頻道代表越貴。Neuroscan advanced 40ch EEG/EP/ERP system 40 導的認知神經記錄分析系統（Potable system）（圖 7-6）適用範圍：EEG/EP/ERP（視知覺、認知神經、注意力、記憶力、情緒、面孔、語言、聽覺、體感、運動心理學等）、運動相關電位（Movement-related potentials）、電磁生理測量（Electro-physiological measurements）。國內中央研究院、陽明大學神經研究所、榮總腦功能研究小組、交通大學腦科學中心等，均已投入大量的人力及物力來發展相關研究，成大的社會科學院更已有卓越的表現。

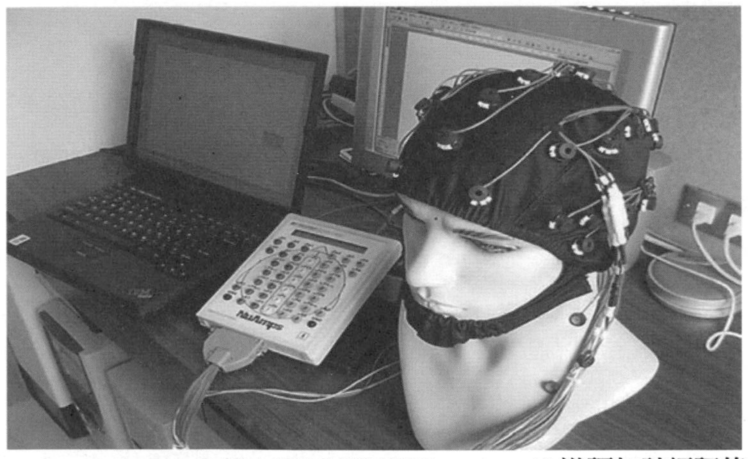
圖 7-6.Neuroscan advanced 40ch EEG/EP/ERP system 40 導認知神經記錄分析系統（http://www.kmu.edu.tw）

2.腦磁圖

腦磁圖（Magneto encephalogram；MEG），是根據法拉第的電生磁定律，腦部神經細胞興奮時就會產生腦電流，同時合併出有腦電位變化及腦磁場的畫面。腦電圖儀就是藉由記錄腦電位的變化，探討神經的興奮現象，將所記錄到的腦磁波，而分析成可了解腦部神經興奮的過程、及發現主要放電源所在的腦部區位，來加以應用及探討。

人腦是由神經元（neurons）、及神經膠質細胞（glial cells）組成。神經膠質細胞支撐結構及維持適當離子濃度，及提供腦組織適當的養分。神經元是處理訊息的單位，彼此間由樹狀突（dendrites）連結，再由軸索（axons）延伸至周圍的肌肉與其它器官。樹狀突與軸索止於突觸（synapse）。而訊號由電或化學的方法來傳遞，重要生物電訊號之變化頻率可由直流延伸至幾百 Hz 的範圍。單一神經元產生磁場，再同時集合大量神經元的參與激發而產生腦磁波。

但是我們所屬的環境到處都有磁場，在磁感應強度均勻的磁場中，方向與磁感應強度方向垂直的長直導線在通有 1 電磁系單位（emu）的穩恆電流（10 安培）時，在每厘米（CM）長度的導線受到電磁力為 1 達因，該磁感應強度就定義成為 1 高斯（1G）。而腦神經活化時所產生的磁場強度大約介於 10-15T 到 10-13T（1 T = 10000 G）之間，而背景環境產生的磁場雜訊，通常比腦神經興奮產生的腦磁場強過數千、數萬或數億倍，因此要偵測腦部神經元活動時的磁場變化，需要有敏感度高的偵測器及建置磁場的遮蔽室。

科學家因此致力於對磁通量敏感的偵測器之發展，所以在 1960 年代時 James Zimmermann 發明超導線圈（Superconducting QUantum Interference Device, SQUID），Baule 與 Mcfee（1965）是第一個成功地由對人體心臟所做之測量，紀錄下生物體的生物電效應所伴隨的磁場。

接著 David Cohen 發展出第一台引發磁場的超導線圈測量儀，來測量腦活化的腦磁儀原型，且進行正常人 α 波和自發性癲癇病人的測量後，來使有人利用此儀器來記錄所誘發出的反應。從單一頻道的超導線圈測量儀到全腦的腦磁波儀，使得其可偵測全腦活化所引發的磁場，且強度不受介質干擾，漸漸具有較功能性核磁共振儀高的時間解析度，和較腦電波更精準的空間解析度的特性，可得到較直接的訊號波形，來配合解剖影像較精確地定出神經活化的解剖位置。

因此逐漸成為研究人腦功能的重大利器之一（台北榮民做醫院教學研究部）。這些看似只能應用於醫學用途，但是漸漸可以用於心理治療，甚至判斷人的思考行為。《自然》期刊也發表音樂情緒巔峰的期待與體驗，導致了多巴胺在不同腦區的釋放，此研究首度發現聆聽音樂時，聽者腦中的尾狀核(caudate) 在預期即將體驗情緒巔峰時活化，而當情緒巔峰的體驗真正提達時，活化的腦區則轉移至伏隔核（Salimpoor, Benovoy, Larcher, Dagher, & Zatorrre, 2011）。

測量過程為：（1）測量之先定做 HPI (Head Position Indicator) 的定位量測；（2）為清楚訊號受眼動的影響，所以貼上 EOG (Electric Ocular Graph) 以偵測眼動狀態；（3）戴上數位座標感應器；（4）用感應筆來偵測點的座標的正面像（圖 7-7）；（5）進入腦磁波儀準備進行實驗（圖 7-8）。

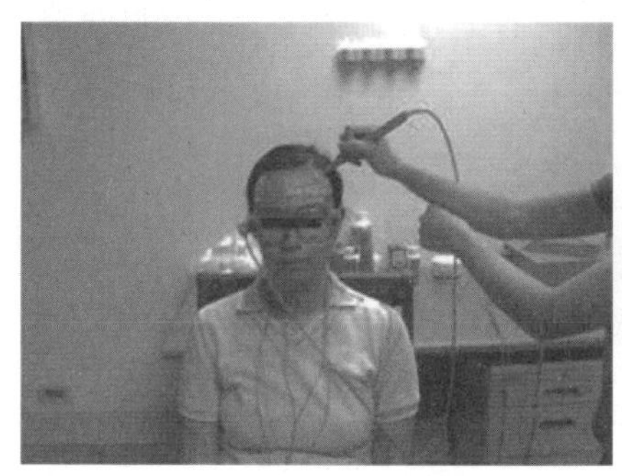
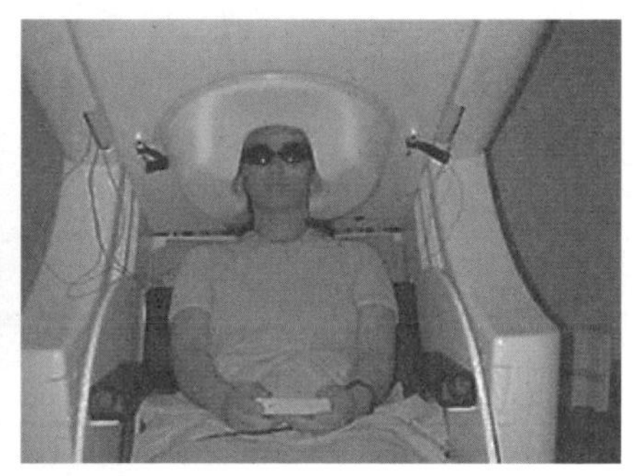

圖 7-7.用感應筆來偵測點的座標的正面像；圖 7-8.進入腦磁波儀準備進行實驗（台北榮民做醫院教學研究部）

3.膚電反應

膚電反應(Galvanic skin response；GSR，electrodermal response；EDR)，psychogalvanic reflex；PGR，skin conductance response；SCR， skin conductance level；SCL）是因情緒變化而引起汗腺分泌，從而影響皮膚表面電阻的降低。

膚電反應儀器（圖 7-9）設備測量人在接收到不同刺激下，引發的情緒所造成的生理變化，皮膚電位改變的程度常被用做自律反應的指標。

被廣泛應用於心理學研究，由於成本較低和高的實用性，常被加以應用作為測試之用。

一般情況膚電反應是結合心臟、呼吸率、血壓的記錄（圖 7-10），因為它們都是自主的因變量。皮膚電導測量則常是測謊設備的一個組成部分，常用於在情感或生理覺醒科學的研究。甚至由於聆聽動人的音樂可以造成膚電反應，因此有些實驗將它與特定的音樂事件作共時性 (synchro nici ty) 的對照分析（Grewe, Kopiez, & Altenmüller, 2009; Grewe, Nagel, Kopiez& Altenmüller, 2007）。

研究探討生理回饋訓練與放鬆訓練分別對大學生焦慮與憂鬱反應傾向的影響效果。生理指標與預期的結果較符合的是膚電反應與呼吸速率（王慶福等，2007）。對於個體在壓力情境下所呈現的焦慮情緒反應與身心症狀，除了藥物治療外，行為治療已被廣泛的使用；其中生理回饋訓練，即透過生理回饋儀使被訓練者可以直接觀察到自己心跳、血壓、指溫、膚電反應、肌電位等生理現象的改變，而以生理回饋儀器聲音或數值的改變，作為工具制約學習的增強物，使個案經由工具制約的原理，學習調整自己的生理現象，以達到改善身心症狀的目的（Goldberg, 1982; 李明濱、李宇宙，1996）。

圖 7-9.膚電反應器（http://epc.npue.edu.tw）

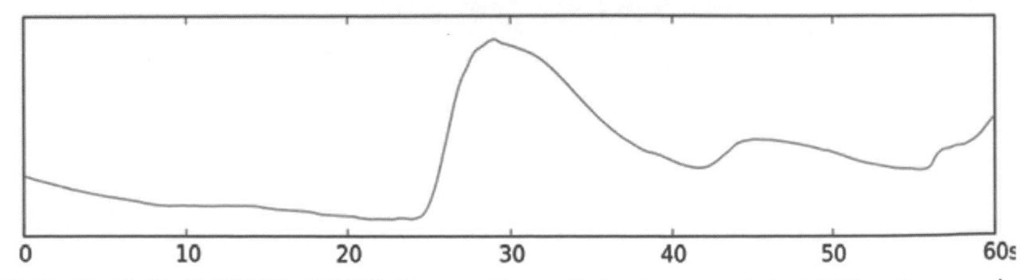

圖 7-10.60 秒的膚電反應圖（http://en.wikipedia.org/wiki/File:Gsr.svg）

4.心率變異分析

心率變異分析(Heart rate variability;HRV),或稱為心率變異度分析，是用來量測連續心跳速率變化程度的方法。藉由測量心率變異性，來分析、計算出自律神經系統總活性，以及交感、副交感神經系統的個別活性。

其根據心跳監視器測量心跳律動模式，了解個人體內的自我調節功能和狀態，記錄自主神經系統的活動。其計析方式主要藉由心電圖、或脈搏量測所得的心跳，與心跳間隔的時間序列所計算而成，也有簡單的心率變異分析儀，攜帶式自律神經分析儀，是一種可隨身攜帶的 HRV 訊號紀錄器，此設備可以隨時隨地的分析心率變異性，並且對不規則的心跳發出警告（圖 7-11）。

因為心臟除了本身的節律性放電，會因而引發的跳動外，也受到自律神經系統（ANS）的調控。除了醫學用途，還可應用於環境與景觀設計、園藝治療、運動科學、睡眠醫學等，也就是可以即時了解設計結果，對人的真正生理反應。

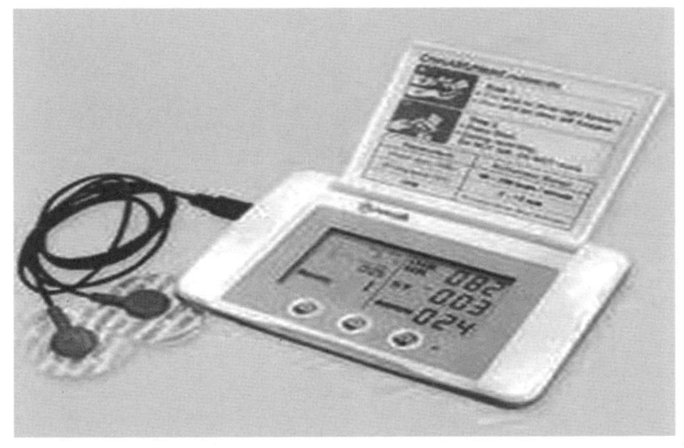

圖 7-11.攜帶式自律神經分析儀（http://www.dchrv.com.tw/product/1）

5.心電圖

心電圖（electrocardiography；ECG）是記錄心臟收縮及舒張的過程中之電壓變化的圖形，由於心臟傳導系統的興奮、及心肌細胞的收縮都會產生出動作電位，所以心臟可比做是一個電源。一般靜止情況下的心臟細胞是屬於荷電（帶負電），或稱「極化（polarized）」，一旦受電刺激便「去極化（deporlarized）」，而帶正電並產生收縮反應。這是整個測試的基本過程。

將心電圖機器（圖 7-12）的電極連接到身體上的不同部位，來感應出心臟的電位變化，再把這些電位變化的紀錄由儀器放大電活動訊號描繪下的圖形（心電圖），藉以瞭解心臟是否正常地運作。由短時間或甚至一整天的攜帶動態心電圖機（Aiululatory ECG），包含：（1）由患者隨身帶記錄器;（2）重播及顯示分析的主機。可以觀察出其運作情形，心電圖可以有正緩慢、快速及不規則等幾種（圖 7-13～14）。

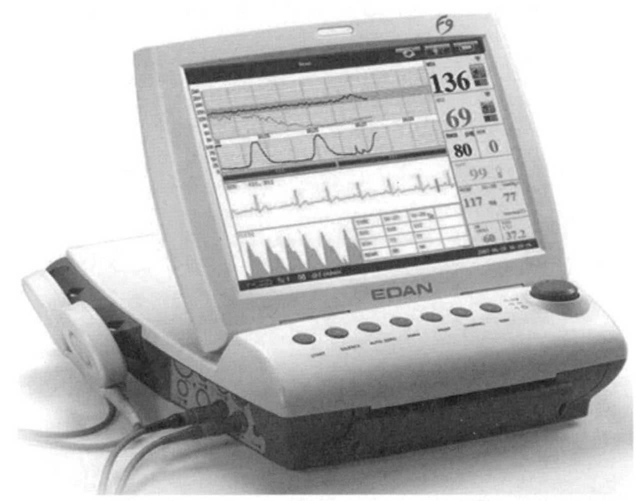

圖 7-12.心電圖機器（http://www.hoyumedical.com/prod_d.php?id=22#）

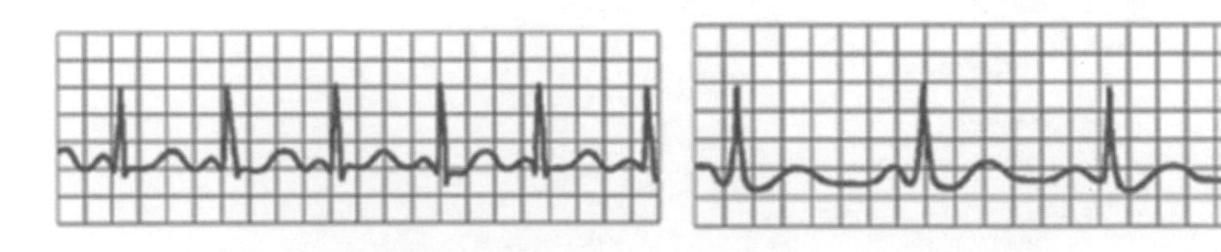

圖 7-13.左：規則心電圖；右：慢速心電圖

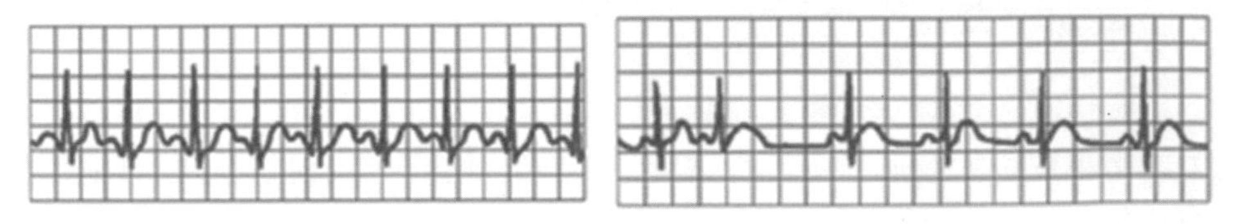

圖 7-14. 左：快速心電圖；右：不規則心電圖

6. 肌電圖

是由肌電診斷 (electrodiagnosis)利用神經、及肌肉的電生理特性，以電流刺激神經，記錄其運動和感覺的反應波、或用針極記錄肌肉的電生理活動，所產生的圖面稱為肌電圖（Electromyography；EMG）。藉以輔助檢查診斷神經肌肉疾患。肌電診斷包括三大部份：（1）神經傳導檢查(nerve conduction studies) 、(2)針極肌電圖檢查(needle electromyography)、（3）誘發電位檢查（evoked potentials）
（http://wd.vghtpe.gov.tw/pmr/File/emg.htm）。

（1）神經傳導檢查：以電極刺激受測神經，在其支配的感覺神經或肌肉上記錄其電位（圖 7-15），得到感覺神經的電位波、複合肌肉動作電位波（compound muscle action potential），特殊反射的電位波（H-reflex 及 F-response）的檢查。神經傳導檢查是用 3～10 微安培的電流量刺激神經，後經由貼在皮膚上的電極片記錄神經的電位變化。

（2）針極肌電圖檢查：則是利用針極刺入肌肉，記錄其各種狀態下的電位活動，再經由多條肌肉的檢查來判定神經、肌肉活動或病變的特性，及其部位、範圍和嚴重度。一般常用的針極有單極針極（記錄面積大、較不痛，干擾大、易損壞）及同軸針極（耐用、干擾少、較痛）兩種為、及。檢查通常包括四個步驟，可依序觀察如下活動電位：（A）針極刺入活動電位（nsertional activity）、（B）自發性活動電位（spontaneous activity）、（C）輕微自主收縮時運動單元電位波(motor unit potential, MUP）之型態、（D）最大力量收縮下，運動單元電位之徵召（recruitment）皮應及干擾型態（interference pattern）。

（3）體感覺誘發電位（SEP），誘發電位檢查包括視覺、聽覺、體覺三項，利用誘發電位的紀錄，可偵測出感覺傳導路徑上的機能障礙，對身體障礙鑑定有極高的診斷參考價值。是經由刺激體感覺神經引發反應，沿著體感覺傳導徑路傳向脊髓背柱，再經腦幹、視丘到達大腦感覺皮質（圖 7-16）。

運動誘發電位檢查（MEP）是於頭部對應於大腦皮質運動區 (如手區或腳區)的部位給予刺激激發大腦的運動神經徑路而引起手或腳部肌肉的

動作電位。利用神經、及肌肉的電生理特性加以發揮使用，擴大其用途在更多地方。

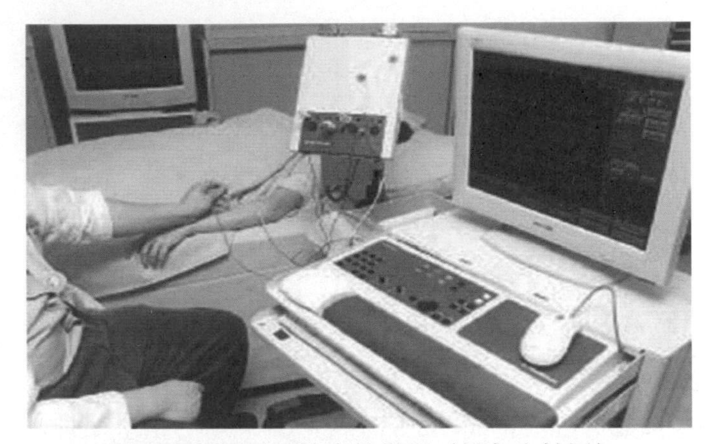

圖 7-15.針極電圖檢查的儀器（侯永全拍攝）

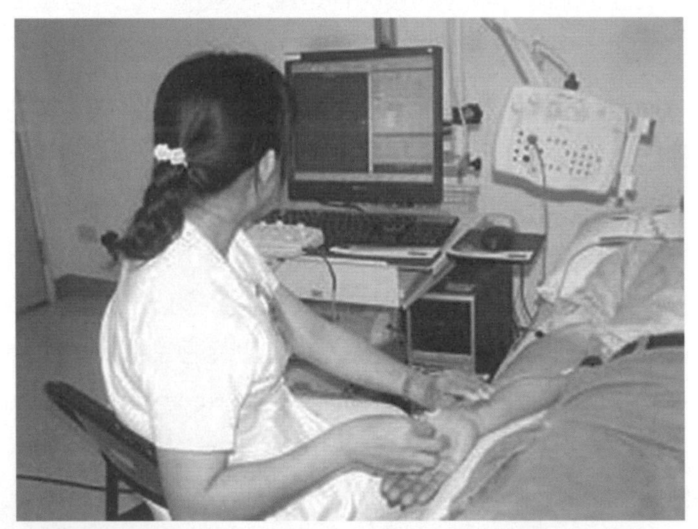

圖 7-16.神經傳導檢查（http://www.epochtimes.com/b5/6/4/4/n1277078.htm）

我們發現在治療或預防醫學上，已經大量的應用設備來監視人體的數據，然後應用這些數據其判斷健康狀況。

針對上述的介紹，雖然不盡詳實，主要藉以讓設計相關的研究者，可以藉此為基礎，在現有的用途上，規劃出新的方案及用途。雖然設備的取得不見得容易，但是基於研究互助相信有機會找到合作伙伴。

黃君后等（2012）研究熱水足浴為傳統養生的方法之一，探討足浴對經絡穴位皮膚電阻及自律神經變化之影響，使護理人員對足浴之作用機制有更深入的了解。以重覆測量方式監測足浴前後心跳、血壓、指溫與經絡皮膚電阻的變化。類似這樣的非醫學用途相信已經有許多的案例或是構想會慢慢被實現出來，不管是其應用及結果如何？這樣的概念，相信漸會從醫院接受檢驗慢慢轉成個別產品在家隨時使用。

因此，這些數據或圖面的來源一定是在規劃後測得，在感性研究上可以借用這些設備來測得客觀的數據，作為判斷受測者的反應，在醫學的診療及心理學的研究可說有大量使用，但是設計相關領域在台灣還未大量使用，甚至少有使用。我認為這些設備在設計領域，除了使用外，未來必定也是設計的要點，甚至當成為家用時的商機更是無限。血壓計、血糖計都是典型的例子。

更精細的如 fMRI，就需大單位的設置（醫院、國家級研究中心），否則難有研究者能夠單獨進行，唯有向相關單位借用，期待設計領域研究者可以有更多借用管道。

（三）功能性核磁共振造影（fMRI）簡介

普通臨床用在醫療檢查的核磁共振造影（magnetic resonance imaging；MRI）信號，幾乎都來自於組織液中的質子。圖像強度主要取決於質子的密度，但是局部水分子周圍環境對它卻有極大的影響。質子受到一個射頻磁場脈衝的激發後，其磁化的方向就不再與 MRI 磁體的靜態磁場方向一致，需要大約從零點幾秒到幾秒，較長的時間才能回到原來的方向。

功能性核磁共振造影（functional magnetic resonance imaging；fMRI），以腦部神經活動所產生的局部血流量的變化為基礎，來作為造影的技術，來觀察在進行認知作業時腦部的活化區域（圖 7-17~18）；因為活化區域的血流量增加會超過氧的消耗量，使血液中的去氧血紅素（deoxyhemoglobin, dHb）比例會降低。由於去氧血紅素是順磁性（paramagnetic）的物質，就會干擾到局部磁場，所以比例減少時，可增強影像的強度，因此被稱為對比增強劑（endogenous contrast enhancing agent），此技術也就是訊號來源及技術的生理基礎。依此原理使大腦成像技術成為觀察大腦活動的技術，不僅時間快、解析度更高，連空間的解析度也可達到很高（可達到毫米）。

進一步說明因為電子、質子帶有電荷，且有自旋現象，其行為類似於微小的電流迴路。而移動中的電荷會產生磁場，電子、質子就會好像是微小的磁鐵，而呈北極和南極（N, S polar）。當沒有外加磁場時，氫原子核的磁偶極就沒有特定的指向，淨磁化強度等於 0。當有外加磁場時氫原子核的磁偶極會有兩個指向；一個是和外加磁場平行且同向（表示為+Z），另一是和外加磁場平行且反向（表示為-Z）。只有處在較高能量狀態的氫原子核能和外加磁場呈平行及反向時，磁偶極的指向會受到外加磁場大小、與原子的能量高低兩個因素影響。當外加磁場能增強和外加磁場平行，反向磁偶極會減少，所以會有較多的磁偶極和外加磁場同向，當同向（+Z）和反向（-Z）的磁偶極互相抵消後，淨磁化強度（M0）的方向就會和外加磁場同向（+Z）。就好像同旋轉的陀螺受重力影響，除繞著陀螺的轉動軸旋轉外，還會指向重力方向旋轉，在外加磁場下，自旋的氫原子核也有進動現象。也就是外加磁場下的氫原子核，除會將磁偶極轉向成外加磁場的方向外，也會以外加磁場的方向進行軸進動。

由於人們對於反應越來越執著於對客觀且能確實反應的大腦，進行反應的真相探討。「人心難測」是至古的名言也是至今對「人心」理解的共論。藉由這樣的技術而發展出讀心的技術，針對腦波的顯影再進行解碼加以讀取，人的心機便幾乎可以無所遁形。未來相關研究將可應用至許多領域；法律、經濟、心理、政治等人文社會等領域上，除可探討人類心智與行為的關係外，更可衍生出應用於公共政策與行為科學的研究，將帶領心智科學研究進入新的紀元（成大新聞中心，2012）。

除此之外，還可以依據性別、年齡、受教育程度、個人工作經歷，甚至是血型、書法、生活習慣等的個人內外在條件之蒐集、分析、研判與建檔資訊，來進行防範、稽查實際作業。不必再像以往靠運氣在茫茫人海中找問題，可以在最短的時間內，即可鎖定最有可能的範圍，快速而精準地完成合法需要發現的問題，不僅可以大量節省社會成本，也可以更徹底解決許多以前不易解決的事情（成大新聞中心，2012）。藉助它對大腦的研究更可擴展至記憶、注意力、決定等。甚至能識別研究對象所見到的圖像、或者閱讀的詞語。未來或可揭示個人的內心世界，讓人期待能在大腦中鑒別謊言等複雜狀態。

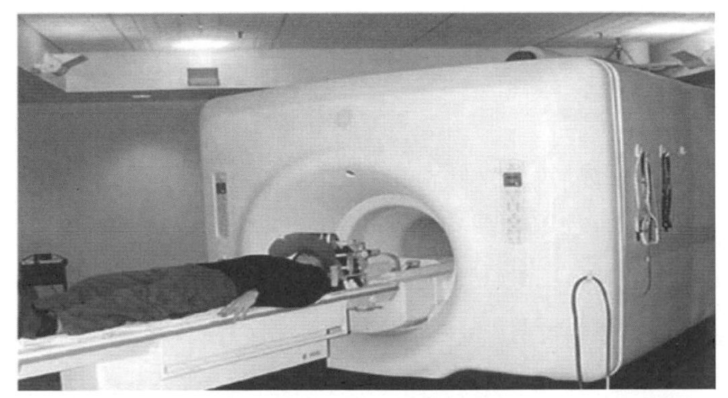

圖 7-17.功能性磁振造影（成大新聞中心，2012）

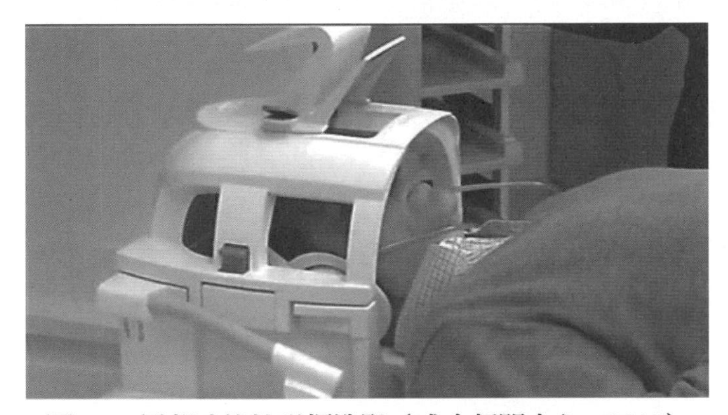

圖 7-18.局部功能性磁振造影（成大新聞中心，2012）

上述的這些的檢測，均為現象的呈現，所以需要刺激的激發，因此對於五感的應用研究，就需配合研究對於五感加以刺激，這些刺激屬於心理量的數據再配合上述的數據，就能驗證許多以前的疑問了。

三、 五感測試設備

（一）視知覺測試設備

視知覺的測試設備當然是以測試眼睛的位置為主，其中以眼動儀（Eye tracking）最普遍及重要，它是指通過測量眼睛的注視點的位置或者眼球相對頭部的運動而實現對眼球運動的追蹤。眼動儀是一種能夠跟蹤測量眼球位置及眼球運動信息的一種設備，在視覺系統、心理學、認知語言學的研究中有廣泛的應用。目前眼動追蹤有多種方法，其中最常用的無創手段是通過視頻拍攝設備來獲取眼睛的位置。有創的手段包括在眼睛中埋置眼動測定線圈或者使用微電極描記眼動電圖（http://zh.wikipedia.org/wiki/）。

在 19 世紀，眼動的研究主要是靠直接對眼睛進行觀察完成的。1879 年，法國巴黎的眼科醫生 Louis Émile Javal 發現人們在閱讀文字的時候，眼睛的注視點並不是平滑的划過所注視的文字，而是在某一點停留一段時間（注視），然後進行一詞快速眼動切換（Huey, 1968）。當然也是向下一個角度，所以在設計或行銷上需修正以前看法。自主性眼球運動的種類；凝視(fixation)：凝視點「靜止」、追蹤(smooth pursuit)、掃視(saccade)：凝視點從一點快速地移至另一點，並適應新的凝視點。

記錄眼球運動的四種主要方式：直接接觸、電壓變化、光學感測、眼睛形狀辨識，可分為接觸式與非接觸式兩大類。接觸式系統有搜尋線圈法（Search Coil, SC），其方式是：（1）眼睛佩帶具有線圈的雙層軟鏡片。（2）在眼球的周圍施加一個磁場。（3）所以眼球轉動時，線圈的磁通量會改變，造成感應成電動勢，傳達出來。缺點：受眼球狀況影響、影響視力、儀器龐大不易攜帶，接觸式系統有：

（1）眼電圖法（Electrooculography, EOG）的原理為量測角膜與視網膜之間的電位差。是在實驗者眼睛的上下左右四周的皮膚上貼附電極，以取出角膜與視網膜間的電壓差，再利用電極間的差動訊號來量測眼球運動。當眼球向右偏轉時，電極間會有一個正的電壓差，向左偏轉時電極間便會產生一個負的電壓差（圖 7-19）。

眼睛的轉動會造成電壓變化（圖 7-20）。其缺點為：訊號會受皮膚分泌物的影響、眼睛對光強度適應的影響、眼球運動時產生的額外電位影響。但是其優點是價格便宜、簡單、非侵入式，造成低靈敏度、對雙眼的垂直量測不佳等，且眼振電圖僅能記錄眼球之巨轉向（macroversions），微轉向及微轉斜的成分則無法記錄。此類系統較適合應用在醫學研究並由專業人士操作，並不適合於一般大眾使用。目前台灣幾家大型醫院（如台大醫院）所使用中的眼球運動記錄方法。

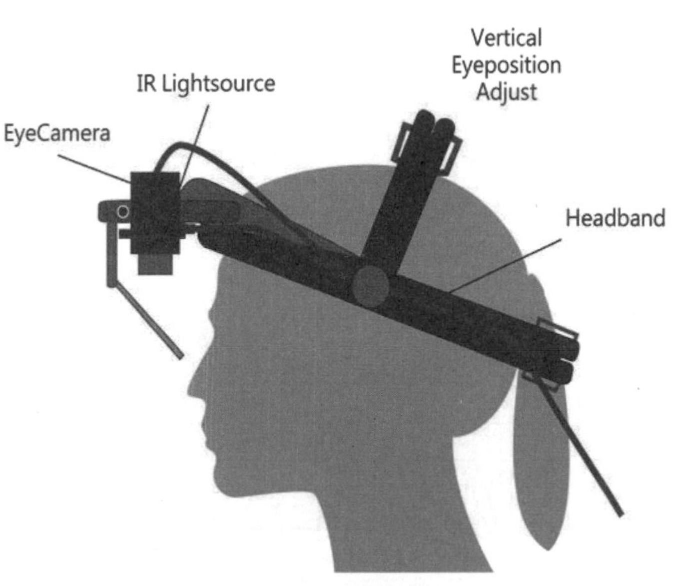

圖 7-19.眼動儀構造需要重畫圖

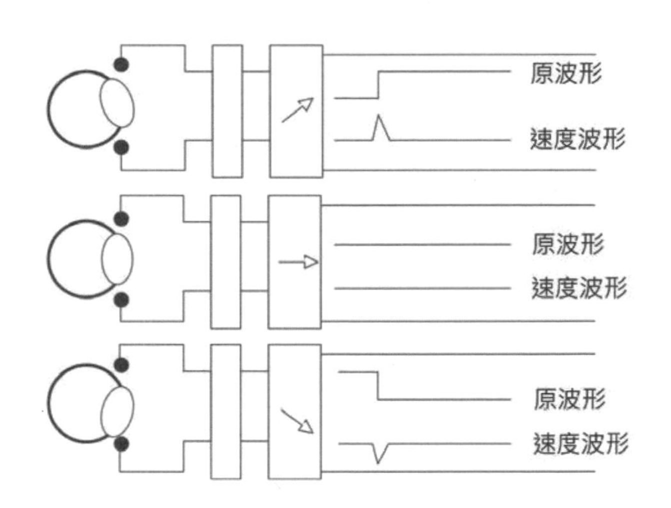

圖 7-20.眼電壓法概念（蔡金源，1997）

（2）異色邊界追蹤技術（Limbus Tracking）；主要是分析光源進入眼球後所反射出來的影像。若是採用背景光或是一般的白色光源，則可利用眼白與黑色眼珠之間的天然差異，來檢測出虹彩邊界，稱為異色邊界追蹤技術（Limbus Tracking）。

（3）Purkinje 影像追蹤法（Dual-Purkinje-Image, DPI），它的原理是利用紅外光進入眼球時會經過多層組織（角膜、水漾液、水晶體、玻璃體），根據不同的折射率會有不同的反射影像。也即是；光強度 $= (n' - n)^2 / (n' + n)^2$，它的優點是高精確度，但是設備昂貴無法普及。

當光源進入眼球時，因為眼球各組織的折射率不同，所以反射出來的影像也會不同，光源在角膜前後方與水晶體前後方所反射出來的四組影像稱為 Purkinje-images（圖 7-21）

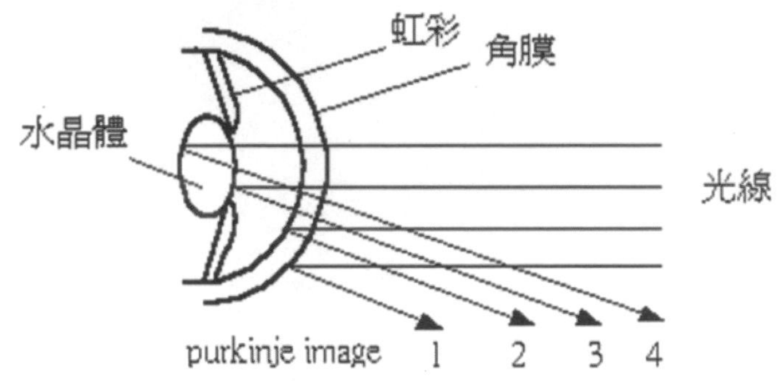

圖 7-21. Purkinje-images（詹永舟，1999）

（4）紅外線影像系統法（Infra-Red Video System, IRVS）；它的原理是利用瞳孔和虹膜、鞏膜間對紅外光的反射能力的不同，來判斷瞳孔的位置及大小。其優點是可判斷瞳孔大小，但是缺點為身體與頭部須固定不動、及易受外界光源影響（圖 7-22）。

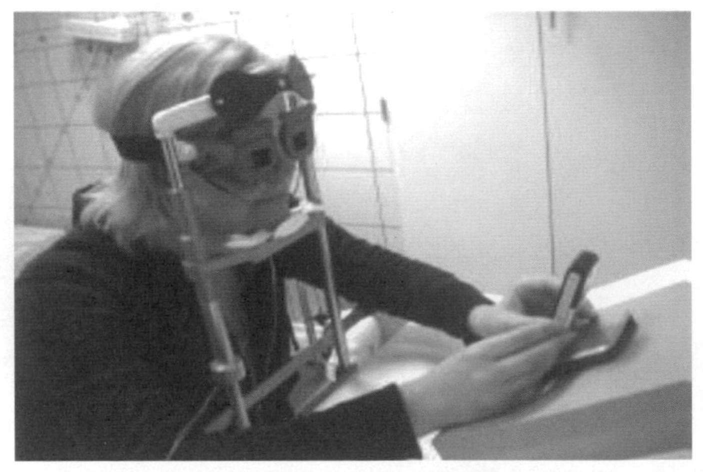

圖 7-22.紅外線影像系統法操作情形（曾國峰、廖文宏，2009）

（5）瞳孔中心一角膜反光點法 (pupil-center/corneal-reflection method)：將紅外線 LED 光源置於 CCD 攝影機的鏡頭中心，則可用 LED

光源在眼球角膜外圍反射出來的反光點（glint），與從視網膜反射的亮眼（bright-eye）（圖 7-23）之間相對位置的改變來檢測視線。

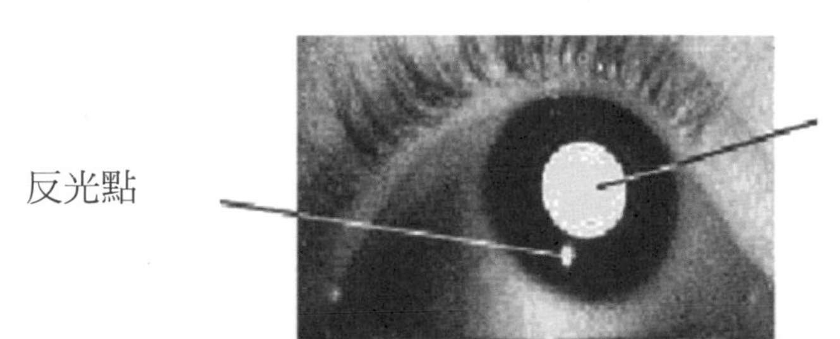

圖 7-23.瞳孔中心一角膜反光點法（詹永舟，1999）

（6）紅外線眼動圖法（Infra-Red Oculography, IROG）；它的原理是將一排紅外線 LED 光源照射在虹膜上，IROG 是將一排紅外線光源 LED 及紅外線接收器架構在鏡架上，然後以固定角度照射在虹膜四周。由於紅外線在瞳孔與虹彩的反射效果低，鞏膜的部份幾乎會全反射。

因為虹膜和瞳孔對紅外線的吸收率高，而鞏膜則幾乎完全反射紅外光（圖 7-24）。而經由紅外線光源在眼角膜邊緣的反射之差異（圖 7-25）。

當眼球轉動時，根據探測到的被鞏膜反射的光的強弱與位置，可判斷眼球的轉動。優點是易於使用、便宜，缺點為受背景光的影響、眼睛會受傷害。

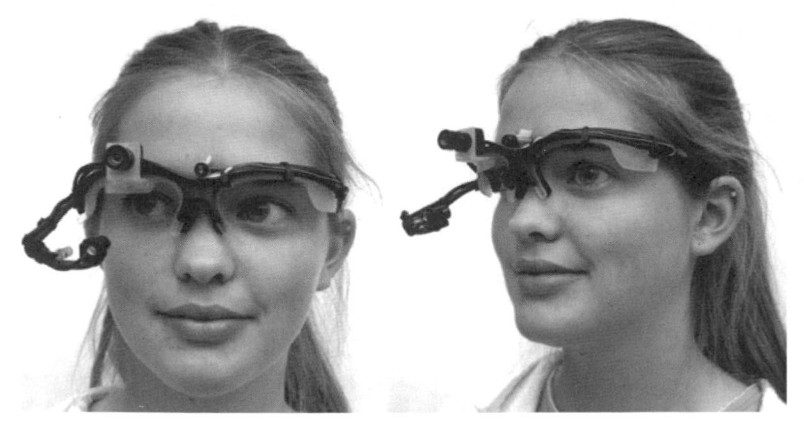

圖 7-24. 紅外線眼動圖法（head mounted eye tracker）（http://www.utexas.edu/）

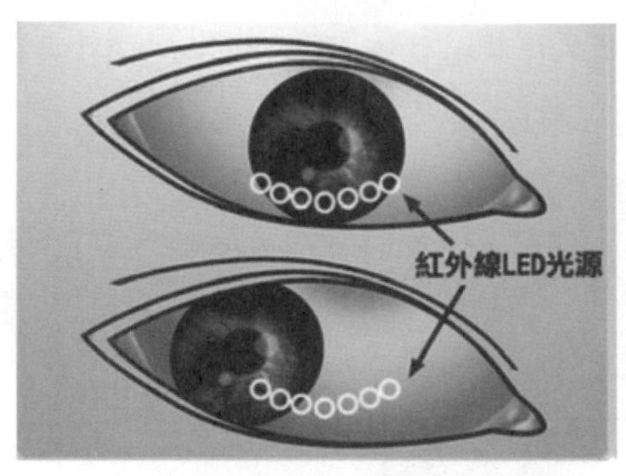

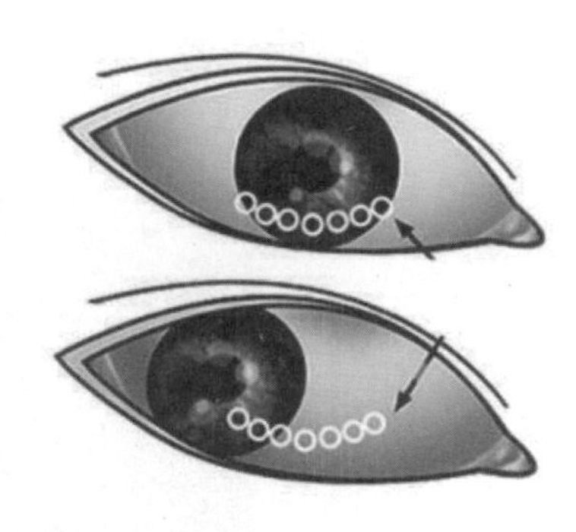

圖 7-25.紅外線光源在眼角膜邊緣的反射差異（詹永舟，1999）

眼動儀已經成為觀察自然行為的推動者，活動式的跟踪錄像，可提供主持人與證據所見的定性採訪時的視覺變化。眼球運動的指標為：（a）凝視時間、（b）凝視個數、（c）凝視點的順序、（d）瞳孔大小。其用途可作為研究，超市行銷：產品擺放位置（layout）、廣告效果、網頁文本位置、搜尋方式、測謊、眼動滑鼠，甚至可判斷造形等。

也由於有一些設備漸漸不影響研究者及與受測者間的距離，可允許在一個非常自然的方式下進行會話，我們可觀察到信息不間斷的行為。根據所定的研究行為促使我們更了解消費者，在視覺上的信息目標。

引人注目的輸出：我們還可定量的分析出所收集到的一系列所伴隨資料，其呈現的方式，各家公司有其認為較容易解釋的可視化表示數據的畫面。這顯示出各自所關注的主要領域不同，由個體的凝視地塊和熱點的可視化地圖（被稱為熱圖）（圖 7-26）、凝視時間長短圖、多點凝視移動線圖（圖 7-27）、甚至只是研究單純的移動線圖（圖 7-28），這些輸出就需依研究者的需要的適用可視化展示方式。

甚至將陳列在貨架上的產品，研究該放在那個位置較適當，以前均被認為是與眼睛的平視高度，對齊是最佳的擺放高度。但是後來發現在自然狀態下，人的目光是呈微向下角度。所以太高或太低就會失去焦點，但是必須決定消費的人為誰？才能顧及到不同高度的消費者。

另外在畫面的閱讀研究，在理想的世界中，通常被認為使用者會掃描整個頁面，尋找一小塊他所要的資訊。研究顯示情況並非如此，研究證明人們傾向於選擇第一個合理且吸引他們目光的位置。也就是說，人們一旦偶然看到某些標籤上有提到或刺激到他們想看或要看的頁面，甚至只是一點點而已，他們就都會去點擊它，而且目光也會暫留，其提留的時間漸漸可以被因以上述的不同圖示，而被發現出來。

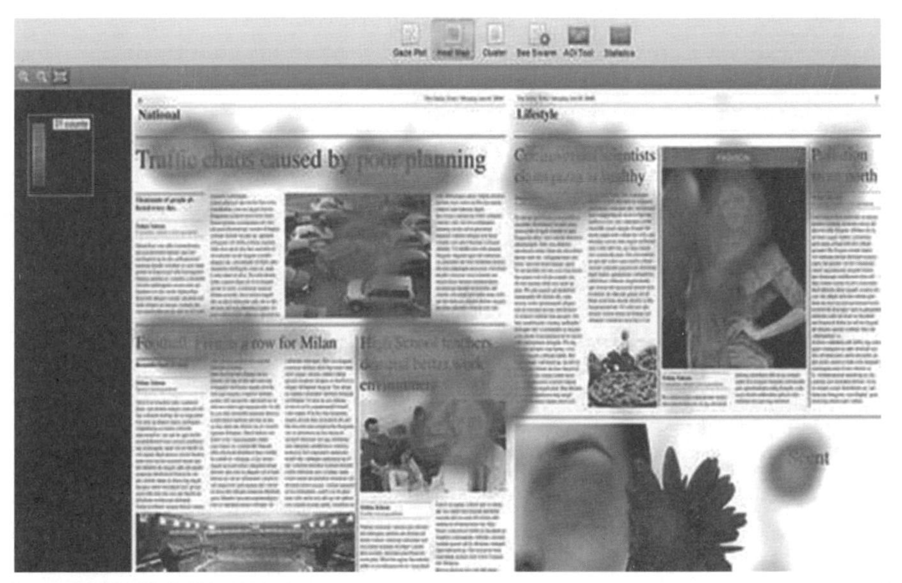

圖 7-26.凝視熱度顯示圖（http://www.kuqin.com/uidesign/20090419/46653.html）

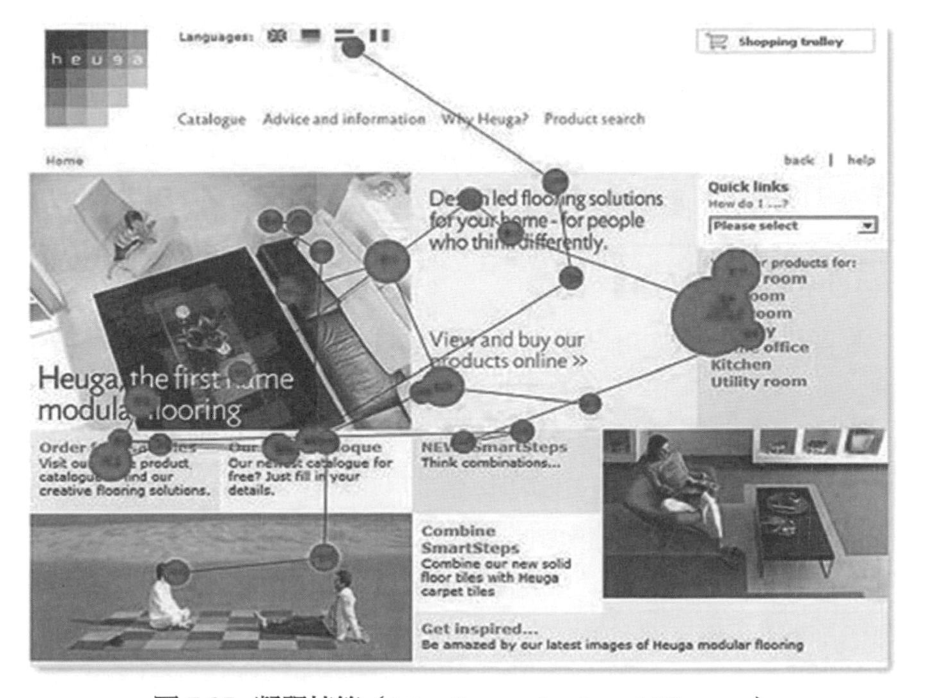

圖 7-27. 凝視情節（http://www.simpleusability.com）

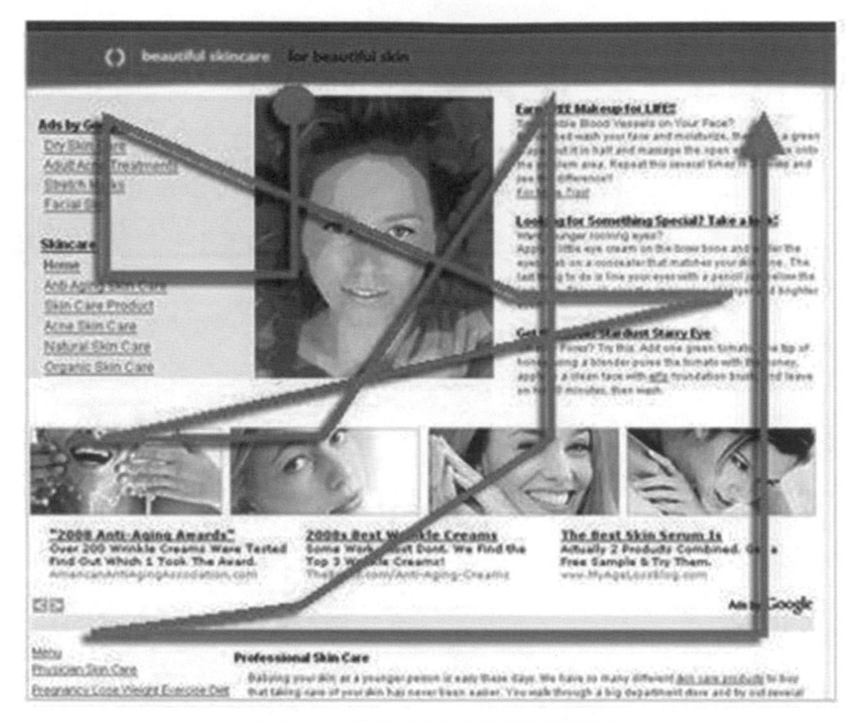

圖 7-28.直線式軌跡圖眼動儀圖
（http://www.juanmerodio.com/wp-content/uploads/eyetracking-web.jpg）

我們在此不談論基本原理，其中以一種 StarBurst 演算法是可以運用在可見光頻譜以及紅外線頻譜的瞳孔的偵測演算法，利用包含影像的前處理、特徵基礎（feature-based）以及模型基礎（model-based），這兩種主要方式的配合，來偵測出瞳孔的位置變化。

（二）聽知覺測試設備

聲音可以被分解為不同頻率、不同強度的正弦波之疊加效果，這種變換（或分解）的過程，稱為傅立葉變換。因此，一般的聲音會含在一定的頻率範圍之內。而任何器官所接收的聲音頻率都有其限制的範圍。人類的耳朵一般只能聽到約在 20Hz 至 20,000Hz（20kHz）範圍內的聲音（Olson, 2013），高於這個範圍的就稱為超音波，而低於這一範圍的稱為次聲波。其上限會隨著年齡增加而降低。其他動物的聽覺頻率範圍也各有所不同，像狗可以聽到超過 20kHz 的聲音，但無法聽到 40Hz 以下的聲音。雖然人類可接受的聲音頻率範圍有限，也是就可減少了許多干擾。

分貝是用來表示聲音強度的單位（dB）。一般測試音量的聽覺設備，最常見的是測試背景音的分貝器（圖 7-29），常用有 6 個音量檔，測量範圍自 25 至 130dB，A、C 頻率加權及 A 加權下之 20 至 200Hz 低頻噪音測量，時間加權的快(Fast)、慢(Slow)及沖擊音(Impulse)類別。人類對於聲音由於只有一定的接受範圍，太大使人無法容忍、太小則無法聽到。據調查噪音每上升一分貝，高血壓的發病率就增加 3%。影響了人的神經系統，會使人急躁、易怒；亦會影響到睡眠而令人難以入眠，過大的噪音更可令人從睡中驚醒起來，進而擾亂我們睡眠週期，造成睡眠不足或使感到疲倦。40~50 分貝的聲音會干擾睡眠，60~70 分貝會干擾學習，120 分貝（甚至更高）會導致耳痛，聽力喪失（http://zh.wikipedia.org/wiki）。

對於聲音除了頻率、音量外，還有音質等。他們初步只能說成一個數值，但同一樣的聲音對某人可能就是噪音，使人無法容忍，而另一人則是美妙悅耳的音樂，但是這些就得搭配 ERP 來探知受測者對聲音源的生理之真實感受為何？因此，聲音的測試雖然簡單，卻包含有質與量的問題。所以在研究應用上，範圍也是可大可小的重要度，例如：關門聲、走路聲、蓋上鍋子的聲音，幾乎無所不包。但是同一個設計品，卻可從聲音來分出其品質，甚至不同的價值來，它是五感中看似微不足道，卻影響甚巨的因素，不得不小心加以研究才行。

目前這類的生活噪音可以租潤得到我們生活中可用比較客觀的分貝器來決定是不是噪音，要不要戴耳塞。其實有免費的手機分貝計 app 軟體原名是 Sound Meter，是屬於 Andriod 系統的 app（圖 7-30），可以下載使用，免去購買設備的花費。

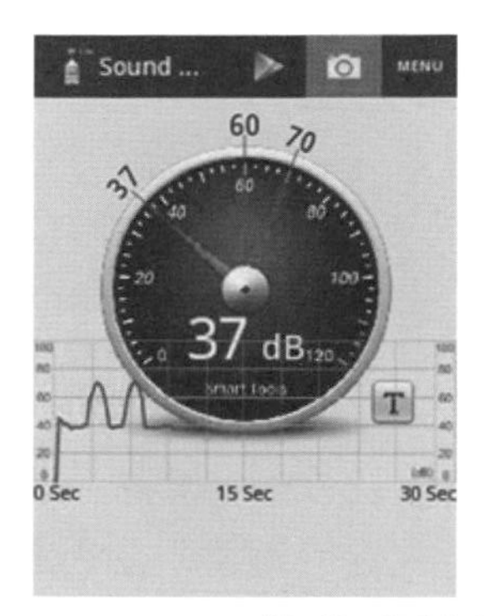

圖 7-29.一般分貝器；圖 7-30.Sound meter app 的畫面及解釋

（三）嗅知覺的測試設備

聞到的味道是一種在空間中極大的要素，它的感覺過程已由前述說明。但是要測得則需由嗅覺測量器 (olfactometer; osphresiometer)的儀器，用於檢測和測量環境的氣味。此儀器有使用於一般環境中可以便於攜帶型（圖 7-31），及可以設置在實驗室中（圖 7-32）。

最常見在與市場研究相結合，做人類嗅覺的定量和定性分析，藉以吸引一定距離的消費者，例如：香水、食物的氣味；麵包遠遠傳來的香味。其給人的感覺有香味、臭味、酸味等，藉以彰顯設計品的吸引力。

圖 7-31.左：攜帶型環境嗅覺器(Field olfactometer）(http://www.fivesenses.com/Prod_NasalRanger.cfm）；右 (http://en.wikipedia.org/wiki/olfactometer）

圖 7-32.實驗室固定型嗅覺器 GC olfactometer (http://commons.wikimedia.org/）

(四)味知覺的測試設備

除了嗅覺之外，人類的味覺也可以透過定量分析的方式進行檢測。這類味覺感應器可用於食品開發、品質管理、醫療品的開發等。其運作方式並非檢測帶有甜味的蔗糖或麩醯胺酸(Glutamine)等味道的原因物質，而是將人類感覺之味道數值化。人類舌頭表面味覺的感知器官--味蕾，具有感受甜、鹹、酸、苦、辣等五種基本味覺的味細胞。味覺感應器就是對各個基本味的程度來進行評估。依據來源本來是可以有分析設備，藉以量測出酸、甜、苦、辣、鹽的值，但是這些值對於人的感受是不一樣的，味覺以心理量的相對性為主要的量側方式，因為味覺會因人而異。

市面上雖然已經出現可模仿人類舌頭知覺的味覺生物感應器（圖 7-33）；對生物物質敏感並將其濃度轉換為電信號進行檢測的儀器。是由固定化的生物敏感材料作識別元件（包括酶、抗體、抗原、微生物、細胞、組織、核酸等生物活性物質）與適當的理化換能器（如氧電極、光敏管、場效應管、壓電晶體等等）及信號放大裝置構成的分析工具或系統。生物感測器也就是用生物活性材料（酶、蛋白質、DNA、抗體、抗原、生物膜等）與物理化學換能器有機結合的一門交叉學科，是發展生物技術必不可少的一種先進的檢測方法與監控方法，也是物質分子水平的快速、微量分析的方法。

即是將味道的原因物質及細胞膜相互作用，利用電壓變化來檢知味道的原因物質及細胞膜的相互作用。即使濃度差僅有 1～2%，這個味覺感應器也能夠識別出來。相較之下，一般人若沒有 20%以上的濃度差，很難識別味道的差異。

其運作原理與人類感覺到味道的機制非常類似。人類的舌頭上，包圍味覺細胞的細胞膜是由脂質與蛋白質所組成，細胞內側與外側則由氯化鈉（NaCl）、氯化鉀（KCl）離子濃度的不同鹽水填滿。當鉀離子從內往外流時，會產生膜電位的電壓，若細胞膜吸著了味道原因離子或化學物質，相互作用會產生膜電位的變化，味覺細胞後端的神經再將這個電位的變化傳達給大腦，人就會感覺到味道。生物感測器由分子識別部分（敏感元件）和轉換部分（換能器）構成，以分子識別部分去識別被測目標，是可以引起某種物理變化或化學變化的主要功能元件。分子的識別部分就是生物感測器選擇性測定的基礎。

而探針式的味覺感應器則是模擬這個架構，將細胞膜的蛋白質以氯乙烯等高分子膜代替。可以在探測管筒的尖端安置這個高分子薄膜，管中填滿模擬細胞液的氯化鉀溶液，當檢測對象的溶液侵入時，量測膜表面的電位變化。除了探針式的味覺感測器外，還有一種晶片化的味覺感應器。這類晶片是在玻璃基板上挖掘數個細長的溝，以電子束加熱溝槽中蒸鍍的銀薄膜，提供電位基準的電極也是同樣的方法作成。各個溝槽將對待測對象味道的脂質與高分子膜混合溶劑成為液體流入溝槽，然後蒸發溶劑，在溝槽形成脂質高分子膜。

味覺感應器也有許多醫療方面的用途，例如分析含有唾液的齒肉溝液可以了解血糖值（糖尿病），計測消化酵素的澱粉（Amylase）可以知道壓力症等健康狀態。因此，味覺感測技術對醫療電子產品而言，也是很重要的關鍵技術（**http://www.mem.com.tw**）。而為了測甜度的手持式糖度計（ATC）（圖 7-34）是用於快速測定含糖溶液，以及其它非糖溶液濃度或折射率的儀器。現在簡單的手持式鹽度計（圖 7-35）除實驗外，亦可適合於餐廳、滷味店、拉麵店等，來做為調製湯頭之用。糖度計則可用於泡沫紅茶店飲料店、咖啡館、果汁店、糕餅店、甜點的製作，這些設備可用於控制產品甜度（鹹度）的品質，擺脫僅靠經驗而無法維持一致的風味，進而可節省原料。這種設施廣泛應用於制糖、含糖食品、含糖飲料等工業部門及農業生產和科學研究用，且價格不貴約千元以下。.

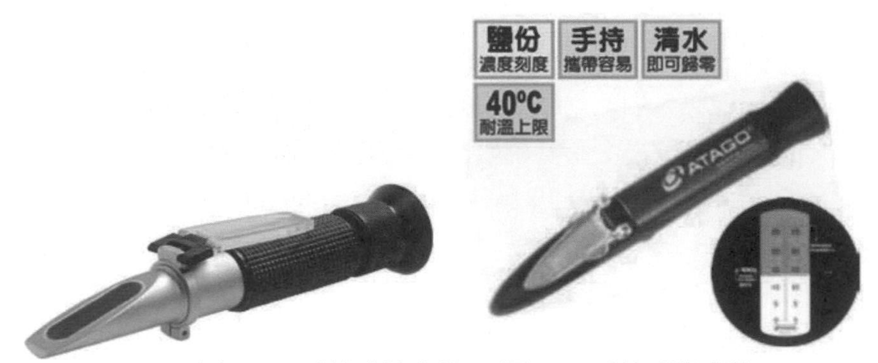

圖 7-34. 手持式糖度計； 圖 7-35.手持式鹽度計
（http://www.chuanhua.com.tw/ch-web/pdf/new/atago_handy.pdf）

在諾丁漢大學的感官科學中的心科學家，將食品物料的現場感官之旅呈現給參訪者，由於感官知覺會影響口味和消費者，但味道本身沒有統一的能力。

參訪者可以參加一個測試，看看他們是否為一個「超級品酒師」，這意味著自己的個人食物的口味和喜好的能力。此外，研究中的一個新領域稱為溫度探測者狀態的感官性狀。使用一個高度專業化的科學儀器（圖 7-36），參訪者可以測試出當時的狀態。

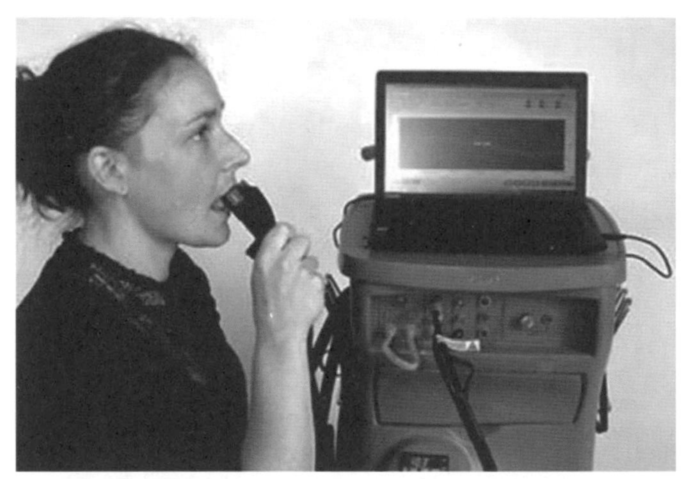

圖 7-36.生物感應器（http://www.twwiki.com/wiki/生物感應器）

（五）觸、壓知覺的測試設備

需經由人對物體的觸摸，進而經由心理的傳導至人的大腦，加以判斷其感覺，所以對於表面有；粗糙的、平滑的、柔軟的、硬的、澀的、油的等觸覺感受，這些感受在相關的設備加以評價及量測。經由漸漸觸摸的應用，漸漸取代了滑鼠在 3C 設備的選取及移動功能。不同數量手指的觸摸可產生不同的功能出來。

也就是利用觸摸的觸控感應器（Touch Sensor），過去僅能感應到單一手指或觸控筆的接觸，而隨著科技演進，多點感應、壓力強度，曲面對應的感應器也已經陸續地問世了。應用的終端產品也擴及繪圖、機器人、汽車等新領域，觸覺的應用已被多元的開發出來，而如何計測及更深度應用的感壓、立體壓也被應用於筆電、手機或平板等 3C 產品。

事實上，感應器已從過去的單純感測資訊之有無，進化到感測資訊量的多寡。如利用紅外線的感應器，一開始僅能感應是否有人存在，但目前已可感知到人體的輪廓等信息。

2010 年一個 49 歲的男性工作事故腕斷了，植入他的中前臂正中他，徑向袖口和尺神經，在 2012 年 5 月共提供 20 個刺激通道：8 個放在橈神經和中間，4 個放在尺神經（Tan et al, 2014）。來測試穩定性和袖口植入電極的選擇性（圖 7-37），顯示觸覺在醫學及科技上的進步。

蘋果（Apple）將多點觸控應用於筆電的數位板上）。與宏達電將多點觸控技術應用在手機，造成風潮後，微軟於 2008 美國拉斯維加斯消費性電子展（CES）所展示的「Microsoft Surface」技術將多點觸控發揚到運算領域，不僅在畫面上可以將圖像影片收放自如。除了這些外，所有的產品設計最後均需決定表面處理，是光滑的還是霧面的，甚至要表現材質的木紋等。

觸覺是你我跟世界互動中不可或缺的一部份，人們每天拿著行動裝置滑啊滑的；隨著 3C 產品發展愈來愈輕薄短小，目前研發中的壓力觸控感測器的裝置厚度僅 0.2 ㎜，不只能偵測平面訊號，還能感測垂直平面的壓力與 3D 感測深淺輕重，將廣泛的應用在這些產品上。薄薄一張的可撓感測器，能做成各種大小，鋪在各種表面上，更能根據使用需求，以不同的材料、電路設計，偵測 3 克重的壓力到 3000 公斤。其是精密印刷出含奈米粉體的高分子複合材料，因所受的壓力不同會有不同的導電路徑，導致導電度不同。透過電流與壓力間的線性換算，可以偵測連續位階的壓力變化，而不像是一般鍵盤只有按下去與沒按（簡韻真，2015）。

對所有消費性產品和設備而言，具備人機介面的液晶顯示器已成為必備的裝置。具備震動回饋的元件，可創造即時的觸覺和提升使用者的體驗。iPhone 貼心的觸控介面，讓智慧型手機有機會贏得更多人的青睞。多點觸控功能出現，造成使用介面的新革命，用戶能以更直觀的方式使用產品。iPhone 改採投射電容式技術實現多點觸控功能（圖 7-36），將注意力轉移到新的觸控技術，希望消費者可以得到滑順的手感，來滿足及找到觸覺及滑動感。

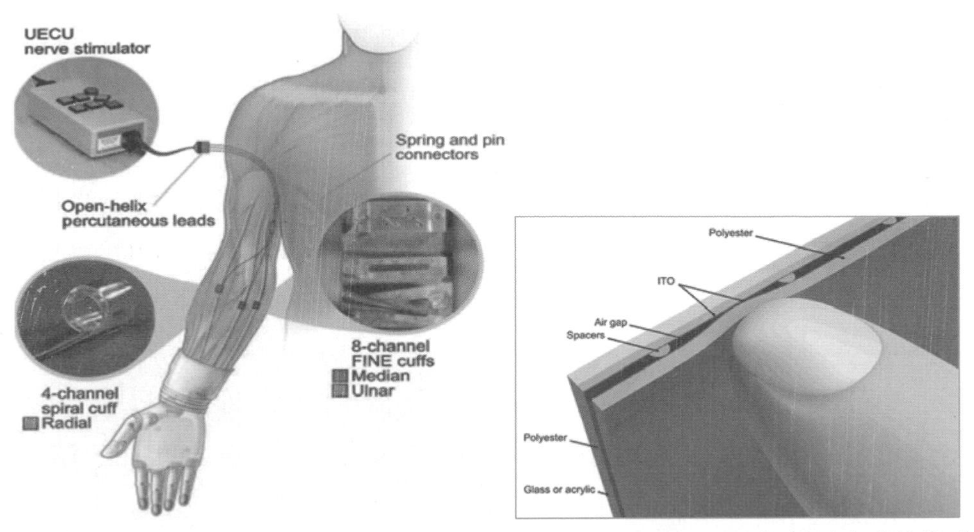

圖 7-36.穩定性和袖口植入電極的選擇（Tan et al, 2014）；圖 7-37. 投射電容式技術（王岫晨，2009）

四、混合應用

因此為了符合時代發展，不見得需要發展出新的科系，只要整合一些課程即可發展出的知識領域。其實教育發展至此，課程已經過多了。只要能組合出來的內容不會因為隨著科系的範圍之僵化，想要變動是會遭遇時間及人力的問題，變動課程對於某些老師來講有時是有困難的，因此，而反對各種變革。

其實他們的反對有時是很無奈的，而學程剛好可以解決這樣的問題，教育單位也容易接受這樣的彈性做法，我認為感性工學就是這樣的一個領域，研究議題的選擇過程也會因為牽涉到許多知識，而覺得自己的能力不足，如果有組織有團隊就不需個人面對，因此發展出組織脈絡來互相支援，重組一些知識成新的，而產生新的動力。

因此借用這種新趨勢來說明知識跨領域的趨勢，也就是科系是學術和行政上的單位，而學程是教學上的單位。科系是可以有長久的歷史傳承，學術領域可以穩定不變。

但是學程的概念卻可以因時代、產業、學生需求，不斷快速變化組合。台灣教育部發展學程的概念已經有將近 20 年的歷史，但是卻一直無法順利的推展開來。有些學校擁有學程組織，但是偶爾會聽到學生反應說沒有歸屬感，當然他們擔心的是自己的專業知識沒人知道，畢業證書寫的可能大家不懂。

由此可發現台灣的學生有點是被動及擔心新的領域，都希望一套有人幫你準備好的路，或是發展成型才願意接受。殊不知新知識領域一直在發展著，唯有自己有這種警覺，才能找到符合自己及未來社會需求的知識。

由於人體工程學是一門新興的學科，人體工程學在室內環境設計中應用的深度和廣度，有待於進一步認真開發，目前已經有了開展的應用方面，及可繼續發展方向如下：

（一）確定人和人際在室內活動所需空間依據

根據人體工程學中的有關計測數據，從人的尺度、動作域、心理空間以及人際交往的空間等，以確定空間範圍。

（二）確定傢俱、設施的形體、尺度及的範圍依據

傢俱設施為人所使用，因此它們的形體、尺度必須以人體尺度為主要依據；同時，人們為了使用這些傢俱和設施，其周圍必須留有活動和使用的最小餘地，這些要求都由人體工程科學地予以解決。室內空間越小，停留時間越長，對這方面內容測試的要求也越高，例如車廂、船艙、機艙等交通工具內部空間的設計。

（三）提供適應人體室內物理環境的最佳參數

內物理環境主要包括有：室內熱環境、聲環境、光環境、重力環境、輻射環境等環境參數。室內設計時如果有了上述要求的科學的參數後，在設計時就有可能有較正確的決策。

也可讓居住者可以擁有更大的舒適度，而這些除了從一般的人因資料獲得外，也因為室內的產品及人與這些產品互動方式已有了極大改變，便需研究者介入進行研究。

（四）為室內視覺環境的設計提供依據

人眼的視力、視野、光覺、色覺是視覺的要素，人體工程學通過計測得到的數據，對室內光照設計、室內色彩設計、視覺最佳區域等提供了科學的依據。關於環境心理學與室內設計的關係，McAndrew《環境心理學》一書前言說明一些問題：「不少建築師很自信，以為建築將決定人的行為」，「往往忽視人工環境會給人們帶來什麼樣的損害，也很少考慮到什麼樣的環境適合於人類的生存與活動」。以往的心理學「其注意力僅僅放在解釋人類的行為上，對於環境與人類的關係未加重視。環境心理學則是以心理學的方法對環境進行探討」，即是在人與環境之間是「以人為本」，從人的心理特徵來考慮研究問題，使我們對人與環境的關係、對怎樣創造室內人工環境，都應具有新的更為深刻的認識。

杞琇婷（2008）進行療癒系商品影響人們心情轉換的產品要素與對應之心理感受進行調查，接著再利用腦電波圖（EEG）之人體生理訊號計測方式，並輔助以主觀評價的方式，進行療癒系商品影響使用者的心情轉換之要素與成效進行研究（圖 7-37）。

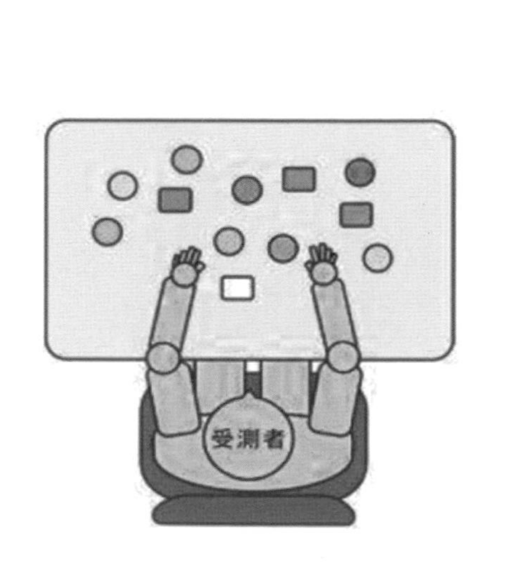

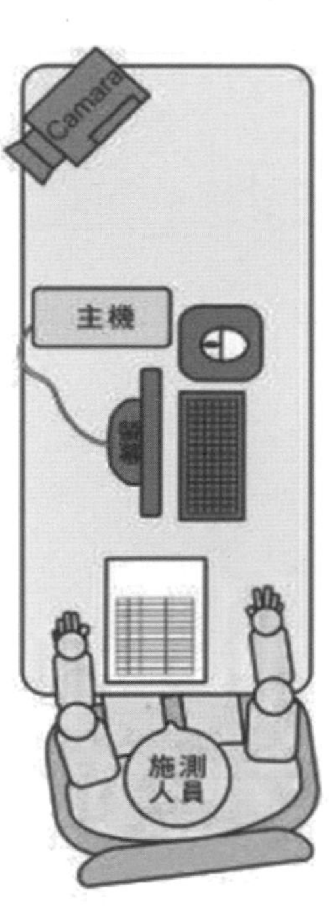

圖 7-37.心情轉換效果要素實驗受測者配置圖（杞琇婷，2008）

由實驗結果歸納出療癒系商品主要的產品影響要素為：動作模式、角色造型特徵、互動回饋、音樂音效、微笑表情。對應的正向心理感受包含：會心一笑、陪伴感、放鬆心情、感染歡樂氣息、感覺為自己加油打氣等，使人增加正面情緒的能量，而轉換心情。探討產品的動作與頻率對心情轉換的影響，發現在產品擺動角度部份，角度僅對「舒暢」感覺有影響（$p=0.017<0.05$）。頻率對於「緩和」、「舒暢」、「平靜」、「憤怒」、「憂慮」、「鬱悶」以及「急躁」皆有影響（$p=0.00<0.01$）以及對於 α 、 β 波的出現百分比也有影響（$p=0.047<0.05$）。

頻率過快會令人覺得不舒服，相對的「憤怒」、「憂慮」、「鬱悶」與「急躁」指數都會大幅增加以及「平靜」、「緩和」與「舒暢」也會相對的大幅減少。頻率過慢「平靜」情緒依然會增加。

但是「舒暢」會相對減少，「憂慮」與「鬱悶」也會相對增加，透過訪問受測者發現，會因為頻率過慢而讓人失去耐心而感到煩悶，頻率以 2Hz 與 1Hz 較為適當。較快的頻率會使 α 波的出現百分比降低，較慢的頻率可以使 α 波的出現百分比增加，擺動動作大且慢的樣本能讓人情緒放鬆也較能引發大量的 α 波，驗證了正面情緒與 α 波有關的理論。

第八章. 感性量化的相關研究方法

- 在此章介紹的幾種重要的研究法，讓初期接觸研究的學生們可以了解一些普遍常用的研究方法。
- 可以與感性工學的研究方法相搭配，可藉此來讓自己得到進一步的研究方法。
- 主要是讓研究生們可以一次買一本書，而翻此本書就可進行與感性的相關研究。

為了以感性語彙為評價樣本，及應付不同的研究目的，必須得了解不同的量表之量測用途。來將消費者的意象感轉為量測數值，而表達出個人不同看法。方能測定出實際狀況，所以利用現有不同的量表再轉化成感性量表，藉以進行量測。依據統計量表的推定心理量之單位，一般可分成 4 種尺度。通常將（1）名目尺度、及（2）順序尺度，所檢測的資料歸為定性資料，以（3）區間尺度、或（4）比例尺度，所檢測出的資料歸類為定量資料。也可以利用兩者的交叉關係、或其他的分析方式找到適當的結果。

鑒於感性工學的研究常會因類型的不同，而需不同的方法及不同的評價方法，才能達到研究目的。大致以問卷、實驗、行動研究的量化測定，來取得所需量測的數據為主。既然是工學就需要有加入工學的技術、及數據來做為依據，否則研究結果將淪為只能自說自話。尤其在問卷法相關的研究，就必須利用適當的量表，才能達到一定目的。

一、 問卷調查法

此部分是為了進行統計，而進行的調查，所具有的調查問題需了解以下：（1）尺度的類別、（2）量表問題的編制準備及製作、（3）量表的形式。

（一）尺度類別

一前述般可分成 4 種尺度分類；名目尺度、及順序尺度、區間尺度或比例尺度，依調查所需要加以選擇應用。這些分類常造成研究生的困擾，首先可以一個包含圖來加以說明（圖 8-1），就可以此來領略其相關關係，藉以理解其差異，**先記住也就是越外圍的用途越多**。

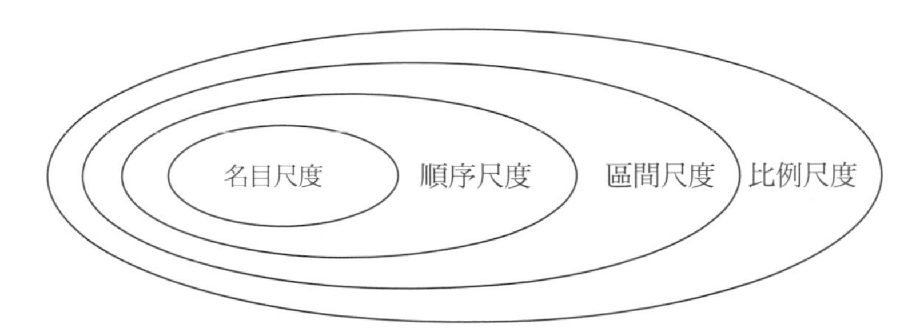

圖 8-1.各種尺度的包容關係

1.名目尺度（nominal scale）

或稱**名義尺度**是最常用的一種，常作為基本資料的調查項目之選項用。名目尺度之間只有類別而沒有順序或距離關係，因此統計相關性的原理，通常是觀察變數的眾數情形，或看其分配情形。但是呈現時需要依照邏輯去排出順序的編號，標示名目尺度的數字雖看似沒有特別的意義，統計時有些也無法進行加減乘除，只能以單純統計計算，在統計處理時可採累加次數（算出頻率數或人數），但是適當排序可讓受測者比較容易選答，如果教育程度的高低，沒有按照順序，居住地區沒有按照區域分佈，將造成填答的困難度，甚至產生錯誤，而不自知。例如婚姻狀態：有、無；性別：男、女；職業：商業、農業、工業、教育、軍人、公務員等；教育：小學以下、小學、中學、大學、研究所、研究以上。居住地區：北部、中部、南部、花東地區、離島地區等。盡量是有邏輯順序以利填答者的填答，及擁有順利填答的心情。

統計方式是加總起來算出該各項總數，其分別的比率。變數值不一定要排出大小順序。這些的統計會以單純統計的方式計算。例如；性別基本資料，男性若干人、女性若干人，可從中看出樣本的男女比例狀況，瞭解調查中的性別分佈是否平均，通常需要各約一半，否則就需調整樣本增加某部份樣本，某類名義的調查數量。

也就是經由；分析→描述統計→次數分配表，來了解基本資料的分佈情形，例如：受測者的性別比例、教育程度高低比例等，可以圓餅圖或線形圖的統計圖表加以呈現，可用 Chi-square 分布做獨立性檢定，來確定其受測對象的代表性等。或是應用於交叉統計，以及變異數分析等。

整理其特色為：（1）主要用來衡量資料的類型；（2）不可以四則運算。

2.順序尺度（ordinal scale）

其排序是有一定的邏輯順序，可以將問題及事物依其特徵或屬性的有意義，再依數據之大小、或多少、排成順序或等級的，而且具有易懂的效果。例如；成績高低的排序；比賽結果的成績等級冠軍、亞軍、季軍，教育程度的博士、碩士、學士、高中生等。

依多個項選在問項中來問答；如喜歡的程度、優先的順序、想購買的優先順序等，舉例如：對某些顏色的喜好度，黑>紅>白>綠等。

順序尺度所獲得的數值，可進行數次分配統計，眾數、或中位數、或爲了某種目的，排出相關順序及其相關係數等，例如：分數問題，第 1 名 10 分、第 2 名 9 分…依此類減，或反過來亦然，然後計算其次數、進行相關係數統計等。

如果有兩個順序尺度以上的變數時，一般是用 γ（Gamma）表示其相關程度。γ 的觀念是在比對觀察值其兩個變數上的順序，順序一致的比率越高，其兩者的相關性越高。另外一種指標是 Kendall’s tau-b，可以幫助 γ 係數來處理一些平手的變數配對。

整理其特色為：（1）具有上述尺度的特質；（2）用來衡量大小、先後、程度的順序；（3）不可以四則運算。

3.區間尺度（interval scale）

具有一定的之間的區隔意義，目的就是要將其連續性、且單位相等的數值的類別，加以排列或成可容易測量的形式，或稱「等距尺度」、「間隔尺度」。

如果應用的區間、或等距尺度來測量變項，乃是依其特徵或屬性所賦予的性質，而給以不同的數值，其數值會依一定順序排列，具有其強度或大小的意義，而且數值之間也可具有物理的等距離關係，受測者可以一目了然依其感受來填寫，當然就可以從統計上找到許多可能的問題，再加以整理分析而嘗試如何解決。

所以這樣的等距概念主要特徵在於：（1）數值大小、（2）連續性、（3）相隔等間距，主要在於採用連續且等距的數值，來代表變數的特徵或屬性的連續差異情形。

例如：考試分數成績是以「0分」為起點，「考了0分」**只能解釋為他在這次測驗中全部均答錯，不能解釋為此人的國語能力是「0」**。而某人考了80分，另一人卻考40分，並不代表兩人的國語能力就差了一倍。所以在統計的解釋上要注意數值之間的解讀意義，不可以任意地加以擴大解釋，否則反而錯的很離譜了。這個量表雖可計算卻沒有「絕對的零點」，其實溫度可以有零以下的數值，分數也有負分的。

這個是**最常用在問卷調查的尺度**，因為常會問消費者支持度、滿意度、喜好度等，依據不同的刻度量表。

有5段、7段、9段的「非常支持、很支持、支持、普通、不支持、很不支持、非常不支持等，選項中圈選出符合自己感覺的選項」。有時爲了避免填答時不用心，會只選擇中間的尺度選項。因此為了排除中間選項，則有4段、6段、8段，甚至10段，其實10段看似很多，也很符合一般分數的感覺，對填答者是相對的容易作答，而且尺度越多越準確。但是一般以5段為主，我則認為五段的落差太大，比較喜歡雙數的分段，受測因為沒有中間點，就必須在兩側做出選擇，以免結果均在中間值附近而已。

因為區間的間距是設定為相等的，且將名目與數字同時呈現。爲了便以提高填答時的認知度，有兩種呈現方式：（1）可以寫成從0或1開始，在7或8段的兩頭「非常不滿意0或1分、…、非常滿意7分」，或配合適當的表格呈現，不需全部列出，只需在上方說明滿意度，下面的問項均以數值呈現。（2）以0為中間點，從左至右由負值累加至零，然後累加至對稱的正值，「非常不滿意-3分、…、普通0分、…、非常滿意+3分」。或（3）反過來從左至右由正值累減至零，然後累減至對稱的負值「非常滿意+3分、…、普通0分、…、非常不滿意-3分」。

在心理上的組距差（1 分）會因不同的全距而有所差異，5 段與 7 段的組距差明顯的不同，如何選擇需以一般常用，如果是重新調查的量表，要依照之前的刻度較易比較之間的差異。

整理其特色為：（1）具有上述兩種尺度的特質；（2）具有固定間距、比值沒有意義；（3）沒有固定的原點；（4）資料可以加、減。

4.比例尺度（ratio scale）

具備區間尺度的所有性質，而且有「真零」的特性，兩個數值之間的比例是有意義的。或稱比率尺度，此尺度除具區間尺度的等距全部特徵外，還具有「真正 0 點」的特性，也就是兩個數值之間的比例是有意義的，是可等距（比例為 1）或等比的（依實際需要）。

比例尺度的數值之間具有相等的距離及比例，不僅可以進行加減，還可以乘除的運算。例如：年齡、距離、重量、速率、長度、金額等等，一定大於零。

例如；身高可以採用比例尺度來測量，0 代表沒有高度，0 以上的不同數值代表著實際高度，身高 180 公分即為 100 公分者的 1.8 倍，100 萬台幣是 1 萬台幣的 100 倍；100 萬美金是 10 萬美金的 10 倍等，確實具有數值上實際的比例關係。而天氣溫度不是比例尺度，因為 0 度還是具有一個溫度存在，是以冰的凝固點所定義出來的一個意義。

其特色為：（1）擁有上述三種尺度的所有計算特質；（2）兩比值間具有特別的意義；（3）具有絕對的零點；（4）資料可以進行之間的「加、減、乘、除」，且具有其意義。

（二）準備及實施

為了要了解「構念（想要了解的問題）」、「假設」，需要一些「變數」作為衡量個別的單一問項，也就是用這些構念、假設轉換成許多問題，而成利用不同的量表來加以進行測量。

在心理學或是教育學就會形成一些被認定的，已經被驗證過其信效度，由一些問題內容組合而成且具有代表性的內容也稱之「某某量表」，各個地區或是對象加以利用進行量測，不需針對相同問題就需再設計問

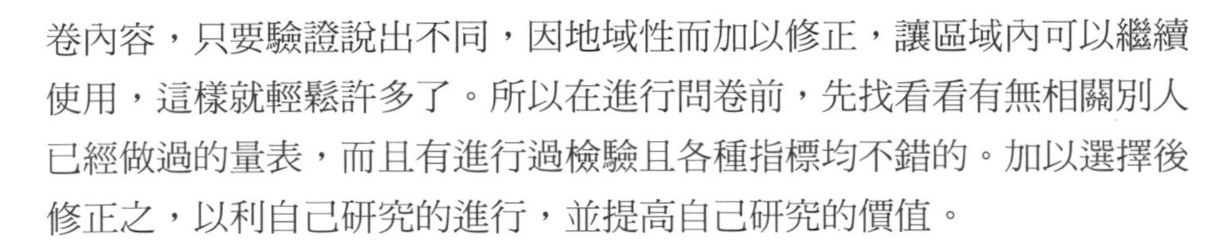

卷內容，只要驗證說出不同，因地域性而加以修正，讓區域內可以繼續使用，這樣就輕鬆許多了。所以在進行問卷前，先找看看有無相關別人已經做過的量表，而且有進行過檢驗且各種指標均不錯的。加以選擇後修正之，以利自己研究的進行，並提高自己研究的價值。

1.量表意義

量表在意義上有三種意思：（1）問題表現的形式、（2）一組或一群問題的內容、（3）預設出整理問題的方法。就是希望包含以上三者後，再用一個量表形式及一個以上的指標，來測量某一個體或事物的特質。

對於你的構念、假設的測量，也可能已經有了現成的量表（問題內容）或是被研究過的，研究者就不必自己設計了，在設計領域卻少有相關的或是信效度高的量表，只能自己尋找類似的再加以組合成一個新的量表，甚至找到類似的產品或議題所做過的問卷內容，加以參考之。

而為了統一整體構念的問題意識，將問題加以「量表化（scaling）」，這個過程就是爲了測量的方便及程序的一致性，希望將要衡量的對象、或欲衡量的特性，可加以測量轉換成某些數值後，使之成為數值化再加以對照出有意義、且可解讀的數值，來呈現出研究的結果，作為表達出貢獻及未來可參考的方向或是內容。

2.編制的準備

除了現有的特定量表已有特定的問題內容（通常這類量表需向作者或相關單位，他們購買或獲得許可），不然就需自己編制裡面的問題。這個問題不可隨意想而失去結構性，通常是已經有了研究目的，其準備步驟如下：

（1）首先從論文將自己的**研究目的，展開成若干的問題大綱**；

（2）再**根據所提出的大綱，撰寫出問卷的問題**，藉以達成研究目的之問題的意識化；

（3）可利用各種具公信力的方法，來列舉或找出題目：除了現有可供參考的問卷或量表外，常用有腦力激盪、從前面研究的深度訪談內容、或經由事件所觀察到的疑問內容等。

（4）所欲詢問的問題，**要根據目的及找尋可搭配的統計技術後**，再以相同尺度之配合而編制成適當的量表。

（5）**防偽題的設計**，故意問一個反向的題目，來判斷受測者是否亂填打（設計類的調查很少出現這種方法，你可以嘗試一下）。

3.選擇適當的尺度

配合不同的研究目的，所思考出來的問題，需選擇適當的量表尺度，方能獲得適當的資料形式。這部分需（1）先充分理解統計分析所需的資料形式；（2）尺度的類別；（3）接著就是根據統計選擇量表的類型。

4.實施調查的方式

為了問卷調查的實施，必須知道自己要實施的方式：

（1）抽樣的方式：不可能普查，隨機抽樣、立意抽樣（常用）等。

（2）調查的方式：（A）以前紙本為主（但是輸入數據需人工方式，費時易出現錯誤）；（B）目前以網絡問卷為主，要知道有哪些資源，查一下網絡即可知道（常用有 mysurvey，survey monkey），或 google 表單。

而呈現的問卷內容也需利用不同的尺度，到底是那種尺度的量表之呈現，需注意前述的尺度類別之內容，才能決定量表的刻度尺度類別。因此確認問題及配合的尺度後，利用量表準備不同的問卷內容，測量，再以預計使用的統計方法。以下是常用的量表形式：

（三）量表類型

1. 李克特量表（Likert scaling）

它是最被廣泛被採用的一種量表也稱為「加總量表法（summated rating scales）」，可以大量且廣泛地應用於調查社會現象、與行為科學的測量格式，甚至於設計相關的調查。

也就是很最適合用於無法明確地指出數量的問題，例如：態度測量、喜好度、滿意度等評估等。

順序通常為；（1）由研究目的來導引出所需量測的問題內容；（2）再才思考適當的刻度或語彙；（3）將某一類相同特質、或現象的題目組

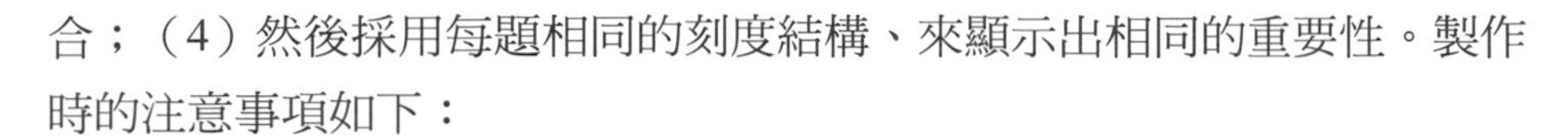

合；（4）然後採用每題相同的刻度結構、來顯示出相同的重要性。製作時的注意事項如下：

1-1.量表的問題意識展開

量表由是一組連續的數字所組成，每個數字代表一定及對應一個意義。測試受測者對於問題的意見是「同意、贊成」，或「不同意、反對」。既然量表形式已經選定，對於每個問項的題目：（1）一項僅能問一個問題也就是一個陳述句，如果有兩個敘述問句，受測者的回答就會亂了；（2）相似目的的問卷，需根據同一種量測的尺度，及相同的刻度。

1-2.編製形式

從 1 開始至適當的數值，通常以 10 為限，來顯示出對問題看法的「同意」、「重要性」、或「喜歡」等程度差異。亦可以是從 1～10，而且需以文字說明清楚，「1」是最重要還是「10」是最重要，（表 8-1）。

表 8-1.Likert 量表的樣本形式

例子：使用需求與意願調查　(認同度低 1 ←——→ 認同度高 10)

A 安全層面： 您認為滑鼠產品	1	2	3	4	5	6	7	8	9	10
A1.產造成手背酸痛。										
A2.功能太複雜										
A3.使用方式需要是「容易操作的」										
A4.需要「平整防滑的桌面」										
A5.需要更特殊的造形設計										
……….										

1-2.需特別注意的事項

在製作量表時有些需注意事項（王明堂，2010）如下：

（1）**排序規則**：通常是由左至右，呈現由小到大：來使受測者感受問題慢慢增強的程度，是受測者能夠感受邏輯性地在刻度上反應出來，同時符合刻度增加的等距感覺，以漸進增強的字彙（由小→大、由弱→強）較好。

且刻度等距變化的感覺，反應出相等間距的強度差異。所以使用有等距感的文字敘述：高度、中度、低度，或非常、有點、從未等形容詞，甚至可以直接以數字呈現，再輔以兩端的適當文字（形容詞為佳）即可。

（2）**刻度間隔**：刻度需依一定比例慢慢增加其強度，不能跳躍，如 1, 3, 4, 6, 9 等，無法容易依知覺認知的刻度，而且所有題目的刻度要一致才可以。否則會讓受測者的認知混淆，甚至不耐煩而造成錯誤，而且也會讓日後的解讀產生困難，及結果難以理解。

（3）**回答要有意義**：一題項要有適合的回答問題意義，如需回答為同意，即應在問題時讓人產生想填成同意的題意來。

（4）**題意清楚與否**：回答的所有題意，不能讓人感覺要回答一下同意、一下重要、一下喜歡等，讓受測者產生混淆或困惑，使其思緒困擾，感到不耐煩，除了失去答題的興趣，更減低了測試的信效度。

（5）**注意題目數量不要過多**：過多的題目不一定有助於受測者表達個人的意見，過少的題目則會損失變異量與精密度。

從資料分析的觀點，Likert 量尺表對於特定概念、或現象，是一種良好且常用的測量量表類型，主要是因為此量表製作編製過程簡易、計分過程簡單、可認知高，以及題目可擴充性高等優點。

統計分析上，此量表所計算出的分數是一種連續分數，得以進行線性分析或平均數差異檢定，具有豐富的變異量。

由於 Likert 量表建立在量尺的等距性，以及題目同質性的兩項假設之上，所以結果必須先經過信度考驗，以確認量表的穩定性與內部一致性，這樣的量測結果才具有一定的意義。

2. 語意差別法量表（SD scaling）

這個方法的量表形式與 Likert 量表類似，但是呈現結果的方式是一種易懂且有意思的，也成為語意法或語意差異法（SD 法；Semantic Differential Method）。在心理學的研究領域中被廣泛地運用，尤其是對於意象調查是個很好的工具（Osgood & Tannenbaum, 1955）。

尤其針對某一個對象要進行評定時受測者需在量表中，在一組極端對立且能配對的形容詞上，進行對該對象的評定。由於該對形容詞是組配稱且對立，用來區別受測者對這兩個極端概念，所鋪陳出來的兩極化形容詞加以評分，而得到對受測者對該對象的印象。

SD 法常是測量人對對象的心理感受之方法，可以應用在許多領域，例如產品、視覺、空間、景觀等需要判斷時。而且以對稱量化的形容詞方式來呈現，來呈現受測者內心對標之的感受，並以詞語呈現來測試受測者的評價，達成對於對象的心理判斷的研究目的。

一組兩個對立的形容詞構成的雙極尺度，評估對於產品、品牌、公司或任何觀念。

語意差別法是測量概念之內涵意義的標準量化程序。每一個概念由一組意義相反之形容詞組成的 7 點量尺加以評量。通常可分成 5 段、7 段、9 段的一個連續分隔，亦即中間不算的話有對稱的正負的 2、3、4 分數。

（1）以一個 Likert 量表，例如 7 段量表為； -3（非常不同意）、-2（不同意）、-1（有點不同意）、0（普通-無所謂同意或不同意）、1（有點同意）、2（同意）、3（非常同意）（表 8-2）。

（2）甚至可摒除不判斷的以中間值（普通）來的偶數題；四段或是六段。例如 7 段量表為； -3（非常不同意）、-2（不同意）、-1（有點不同意）、1（有點同意）、2（同意）、3（非常同意）（表 8-2）。-2（非常不同意）、-1（不同意）、1（同意）、2（非常同意）。

（3）如果進行量化處理，7 段可以將各量尺的評分轉換為(1~7)或（-3 ~ +3）的數字，而以後者為較佳，較符合受測者的正面及反面的認知心理感覺。

（4）通常會擔心所問的形容詞會雷同，其實不必擔心在統計分析是可以共同性分析，將一些概念相似性的問題加以剔除。

（5）甚至利用因素分析再將相類似再加以分成，去解釋內含的形容詞到底是主要的概念何意思，藉以減少在後續針對某些物件的調查。

每一個概念都需要用一系列兩極（正、反）的形容詞量尺。以含 15 個不同形容詞的量尺為原則，亦即 15 題問題。

最理想的情況是每一個兩極尺度都各自獨立，這樣才不致擾亂了受測者的影響判斷、及誤導盼讀，甚至產生相反的回答結果，影響調查的信效度。

表 8-2.語意差別法量表的形式

負面的	非常 -3	有點 -2	有一點點 -1	普通 0	有一點點 1	有點 2	非常 3	正面的
醜的	☐	☐	☐	☐	☐	☐	☐	漂亮的
複雜的	☐	☐	☐	☐	☐	☐	☐	簡單的
討厭的	☐	☐	☐	☐	☐	☐	☐	喜歡的
暗的	☐	☐	☐	☐	☐	☐	☐	亮的
古典的	☐	☐	☐	☐	☐	☐	☐	新潮的
慢的	☐	☐	☐	☐	☐	☐	☐	快速的
暗沉的	☐	☐	☐	☐	☐	☐	☐	明亮的

2-1.編製過程

（1）配合研究目的決定問卷的目的。

（2）利用各種方法選出問卷題目：腦力激盪或之前訪談、觀察等。

（3）當決定了目的後，選擇適當的形容詞或名詞：例如：對視覺、嗅覺、聽覺、味覺、觸覺等五感的印象。造形的形容詞，復古的←→現代感；對圖面、畫面印象；平淡的←→炫麗等，能夠讓受測者有明確正反切對稱的語彙，必須依據研究目的來決定。

（4）選擇適當的表格或格式：各式各樣的呈現，主要需簡單、明確，不要讓受測者厭煩或討厭的刻度方式，一定要呈現數據。

（5）統一的正負方向、及配合的詞彙：負向或正向的左邊，負向或正向的在右邊均可，但是為原則，中間點為零點。例如：-2←→2、-3←→3、-4←→4 或-5←→5 的刻度。

亦可將「0」點取掉，來顯示受測者需要對問題表態，寫出真正的看法。不可以正向的寫出負面的語彙，負向的寫出正向的語彙，影響受測者的填寫慣性，不可以此當做測試驗證的方法。

（6）累加的刻度：有時不以正負而以累加的刻度亦可，向右增加，例如：1→5、1→7、1→9，或向右減少亦可，通常以向右增加為正為主的習慣。

2-2.意象圖的統計方式

（1）以統計軟體先得到各題的平均值；

（2）在對稱圖表畫出每題的平均值，來顯示受測者對各題的意見平均的正、負面（ +, - ）意見，可直接從曲線的變化，容易馬上就判讀出來意象的變化。

（3）可以容易從曲線的線型來顯示意見，所以題目的排列要規劃一下，以便可以迅速看懂結果，再配合文字在論文中加以敘述說明，容易可得到圖文並茂，且讓讀者易懂的論文內容。

2-3.應用案例

此法的統計方式，可以從微軟的 office 電腦軟體中的 Excel，將數據輸入其格式後以其內建的圖表來呈現。或以專業的統計軟體 SPSS、SAS 等，來選擇其功能進行相關的統計處理。

最常見的是以各問題的尺度之平均值，以折線繪出 SD 的意象圖（Semantic Profile）（圖 8-2）。

可以看出各個問題的正負偏向結果，是一種簡單且可看出調查結果的呈現方法。SD 法的優點之一，經由意象圖可以容易地觀察出受測者對於整體問題的平均感覺是。

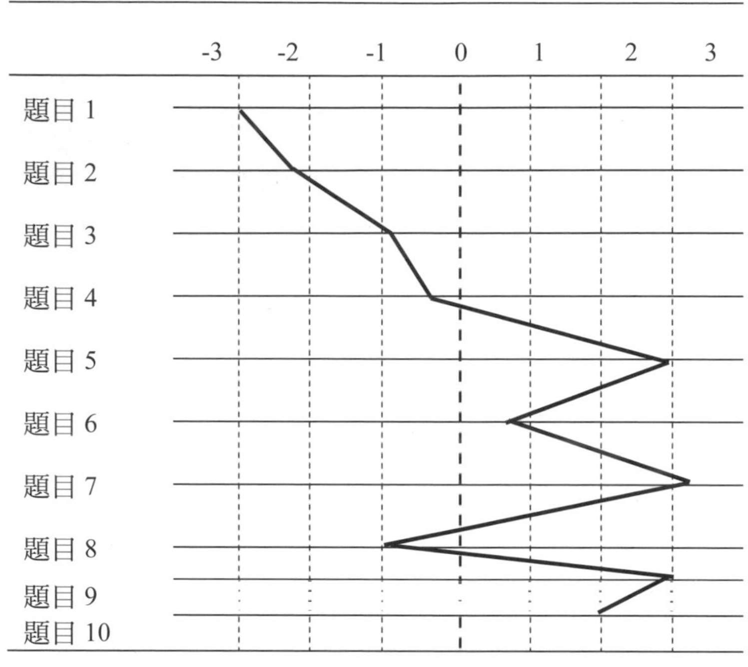

圖 8-2. 語意差別法（SD 法）的題目意象顯示圖

曾國維、聶志高、王惠靜、賴裕鵬（2010）以「語意差異法」（Semantic Differential，SD 法）來探究不同屬性之受測者對建築立面風格意象的評價之形容詞。是否會因認知的差異而有所不同，以及在受評價之對象物方面，是否會先形成共同的評價要素。再篩選出 7 類 20 組相對意象形容詞（表 8-3），進行問卷調查。

表 8-3. 對於建築物的意象形容詞的形式

項次	形容詞類型	形容詞
1	建築物風格的形容詞	古典的—現代的；田園的—城市的
2	建築物色彩的形容詞	灰暗的—明亮的；冰冷的—溫暖的
3	建築物量體的形容詞	低矮的—高大的；輕巧的—穩重的
4	建築物分割樣式的形容詞	瑣碎的—塊狀的；凌亂的—整齊的
5	建築物價值感的形容詞	低俗的—高貴的；老舊的—新穎的
6	建築物材料質感的形容詞	簡單的—複雜的；粗糙的—平滑的
7	心理感受的形容詞	難看的—美觀的；不安的—安穩的

3. 古特曼量表（Guttman scaling）

Guttman 於 1950 年提出此量表做為單一維度的測試，量表結構顯示出由強至弱、或由弱至強的邏輯。它的量表總分只有一種特定的回答組合，雖然早被發明但因為調查繁雜，很少被使用。它可用來檢定一組項目的不同強弱程度是否屬於「單一構面」。而「單一構面」是指受測者對項目所反應的態度，是否均集中在某一個方向上。

在設計上可以用來調查受測者對於某特定事件的一定看法，例如：設計方向、產品、色彩；或是相關的消費型態、社會差距、選購自主性（反權威、反傳統、開放性）等。

題目排列需依其題目深度由淺至深排開，也就是只有兩端，不能曖昧回答問題。受測者對題目表示肯定需回答「同意」，表示否定需回答「不同意」。由於問題是依據問題意識由淺至深，而同意與不同意的問題轉折點，即可反應出受測者對某事，在某個點反應出態度強度、行為強度的真實性。

由於受測者回答幾個同意即得到幾分，所以 Guttman 量表也被稱為累積量表（cumulative scales）。我們省略了 Thurstone 量表，但會簡述 Guttman 量表與其差異，當你需要時可在查詢資料之時，加以審慎閱讀並應用。

Guttman 量表與下面的有類似處，必須經過一定的前置作業，以確定量表的題目是否能夠反應受測量者的特質、內涵與結構。判斷意識清楚，例如難度高低的問題，量表中難度較高的題目被受測者勾選為「同意」時，其他所有難度較低的題目也應該全部被評為「同意」，如果有例外出現，代表題目的評估有錯誤。因此，此類量表的事前準備，需針對每一題的表達進行確認，以確定受測者可清楚理解及回答。

Guttman 量表與 Thurstone 量表的差異處在於「計分的方法」，Guttman 以轉折點所累積的題數為分數，但是 Thurstone 量表則以各題目的重要性的分數計分，Guttman 量表的編製比 Thurstone 量表簡易。但是在精確性上 Thurstone 量表比 Guttman 量表為佳。但是對於抽象度較高的特質評估，

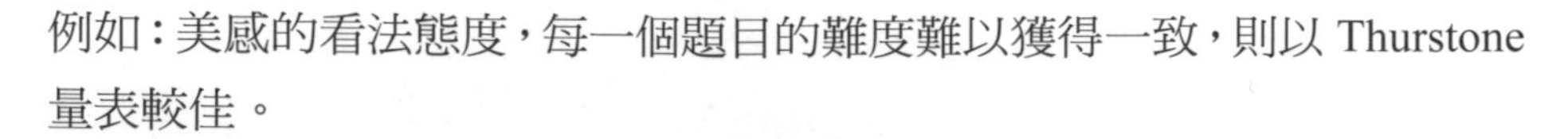

例如：美感的看法態度，每一個題目的難度難以獲得一致，則以 Thurstone 量表較佳。

3-1.編製過程

（1）首先要確定研究目的，才來建立題目。

（2）當研究者確立了題目，即可測量的某一事物、或概念：借此建立可以測量的具體句子、項目，而且句子的陳述需單一維度，且具某種由弱趨強的結構邏輯，來顯現強度的漸增（表 8-4）。

（3）進行前測：對陳述必須進行前測，就是選取一組樣本進行前測，必須將 80%以上受測者有填答「同意或贊成」或「不同意或不贊成」的項目刪除，表示這類太不具爭議性不需調查。同時去掉那些不容易區分，也就是同意或贊成的回答會被遺漏者，或表示回答困難者。多數不同意或不贊成該類問題的陳述內容者，也必須加以刪除。

（4）題目排序：依測試結果，按照同意或贊成多寡的陳述排列，也就是題目依此回答同意或贊成多寡由上到下排列下來。

（5）受測人數：受測者原則需超過 100 人。

（6）回收資料：將彙總後的數據進行 CR（決斷值；再現係數）公式，以求出「複製係數」，若 CR 值在 0.8 以上者，才可說成：「這些題的強烈程度確實是屬於同一構面」。按公式（再現係數 ＝1 - 誤差係數 / 回答總數）計算出再現係數，如果再現係數大於或等於 0.90，就稱該量表是單維度，每個人的態度分數就是他回答贊成項目的總數。

表 8-4. Guttman 量表的形式

評定		題目
同意	不同意	1. 我覺得 2011 台北世界設計大會的報名規劃很容易瞭解
同意	不同意	2. 我覺得 2011 台北世界設計大會的展出活動很吸引人
同意	不同意	4. …………………
……	……..	…………………………………
…..	……..	10. ……………………………………

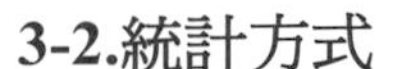

3-2.統計方式

（1）將受測者回答問題「同意」或「不同意」後。

（2）首先根據受測者的問題題目矩陣表，列出所有受測者回答的結果匯列成表（表 8-5），回答「同意」可得 1 分，「不同意」者以空白或特別記號如「-」等表示，以防記錄錯誤。

表 8-5.初步統計表

受測者＼題目	1	2	3	4	5	6	7	8	9	10	總計
1	1	1	-	1	-	1	-	1	1	-	6
2	1	1	1	1	1	1	1	1	1	-	9
3	1	1	1	1	1	-	1	1	1	1	9
4	1	1	1	1	1	1	-	1	1	-	8
5	1	1	1	-	1	-	-	-	1	-	5
6	-	1	-	-	-	-	-	-	1	-	2
7	1	1	1	1	1	1	-	-	1	-	7
8	1	1	-	1	1	-	-	-	1	-	5
9	-	1	1	1	1	1	-	-	-	-	5
10	1	1	1	1	1	1	-	-	1	-	7
11	1	1	1	1	1	1	-	-	1	-	7
12	1	1	1	-	1	-	-	-	1	-	5
總計	10	12	9	9	10	7	2	4	11	1	
百分比	83.3	100	75	75	83.3	58.3	16.7	33.3	91.7	8.3	

（3）接著排序受測者對所有問題的總計分數，排序各題在所有受測者中所得的分數（表 8-6），即可了解所有問題在受測者的個別看法。

（4）整理出排序後的線型，（A）將各題的答案類型的強度分數取絕對值作為縱軸。（B）以受測者對題目的同意之累積百分率作為縱軸，題目為橫軸畫出曲線圖（圖 8-3）。這樣整理好題目的強度及意義，如可理解受測者的意見趨向。

（5）經曲線顯示可以理解問題趨勢，同時可產生不同的曲線結果。藉此判斷各項要點的變化及成果，也是一種一目了然的方法。

表 8-6.整理排序受測者及題目的分數

受測者＼題目	9	2	1	5	3	4	6	8	7	10	總計
3	1	1	1	1	1	1	1	1	1	1	10
2	1	1	1	1	1	1	1	1	1		9
1	1	1	1	1	1	1	1	1			8
4	1	1	1	1	1	1	1	1			8
7	1	1	1	1	1	1	1				7
9	1	1	1	1	1	1	1				7
10	1	1	1	1	1	1	1				7
11	1	1	1	1	1	1	1				7
5	1	1	1	1	1						5
8	1	1	1	1		1					5
12	1	1	1	1	1						5
6	1	1									2

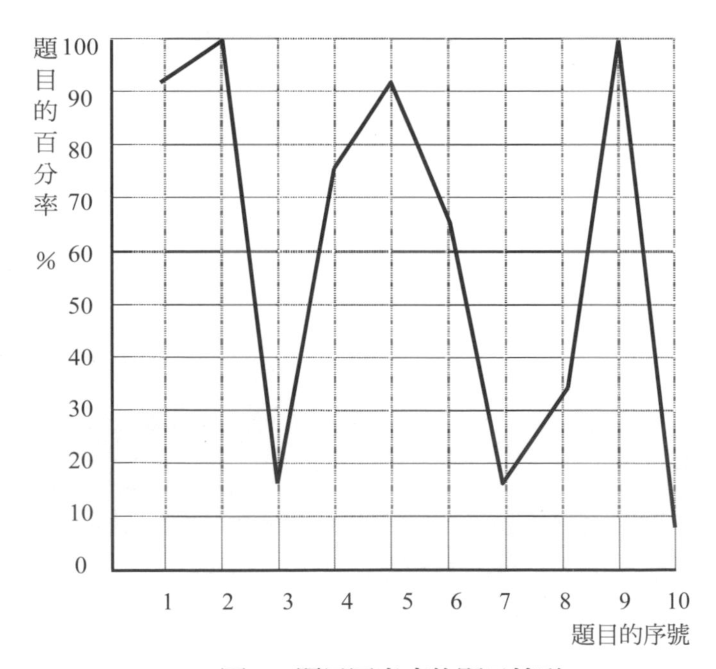

圖 8-3.題目同意度的顯示情形

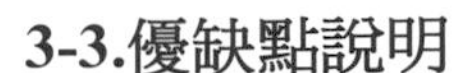

3-3.優缺點說明

此表的優點：可以直接根據被測者所同意的陳述的數目，所得的量表分數，來決定受測者對於這一個問題的概念或事物的贊成程度，可以深入一個問題的發現，這也是此量表的最大優點。

缺點：（1）對一組問題陳述只具有一個單一性的假設，有局限性的問題，只是某一部分人的態度看法，可能在某一群體中表現出單一模式。同樣，在一個時期中是單一的模式，但到了另一個時期卻不一定還是單一的。　（2）單一的領域常難於找到。（http://wiki.mbalib.com/wiki/）。例如：對於 2011 台北世界設計大會的活動探討:

4.形容詞檢核表（check list）

形容詞檢核表是一種簡化的 Likert 量表，是針對某一被測量的對象或特質，由研究者列出一組關鍵的形容詞的測量格式，讓受測者去針對各個形容詞的重要性進行評價。是一種探索性（explore）的測量方法，當受測者針對一組或一些形容詞進行評定後，可以利用因素分析的統計分析來進行分類、或以特定方式重新分組，或以加總的方式，來計算出總分數或平均的分數（表 8-7）。

研究生一般對於形容詞的選擇多無特定的理論依據，量尺測驗的編製者需基於某特定的理論、或實證的研究數據為依據，來列出某一些消費者的需求、看法、或心理特質等有關的重要形容詞，然後經由一群人加以討論刪減，才能組成一組形容詞檢核量表，不致於誤用或濫用。

表 8-7.形容詞檢核表的形式

問題：你對空拍機的產品造形設計印象感覺?	1. 非常重要 2. 重要 3. 不重要 4. 非常不重要			
1. 富想像力的	1	2	3	4
2. 技能性的	1	2	3	4
3. 科技感的	1	2	3	4
4. 可愛的	1	2	3	4

4-1.編製過程

與 Likert 量表過程一樣，就是設立主題及目的後，編成題目群，然後請受測者依據個人的判斷來檢核表內的項目內容。

4-2.統計方式

利用加總或平均方式，然後加以檢定，判斷是否呈顯著或加以刪除，得到各議題的態度，有無違反基本假設成為虛無假設。

接著的各種分析要以實際需要為原則，來選擇適合的統計分析技術，然後對數據加以應用。

5.順位法（Ranking method）

又稱為序位法、等級法。順位方法主要有兩種實施方式：一種是對全部問項排序；另一種是只對其中的某些問項排序。究竟採用何種方法，應由調查者從研究目的來決定。具體排列順序的過程，可以讓被調查者對其意見、動機、感覺等做衡量和比較性的表達，或由回答者根據自己所喜歡的事物和認識事物的標準、程度等條件來進行排序。

調查的問項不宜同時問題過多，容易讓受測者分心而覺得困難，因而失去排順位的信心及耐心。不可對所調查的排列順序對受測者產生暗示，或要求受測者將某些事物依據調查者的態度排序，此方法是屬於對某事物進行相對和比較來評估問題的性質。

（1）優點：對於每位受測者的評分結果影響程度相等。

（2）缺點：統計數值的解釋性較差，僅能根據所統計的名次總和，算出大小或優先等順序，不能加以平均；如果進行平均值其意義不大，頂多只是表達評估順位出現的平均值而已。

5-1.編製過程

通常是對於態度或問題有一些強度順序的疑問，而這些問題可能有關聯性或沒有，但是要有基本的目的，有時以程度來編制量表會覺得不好，所以順序量表就可應用來測量。

5-2.應用案例

像是請對同樣的行動電話廣告出現在不同地方的廣告影響力加以排序：電視廣告、報紙廣告、廣播廣告、路牌廣告、雜誌廣告、T-bar 廣告。受測者可以依自己接觸的頻率，由高至低排序；或按他的印象，由淺至深排序；或按信任的程度，由大到小排序。有時會影響變數的不名結果。

王韋堯、周穆謙（2010）以量販店所販售之食品外包裝為樣本，進行蒐集與探討分析。本研究步驟分三階段進行（圖 8-4）。第一階段：採立意抽樣（purposive sampling）與自然觀察法（naturalistic observation method）來蒐集各食品類別之字形設計；第二階段：運用焦點小組，分析各食品類別之字形設計應用手法；第三階段：採用「順位法」來探討字形設計差異化對受測者視認性的影響，是否有顯著的差異。

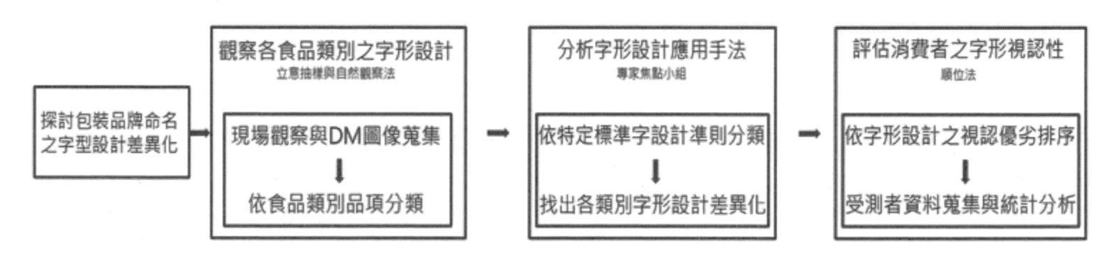

圖 8-4. 研究流程（王韋堯、周穆謙，2010）

為了取得這些感性評價計測的數據，必須附帶地需進行某些研究方法，來科學性的取得必須要的資訊。除了問卷調查得到的心理量的數據外，行動研究及實驗研究是兩個取得感性數據的重要且完整的方法。

二、行動研究法

行動研究是一個很務實的研究方法，由 Lewin（勒溫）首先創用，**指將科學研究者與實際工作者之能力與智慧，結合在一件合作事業上之方法**。我認為行動研究也是一個重要的感性工學研究方式，為什麼呢？因為它是一種從參與實務的過程中，去發現問題、分析問題、研究問題，進而解決問題的一種建設性的歷程。

同時可根據需要而加入這個方法或其概念，來充實及增強所欲研究探討的議題。透過行動研究可針對實務工作的主題進行實地接觸式的研究調查，甚至可以就設計議題與消費者的關係、或是與銷售者的關係去進行一研究調查與確認。所以不只可以單獨作為感性研究的個別方法，也可以成為輔助去取得研究內容的過程。

自 20 世紀以來，人類因為所開拓出的知識及方法已相當多元，知識的累積更是一日千里，發展的速度有加速及縮短的現象。幾乎每隔 6-10 年知識就增加超過 1 倍，甚至完全翻新了舊有的知識。特別是自然科學的新知識之翻新一直被創造出來，社會科學亦有驚人的進步。

20 世紀可稱是「知識爆發」的時代，尤其行動通訊、數位網路的帶動，轉變了原先的消費習慣。新知識所帶動的便利生活方式，不得不接受這樣的改變，所受的刺激既多且深，似乎較以往的各時代的創新顯得更為明確。

由於知識的突飛猛進，舊的設計概念、消費及行銷理論，不得不隨著更新。因而，現代的設計概念就不得不進行融合研究，才能獲得應用的方法或實質可用的形式。因此問題的範圍也日漸加廣，由於這些實際又必須解決的問題，已經非傳統問卷調查方法可完全加以探究出來。所以「行動研究法」就更流行，來補足問卷調查的不足之處。行動研究法就可對所產生的實際問題、所欲瞭解的問題，以快速且完善的方式加以理解，以應實際或臨時的急需。

研究調查的研究法雖多，但各種方法雖然可得到一個客觀的標準及解決之道，對於快速變化的產品及設計市場如需相當時日，對於某些急須解決的實際問題就可能太蹉跎，所以行動研究法有了其存在及發展的價值。尤其對於實際從事感性研究，其應用的價值範圍更廣更大了。

其實這個方法第二次世界大戰以來，頗受研究者們的重視，其原因即在於可快速得到一些成果，而且行動研究法可一面研究、一面加以改進，並可隨時修正，成為其重要特色，所以行動研究法又稱為：「實踐研究法」（operation research）。尤其進入數位時代後，設計發展之速、產品增加之快，是其他時代所無法可比擬的。問題的發生及解決，行動研究法會是個可迅速奏效的方法，所以行動研究法在探討產品、及設計其他類別的感性研究就更形重要了。

（一）行動研究法的意義及特徵

1.行動研究法的意義

如前所述行動研究法（action research），可解決實際問題的方法，也可以隨需求加以修正。因為行動研究法是以實際工作人員的研究需求為主，專家僅能站在協助或指導立場，來與實際工作者共同互動研究以改進為成功的更好方法，所以行動研究法又稱「合作研究法」（co-operative research）或「合作行動研究法」（co-operativeaction research）;因而行動研究法必須包括兩大重點；（1）外在的行為或行動，（2）內在的思想或觀念。

如能內外兼顧來解決實際問題，才能對於迫切的問題有信心加以研究，加以發展與改進，而不需採全面性的探討。就已有且能掌握的資料提出改進計劃，而一面付諸實施、一面注意收集事實，藉以證明計劃效果，並可隨時加以修正，是一種達到目的而能適應實際需求之研究法。

2.行動研究的特質

為了應用此法需了解其有如下的三個特質，就是在前述所說進行之前，思考如何應用及加以掌握，在進行感性相關研究時可以有效地實施。

（1）它是一種可以有某些意圖的行動；

（2）它是一種有訊息資料可以作為依據的行動；

（3）它是一種可以做出專業承諾的行動。

3.行動研究法的特徵

如前述行動研究法，是一個可以發現及解決實際問題的研究方法，其研究範圍則會限制於實際問題上，有以下數個特徵：

3-1.可採共同計劃共同評鑑的方式

行動研究法雖多為應用於探討教育問題，卻非一人可竟全功，所以常需要專家與學者的協助與指導。以便使理論與實際可相接合，所以行動特別著重「團隊精神」。感性研究也需要發揮出研究者及指導者之間的合作特色，藉以達到集思廣益的效果。

3-2.研究成果的應用限制

其成果只限於研究工作進行之後，提供行動研究結果來驗證假設，只是一種對議題或假設的實證研究結果而已。結果僅作為應用上的修訂，而不能作理論的推論，也就是將其結果當作一種可能的現象而已。

3-3.要特別著重進行時的合作過程與分析

由於此法對於研究問題的假設及過程，可以隨時進行修訂藉以適應實際情況，並且可藉多數人的意見溝通來增加執行者的信心，進而得到客觀的結論面對真正的問題，但不能作出太魯莽的決定或決策，而影響到目的。

如果僅以上述三種特徵來看，此法似不夠專業，就是其彈性正可以彌補一般研究需要時間，而使所得的結果失去真實的現狀，所以需對於它的意義及特徵加以詳細說明，才不致誤用。

（二）行動研究法的功能

行動研究法的功能，也即是此法的價值，藉由以下說明來了解進行所能得到的用途，茲說明於下：

1.可以印證理論及結合實際

行動研究法常見於解決教育上實際所發生的問題，舉凡教學或訓導上所發生的問題，一方面探究其原因，再方面應用理論方法以求解決，同時行動研究法可一面研究一面改進，是理論與實際的結合。但在感性工學的應用，可以利用其精神來探討當下所發生的事情，例如：百貨公司現場的銷售，需面對的聲音（音樂）、氣味、地板材質等，可以當作行動研究加以探討。

2.可融合參與者們的專業知識及技能

此法的特色是以共同參與為主，所以每一位參與者均須針對問題去搜集相關資料，並同時參閱有關的文獻，潛心地研究後以尋求實際問題的解決方法。由於每個研究即是發現、創造的過程，因此對於共同參與的研究者們，自然而然地能獲得個別的心得，對參與者的知識、技能皆能有些許的幫助。在過程中的討論，所融合的彼此知識及技能，正可以增加大家的見識及增廣了彼此的見聞，是一個很好的學習機會。

在共同研究的過程可以截長補短，有些參與的研究者具實際經驗，卻缺乏理論基礎。而在過程中也使缺乏理論或經驗者可以互相彌補，所以在共同研究過程中，有其他專長的研究者可來彌補彼此各類的缺憾。藉以增進自己的理論基礎，或進而培養出更多的行動力，是此法的一種特別的功能及特色。

3.應用範圍廣

行動研究法常是研究解決實際問題的方法，所以應用範圍甚為廣泛，在教育上舉凡學校、學生、社區等，所發生而又急需解決的實際問題，皆可藉以尋求到相關的解決之道。參與者也經由共同研究、討論，亦可藉此建立彼此良好的關係。

由於感性研究常因所探討的問題是為了設計，因此研究者也常會有理論不足的問題。因而需諸多的知識領域及理論內容、及隨時尋找可能的參與者，所以藉此法的特徵，能探討發現出更多的五感知識、及如何應用的可能性。

（三）行動研究的步驟

此法的步驟與一般的研究方法，略有不同。**發現問題是其重點**，如果發現了問題，則解決之道便可能因應而出了。

1. 界定出問題

問題界定是進行研究的首要，如果問題界定不清，即可能費盡力氣卻也依然沒有結果，因此需要有一些準則及心理準備，說明如下：

（1）**發現疑問或困難**：所謂問題；即如有懷疑、困難，費解或不滿等，均可做為問題來加以界定，並清晰地描繪出來。

（2）**需有心要解決所面對的問題**：將所發現的疑難、問題，明確地敘述出來，即可順利尋求到其解決之道，且須同時抱有不解決問題，絕不罷休的決心，就有機會解決了。

（3）**再度分析可能的疑難問題**：需了解疑難的性質、關係，及其可能產生的原因，並定出疑難問題的範圍，以確定出研究問題的範圍大小，才能有效的控制及解決。

（4）**了解行動研究是否可以解決此問題**：雖然此法可以解決許多問題，但也可能會超出此法能力的範圍。

2.提出相關假設

可先對問題加以預估猜測，做出一個預測的答案。而這些答案需是未經證實的定理或結論，所以提出的假設絕不可以太空泛的空想，其應包括：

（1）某些部分也是已知的事實。

（2）具有某些想像概念的成分。

所以假設不是空想，而是一種未知或未全知的問題或情況，而是來先作為對問題，**提供一個初步的解釋及解答**，然後找方法加以驗證。

3.搜集相關資料或證據

需要某些可證實的證據，作為提供假設的可能性，其可使用的方法是問卷法、調查法、觀察法或實驗法等。

4.分析可能的結果

我們希望前述的證據所顯示的結果，能成為結論或是有重大發現。而使用結論的方法**有哲學及科學的兩種**，這些結論的方法，必須以一定程度的證據為基礎的推論邏輯，來論述因果之間的關係，方能被採信及得到他人的信服。

4-1.哲學的方法

容能讓人信服的基本條件，需要接受真、善、美的論述基礎，也就是敘述的內容需含有：

（1）邏輯需要一致性（真）：之間需無矛盾之處，一切求真理。

（2）經驗需具檢證性（善）：是否符合人類所認知的良善要求。

（3）具有道德的標準性（美）：一定需要符合人的良知及美的價值。

4-1.科學的方法

經由實驗或調查之後，所得到的結果需要具有統計意義，也就是這些數據在統計上能有一定的信效度：

（A）信度（reliability）：驗證後檢驗是符合在可信的範圍內。

（B）效度（validity）：結果確實有效，然後也能夠被認知為有效。

（C）實用度（usabihty）：成為結論的依據結果必須是有用的，否則就沒有意義及無法使用。

5.作成結論

必須以研究所得的結果來撰寫報告，**不可擴大應用範圍及誇大結論**。再與前述的假設相印證，來支持你的假設，然後可做為下次研究的重要參考或依據。

上述的說明主要在敘述此法的特點及使用前的認知，詳細的內容需**要參考相關的專書作為進行參考**。對於感性研究加入此法，因而改善了原先太科學的特質，可以讓許多教育的學者可以加入來一起學習。以上是一些基本介紹作為大家的研究起點，如有需要可以再參閱更專門的書籍及資料。

三、實驗研究法

設計領域目前的相關研究，大家較少應用此法，其中關於人因研究較多，所以藉此來加以說明。實驗研究法其實廣泛地被用於日本的感性工學研究，也可能均與人的未知條件較多。雖然此法在感性研究中常被使用，但是在台灣因為囿於研究者的族群以設計領域為主，不像日本、歐洲等國感性工學被應用於許多領域，諸如：心理學、認知心理學、材料學等，需要實驗法來作為依據，這是台灣需要推廣及努力的地方。

實驗法也稱為**實驗設計法**、或**實驗觀察法**，是一種為了測試某種假設而在控制的環境條件下，去操弄一個或一個以上的變項之學術研究，藉此來衡量各變項間的因果關係。

就是探討自變數與依變數之間的互動關係，被認為在社會科學的各種實證研究法中，最科學的一種方法。也就是為了某種特定目的，而在研究者所設計的情境下，藉由設備進行某些特定的觀察或資料蒐集，藉以了解之間的關係。而這些因果關係是在某一種被設計的情境下，及被認定的條件下所進行的，**所以不能過度無限制地擴充使用及引用其結果**。因此，在撰寫研究報告時需**翔實地說明所進行的實驗條件，所假設的條件為何**。

而且此法依據規模可分成**實驗及準實驗兩種**：（1）一般的科學研究均以實驗研究為主、（2）一般社會科學則會以準實驗為主。於準實驗設計中無法使用實驗控制，來完全控制無關的干擾變項，因而較常使用增加實驗內在效度的方法，來在統計上加以控制（吳明隆，2010，566）。

其主要差異在於**準實驗無法完全選定實驗的對象，通常均是以一群人、一個班級、或一個社團的限制為對象**，失去了可以完全控制樣本條件的特質，而被稱為準實驗。而如果要真正地實施實驗設計，要在一般社會上實施，常會出現經費及時間的困難；除了人的部分（受測者），進行實驗的條件控制也難以完全掌握在相同標準內。所以在行為及社會科學領域的實驗研究，僅能實施「準實驗設計」。在上面的情境下，所用的統計控制方法稱為共變數分析（analysis of covariance: ANCOVA）。這個分析會影響實驗結果，但非實驗者所操控的自變數則稱為「共變量（covariate）」。而在實驗室中針對少量樣本的實驗，由於可控制環境及受測者的各項條件，因此可以準確地說出實驗條件，來進行因果的關係測定，是一種較標準的實驗設計方法。

所以要進行實驗法需注意二個要素：（1）採取實驗的行動方式；（2）觀察行動後所需帶來或產生的結果。即研究者透過此法而選擇一定數量的受試者，向受試者進行實驗行動之後，觀察實驗行動後所產生的結果。是否可告知受試者，需依實驗設計的情境決定及依條件說明進行。

（一）適合實驗法的主題

因實驗法適用於較小的範圍、即在概念與命題定義明確的研究計畫。特別適用於做一個假設的檢定，也就是對於某一個問題所產生的疑問來進行檢定。由於實驗法的重點是在測定變數之間的因果關係，**因此也比較適用於解釋性的研究**，而**較不適合於以描述為目的之研究**，也較適用於由小型團體所組成的受測對象。而且對象是易於找到及掌握的，例如：受測對象為 3～5 人，不需太多人即可推論的情形。**所以在做研究結論時，**

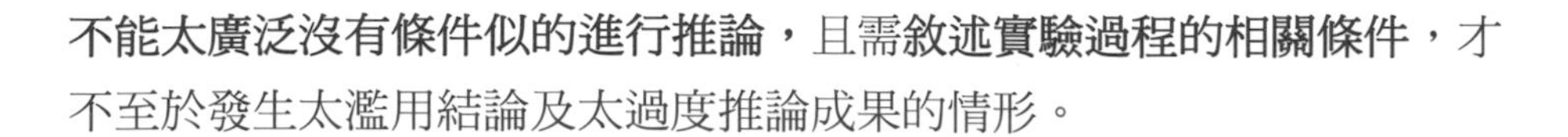

不能太廣泛沒有條件似的進行推論，且需**敘述實驗過程的相關條件**，才不至於發生太濫用結論及太過度推論成果的情形。

（二）實驗法的內容

古典的實驗法需包含有三個要素：（1）自變數與依變數、（2）前測與後測、（3）實驗法常用的符號。

1.自變數與依變數

一項實驗進行的目的，是為了要了解一個或數個自變數會對於一個或數個依變數，當進行了某些實驗後到底會產生那種影響，而做成可解釋的因果關係。

（1）一般所謂的「自變數」是代表著一個實驗的某種刺激/或是處理（stimulus/treatment），刺激是一種「二分類的變項」，也就是代表有出現、或沒有出現兩種屬性；

（2）而依變數就是因為前面的刺激或處理後，所產生的結果（可觀察的）之變化。

在典型的模式中，研究者就是為了比較在有刺激出現、或無刺激出現後的差異情形，所產生的結果到底有哪些不同，以及解釋到底原因為何如此？在醫學上更常是以用藥來看醫療結果，而在設計上則是觀察某些人因條件，來解釋所設計的產品之條件是否符合大家的使用。在感性工學上因為對於五感的觀察除了心理的測量外，在前述的五感測試設備所進行的生、心理的測量，由於有設備及少量的受測者均屬於實驗研究。

實驗後再根據所出現的結果，是否與假設相同或有關，來推論自變數的「要」與「不要」的條件，這樣才能完成因果關係的討論。也就是邏輯的**非 P 則 Q**、或是**若 P 則 Q 的情形**。

所以使用實驗法，做實驗之前必須先認知何為自變數、依變數，界定所要操作條件內容的定義，再依據條件去實施實驗，才能適度推論是在某些條件下所得到的結果，推論為何如此的因果關係。

2.前、後測與實驗對象

進行前、後測是為了**確保實驗的進行是否合乎所設計的推論**，因而在最簡單的實驗設計中，受試者必須先以依變數的產生與否，進行少量的測試（稱為「前測；pretest」），在大量實驗前確定實驗不致差異太大。之後再施予代表的自變數刺激，進行一定數量的測試，就依變數所接受的測量（「後測；posttest」），依據信效度的標準或抽樣標準，來進行一定受試者數量的實驗測量。

然後在兩個階段的測量之間，看依變數所產生的差異，就可歸因於是受那些自變數的影響，而形成的實驗結果。也有以加進某條件後的前後來分（前、後測）。例如教育上的加以某種訓練或教育後，所產生某些結果或成績的變化。

實驗對象的選定：一般常會困擾社會研究，該如何控制某些條件使其過程的條件及情境，不讓其他非研究的活動來影響結果、甚至改變了依變數所預期的結果。甚至在實驗的過程中為了觀察結果的變化，會安排條件一致的兩組：**實驗組及控制組**，同時對於兩組並行實驗，作為界定同樣自變數下，因條件的不同所反應出的情形是否一致、或有差異，來證明所給的條件是否影響了結果。當然兩組人也需加以定義，例如進行一些測試來選定對象，才能判斷實驗是否有成效。

（1）實驗組（experimental group）：在實驗中接受實驗條件刺激的那一組受試群。

（2）控制組（control group）：在實驗中未接受實驗條件刺激的那組受試群。

除加入的實驗條件因素之外，兩組受試群的對象，他們在其他各方面的條件均需一致，才能做出條件對於受測者是否有影響。以免不同的其他外在差異，影響了實驗結果，造成實驗成果判斷錯誤。

一項實驗的目的，就是要分出一個自變數對一個依變數的可能影響，所以在實驗中必須嚴格地控制所執行的條件，前述的自變數就是實驗裡的一些「刺激」或「處理」。

簡單地說；過程中實驗組的成員會暴露在刺激下，而控制組的成員則完全不能暴露在刺激之下，可告知實驗但是不要告知實驗目的，以免情緒影響或是故意符合實驗結果，才能推論有些刺激或處理是否會影響到結果。

3.實驗法常用的符號

O：表示在實驗中對依變數的第幾個正式的觀察、或衡量。如實驗中有兩個自變數，則用符號 O_1、O_2 來區別。例如：想判斷汽車的引擎聲（O_1）及關門聲（O_2）是否影響駕駛者的判斷力等。

X：表示在研究中對測試單位（test units）所進行的實驗操弄或處理後的揭露（exposure）。例如：當測試單位受到或進行兩次、或兩次以上的實驗處理時，則以符號 X_1、X_2、…、X_n 來類推及區別所處理的不同條件等。

EG：表示實驗中測試單位的實驗組（experimental group），其成員在實驗過程中，將接受或受到實驗的處理者。

CG：表示實驗中測試單位的控制組（control group），控制組的成員在實驗過程中，在同一條件下並不用接受或受到刺激/處理的實驗處理者。

（三）實驗法的目的

由於經由測試命題來發現因果的前後關係，因此適合用來探討相關性/解釋性的研究。也就是經由這些研究的實驗，來找到之間的因果關係。而要達到這些研究的目的，是透過一些「變異數的控制」，必須遵照 Max, Min, Con 原則：

（1）需盡量使自變數能產生最大的變化（Max）。

（2）需能控制使誤差產生在最小的範圍內（Min）。

（3）實驗設計必須在控制住其它干擾或可能外生干擾的變數（Control），此原則的情形下進行。

為了達成實驗的目的，上述的三個原則的達成，有賴掌握實驗過程的及研究者的求真心態（真），以及整個團隊的用心程度（善），才能得到最好的結果（美）。

1.使實驗變異達到最大（Max）

實驗設計進行時，需設法使實驗處理（自變數 X）的幾個條件之間，盡可能地彼此有最大的不同。例如：消費對象（選擇：城市、鄉下）；二種消費行為（月平均消費的上、下標兩類）、或教學方法（填鴨、放任），這些條件越不同，則實驗會有越大的變異量產生，顯示兩種群組的不同。

2.使誤差變異數成為最小（Min）

（1）實驗情境加以妥善控制，讓條件的解釋性更高，越能自信地解釋自變數的情形。

（2）盡量增加測量工具或設備的信度，如果信度愈低的實驗所測得的分數就會越不穩定，誤差的變異量也就越大，會因設備的干擾影而響實驗信效度。

所以需要盡量地加以控制及限制使其成為最小，藉以控制過程是在某特定條件下，所進行的實驗過程，才能正確地解釋兩者的因果關係。例如設備的檢驗校正，受測者的前側篩選。

3.控制住無關的變異量（Con）

控制干擾是重要的，而如何來控制所謂的無關變異量，有以下幾個方法建議，來加以利用及嘗試。

（1）**隨機法/隨機分派**：對於受測者而言；隨機指派實驗的受測者，到實驗組或控制組，這種隨機分派樣本是唯一可以控制「所有」可能外生的無關變數之方法，也是其他方法所無法可及的。

（2）**納入法**：將無關（外生）變數一起納入實驗，將這些外生變數也視為一個自變數來加以「控制」及測試，讓實驗設計的內容變成多因子的實驗設計，其產生的結果也較有多樣性。

（3）**排除法**：把無關的變數去除、或盡量保持條件的恆定，例如：控制溫濕度，噪音等外界環境因素。例如：選擇相同的外生變數樣本，雖然方法有效而研究結果可能會通則化，會受到限制情形可能的缺失，也是最容易執行及理解的方法。

（4）**配對法**：在特徵上將相似的受測者重新分配，**將一位指派到實驗組，另一位指派到控制組**，使實驗組的整體平均特徵與控制組的能更接近。例如：兩組有相同的年齡、性別、種族等的相似資料結構，藉以排除這些因素的干擾。

(四)實施步驟

為了掌握因果的條件，進行實驗前必須確定一些內容外，接著的實驗法之實施步驟大約如下：

(1)**要確立好假設**：確定所欲研究的問題與研究的假設

(2)**要確定好變數關係**：將問題或假設轉變成實驗中的相關變數

(3)**要控制實驗中的環境或情境**：對所有外生變數(如年齡、性別、種族、特質…)及可能對依變數的影響加以控制。為了避免(控制)受試者對研究主題、或情境的期待，及抑制實驗者的影響。有二種處理方式：(A)不讓受試者知道自己將被選定來進行實驗，(B)不讓「實驗者」知道自己屬於何者，為控制組、何者為實驗組。

(4)**選定適合且適當的實驗設計內容**：要兼顧「X、Y」的因果關係之內部效度、外部效度、客觀性、準確性、及經濟性，使實驗的一切條件盡量地被妥當地安排，及可能地加以控制。

(5)**確定適當的受測對象**：利用方法或條件挑選及指派最適當的受測者，以利於實驗的順利進行，及得到好的實驗成果。

(6)**選擇或編制具有一定信度及效度的測量工具**：常見搭配實驗的測量工具包括；觀察法、問卷法、書面測驗、生理測量等，或是適當的量表。

(7)必要進行的實驗觀察：預測、修定、再測試的檢驗過程

(8)**選擇適當的統計方法**：藉以整理資料及分析，才能解釋假設的成立與否，

(9)撰寫研究成果的報告：需具有經驗者來主導報告的撰寫，以免敘述不清、問題意識不夠了解，使研究的成果能夠被高度地印證，才能獲得較高學術認同。

如前所述的這些方法之說明，在於讓研究者能夠建立初步的概念，然後才能進行後續的規劃，及得到良好的實驗成果。

其實許多工作一直在變，也就是現在的學校科系組織已經無法跟得上社會需求的變化。我說的是未來的工作發展，許多在現在的職場上的工作，一直找不到合適的人力，就是因為上述的問題。

現在韓國已經流行學校畢業後，自己感受到社會工作形式變化及自己興趣的變化，而重新找一個職業訓練的學校進修，甚至專心唸書獲取新知識的也有。學生自己要有銳利的眼光及廣泛的知識興趣，才能應付未來時代的職場變化，所以不要滿足於現況，而無知的認為自己所學的熱門的科系，就滿足了。切記不滿足現況才是進步及應付危機的唯一方法，但也不能因為壓力太大而導致自己的崩潰。

有計劃、有步驟的進行，才能有預期的成果，如果成果還不夠顯著，就需觀察自己的環境是否對，人生就像上述的實驗研究法，不對時就改。對自己的條件要適當，一切就會順利了。

第九章. 感性質化的相關理論分析

- 了解自己的目的後，進行所需的計測及調查後，需要理解那種統計分析技術是適合你來達成研究目的。
- 介紹了幾種重要的技術，詳細的過程需要參考相關的統計書籍。
- 雖然有些可能看不懂，那就不要選那個統計分析方式就好了～

感性工學的研究常經由曖昧不明的感性構造，去想瞭解消費者的看法及思維外，也可利用這些研究結果，去進行後續的相關目的。

例如：企畫、設計等，利用這個方法及流程，如果嚴謹的進行這個流程，這樣就可以減少在決策方向上的錯誤因而浪費時間及金錢，就可確保想法的全力執行。因此對於調查的分析，對於研究目的需要正確的統計分析手法加以掌握，進而利用去執行相關的企畫或設計。

感性工學有許多可以藉以向感性逼近的方法，如果以感性數理的前進方式之觀點，德國的哲學及、心理家兼內科醫生的.Fechner (G.T.Fechner, 1801-1897)在 1860 年出版了「精神物理学」。

在提倡物理事件（刺激）對於心理事件（反應）的過程結果時，認為物理量與人的心理量之間的關係不是單純的係數關係，認為是一種對數的關係，開始考慮從感性向數理逼近，他在提倡的精神物理學裡，感覺是一種限定的東西。這個觀點與現在的感性工學研究者共識出所說的**感性的非線性**是有對應的想法（長沢伸也、神田太樹，2010）。

這是我們在進行感性研究時需要特別注意的問題，不是所有的結果均是容易理解的線性關係。因此，適當地選擇前述的方法及量表，進而選擇適當的分析方式，才能使感性工學的理性研究可以得到良好的成果，藉以得到可以應用成為企畫及設計的結果。

一、 感性的分析

所以依據不同的目的，選擇不同的研究方法，由開始的研究設計、問卷規劃、量表選擇、至選擇適當的統計分析手法方能完成、及獲得所

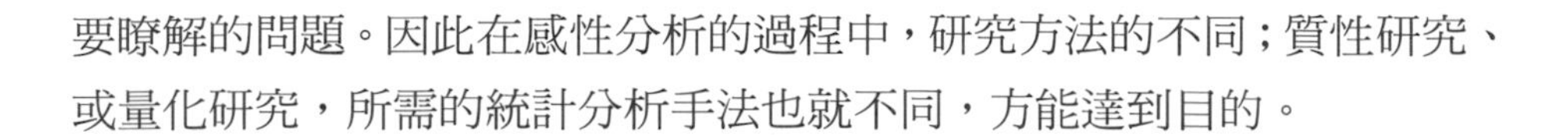

要瞭解的問題。因此在感性分析的過程中，研究方法的不同；質性研究、或量化研究，所需的統計分析手法也就不同，方能達到目的。

二、　資料的整理及操作

（一）資料的轉換

由於問卷填答後的資料須有技巧加以整理，特別是有些人只有想到要測試某些項目有，但是忽略了如何應用這些資料，使得辛苦獲得的問卷結果資料無法適當使用，變成無用資料。其實問題都是出在如何統計，如何統計則是因為不知如何整理資料，才能加以運用。

在資料轉換部份特別要提一下的是複選題、排序題、及測謊題。尤其爲了測定受測者所填的問卷不是隨意亂填，因此，會在題目中故意設計一題、或兩題的反向測謊題作為鑒定用。

1.複選題的資料

一般的複選題在進行統計分析時，可以在 SPSS 上進行，但必須先規劃好，才能得到你要的結果，通常會以規劃成單選的方式進行統計。也就是將其分成若干題，再進行加總。然後以單純統計或交叉分析來進行，無法進行其他的多變量及回歸分析，是唯一的缺點。

但是複選的思維被認為在調查時的測量好工具，因為受測者通常對於問題意識，不見得能那麼強烈地能馬上解讀所有的問題，且挑出選項來。所以可補足單選的不足，而有複選的設計滿足測試心理意識的問題。

2.排序題的處理

通常研究生常想希望受測者針對問題，針對回應加以排序，一樣地無法有對應的統計分析方式可以應用，所以測試完畢後常丟棄沒用，很可惜。其實其應用也是回到單選的概念，如何將進行呢？

2.1.問卷的設計

在網路問卷可以利用矩陣概念的圖示，讓受測者瞭解矩陣中的意義，就可讓受測者容易完成問卷，而後面的資料整理就可較容易去處理。

2.2.統計的分析

可以分別針對各項排序的序別加以統計，例如：被選為第一名的有那些個選項，分別各占多少百分比。

（二）操作的要點

對於如何操作，筆者在教學及做研究過程，常會發現學生不知如何將問卷的回答結果，放入適當的統計軟體中。以 SPSS 為例，目前的方法可以貼入或以打開資料方式兩種。

（三）重要的檢定

對於一個設計系的研究生，在進行完問卷或調查後，就會迫不急待地進行敘述性分析等。總是忘了最基本的假設檢定來確立自己的命題，研究問題轉為統計術語的研究假設是否成立。

1.統計的假設檢定

統計假設檢（statistical hypothesis testing）此假設所要檢定的假設為虛無假設（null hypothesis），而非研究假設。在所有的研究中研究者均需依據研究動機與方法，提出意見問題。

而根據研究問題所提出的假設，如研究教育程度對某類設計品的視覺要求高，如果轉換為研究假設為：「教育程度高者對設計品的美觀要求高」，此一假設為一個母群體對於某種五感性質的真實陳述，是研究者希望得到的答案。也就是希望它的結果會因教育程度呈現有差異或有關係的。

根據研究問題轉為統計術語的研究假設稱呼為「對立假設（alternative hypothesis）」，通常以 H_1 的符號來表示；教育程度高者對美感要求的測量分數之平均數為 μ_1，教育程度低者對美感要求的測量分數之平均數為 μ_2，則對立假設表示為：「H_1：$\mu_1 > \mu_2$」（吳明隆，2013）。而與對立假設相反者為虛無假設（null hypothesis），表示變項間沒有差異或沒有相關。如教育程度與對設計品的視覺美感要求沒關係，教育程度高者

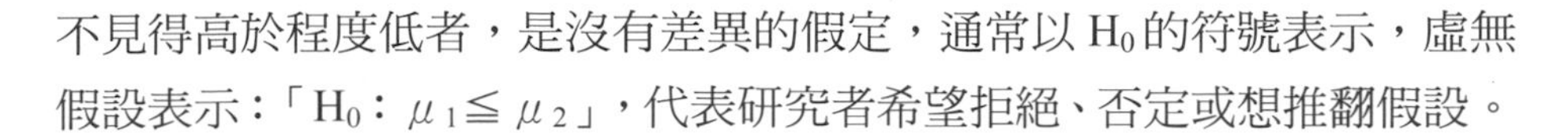

不見得高於程度低者，是沒有差異的假定，通常以 H_0 的符號表示，虛無假設表示：「H_0：$\mu_1 \leqq \mu_2$」，代表研究者希望拒絕、否定或想推翻假設。

2.單尾假設或雙尾假設

如果研究假設是有方向性的則此假設稱為「單尾假設（one-tailed hypothesis）」，例如前述的高教育程度對於美感要求較高 $\mu_1 > \mu_2$，因而假設為單尾。如果只強調有無顯著差異，研究者無法無法預測可能為 $\mu_1 > \mu_2$，$\mu_1 < \mu_2$ 或無相關性的 $\rho \neq 0$，此種不考慮方向的假設的稱為「雙尾假設（two-tailed hypothesis）」或「無方向性假設(non-deirectional hypothesis)」，藉上述的說明來理解研究假設及單雙為假設的意義。所以一個研究假設會嚴重影響到研究者對於議題了解程度，更可能決定出了研究的品質。

單尾假設與雙尾假設所對應的統計機率並不相同，前者採用的是「單尾檢定（one-tailtests）」，所對應的統計機率為單尾機率。後者採用的統計考驗為「雙尾檢定（two-tail tests）」。所對應的統計機率為雙尾機率，相同的樣本統計量，採用「單尾檢定」與採用「雙尾檢定」所獲致的結果可能剛好相反。

此種相反情形通常是「單尾檢定」時拒絕虛無假設，而「雙尾檢定」時接受虛無假設。研究假設的擬定會影響之後的統計決策，因而研究者在擬定研究假設時，最好以文獻的理論或之前相關研究的支持，才能符合科學研究之客觀與嚴謹（吳明隆，2013）。

3.統計的決策

對於假設檢定時，包含接受對立假設與拒絕虛無假設。此部分研究者須根據從樣本觀察值中所搜集到統計量作出拒絕或接受的決策，如果樣本統計量的顯著性機率值（p 值）小於或等於顯著水準（level of significances；以符號 α 表示），即 $p \leqq \alpha$，則表示樣本統計量落入拒絕域（rejected region），此時就有足夠理由拒絕虛無假設，也就是接受了對立假設（圖 9-1）。

相反如果樣本統計量的顯著性機率值；（P 值）大於顯著水準 α（level of significances），即 $p > \alpha$，則表示樣本統計量落入接受域（accepted region），此時沒有足夠理由拒絕虛無假設，應接受虛無假設，也就是你的假設不顯著。顯著水準 α 值通定為.05、.01 或.001（通常在數值右上角以*、**、***來表示之），一般皆一設定為.05，如果是雙尾檢定，則臨界值（critical value）左右二端的拒絕域的面積各為$^{\alpha}/_{2}$=.025（吳明隆，2013）。上述的原則很容易被忽略而將研究假設給弄混，對於提高研究的精準度是件重要的事。藉由統計決策可以用來判斷統計推論的情形（圖 9-2）。

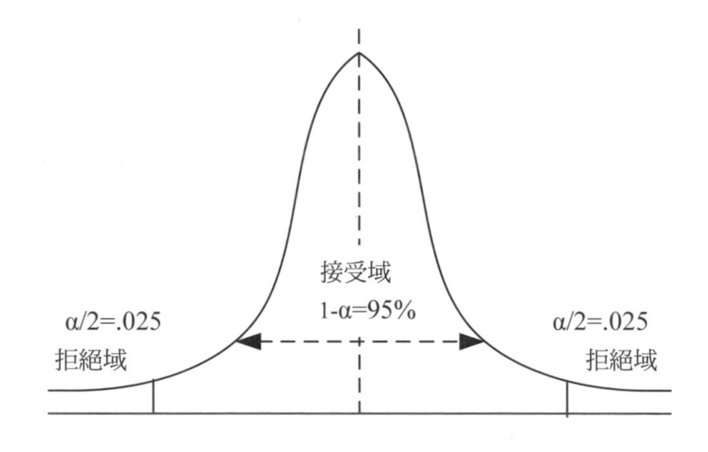

圖 9-1.雙尾假設考驗圖

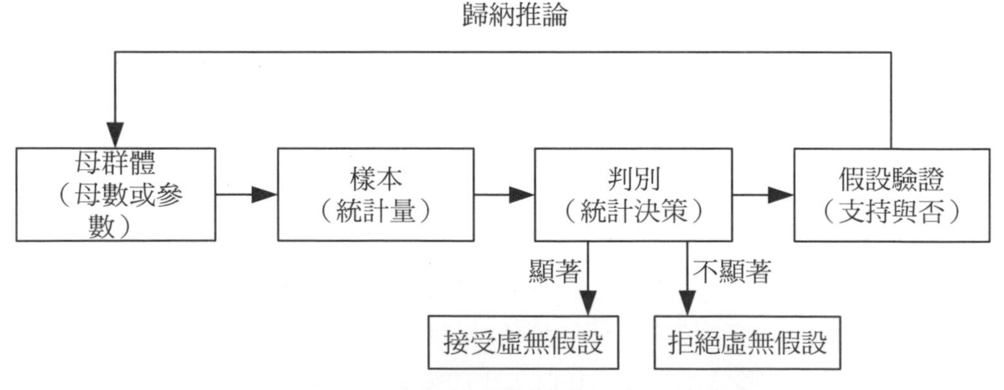

圖 9-2. 統計推論流程（吳明隆，2010）

4.檢定的類別

而顯著性的檢定，在統計中是個基本且重要的項目。有對於單一樣本平均數的單尾檢定、雙尾檢定，二個平均數的差異檢定。在統計檢定的理論中，母體平均數壯的檢定分為三種情形：一為母體的標準差 σ 已知，則不論受試群體是大樣本或是小樣本皆可使用 Z 值與常態分配來處理；一展一體傑準差 σ 未知，且受試樣本為小樣本，則需採用 t 值與 t 分配來處理；三為母體標準差 σ 未知，且受試樣本為大樣本（n≧30），則需採用 Z 值與 Z 分配來處理。

但事實上，受試樣本數變大時，t 分配會趨近於 Z 分配，即 t 檢定可包含 Z 檢定的應用，在社會科學領域中，大多數情況下，母群體的變異數與標準差均無法得知，故 Z 檢定應用的時機甚少，這也就是 SPSS 統計軟體中只有 t 檢定而無 Z 檢定的原因，即只有單一樣本 t 檢定，而無單一樣本 Z 檢定；只有獨立樣本 t 檢定，而無獨立樣本 Z 檢定；只有成對樣本 t 檢定，而無成對樣本 Z 檢定。

在統計學上，將 t 檢定這類可以調整不同分配型態的檢定統計方式稱為具有「強韌性（robust）」，除了在理論統計的教學中還會強調 Z 值與 Z 分配外，在統計軟體與統計資料的分析實務上，皆使用 t 檢定而不會使用 Z 檢定（林震岩，2006）。對於相關操作及條件之判定，請參考統計的相關書籍，除了可以精進外，從此書的概要性之提醒，應可較容易地去理解這些書的說明。

三、　質性的數量化理論

依據不同的研究方法所利用的量表，分成：

（一）質性研究：（1）為了預測外部基準的，A. 數量化 I 類、B. 數量化 II 類，（2）構造明確化：A. 數量化 III 類、B. 數量化 IV 類，（3）其他。

（二）量化研究：（1）為了預測外部基準的，A.重回歸分析、B.判別分析，（2）構造明確化：A. 因素分析（Factor analysis）、B. 多元尺度法（MDS）、C、集群分析（Cluster analysis），（3）其他（表 9-1）。多變量解析和數量化理論的差異：多變量分析方法量只適用於資料化，但是對於質的資料卻不適用，所以產生了數量化的分析方法。

而數量化的方法除了質的資料外，亦可進行量的解析。但是對於量的變數有所限制，尤其對於非線性關係的使用是數量化理論的特色。

表 9-1.感性工學相關的統計分析手法（長町三生編, 2008, 63）

		質的研究資料		量的研究資料
1.外部基準的預測	A	數量化 I 類：從質的資料來預測等距尺度的外部基準。	A	重回歸分析：外部的基準之預測方法
	B	數量化 II 類：從質的資料來判斷資的資料之外部基準。	B	判別分析：用說明變數為尺度，分類外部基準
2.構造明確化	A	數量化 III 類：從質的資料來明確資料的構造預測	A	主成分分析/因子分析(Factor analysis)：找尋沒有外在基準的變數合成內在的因子
	B	數量化 IV 類：依據質的資料之類似性來分類。	B	多次元尺度法 (MDS)：以距離資料為基準，找尋變數的相似性。
			C	集群分析 (Cluster analysis)：將樣本間的類性似加以分類成群
3.其他	A	類神經網絡 (Neural network)	A	正準相關分析
	B	基因演算法 (Genetic Algorithm)	B	邏輯迴歸分析 (Logistic regression)
	C	模糊演算法 (Fuzzy Logic)	C	聯合分析 (Conjoint)
	D	約略集合 (Rough Set)	D	層級分析法(AHP)

在統計調查須分清楚自變數及依變數；自變數（Independent Variable; IV）又稱解釋變數、預測變數，依變數（Dependent Variable; DV）又稱為效標變數、從屬變數。自變數（IV）扮演研究因果關係的「因」，而依變數（DV）則是一篇論文的研究核心，扮演因果關係的「果」。所以大部分的研究均以由原因，來推演結果。

也就是大部分的研究情況時由「DV」去推演「IV」，以一個研究探討一個 DV 為原則，通常 DV 的變動量會較 IV 大很多。介紹相關統計方法的主要目的是引導學習者理解自己的需求後，再找尋適當的書籍參考應用。

在此無法詳細的介紹過程等，希望利用這樣的方式擴大研究者的視野，及減少觀念的混亂。數量化理論（Hayashi's quantification theory）是由日本統計數理研究所的前所長林知己夫，從 1940 年至 1950 年代研究所得的成果，以前僅會在日本使用的多元數據分析法，目前已漸漸被台灣及大陸等國家的研究者大量使用。此理論分成 I 類、II 類、III 類、IV 類、V 類、VI 類等六種方法（表 9-2），而名稱是於 1964 年由社會心理學者飽戶弘教授所命的名，且一直沿用至今。

表 9-2. 數量化類型比較

方法	變數	資料	目的	關聯的方法
數量化 I 類	量的變數	項目、類別、資料	預測變數	重回歸分析
數量化 II 類	質的變數	項目、類別、資料	判別變數	判別分析
數量化 III 類	沒有	項目、類別、資料	變數間的關係與敘述	相關分析
數量化 IV 類	沒有	對象間的相似度	變數間的關係與敘述	多元尺度法

（一）數量化 I 類

1.研究與分析目的

由連續的自變數來預測依變數，利用虛擬變數（dummy variable）的重回歸分析合等價的分析方法。也就是想要了解依變數於自變數關係的如何加以表示，近似複迴歸分析方法。只是資料（data）的性質不同，此法是質的數據資料樣本，複迴歸分析是量的（菅民郎，1990，85）。

王振錚（2009）整理提出數量化理論一類的進行步驟，它屬於質性的複迴歸分析，是一種類別式複迴歸分析方法(categorical multiple regression analysis method)。常應用於感性工學，其外在基準應變數是定量的變數，而其他解釋自變數則是定性的的類別參數(categorical parameters) ，對於類別參數需使用虛擬變數(dummy variables)加以定義。

數量化理論一類法的目的，在於建立感性語彙與造形要素類目的關係，為求某一目的變量與其他各個質性的獨立變數項目（取 0 或 1 的虛擬變數）間的近似函數關係，利用類似質性的複迴歸分析的方法，來測定各質性項目對目的變數的影響強度，每個質性變數項目是由數個類目所組成，並假設所有樣本在每個質性變數項目中必選，而且只能選其中一個類目，用於建立迴歸公式，預測外在基準資料與事件的變異性。

是針對程度、狀態的有無的數值（量的資料），不是爲了分析質的資料，利用現有的多變量分析方法強制地將數值加以分割，來定義質的資料，藉以進行解析它們的相互關係的解析方法。

2.分析步驟

變數 X_i（i = 1， 2， ... ， p）共有 i 個的選項。各選項被選到的話就是「1」、沒有被選到就是「0」，共有 Σm_I 個的變數定義是 C_{ij}（i= 1, 2, ... , p;　j= 1, 2, ..., m_i）。利用各個分類的數值等於 a_{ij}（i= 1, 2, ... , p; j= 1, 2, ... , m_i）= $\Sigma \Sigma$ a_{ij} C_{ij} 來推算出依變數。

王振錚（2009）根據數量化理論一類的數學模式，建立感性關聯模型的施行程序為：

(一)定義感性關聯模型的數學公式，在各個樣本的產品樣本問卷中，針對某一個產品意象之感性語彙的條件下，所量測的感性評價分數，稱為外在基準(External Criterion)，數量化理論一類法的目的在於求出各個造形要素(Design Elements)中的類目得點(Category Score) 或一般稱為的迴歸係數(Regression Coefficient)，因此，預測外在基準變數的類別複迴歸方程式可定義為：

$$\hat{y}_s^k=\Sigma_{i=1}^{D}\sum_{j=1}^{C_i}\beta_{ij}x_{ijs} \qquad (1)$$

其中：

1. k 表示為第 k 個感性語彙，k=1, 2, ⋯, m, m 表示為感性語彙的數目；s 表示為第 s 個實驗樣本，s=1,2,⋯,n，n 表示為實驗樣本的數目；i 表示為

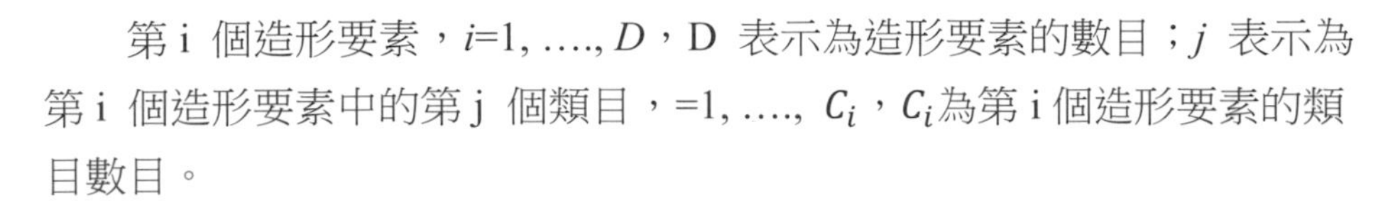

第 i 個造形要素，i=1, …., D，D 表示為造形要素的數目；j 表示為第 i 個造形要素中的第 j 個類目，=1, …., C_i，C_i為第 i 個造形要素的類目數目。

2. $\hat{y}_s^k$為基準變數（Criterion Variables），表示對於第 k 個感性語彙而言，第 s 個實驗樣本的感性強度預測值，y_s^k則表示為實際測量值。

3.x_{ijs}為解釋變數（Explanatory Variables），表示第 s 個實驗樣本在第 i 個造形要素中的第 j 個類目的虛擬變數（自變數），並假設所有樣本在每個造形要素中必有反應，而且只能與其中一個類目產生反應，因此可將x_{ijs}定義如下：

$$x_{ijs}=\begin{cases}1, & \text{第個實驗樣本在設計元素中的類目有反應時} \\ 0, & others\end{cases} \quad (2)$$

且x_{ijs}須滿足$\sum_{j=1}^{C_i} x_{ijs}$=1, for ∀i and s

4. β_{ij}表示第 i 個造形要素中的第 j 個類目的類目得點（Category Score），或稱之為偏迴歸係數（Partial Regression Coefficients），是造形要素中

的虛擬變數x_{ijs}的係數。

（二）利用最小平方法估計自變數係數，欲求得外在基準變數的預測方程式，需使預測值$\hat{y}_s^k$與實測值y_s^k之誤差總和為最小，因此可利用最小平方法（Least Squares Method），定義誤差方程式為：

$$Q=\sum_{s=1}^{n}(y_s^k-\hat{y}_s^k)^2 \quad (3)$$

其中，Q 是預測值與實際值的誤差平方和（sum of square error），為了儘可能提升預測的精準，減少外在基準實際值與預測值的誤差，則必須使誤差平方值的總值愈小在這裡鍵入方程式。愈好，即儘可能使誤差最小化，因此進行偏微分的計算，可定義下列方程式：

$$\frac{\partial Q}{\partial \beta_{\mathrm{ij}}} = 0,\ for \forall \beta_{\mathrm{ij}} \qquad (4)$$

所得到的聯立方程式，可進行對虛擬變數係數β_{ij}的求解，即可求得造形要素之類目得點β_{ij}，經由觀察β_{ij}的數值大小，可瞭解各個造形要素對外在基準（即感性語彙）的影響程度。

（三）將係數予以標準化，並計算常數項。

（四）計算複相關係數 R ：複相關係數是測定外在基準變數與說明變數的相關程度，亦為實測值 y 與預測值$\hat{y}$之簡單相關係數，複相關係數值愈大，表示相關性愈強，預測能力愈準確。並計算複判定係數R^2，複判定係數可稱為貢獻率，用來衡量迴歸方程式的配合度或解釋能力，係指外在基準變數的總變異（Total Sum of Squares，SST）。

可由說明變數的變異（Regression Sum of Squares，SSR），即迴歸變異所解釋的變異比例，若複判定係數值愈大，表示判定能力愈強，亦即用這一群說明變數去預測基準變數愈準確，若總變異趨近於完全由迴歸變異來解釋，則此預測迴歸方程式的解釋最強，也就是R^2趨近於 1。複判定係數等於R^2=SSR/SST。由於樣本數越小，越容易產生高估R^2來評估整體模式的解釋力，因此校正後R^2（adjusted R^2）可以減輕因為樣本估計帶來的 R_2 膨脹效果，校正後的R^2計算方式為$R^2 = 1 - (SSE/df_e)/(SST/df_t)$。

（五）計算偏相關係數，偏相關係數表示於多變項資料中，除去其它變項的影響後，兩個變項之間相關的程度，偏相關係數值愈大，表兩個變項之間愈具有因果關係，偏相關數係數的意義在於，當消費者對產品表達出某一形容詞語彙時，就會對某一造形要素會有較偏向某一形態範疇的心理傾向。

（六）計算全距，所謂全距，係指一群資料中的最大值與最小值之差的量數，全距越大的造形要素（項目）對預測值的影響越大，由於全距只考慮資料的兩個極端值，未顧及中間資料的變化情形，因此較缺乏敏感性，所以對外在基準的影響也越大，假設$Range_i$表第 i 個造形要素的全距，則定義全距為最大類目得點減去最小類目得點。

(二)數量化 Ⅱ 類

1.研究與分析目的

樣本數有各種不同的特性，而為了判定它們屬於哪一群的解析方法（菅民郎，1990，88）。例如：商品的購買者與沒有購買者，廣告的認知者與沒有認知者，將之分成兩群，這些群的回答會有屬性之分，可利用判別分析的方法，抽出購買者與非購買者的潛在同樣特徵等的利用。

2.方法應用

陳育龍（2003）研究提出由於雙職家庭的增加，台灣多數父母必須同時兼顧工作及家庭的照料，時間管理工作愈顯重要，因此用完即丟的一次性產品廣為現代人所接受。

而擁有省時、清潔、便利等特性之嬰兒紙尿褲也因此取代了傳統尿布，成為現今嬰幼兒生活中的必需品。嬰兒出生率為決定紙尿褲需求最重要之因素，由於社會環境的變遷趨勢為晚婚及子女數的減少，紙尿褲產業必須面對消費者逐年遞減的危機，目前眾多品牌中，未來將僅剩三至四個強勢品牌寡占的局面。

本文擬以市場占有率較高之前四個品牌以及怡親寶紙尿褲為研究對象，透過文獻探討及紙尿褲製造商訪談，綜合歸納出可能影響品牌判別之相關變項，並實際收集消費者的問卷調查，問卷資料經由獨立性檢定，挑選出與品牌判別相關之因素，利用數量化理論 II 類分析建立品牌判別模式，進而探討影響品牌判別之重要因素，以及怡親寶與其他品牌在重要屬性的差異（陳育龍，2003）。

最後的研究結果顯示：列入本研究的所有屬性中，在價格、防漏性、贈品、表層乾爽、吸水量、及品牌形象等六項屬性存在較大差異。品牌判別出主要受到產品屬性的影響，消費者特性及通路特性影響相對較不明顯。在品牌間比較方面，怡親寶與幫寶適兩品牌的差異最大，其中怡親寶在價格及吸水量兩方面優於幫寶適，而幫寶適在防漏性、贈品、表層乾爽及品牌形象等四個方面優於怡親寶。根據這樣的研究得到某一程度的研究結果。

（三）數量化 Ⅲ 類

分析目的與主成分分析、因素分析很像的分析方法，這些是樣本是量的資料，而數量化 III 類的樣本則是使用質的資料（菅民郎，1990，88），但是較少被應用於研究上。

（四）數量化 IV 類

是多元尺度構成法（MDS）的部分，利用數值來計算相互間的親進度，是數量化 IV 的主要目的，所以找到各個受測物件之間在坐標間的距離關係，藉以發現各物件間的平面坐標關係。數量化 Ⅳ 是屬於多元尺度構造法的一部分。

（五）解釋構造模型法

1.研究與分析目的

解釋構造模型法（IS: minterpretive structural model ）為 Warfield 提出的一種社會系統工學(social system engineering)彙整訊息的一種解釋構造模型法(structure modeling)，為一制定管理決策的工具，用來分析與解決複雜的情境和問題。於 1972-1974 年在俄亥俄州 Columbus 的 Battelle Memorial 研究所發展（Warfield & Cárdenas, 1994），原為社會科學（Social SystemEngineering）研究中的一種構造模型法（Structure Modeling）（Warfield, 1976）。

此法可將要素的複雜度轉變成為一具有秩序性的組織，其分析的概念是將一個集合內元素之間的關係矩陣（relationshipmatrix），根據離散數學和圖形理論，呈現出元素間的階層圖形。因此可有效釐清要素間彼此互相影響的關係，其主要是利用圖形理論與階層有向圖，進而描述分析目標要素的次序邏輯關係，將抽象化的要素順序以具體化與全面化的關聯構造階層圖來呈現（Jharkharia & Shankar, 2004）。其透過電腦的輔助，協助群體建構所搜集的知識，以利於進行團體成員間的對話。對群體在面對關於某些複雜系統和議題的互動學習和決策，能有效增進知識的使用效率（Hwang & Lin, 1987；張寧，2007；張寧等人，2008）。

也是以離散數學和圖形理論為基礎，再結合行為科學、數學概念、團體決策（group discussion）及電腦輔助領域，透過二維矩陣（binary matrices）的數學運算，來呈現出系統內的全部元素間之關聯性，可得一完整的多層級結構化階層（multilevel structural hierarchy），也稱所繪出的階層圖為「地圖（map）」，幫助決策者能清楚且有系統地用來組織所得的資訊和概念，並改善對問題在各層面的瞭解。它也可以用來處理各種不同層面的抽象問題，將之發展成對問題具有更深層與概念性的認知，進而加以改善或設計、也可藉以規劃出更細部的解決方案，才能更迅速、更順遂地作出有效的決策 (Warfield, 1974, 1977）。

是一種進行設計決策時，相當容易進行的方法，且結果也具一定的效度，值得推薦。

Tazki 與 Amagsa (1997）認為人們研究複雜與分歧的問題，或是進行問題分析與需求評估，往往只憑直覺與經驗來判斷，理想的規劃應以 ISM、DEMATEL 和 KJ 等方法來處理，而 ISM、DEMATEL 以圖形理論為基礎，其中 ISM 因是可將所有要素用矩陣的方式來處理，所以特別有效的，值得加以利用。

2.ISM 的階層影響關係

林原宏（2004）提出欲分析的集合 S 有 n 個元素，且已知 n 個元素中任意兩元素 A_i 與 A_j 的二元關係(binary relationship)，則該集合內元素之間的影響關係矩陣可用 A＝ $(a_{ij})_{n\times n}$ 表示。若 $a_{ij}=1$，表示 A_i 對 A_j 有顯著影響；若 $a_{ij}=0$，表示 A_i 對 A_j 沒有顯著影響。假設有一集合 S 有 3 個元素 A_1 至 A_3，其元素間的影響關係矩陣以 A 表示

$$A=\begin{bmatrix}0 & 0 & 0\\0 & 0 & 1\\1 & 0 & 0\end{bmatrix}$$

矩陣 A 以 0（沒有關係）、1（有關係）來表示元素間的關係，其關係是屬於二元關係，如「$a_{32}=1$，所以 A_3 對 A_2 有顯著影響」；「$a_{23}=0$，即 A_2 對 A_3 沒有顯著影響」。

由 ISM 的分析，可將矩陣 A 中的元素，可以階層圖來表示出個元素的關係，可觀察出元素間是上下階層及影響的箭頭關係，A_3 與 A_4 元素位

元於同一階層且互為影響關係，所以將其以虛框標示，表示兩者為對等關係。

如在更大的矩陣時，以保持主對角線為 1 的情況下，將 M_1 右方乘以行置換矩陣 P，左方乘以列置換矩陣 P_{-1}（其中 P_{-1} 為 P 的反矩陣），使其盡可能右上角元素為 0，可得矩陣 M_2，即 $M_2=P_{-1}M_1P$。限於篇幅請看作者等人所寫的論文可連接至（**http://dx.doi.org/10.1155/2014/34161**）。

（六）決策實驗室分析法

1.使用的目的

決策實驗室分析法（DEMATEL；Decision-Making Trial and Evaluation Laboratory），可解決各管理問題間之複雜關係，此法為 1971 年在日內瓦的 Battelle 協會，討論用以解決科技與人類的事情，常被用於研究解決有相互關聯的問題群（如：種族、環保、能源問題等），藉以釐清問題真正的本質，而有助於研擬出好的、正確的對策。同時進行資料分析可以分析問題彼此間的關連度，以找出主、次要問題，並且建構消費者的決策評估因素間之因果關係。

2.基本的假設

基本假設有三：（1）需要明確問題的性質：在問題的形成和規劃階段，對研究的問題清楚的知道是什麼的性質，以便正確的設定問題；（2）需有明確問題間的關連度：由每個問題元素起始，表示出與其他元素間的關連度，以 1、2、3、4 等表示為其關連強度；（3）需瞭解每個問題元素的本質特性：對每個問題元素，再做相關問題分析後的補充說明（含同意及不同意之觀點等）。而 DEMATEL 根據客觀事務的具體特點，確定變量間之相互依存與制約關係，反映出系統本質的特徵及演變趨勢。

3.運算的模式

DEMATEL 進行步驟大致如下所述，請參考：

（1）步驟 1：定義程度大小。即解兩兩因素間之關係，須先設計影響程度大小之量表。在語意值及其語意操作型定義表中有分 1、2、3、4

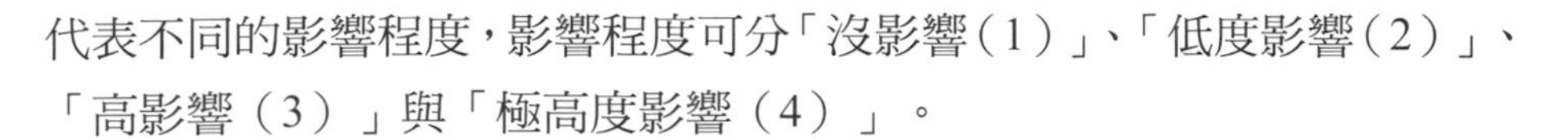

代表不同的影響程度，影響程度可分「沒影響（1）」、「低度影響（2）」、「高影響（3）」與「極高度影響（4）」。

（2）步驟 2：建立直接關係矩陣。當影響程度大小已知時，即可建立直接關係矩陣（S），而 n 項評估因素，將會產生 n×n 大小直接關係矩陣，而矩陣內的每一個值 z_{ij}，表示因素 i 影響因素 j 的影響程度大小；

（3）步驟 3：建立正規化矩陣。將直接關係矩陣正規化，根據步驟 2 所得直接關係矩陣 S 進行正規化，即可得一強弱程度矩陣（X）。

（4）步驟 4：建立總影響關係矩陣。當得知強弱程度矩陣 X 後，經由公式可得出總影響關係矩陣 T。

（5）步驟 5：各列及各行的值之加總。將總影響關係矩陣 T 之每一列每一行做加總，即可得出每一列之總和 D 值與每一行之總和之 R 值。

（6）步驟 6：結果分析 D 值表示總關係矩陣 T 每一列之加總值，意即直接或間接影響其他準則之影響程度大小；R 表示總關係矩陣 T 每一行之加總值，意即被其他準則影響之影響程度大小。將行列式運算的變數分別設為 D：代表影響其他因素的因子、R：代表被其他因素影響的因子、D+R：代表因子間的關係強度（中心度）、D-R：代表因子影響或被影響的強度（原因度）。故依據各變數之計算結果，對各因素間之因果相互影響關係進行分析。同時可以理解主要問題的範圍，及解決問題的方案大約為何。

（七）分析層次程序法

分析層次程序法(AHP: the analytic hierarchy process)係 Saaty 於 1971 年於擔任美國國防部規劃問題的工作時所創；1972 年隨後於美國國家科學基金會，進行依照產業對國家福利的貢獻度，來決定電力配額的分配研究中加以使用。1973 年更為蘇丹國，以該法主持該國運輸系統的專案研究，使得「分析層級程序法」的應用，能夠漸漸茁壯而趨於成熟（楊和炳，2003）。

它是一種定性和定量相結合的、系統化、層次化的分析方法。使得此法兼顧方便及效益性，由於它在處理複雜的決策問題上更有其實用性和有效性，不必再以傳統的思維來做決策，使得此法很快受到各個領域的重視。此法的基本思路與人對於一個複雜難決策的問題思維，判斷過程與人的思維大致是一樣，而被認為不會太理論及合乎人道邏輯。

此法最大的功用，明顯地告訴我們在使錯綜複雜的系統中，如何削減成具簡明要素的層級結構系統；然後以比率尺度（ratio scale）匯集專家們所給的評估意見（Saaty 1980）。

由於是根據專家們對各要素間之配對比較意見，經由比率尺度再加以量化後，得出配對比較矩陣（pairwise comparison matrix），而求出特徵向量（eigen vector），來代表每層中某一層次，各因素間之優先程度（priority），經由求出特徵向量後，再求出每個要素的特徵值（eigen value），以該特徵值評定每個配對比較矩陣之一致性的強弱程度，作為取捨或再評估決策之資訊（Saaty 1980）。

過程中的優先程度及特徵值的概念，與我們在思索問題做決定的思維類似，因而被認為是做決定（decision making）的好方法之一。由於層級（Hierarchy）是由兩個以上的層次（Level）所構成，但是太多的層次常影響評斷過程增加了難度。AHP 法對每個層次之所有因素是計算兩兩相比的優先程度（Priority），再將每個層次聯結起來，便可算出最低層次中各因素對整個層級之優先程度。此優先程度，即為本研究之重心，讓研究內的變項得到輕重大小的權值（楊和炳，2003）。

以選購液晶電視產品為例，假如；有 3 台液晶電視 A、B、C 供你選擇，你會根據尺寸、品牌和價格等一些準則去反覆比較這 3 個產品。首先，你會確定這些準則在你的心目中各占多大比重，如果你經濟許可就會較講究畫質，自然分別以尺寸、品牌為優先，而儉樸或手頭拮据的人則會優先考慮價格，單身者則可能會考慮日後搬遷，而以尺寸為重要條件等。這些條件因人而異，所以所作出決策的重要性，就可以算出來。其步驟大致如下（楊和炳，2003）：

1.定義問題並提出解答

將所要探索的問題加以定義，以免建立的層次有問題，並試著找出初步的解答。

2.建立層次結構模型

在深入分析實際問題的基礎上，將有關的各個因素按照不同屬性自上而下地分解成若幹層次，同一層的諸因素從屬於上一層的因素或對上層因素有影響，同時又支配下一層的因素或受到下層因素的作用。

最上層為目標層，通常只有 1 個因素，最下層通常為方案或對象層，中間可以有一個或幾個層次，通常為準則或指標層。當準則過多時（譬如多於 9 個）應進一步分解出子準則層。

3.建立配對比較矩陣（pairwise comparison matrix）

從層次結構模型的第 2 層開始，對於從屬於(或影響)上一層每個因素的同一層諸因素，用成對比較法和 1～9 比較尺度構造成對比較陣，直到最下層。

這個配對比較矩陣，代表某一層次各要素對上一層次中，特定要素之重要性程度或優先程度。

4.選擇上一層次第二個要素為比較準則

重複步驟三，則又可得到另一個配對比較矩陣。如此一再重復，直到本層次所有 n 個要素皆當過比較準則為止。所以共可得到 n 個配對比較矩陣和 n 個特徵值，n 個特徵向量，n 個一致性指標和 n 個一致性比率。再重複上面的步驟。

5.尋求各層次之合成優先向量

尋求各層次之合成優先向量（composite priority vector），每一層次 n 個要素各有其重要性權值，以上一層次 n 個重要性權值和本層次之特徵向量相乘，隨後作向量加總，即可求出本層次之合成優先向量。這些合成優先向量之權值，再成為重要性程度權值，用來和下一層次之特徵向量相乘，如此繼續的結果，可得到最低層次之合成優先向量。

6.計算權向量並做一致性檢驗

對於每一個成對比較陣計算最大特征根及對應特征向量，利用一致性指標、隨機一致性指標和一致性比率做一致性檢驗。若檢驗通過，特徵向量（歸一化後）即為權向量：若不通過，需重新構造成對比較陣。

8.計算組合權向量並做組合一致性檢驗

計算最下層對目標的組合權向量，並根據公式做組合一致性檢驗，若檢驗通過，則可按照組合權向量表示的結果進行決策，否則需要重新考慮模型或重新構造那些一致性比率較大的成對比較陣。

9.AHP 的適用範圍與應用領域

9-1.AHP 的適用範圍

AHP 主要應用在決策問題（Decision Making Problems），依 Saaty 的經驗，AHP 可應用在以下 12 類問題中：

（1）規劃（Planning）；
（2）替代方案的產生（Generating a Set of Alternatives）；
（3）決定優先順序（Setting Priorities）；
（4）選擇最佳方案或政策（Choosing a Best Alternatives）；
（5）資源分配（Allocating Resources）；
（6）決定需求（Determining Requirements）；
（7）預測結果或風險評估（Predicting Outcomes/Risk Assessment）；
（8）系統設計（Designing Systems）；
（9）績效評量（Measuring Performance）；
（10）確保系統穩定（Insuring the Stability of a System）；
（11）最適化（Optimization）；
（12）衝突的解決（Resolving Conflict）。

9-2.AHP 的應用領域

AHP 發展後，可應用於許多領域：政治分析、運輸規劃、投資組合、設施區位的規劃、能源政策的規劃、下棋行為的預測、都市運輸系統的評估、行銷研究，最近幾年朝向與多目標規劃（multiobjective programming）相結合，並推廣在大規模系統（Large-Scale Systems）的設計、處理風險（risk），與不確定性（uncertainty）的問題等。甚至在設計的企畫階段，作為設計評估及決策的應用，是可以廣泛作為整理構思及意見收集後決策用。可以連接（http://www.hindawi.com/journals/mpe/2015/401736/），看一下作者等人所寫的論文。

第十章 感性量化的相關統計技術

- 這個部分在於給研究生們一些基本概念，知道了這些統計技術後，讓大家可以容易理解。
- 內容有些有方法的論文應用說明，有些說明步驟即可懂，有些不常被用，僅加以簡述而已。
- 記得要再相關書籍或是找更懂的人協助或是共同研究，要記得共同研究的重要性。

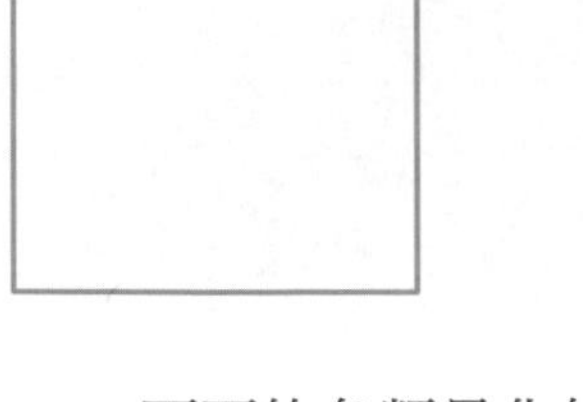

下面的各類量化的統計技術簡介，可以作為大家想進一步說明自己的研究所進行的統計技術，藉以加深自己的理論基礎。這個部分只要在於給研究生們有基本概念，知道了這些方法後，讓大家可以容易理解。

一、 複迴歸分析

必須先說明迴歸分析（regression analysis），主要是為了探討數據之間是否有某一種特定關係。迴歸分析是建立依變數 *Y*(dependent variables) 與自變數 *X*（independent variables）之間關係的模型。

可以分為簡單迴歸（simple regression）簡單迴歸是用來探討 1 個依變數（*Y*）和 1 個自變數（*X*）產生的數學式關係。和複迴歸（或稱多元迴歸；multiple regression）：是會有超過一個自變數（*X*），再來統計運算出與依變數（*Y*）的關係

。藉以了解兩個或多個變數間是否相關、或相關的方向與強度，並建立一個數學模型模式，以便觀察這些特定變數在變化時的互動關係，來預測研究者感興趣的變數。

（一）研究與分析目的

在於了解兩個或多個變數間是否相關、相關方向與強度，並建立數學模型以便觀察特定變數來預測研究者感興趣的變數。經常用在解釋和預測兩個主要的目的。

（1）解釋方面：可以從迴歸方程式，瞭解每個自變數對依變數的影響力、或貢獻，每個自變數也因前方的係數，例如：Y（手機造形）$= \beta_0 + \beta_1 X_1$（面板大小）$+ \varepsilon$。藉此來放大、或縮小該變數的影響力。也可以找出

影響最大的變數，來進行各方面的解釋，例如：可以在統計和管理意涵上的解釋及判斷。

（2）預測方面：由於迴歸方程式是屬於線性關係，我們可以用來估算自變數的變動情形，而帶給依變數的改變之程度，所以，也就是可以使用迴歸分析來預測，當某些條件改變時，未來可能接著在依變數的變動到底為何。

例如：流行的自變數對於一些產品設計或視覺相關的設計之影響情形。以手機為例；Y（手機設計）$=\beta_0+\beta_1 X_1$（服裝流行）$+\beta_2 X_2$（色彩流行）$+\beta_3 X_3$（室內流行）$....+\beta n\ Xn+\varepsilon$。

在使用迴歸分析前，必須要確認資料的迴歸分析是否符合基本統計假設，如果違反迴歸分析的基本統計假設時，會發生統計推論的**偏誤，需在進行前必須加以研究及判斷。**

（一）分析步驟

1.線性關係

依變數和自變數之間的關係必須是線性，也就是說，依變數與自變數存在著相當固定比率的關係，若是發現依變數與自變數呈現非線性關係時，可以透過轉換（transform）成線性關係，再進行迴歸分析。

2.常態性

常態性（normality）若是資料呈現常態分配（normal distribution），則誤差項也會呈現同樣的分配，當樣本數夠大時，檢查的方式是使用簡單的 Histogram（直方圖）。

若是樣本數較小時，檢查的方式是使用 normal probability plot（常態機率圖）。

3.誤差項的獨立性

自變數的誤差項，相互之間應該是獨立的，也就是誤差項與誤差項之間沒有相互關係。否則在估計迴歸參數時，會降低統計的檢定力，我們可以藉由殘差（residuals）的圖形分析來加以檢查。

尤其是與時間序列和事件相關的資料，特別需要注意去加以處理。

4.誤差項的變異數相等（Homoscedasticity）

自變數的誤差項除了需要呈現常態性分配外，其變量數也需要相等，變量數的不相等（heteroscedasticity）會導致自變數無法有效的估計應變數，例如：殘差分佈分析時，所呈現的三角形分佈和鑽石分佈。

在 spss 軟體中，我們可以使用 Levene test，來測試變異數的一致性，當變異數的不相等發生時，我們可以透過轉換（transform）成變異數的相等後，再進行迴歸分析。

5.最佳的迴歸模式

選擇變數進入的方式（以得到最佳的迴歸模式）在進行迴歸分析時，大部份的情形是有多個自變數可以選擇使用在迴歸方程式中，我們想要找到的是能夠以較少的自變數就足以解釋整個迴歸模式最大量。

然而，其存在問題是我們應該選取多少個自變數，又應如何選擇呢？我們整理選擇自變數進入迴歸模式的方式如下：選擇自變數的方式確認性的指定順序搜尋法向前增加往後刪除逐次估計

6.確認性的指定

以理論或文獻上的理由為基礎，研究人員可以指定哪些變數可以納入迴歸方程式中，但必須注意的是，研究人員必須能確認選定的變數可以在簡潔的模式下，達到最大量的解釋。

7.順序搜尋法

順序搜尋法（Sequential Search Methods）是依變數解釋力的大小，選擇變數進入迴歸方程式，常見的有向前增加（Forward Addition）、往後刪除（Backward Elimination）、逐次估計（Stepwise Estimation）三種，我們分別介紹如下；

（1）向前增加：自變數的選取是以達到統計顯著水準的變數，依解釋力的大小，依次選取進入迴歸方程式中，以逐步增加的方式，完成選取的動作。

(2)往後刪除：先將所有變數納入迴歸方程式中求出一個迴歸模式，接著，逐步將最小解釋力的變數刪除，直到所有未達到顯著的自變數都被刪除為止。

（3）逐次估計：逐次估計是結合向前增加法和往後刪除法的方式，首先，逐步估計會選取自變數中與應變數相關最大者，接著，選取剩下的自變數中，部份相關係數與應變數較高者（解釋力較大者），每新增一個自變數，就利用往後刪除法檢驗迴歸方程式中，是否有需要刪除的變數，透過向前增加，選取變數，往後刪除進行檢驗，直到所有選取的變數都達顯著水準為止，就會得到迴歸的最佳模式。

二、判別分析

區別分析（discriminant analysis）又稱判別分析或鑑別分析。就是將已分類好的觀察值，選取有分類效果的樣本，利用分類變數（grouping variable；*g* 類）當因變數，多個計量的區別變數（discriminant variable）當自變數，建立判別函數（discriminant function）；$d = b0 + b1x1 + b2\ x2 + \cdots\cdots + bk\ xk$ ，*d* 為判別函數值（或判別分數; discriminant score），*x i* 為區別變數，*b i* 為判別係數（discriminant coefficient or weight）。

利用判別函數將新觀察值進行適當分類。基本要求：觀察值的個數（n）要比區別變數的個數（k）至少要多兩個以上。

（一）研究與分析目的

如果想要知道新樣本在的位置時，可以利用此法，統計算出一判別標準，來判定此新樣本的正確歸屬於那個族群（分類）。用途如：商品等級的分類、產品類別分類歸屬、圖案商標分類歸屬，也可運用於動植物的分類、社區種類劃分，氣象區（或農業氣象區）之劃分，職業依能力分類，甚至人類考古學上之年代及人種分類等均可利用。

（二）分析步驟

線性判別函數（linear discriminant function: LDF），是判別分析法中主要的工具。Fisher（1936）提出線形判別函數，應用於花卉分類上。他將花卉之各種特徵（character）（花瓣長與寬、花萼長與寬等）利用線性組合（linear combination）方法，將這些基本上是多變量的數據（multivariate data），轉換成單變量（univariate data）。再化成單變量的線性組合數值，來判別花卉類別的差別。

（三）方法應用-論文

李素馨、蘇群超（1999）研究者依大坑登山步道之實質環境特性，將 8 條步道分為：困難型（3 號、4 號步道）、中級型步道（1 號，2 號步道）、簡易型步道（6 號、7 號步道、8 號步道、觀音山步道）三種步道類型，而為瞭解是否適宜，乃利用判別分析來判斷這三個步道類型之使用者在選擇步道因素之異同性。

以活動者選擇步道因素之 33 個問項為自變數，3 個步道類型為依變數進行判別分析，以逐步法（stepwise method）導出判別函數，得知共抽取出 10 個最能區別此 3 種步道類型之變數，分別是「距離」、「特殊景觀風貌」、「動物景觀」、「停車空間」、「公廁設施」、「享用餐點」、「訓練技術」、「寧靜感」、「健身空間」、「廟宇拜拜」，共得兩個判別方程式。

判別函數 I 的典型相關值 0.491，而函數解釋變異數之效力為典型相關值的平方，所以函數 I 中三種不同困難程度的步道能夠解釋 24.1% 的變異數。從判別函數 I 的判別係數值，區分不同困難程度步道類型使用者的最大變數是「廟宇拜拜」、「距離」、「停車空間」、「寧靜感」，又從表 3 第一欄的形心值顯示，在判別函數 I 中，簡易型步道與困難型步道的使用者差別最大。

張華玲、張祖芳、蔡經漢（2010）採用主觀評價的方式，對兒童連身褲的靜態美觀性與動態舒適性進行主觀評價。根據主觀評價的結果，進行因數分析和集群（聚類）分析，建立不同類別兒童連身褲的結構判別模型。通過判別分析，對兒童連身褲的舒適性與美觀性進行判別，將主觀感受客觀化，從而提高兒童連身褲結構設計的工作效率。

潘威達（2007）在經過判別分析的鑑定後，確定去杜拜帆船旅館 BurjAl Ara 可區分成 3 群是可接受的，並再以「舒壓樂活」、「家庭和樂」、「社團聯誼」、「時尚品味」、「價格導向」與「流行嘗鮮」等6個因素的各構面題項計算加總平均後，以比較平均數法的ANOVA 來區別3個集群的屬性。透過比較平均數法參照各集群的特性，分別給予各區隔集群適當的命名，其分別為「自我享樂型」、「旅遊玩家型」與「慷慨交遊型」。生活型態的各因素構面在三個集群中皆有顯著差異。

李珮銓（2009）研究中國各朝代都有特殊的書體，其中尚意的宋代書法，創造獨特的藝術風格。本研究即以蔡襄、蘇軾、黃庭堅以及米芾宋代四大家為研究對象，探討四者行書風格。而於現今已有許多學者對於書法藝術有著深厚的研究與解析，但大部分從書法家文化素養與人格方面探討至書法風格，或以感性詞彙傳遞書法家思想，使得後人只能從片面較為質性描述的詞句理解。

因此，以數據量化方式分析書法風格，透過數據與質性描述的史料，探討宋代四大家行書風格差異。主要分為宋代四大書法家行書風格元素解構與量測、宋代四大書法家行書風格分析與比較二部分，第一部分：從個體筆劃至綜觀整幅作品的結構章法，有層次地解構宋代四大家行書造形，並針對不同元素定義各種量測尺度取得數據，客觀清晰的分析行書風格。第二部份：為宋代四大家行書風格分類，利用從分析測量中的數據，以統單因子變異數分析與判別分析，挑選出最為影響宋代四大家行書風格的元素，並運用計量角度，清楚地標出不同風格之間的界線，進而從數值中，呼應至過往行書藝術文獻中質性的評論。

研究結果顯示，文獻史料所描述 蔡襄秀勁風格與 蘇軾肥厚風格從行筆平均數值中，可以看出明顯差異；而從起筆圓度可顯示黃庭堅圓勁的特色，一筆劃間的變化程度亦可顯示出米芾的八面生姿風格，四者風格大致皆可從統計數據反映。此外，本研究嘗試從另一角度解讀書法之美，運用客觀的數值分析，提供往後分析相關藝術的另一個研究面向。

另外為迎接行動商務、電信資訊及傳播科技匯流之數位環境，金融服務逐漸朝向行動銀行的發展；隨著大環境已朝向無現金的方式付款，悠遊卡已突破有一千萬張，而7-Eleven 推出的i-Cash 卡將近五百萬張；但相對具有信用卡、電子錢包、與悠遊卡交通票證等整合功能的「多功能智慧卡」持卡比率卻明顯偏低；由此可知業者對目前的市場不了解，行銷人員若可以找出讓消費者購買物品的動機，便可刺激消費者使用或購買的意願（Rook, 1987，Kotler, 2007，張悅容，2002）。研究消費者使用多功能智慧卡的動機為何，業者可針對不同消費者的動機提供誘因，來吸引更多的消費者辦卡。

丁筱珊（2008）智慧卡在各產業中主要的領域為交通業及零售業，從中挑選出悠遊聯名卡及 i-CashWave Q-PAY 作為研究主體，首先透過因素分析萃取出使用動機因素，並以動機因素進行集群分析以區隔市場，尋求不同區隔族群之差異，利用判分析比較持卡人與未持卡人及悠遊聯名卡與 i-CashWave Q-PAY 之差異，以擬定差異化行銷策略。為消費者問卷調查共發放了 392 份問卷，回收 373 份，有效問卷為 340 份。未持卡者 222 份，持有多功能智慧卡共有 118 份--持有悠遊聯名卡者 81 份、持有 i-CashWave Q-PAY 者 23 份、兩者皆有 14 份。研究結果如下：多功能智慧卡之使用動機萃取出五個因素：（1）生活便利、（2）新奇炫耀、（3）個人或家庭理財、（4）促銷優惠、（5）規避風險。

以動機因素為區隔變數得四個區隔：隨波逐流的消費族群、理財生活型態族群、酷愛方便的行動族群、多功能偏好族群，消費族群顯著的區隔變數為：年齡、職業、每月所得。持卡及未持卡人在動機因素、產品強度、目標族群，及消費者的年齡、職業、每月所得具有顯著差異。持有悠遊聯名卡與 i-CashWave Q-PAY，他們在動機因素、產品強度，及消費者的婚姻狀況、每月所得具有顯著的差異。

行銷策略建議如下：隨波逐流的消費族群屬於衝突市場應，採取維持策略。理財生活型態族群屬於無效市場，應採取放棄策略。酷愛方便的行動族群屬於現有市場，應採取市場滲透策略；行銷主要訴求應著重生活便利。多功能偏好族群屬於潛在市場，應採取市場開發策略；行銷主要訴求著重在多功能智慧卡整合多樣的功能。

三、因素分析

因素分析（Factor Analysis）或稱因素分析、因數分析，此方法大量地應用於設計相關的統計分析。它可以分成探索型因素分析及驗證型因素分析兩大類，這兩類有其不同的目的及方法。

前者是被還未被研究過的議題，想要找出構成該議題的因素有哪些，也就是通過原始變數的相關係數之矩陣的內部結構研究，歸納成能控制所有變數的數個（3-6 個）綜合變數，去解釋原始多個變數的相關關係代表。此法是設計領域進行探索性研究常用的方法，由於工業設計、視覺傳達設計、景觀設計等在探討設計方向，常經由多數影響變數，經由問卷後，依據因素分析找出重要因子代表解釋。

後者則是對於已經被研究過提出的因素，進行驗證性的研究，確認之前提出的因素是否合乎各項的檢驗，藉以證實或修正其因素的構成。這個方法常用於教育類的問題探討，且會以 AMOS 加以檢驗。

本節則以探索性的因素分析為主，來說明如何進行基本的研究，但是細節還是以參考專門書籍為主。

（一）研究與分析目的

在處理多元變數的分析時，常因變數的數量多的問題而無法理解其根本的因素為何。也由於變數太多，使得後續的分析增加了複雜性。而觀察變數的增加原本是為了使研究過程趨於完整，但太多的因素卻有時反而使研究結果變得不夠清晰明瞭，一昧增加的觀察變數，也讓人陷入變數太多而混亂不清的情形，所以濃縮減少變數是此法最主要的目的。

由於在實際的研究工作中，大部分的變數間常具有一定的相關性，也就是有些變數的解釋性是相類似的，故我們均希望用較少的變數，來代表原來較多的變數，依然能反映原有的全部資訊，於是就產生了主成分分析、對應分析、典型相關分析和因數分析等方法（http://math.yxtc.net/spss/sp11.htm）。

（二）分析步驟

而因素分析的基本操作及意義，可分成以下幾個步驟，每個步驟均有其目的及方法。

1.確認變數數量

針對不同議題的目的，利用相關資料的範圍搜尋、腦力激盪、群體討論、訪談等不同方法，儘量找出在此議題內，可能有關的變數項目。

基本原則是希望大規模且詳盡的方法，來收集完整的變數項目，以防日後掛一漏萬的情形。因此常會有大量的因素或語彙被找到，但是必須想辦法加以剔除及濃縮，才能進行後續的研究。尤其在感性工學的研究中，會依據不同的目的，找尋到各式各樣的圖像或是形容詞語彙等，在前述的 A、B 型的感性工學的研究方法中均有提及過，請加以參考使用。

2.剔除不良或雷同的變數

雖然前述的變數項目找尋越多越好，但是卻會因為太多、或是同質性太高的變數太多，必須要加以剔除，方能後續的測驗中減少樣本數及增加信度。所以初步的檢查，可以質性的 KJ 法來初步的加以歸納分類

2.量尺確定：Likert 量表確認

參看前述的量表，藉以選擇適當的表，來做為測試的工具。

3.信度的檢驗

內部一致性係數 Alpha 的值，信度檢定結果需大於 0.5，表示 KMO 呈顯著性，才有資格進行後續的因素分析。否則如果信度太低，就失去了分析的實際意義。

4.挑選分析的技術

這少數的幾個綜合變數是不可觀測的，故稱其為因數。因數分析所獲得的反映變數間本質聯繫、變數與公共因數的關係的全部資訊通過匯出的因數負荷矩陣體現。

5.選擇轉軸的方式

為了解釋的方便性，必須選擇適當轉軸法來將分散在座標軸上數據，找到一個可以解釋的軸向，通常有正交及斜交兩類。例如：進行 Kaiser 常態化 Varimax（正交；orthogonal）得到成分分佈表的組成內容。通常斜交（oblique）的解釋性較高，可在選項中加以選擇。

6.因數的解釋和命名

從因素分析得到的因子負荷矩陣，把變數按轉軸後的寄予率排序，相關性高者會依大小的程度分組，使同組內變數間的相關性較高，不同組的變數的相關性較低。

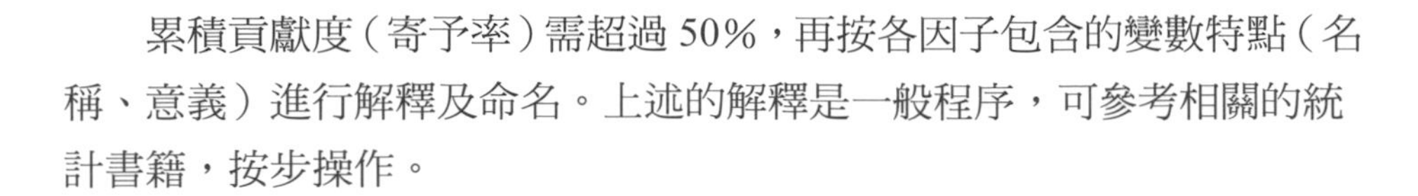

累積貢獻度（寄予率）需超過 50%，再按各因子包含的變數特點（名稱、意義）進行解釋及命名。上述的解釋是一般程序，可參考相關的統計書籍，按步操作。

（三）方法應用

1.論文

1-1.飲食文化中食具使用功能演化及設計方向的研究（摘自技術及職業教育學報，（11），245-261。

王明堂（2006）在飲食文化中食具使用功能，利用了因素分析去了解，國人對於食具使用上的認知，來發現我們對於這些筷子、刀子、叉子均有不同的使用概念，從以前的單一用途，改變了這些食具的功能以及用法，也就是這些食具的用途不是固定的，會因實際需要而變化。

（1）使用功能選擇

經由初步調查依票數整理出結果，由表 7-3 得知各食具的 12 個使用功能語彙（表 10-1）；（1）筷子：夾、打、撈、串、扒、插、攪拌、刺、挑、挖、塗佈、捲，（2）餐刀：分解、切、挖、割、攪拌、抹、插、刮、削、剁、刺、開，（3）餐叉：插、捲、刺、撈、挑、固定、攪拌、刮、撥、塗佈、瀝掉、戳。使用功能同時出現在三種食具的有；（1）攪拌、（2）刺、（3）插，顯示三種食具沒有完全分隔的功能。筷子與餐叉間另有；（1）捲、（2）撈、（3）塗佈、（3）挑，四項使用功能相同。可以瞭解年輕族群對於食具功能，已經有模糊及融合的認知現象，也就是不認為各食具有各自特別的功能。另外，年輕族群對於東方的筷子與西方的餐叉的使用功能，在感覺上也認為相當接近，12 項中選擇出 7 項相同的使用功能。

經相關檢定分析，發現「撈」、「攪拌」、「塗佈」，這三項使用功能關係的差異相當顯著（p=0.001），「刺」的使用功能關係也相當顯著（p=0.005），「插」、「捲」「挑」使用功能則出無顯著差異。雖然選擇相同的使用功能，但其內涵因實際使用的不同事實亦有所差異。餐刀與餐叉間另有；（1）刮、（2）抹（塗佈），2 項使用功能認知相同。

經由相關檢定，發現「刮」的使用功能差異顯著（p=0.001）、與「抹」兩者之間則無差異。而且在台灣的年輕族群心中，瞭解文獻中筷子是「一器多用」概念外，所包含的使用功能也增加了，打、撈、串、扒、挑、塗佈等功能。同時餐刀、餐叉文獻中的「一器一用」的使用概念，已經改變成「一器多用」的功能。

表 10-1. 個使用功能語彙

功能	1	2	3	4	5	6	7	8	9	10	11	12
筷子	夾	打	撈	串	扒	插	攪拌	刺	挑	挖	塗佈	捲
餐刀	分解	切	挖	割	攪拌	抹	插	刮	削	剁	刺	開
餐叉	插	捲	刺	撈	挑	固定	攪拌	刮	撥	塗佈	瀝掉	戳

（2）使用功能認知探討

為了更進一步瞭解各食具的使用功能因素，將選擇到的使用功能，所進行問卷調查的結果，依據研究方法的說明利用 SPSS 軟體分析，並將得到的數據進行相關分析及說明如下：

（A）對筷子的使用功能認知及設計概念

筷子的 12 項使用功能經由信度檢驗，內部一致性係數 Alpha = 0.815，信度檢定結果（大於 0.5）。其 KMO 呈 0%顯著性，適合進行因素分析、利用主成份分析萃取法，以特徵值>=1 為萃取標準，選擇進行 Kaiser 常態化 Varimax 轉軸法，得到成分分佈表的組成內容，依動作精細度及手部動作，解讀 4 個因素，其累積貢獻度（寄予率）超過一半達 66.06%，4 個因素具有代表性。

從所得使用功能認知因素分析的結果，整理得到 4 個因素解讀：（1）第一因素：「挖」、「塗佈」，兩個變數的負荷值較高，因無交集的使用功能，所以解釋為—「塗挖功能」。（2）第二因素：「插」、「串」，兩個變數的負荷值較高，主要用在食物穿透，所以解釋為—「穿刺功能」。（3）第三因素：「打」、「撈」，兩個變數的負荷值較高、此過程均需手利用筷子加上旋轉才能達成，所以解釋為—「旋拌功能」。（4）第四因素：「夾」、「扒」、「挑」，三個變數負荷值較高，因其為筷子的基本功能，所以解釋為—「夾取功能」。

另經敘述性統計量分析（平均數統計），判斷各因素的重要性。「傳統取食功能」為最主要的因素，其次「旋轉功能」、「穿越功能」、「相關應用功能」。依據各項使用功能單項敘述性平均數，以「夾」的使用功能最重要，與文獻的研究相近，「夾」還是年輕族群對於筷子的主要使用功能認知。依序為「扒」、「撈」為常用的取食動作。我們可以瞭解，雖然東、西文化交流頻繁，但是傳統從小被灌輸在腦裡的還是直接反應在生活中。

而第一因素相關應用功能之平均數低於 4，顯見「挖」、「塗佈」、「捲」的功能在年輕族群之重要度偏低，這樣的功能是其他食具的主要功能，筷子可偶爾替代一用。由此可見，筷子的設計如僅以顏色及長短為重點，結果實難滿足年輕族群的需求，如從需求進一步提出多功能的設計，雖然困難但是一個進行的方向。

（B）對餐刀的使用功能認知及設計概念

從餐刀使用功能的重要度分析，發現全量表同質性高，內部一致性係數 Alpha = 0.74（大於 0.5），適合進行其他分析。經信度檢定後進行因素分析，各項目間的兩兩相關性高，所以保留不調整。KMO 與 Bartlett 檢定也良好所以適合因素分析。採主成分分析為萃取方法，選擇進行 Kaiser 常態化 Varimax 轉軸法得到 3 個主要因素，分別可以解釋 22.29%、19.87%與 18.69%的變數變異量，共計 60.82%的總變異量。

（1）第一因素：「剁」、「削」，兩個變數的負荷值較高，其本質是在分離材料所以解釋為—「分離功能」。（2）第二因素：「插」、「攪拌」、「開」，三個變數的負荷值較高，這些使用功能均以固定為前提，所以解釋為—「穿刺功能」。（3）第三因素：「抹」、「割」、「挖」，三個變數負荷值較高，均為餐刀用來處理及破壞表面的功能，所以解釋為—「塗割功能」。

1-2.愉悅產品之認知與設計特徵

蕭坤安、陳平餘（2010）對於現今的使用者而言，購買擁有自我獨特風格、個性化及令人心情愉悅的商品，已經成為未來消費市場的主流；在此觀點下，對於設計者與企業決策者而言，要如何有效的應用設計手法與產品造形來表現出具有愉悅性的情感意象商品，已成為相當重要的議題。本研究經因素分析實驗結果，萃取出構成使用者在產品愉悅性意象之認知因素為：輕鬆幽默、信賴熟悉、吸引性、外形操作等 4 項因子。針對產品愉悅與喜好程度進行相關分析，顯示兩者間關係呈現正相關。

另外，經產品設計特徵萃取實驗，共獲得 9 種影響愉悅意象操作手法的特徵：色彩、精緻度、仿生、聯想性、不合理組合、敘事性、象徵符號的應用、操作過程、造形與操作；再針對這 9 項特徵，以數量化一類程序做進一步之分析探討，結果顯示，在設計具有愉悅意象的產品時，需考量在整體事件的脈絡上，使用者自我內在的經驗感受和產品引發的意涵間之關係，且詮釋的意涵需要讓使用者容易了解與解讀，如此才能讓使用者體驗到產品的愉悅情感意象。

2.學位論文

陳明陽（2010）在這自我意識覺醒的年代，現代人美感認知的提升，使「美感」這個議題漸漸受到大家的關注。每個人因為不同的美感特質，對於產品也有了不同的喜好。因此，本研究主要在探討台灣地區民眾美感生活型態與產品偏好之間的關係。研究分為兩部分；

第一部分為建構美感生活型態量表，透過文獻探討、焦點小組的討論及專家檢視，之後進行預試，最後確立出 68 題的美感生活型態量表。以網路問卷作為問卷發放的形式，將回收的問卷數據進行因素分析。研究結果顯示，台灣民眾美感生活型態由「流行時尚」、「新奢華」、「美學知識」、「浪漫童趣」、「獨特品味」、「藝術行為」、「內斂反思」、「簡單樸素」等八個構面所構成。

進一步透過集群分析，可將受調者分為五個族群，分別為「簡單生活家」、「美學初心者」、「藝術手作實踐家」、「森林系美感幻想家」及「流行時尚先行者」。本研究同時也發現五個族群形成一「美感層級」，美感層級的發展與 Maslow 的需求層級理論發展模式相同，達到低層的美感認知標準之後，便會向上層層級提升，且亦有水平發展的時期。最高層級為美感發展至圓融成熟的美感心靈主體，屬於理想中的層級，不在這五個族群之中。

第二部分分別以手機、汽車、手錶三樣產品做為樣本，進行產品及影響消費者選擇產品的偏好因子喜好調查，結合第一部分之分群結果，計算每一族群，對於各類產品偏好與偏好因子的累計頻次及頻次百分比，然後進行卡方檢定。

卡方檢定結果發現，雖不是每個族群的差異都很大，但確實有部分族群的人在選擇產品及偏好因子的喜好有所差異。之後更深入的探討美感生活型態因子與產品偏好及各產品偏好因子的關係。判別分析的結果發現，美感生活型態因子與影響消費者選擇產品及產品的偏好因子關係顯著。尤其「新奢華」特質越明顯的人，越注重產品「品牌」可能帶給人的附加價值，也越懂得享受品牌可能營造出的優越感，並善於透過產品的品牌彰顯自己的卓越。

四、集群分析法

顧名思義就是希望將一群具有相關性的資料，加以有意義的分類。對每一個群體中的一些個體取幾個變量（說明變量）組，作成適當的判別標準即可辨別該群體的歸屬。

（一）研究與分析目的

目的是要將比較相似的樣本，利用統計的方法聚集在一起，形成集群狀態（cluster）。主要是利用樣本在坐標的位置，以之間的「距離」作為分類的依據，當樣本間的「相對距離」愈近時，表示他們的相似程度愈高，就可歸類成同一群組。也可強制分成幾組，更可以利用樹狀圖來分成視覺的群組。

而且這個統計分析方法不需要任何的前提假設，即可加以應用，因此是常用的設計研究方法。集群方法的分析可分成分層法(Hierarchical)、非分層法（Nonhierarchical）和兩階段法。

1.分層法

此法先將每一事物當成一個點，計算每一點間之距離（或相適度），將最接近的兩個點其合併成一個群體，少了一個點之後，再重新計算每一點間之距離（或相適度），再將最接近的兩個點其合併成一個群體。如此，逐次縮減點數，直至所有點均合併成一個群體為止。

有凝聚分層法（Agglomerative）和分離分層法（Divisive）。「距離」可分為「點間距離」和「群間距離」。「點間距離」：歐氏距離(Euclidean Distance)、馬氏距離（Mahalanobis Distance）、城市街距離（City Block Distance）。凝聚分層法開始時每一個體就是一個群組，然後將最接近的兩個體再合成一個群組，一漸漸使個體歸屬於各群組，使群組的個數越變越少，較易於解釋。依不同的「群間距離」分為數種，以 Wards Method（華德最小變異法）最常用。層次集群法最大的缺點就是執行速度較慢。

2.非分層法

最常被用的方法為 K 平均數法（K-means method），K 即其組數。此法最大的優點是執行速度較快;但最大的問題在如何決定其 K(組數)，以及如何安排其種子點？通常是以隨機方式安排，如果不小心將種子點安排的太接近，很可能使各群之差異變得不明顯。開始時只是任意將個體分成 k 組，然後讓個體在個群組間移動，最後達到（A）群內的變異為最小；（B）群間的變異為最大。

3.兩階段法

由 Anderberg 在 1973 年提出，以層次集群法，最好是 Ward(華德法)或平均連鎖法來取得集群數目，計算出各群的重心。再試著以各群的重心為種子點，投入 K 平均數法進行重新分群。

要解釋集群分析的處理步驟及過程，最好不要有過多的樣本點及變數，才能繪出圖形，並判讀其樹狀結構圖。所以，我們先以一個簡單之實例進行解說，然後再以正常之問卷調查結果來進行分析。

通常會分成兩個階段，（A）第一階段以分層法分群，來決定群組的可能個數，（B）第二階段再以 K 組平均法進行進一步的群集，經由再移動各群組內的個體，但是仍需保持全部的群組還是 k 組，也就是經鍊各組的個體，使其最佳化內容。

（二）分析步驟

（1）進行因素分析：確定是否進行變數的收斂，檢驗因素分析的步驟，將變數加以收斂。

（2）進行單因子變異數分析：檢定濃縮後之主成份因素的重要程度

（3）選擇方法：SPSS 程式下，分析/分類；選擇集群分析的方法

（4）集群對象：選擇觀察值或變數，也就是可以針對受測者加以分群，或是針對變數加以分群。

五、多元尺度法

多元尺度法（Multi Dimensional Scaling； MDS）與因素分析的類似處均是在做資料精簡（data reduction），他們均是簡化資料的一種方法。也就是利用資料點間的距離（distance）或相似性（similarity），來找出最低程度的空間重構資料點的相對關係（空間構形圖），它的計量是希望在某空間的座標維度中找到相對的座標點，使其點間距離與給定的距離矩陣能相同，而所找到的座標解也必需滿足歐基里德距離（Euclidean distance）矩陣。也就是希望將多次元空間內的對象類似性，將各對象之間的相對位置在空間中加以表明出來。

MDS 分成；有計量（metric）MDS、和非計量（non-metric）MDS 兩種，計量 MDS 是以相對距離的實際數值為作為數據資料，非計量的 MDS 則是以順序尺度的資料作為投入的數據資料。非計量的 MDS 是嘗試在座標空間的構面圖中，非計量多元尺度之距離不是物體間之實際距離，可以是物體間相互距離之大小順序等級，或受試者對於物體之間相似程度的主觀認知。而量測的配適程度指標通常稱為壓力係數（stress）。也就是進行 MDS 分析時通常以壓力係數（stress）作為衡量標準，根據 Kruskal（1964）的解釋，不同的壓力係數水準，有其代表的配適程度。如下表所示，不同的壓力係數代表的配適程度亦不同。而 n 計量多元尺度之距離計算：

$$d_{ij} = \sqrt{(x_{i1} - x_{j1})^2 + (x_{i2} - x_{j2})^2 + \cdots + (x_{in} - x_{jn})^2}$$

n 非計量多元尺度之距離不是物體間之實際距離，可以是物體間相互距離之大小順序等級，或受試者對於物體之間相似程度的主觀認知。

壓力係數是用來評量所模擬的構形配適資料的程度，壓力係數越小表示構形越配適資料， Kruskal（1964）提出壓力係數定義，其壓力係數適合程度根據（表 10-2）來判定，其計算公式如下：

$$S=\sqrt{\frac{\Sigma\Sigma(d_{ij}-\widehat{d_{ij}})^2}{\Sigma\Sigma(d_{ij})^2}}$$

S ：壓力係數

d_{ij}：成對事物在構面中之距離

d_{ij}之估計值，通常是以簡單迴歸$\hat{d}$（monotone regression）之方法求得，壓力係數愈小代表 d_{ij}與之差異不大，即代表模式之適合度很高。

表 10-2. 壓力係數與適合程度

	壓力係數	適合程度
1	0.200	不好（Poor ）
2	0.100	還可以（Fair）
3	0.050	好（Good）
4	0.025	非常好（Excellent）

（一）研究與分析目的

其主要的目的是希望能發掘一組資料所隱藏之結構。MDS 主要的貢獻在於發展知覺圖，是屬於非以屬性為基礎的方法（nonattribute-based approaches），與因素分析或區別分析等以屬性為基礎的方法不同。

（二）分析步驟

黃俊英（2000）將多向度評量的決策予以流程化，其中包括研究問題、選擇事物、收集投入資料、導出知覺圖、決定構面數、解釋構面及驗證分結果等七個流程，其中值得注意的是以下四點：

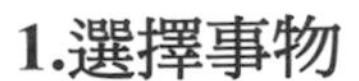

1.選擇事物

為避免影響 MDS 分析結果的穩定性，最好將欲選擇事物的數目設定為構面數的四倍以上（4N+1），通常，MDS 多以 3 個構面來架構認知空間，以達足夠解釋率，即假設以 3 個構面數來架構認知空間的話，則至少就要有 13 個事物作為向量。

2.發展知覺圖

重點在於導出各事物在空間中的位置，並決定各事物的理想位置點，或可說是合適的點位置。也就是說，將受測者的偏好認知，以向量形式表現在認知空間中，而各刺激物在向量上的正投影值，即代表刺激物在該屬性軸向上的偏好程度及排列順序。

3.決定構面數

常用最少的構面數，來合理解釋輸入的資料，而構面數愈多，就愈能解釋資料結果，在此可藉壓力係數（Press）來衡量構面數，當壓力係數達 70%以上時，即可決定合理的構面數目。

4.驗證分析結果

驗證的方法分割樣本及或多樣本的比較，即在原始認知空間圖中，找出適當的向度來分割（關鍵因子），或找另外一個樣本來比較事物的分布結果。MDS 有各種分析的程式工具，但所處理的資料主要為評比和排序。目前常見之多向度評量法有五種 MDS 程式工具最常被使用：KYST、INDSCAL、MDPREF、PREFMAP 與 PROFIT，其中「偏愛資料多向度分析」（Multidimensional Analysis of Preference Data；MDPREF）用來處理經由受測對象所得到的偏好矩陣。MDPREF 是一種可將受測者認知資料，以向量模式來進行運算，在 MDPREF 所架構的認知空間中，由相關係數表中可告知結果以兩個向量的相關程度解釋，當兩者的相關係數愈大時，表示兩向量的相關性愈高。

另外，從其所架構的空間圖中，亦可看出數值愈大之兩向量，其夾角愈小，即兩兩相對位置很接近，代表受測者對此兩者有著相同的認知態度（Lin, 1999），換句話說，「相關係數」與「向量夾角」是檢驗兩向量關係程度的重要依據。對此看來 MDPREF 所建構的認知空間是整合所有受測者偏好及屬性的結果，對其可解釋的適用性以向度變異量為最能表示的，因此本研究以 MDPREF 程式來分析。

（三）方法應用-論文

孫銘賢（2007）對產品包包的設計來說，什麼樣的表現層次與設計是人們喜愛、接受的，什麼樣的造型是必須避免的，什麼樣的意象是代表原著民的，如何使產品讓消費者獲得更多的資訊，都是設計師必須關注和思索的問題。使用MDS 中的MDPREF偏好性多向度評量法來探討，以受測者「有/無設計背景者」對於文化創意產品評價屬性與消費者喜好性，試圖尋找背景不同對於設計師所設計之樣本及屬性因子，找出潛在評量因子，並架構偏好性認知空間，以作為日後設計之參考。

透過問卷經收集資料，分別將 20 位受測者與 42 位受測者的偏好性資料整理並導入程式中運算，所得到文化創意產品屬性認知（具設計背景者）結果如下向度數的決定，經由 MDPREF 的分析後，首要確定所架構的受測者偏好性認知空間，應用幾個向度加以分析與詮釋。將其資料導入 EXCEL 程式中，由資料中看出變異量上的累積程度，再來對於偏好性認知空間向度數對於異變量解釋程度的數值，由資料中得知第二向度累積解釋率達到 83.27%，至第三向度累積解釋率達到 93.53%，第二向度以後因解釋的貢獻率已銳減，對於研究的貢獻意義不大。

所以運用兩個向度來架構出受測者的偏好認知空間，足以用來探討說明受測者族群認差異的空間，深具合理性與客觀性。經由屬性相關係數分析、主要認知向度確立、意象認知空間架構，將具設計背景者對原住民包包之文化創意產品的分佈成：（1）文化創意產品屬性上設計背景 A 群分析（C-D-A 群）、（2）文化創意產品屬性上設計背景 B 群分析（C-D-B 群）、（3）文化創意產品屬性上設計背景 C 群分析（C-D-C 群）、（4）文化創意產品屬性上設計背景 D 群分析（C-D-D 群）（表 10-3）。

表 10-3.包包於文化創意產品前五名的軸向投影之排序分群

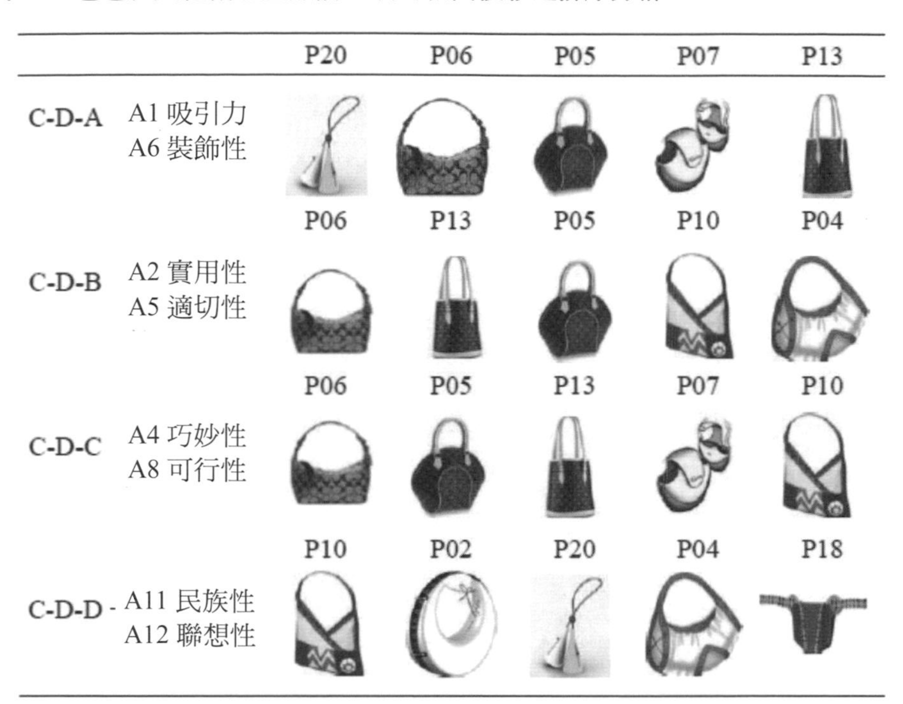

		1	2	3	4	5
C-D-A	A1 吸引力 A6 裝飾性	P20	P06	P05	P07	P13
C-D-B	A2 實用性 A5 適切性	P06	P13	P05	P10	P04
C-D-C	A4 巧妙性 A8 可行性	P06	P05	P13	P07	P10
C-D-D	A11 民族性 A12 聯想性	P10	P02	P20	P04	P18

C：文化創意產品屬性，D：具設計背景，A、B、C、D：流水編號

透過產品視覺上、造型上讓消費者容易聯想到原住民相關元素於包包產品身上，因此由設計師的角度觀看，能夠認同具有民族元素的包包並能夠認同構成的元素，而達到產生意象相似性相同並且群化。

另外擁有民族性特徵的裝飾性包包，在第一項象限上足以吸引消費者，並能夠達到每一層度上的啟發性質，所以掌握民族性的設計元素與意象，可以傳播文化創意產品的深切含意。

六、 KANO 品質模型

東京理工大學教授狩野紀昭（Noriaki Kano）和他的同事 Fumio Takahashi，受到行為科學家 Herzberg（赫茲伯格）的雙因素理論的啟發，於 1979 年 10 月第一次發表將滿意與不滿意標準引人質量管理領域（Kano& Takahashi, 1979），並於 1982 年日本品質管理大會第 12 屆年會上發表了《魅力品質與必備》的研究報告。該論文於 1984 年 1 月 18 日正式發表在日本品質管理學會（JSQC）的雜誌《品質》（Kano, 1984），確立了 Kano 品質模型（狩野模式）和魅力品質理論的成熟。

在品質績效與滿意度的相關研究，大多是以線性關係探討，亦即產品品質的強化如能增加，則可提升消費者的滿意度。相對地產品品質的減弱亦會提高消費者的不滿意度。

然而，對於某些心理面品質而言，當產品已符合消費者的滿意程度、或提供的品質被視為理所必要時，如果強化該產品品質卻不能對提升滿意度有所影響；相反地消費者往往會因為某些令人愉悅或驚喜的品質項目獲得提供或改善，而在滿意度方面有大幅的提升。

也就是品質績效與滿意度之間的關係，未必是呈現線性關係，而不同的品質水準對滿意度的影響力是不會相同的（Anderson& Sullivan, 1993）。 Kano 品質模式為了改進以往人們較重視「物理面」，而輕忽了「心理面」的品質觀念，及認知品質「一元化」的缺點，1984 年提出「二元品質模型」，強調以「二維尺度 (two-dimensional) 」的觀點，來詮釋產品品質與滿意度的相關性，其概念修正了早期品質管理中對於「品質」概念的看法（Kano et al., 1984）。

（一）研究與分析目的

1.三個層次的消費者需求

KANO 模型的研究目的是為了定義三個層次的消費者需求，橫軸代表「品質」充足與否的程度，縱軸代表「滿意度」或「不滿意度」。（1）基本型需求、（2）期望型需求和（3）興奮型需求（圖 9-1）。這三種需求可以根據績效指標而分類成基本因素、績效因素和激勵因素。

1-1.基本型需求

消費者通常對一個產品在購買前，對企業提供的產品或服務會有一些基本的要求。消費者認為這是產品或服務必須有的屬性或功能。當這些條件的特性不夠充足，就是不能夠滿足消費者需求時，消費者就會感覺很不滿意。當這些條件特性充足，也就是滿足消費者需求時，消費者也有可能不會因而有滿意的表現。

即使這些條件特性也超越了消費者的期望，但消費者可能充其量只是達到滿意的感覺，不會因而對此就表現出更多的好感。反過來只要稍有疏忽未能達到消費者的期望，消費者的滿意度就將會一落千丈。

由於這些需求是必須一定要滿足消費者，理所當然的就會這些反應。例如：購買液晶電視，發現換面跳動、畫質不良、就會讓消費者非常不滿，甚至進而控告業者，但是一些正常也不覺得特別滿足。另外例如購買冷氣機，在夏天如果空調的溫度不能讓室內溫度迅速降低的運作，消費者不會為此而對空調的品質感到滿意。

反之，如果一無法吹出冷氣或是冷度不足，那麼消費者對該品牌的冷氣機之滿意度就會明顯地下降，抱怨起經銷商，或對該品牌的相關產品產生不信賴感。這是因為產品的基本功能，未能達到消費者的基本需求，也就是一個產品必須具備一個讓消費者滿足的基本需求品質，否則一切問題將迅速衍生，導致公司出問題。

1-2.期望型需求

指消費者的滿意狀況與需求的滿足程度，會呈成比例關係的需求。期望型需求不會有基本型需求，那麼苛刻的情形，只要不滿足就會被馬上抱怨，期望要求提供的產品、服務比較優秀，必須超過一定的產品屬性或服務行為。如果企業提供的產品、服務水平能夠超出消費者的期望越多，消費者的滿意度就會越好，反之亦然，也就是一般消費者對現有產品的正常期望。

在一般市場調查時，消費者被探討及談論的通常是指期望型需求。如果一直被投訴的品質始終無法令人滿意，那麼該項服務或特性也可以被視為期望型需求的內容。而企業對品質的投訴，能夠處理得超出消費者期待，則會讓其越圓滿，那麼消費者就越滿意。

也就是一些付出，甚至能夠讓消費者將之前的抱怨，轉為更強烈的滿意感受。所以不論產品或服務，必須在原有的基礎上更加努力才能獲得消費者無形及有形的支持。例如：目前許多汽車廠常對小瑕疵主動告知車主回修，甚至提供到家牽車的溫馨服務，雖然付出了許多的經費，但相對地會得到支持型的需求回報，如果常常這樣就會被認定為該公司

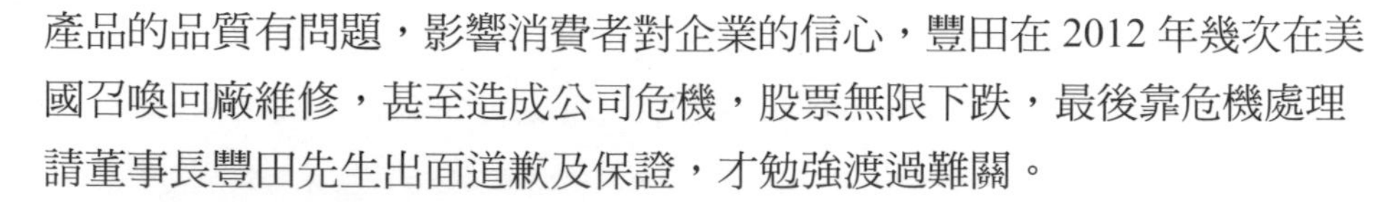

產品的品質有問題，影響消費者對企業的信心，豐田在 2012 年幾次在美國召喚回廠維修，甚至造成公司危機，股票無限下跌，最後靠危機處理請董事長豐田先生出面道歉及保證，才勉強渡過難關。

1-3.魅力型需求

是指有些產品或服務的項目，不會被消費者過分期望的需求。但是這些魅力型的需求項目一旦被給予且正常運作，則消費者所表現出的滿意狀況則會超乎想像的非常之高。對於魅力型需求通常會隨著時間演進，生活條件的增加，滿足消費者的期望的程度就需增加，需要修正需求。

例如：早期的行動電話只有行動通訊的基本需求，就能滿足消費者，漸漸地增加了各式各樣的功能；照相、衛星定位等，每一時期均需有一些創新的配備或功能，才能滿足消費者，他們甚至可丟棄還能用的產品，而購買新產品。iPhone 系列產品的推出策略可說應用了這樣的品質概念。因此魅力型需求獲得了充分的滿足，消費者的滿意也就會急劇上升；相反地如果在期望不能滿足時，消費者也不會表現出明顯的不滿意。所以企業必須了解如何提供給消費者一些完全出乎意料的產品屬性或服務內容，使消費者能產生驚喜感。

消費者對一些產品或服務不見得會表達出明確的需求，當這些產品的特有屬性或服務提供給消費者時，消費者就會表現出非常的滿意，進而提高消費者對企業的忠誠度。例如：有些中價位的旅館為消費者進旅館時提供水果，甚至鮮花，而讓顧客深深地感動，這個超乎消費者想象的服務獲得了極高的滿意。

反過來如果五星級旅館，沒有這樣的服務就會被抱怨，因為這是他們被認定的基本需求。最近從台灣飛出往大陸或香港的航空公司，常會提供比狗食還差的午餐或晚餐，對於花費將近 2 萬元的費用，一直質疑為何僅提供了一個比在台灣的一般路邊之自助餐還爛的食物，難道是管理不善，還是吃定了消費者的聯合壟斷。

在一般旅館卻成為魅力型需求也有三個層次的消費需求（圖 10-1），可見其差異存在於產品或服務的定位與價格之間的曖昧關係，值得業者深入探討。而航空公司有各式的理由說是票價低，可能你說的是團體票很低，而一般的乘客是付出很高的價格，但是大家付出的票價是差異很大，卻一樣吃很爛的食物。

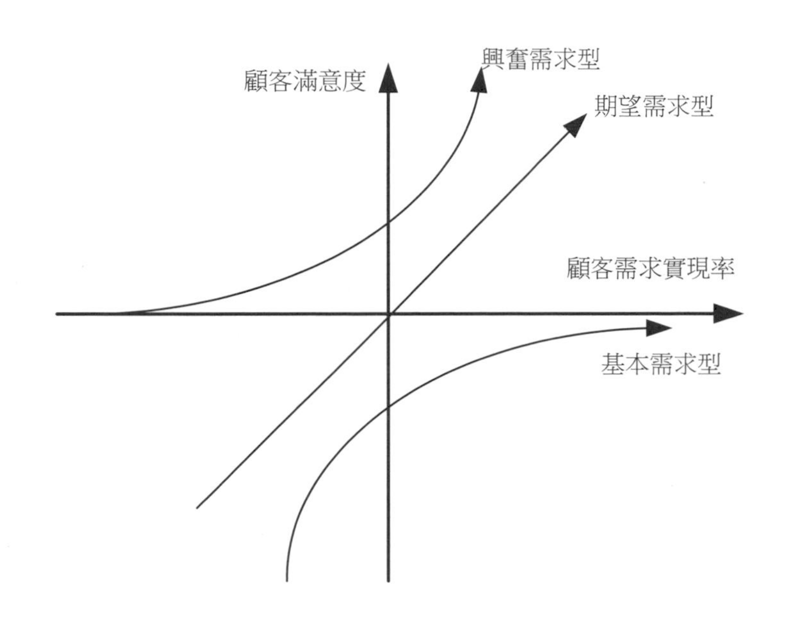

圖 10-1.三個層次的消費者需求

2.五種的品質關係

所謂線性模式的一維品質，是指滿意度會隨品質的充足情況，呈比例地加以增減。前述事實上並非所有的品質要素均然，二維品質就是摒除一維看法，不是全部的品質要素充足時也均會令人滿意，可能反而會造成不滿意，或是對品質提升沒有影響。

如圖 10-2 所示，**橫軸代表「品質」充足與否的程度，縱軸代表「滿意度」或「不滿意度」**。五種曲線分別代表 Kano 品質模式的五種品質：

2-1.一元品質

當品質充足時滿意度就會隨充足的程度，而呈等比例的上升；但是當品質不充足時，使用者的不滿意度亦會隨著不充足的程度，呈等比例地下降；這樣的品質屬性可視為是一種機能的（functional）品質、或期望的需求（expected requirements）（圖 10-2）說明如下：

2-2.必要品質

當品質充足時滿意度並不會因此提升，但是當品質不充足時，則使用者的不滿意度就會馬上大幅地下降，被視為一種基本的需求（basic requirements），不被滿足時傷害了使用者，能被滿足時只是覺得必然。

2-3.魅力的品質

當品質充足時滿意度會大幅提升，但是當品質不充足時使用者的不滿意度並不明顯提升。因為對此產品的魅力超越了它的缺點產生的抱怨，此品質屬性可視為一種魅力的、愉悅的品質等等的潛在需求（latentrequirements）。但是如果一直出問題就會被拒絕成為魅力的對象，例如對於蘋果公司產品的小瑕疵，通常都會被消費者加以無視的原諒。

2-4.無差異品質

無論品質充足與否，使用者的滿意度皆不受影響。這種影響有許多情形，例如品質很高卻有覺得高及完全沒有被滿意、或相反地品質低卻除了不滿意外也有被滿意的，它的曲線呈現圓形。

2-5.反向品質

當品質充足時滿意度卻呈等比例下降；但是當品質不充足時，使用者的不滿意度卻呈等比例上升的反常現象。

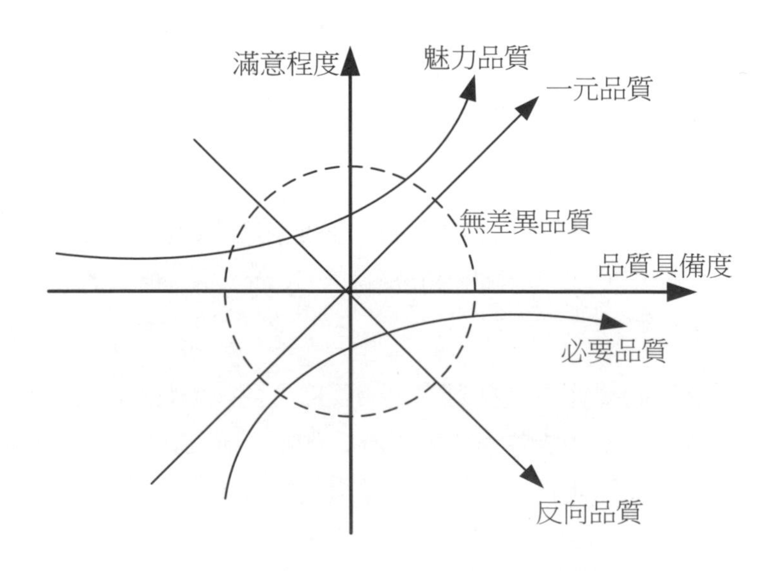

圖 10-2. Kano 二維品質模式（陳俊智，蘇纹琦，2012）

3. Refined Kano 模式

Yang (2005)指出消費者會對某些品質屬性的評定提供很高的重要度，會直接影響到消費者的滿意度。因此提出結合消費者評定重要度指標修 Refined Kano 模式，補足 Kano 在二維品質歸類判斷上之不足(圖 10-3)。

Yang (2005)補充說具有高重要度的必要品質來說；屬於關鍵的品質屬性，而具有低重要度的必要品質屬於需要品質屬性，以同樣分類方式對於可增加消費者滿意度的一維品質屬性而言，具有高重要度的品質屬性稱為高附加價值的品質屬性，反之具有低重要度的品質屬性稱為低附加價值品質屬性。而其他的品質屬性，如魅力品質加上重要度來命名可分為：高魅力品質屬性與低魅力品質屬性。

對於無差異的品質，而消費者評選為具有高重要度的品質屬性，是指暗喻著此品質屬性具有吸引消費者的潛在滿意因子，而定義為潛力品質屬性，而低重要度者被認為不必費心的品質屬性。他不考慮反轉品質的問題，因為該品質屬性並不會涉及消費者的重要度評價，只是一種可能的現象而已，不能完全相信。

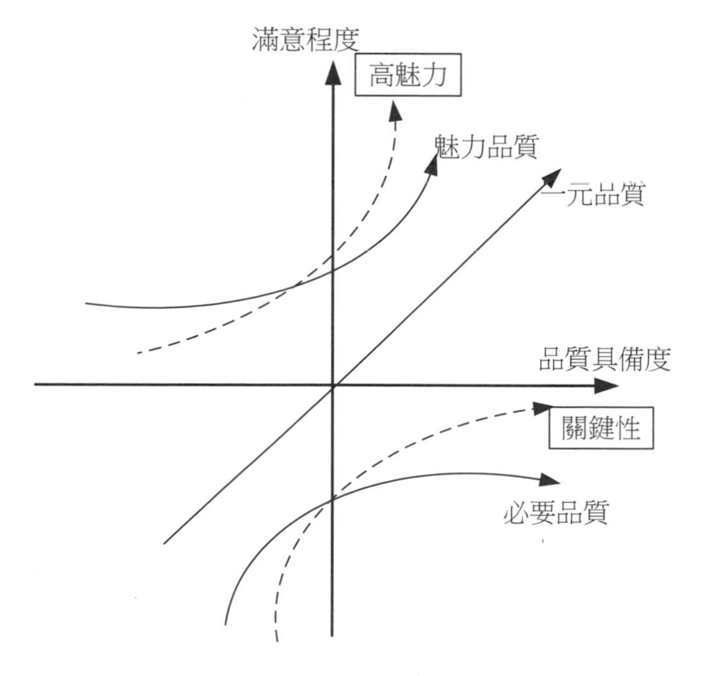

圖 10-3.Refined Kano Model（Yang, 2005）

（二）實際操作意義

Kano 品質屬性的判定，通常是透過 Kano 品質「雙向問卷」的結果來界定。以回歸分析來決定品質屬性具有一定的可信度，在 Kano 品質模型的相關研究也被廣泛運用（Llinares& Page, 2011; Ting & Chen, 2002）。藉由 Kano 迴歸分析來判斷品質屬性的方法，是將品質分為兩種：「品質充分」與「品質不充分」，並分別對應其迴歸方程式。在迴歸計算之後以迴歸係數之正負號與顯著性，來判斷品質屬性。此「迴歸方程式」的形式如下：

$$\mathrm{US} = C + \beta_1 \times K_n + \beta_2 \times K_p \qquad (1)$$

US 為滿意度 C 為常數項、K_n為品質不充分的程度(品質評價結果)、K_p品質充分的程度（品質評價結果）、β_1與β_2分別為其迴歸係數。在此線性的迴歸方程式中，單一個「品質評價」必須分成K_n與K_p。透過β_1與β_2兩者顯著性的關係，可得知各品質的屬性。

企業首先要全力以赴地滿足顧客的基本型需求，保證顧客提出的問題得到認真的解決，重視顧客認為企業有義務做到的事情，儘量為顧客提供方便。以實現顧客最基本的需求滿足。然後，企業應儘力去滿足顧客的期望型需求，這是質量的競爭性因素。提供顧客喜愛的額外服務或產品功能，使其產品和服務優於競爭對手並有所不同，引導顧客加強對本企業的良好印象，使顧客達到滿意。最後爭取實現顧客的興奮型需求，為企業建立最忠實地客戶群。

（三）操作過程

首先根據市場調查，確定顧客對產品的需求，來設計模糊 Kano 問卷調查表，並發放、回收及分析問卷，獲得客戶需求項的原始重要度、外部競爭力值和模糊 Kano 模型原始資料。然後採用模糊 Kano 模型客戶需求判斷方法，對原始資料進行處理，並對顧客需求項進行分類。接著運用顧客需求重要度調整函數，來對不同屬性的需求項進行重要度計算，驗證調整後結果的合理性，並輸出最終重要度。最後，依據所獲得的顧客需求重要度來對企業的產品設計進行指導，作為參考的依據。

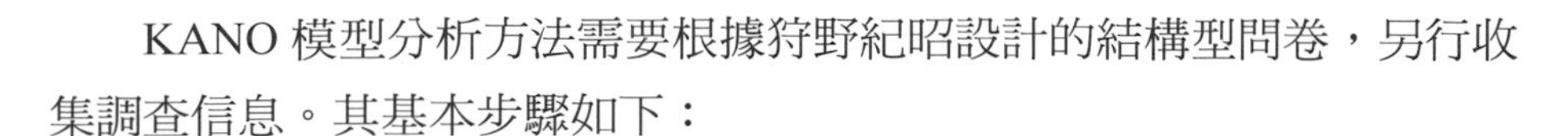

KANO 模型分析方法需要根據狩野紀昭設計的結構型問卷，另行收集調查信息。其基本步驟如下：

(1)從顧客角度認識產品／服務需要；

(2)設計問卷調查表；

(3)實施有效的問卷調查；

(4)將調查結果分類彙總，建立質量原型；

(5)分析質量原型，識別具體測量指標的敏感性。

為了能夠將質量特性區分為基本型需求、期望型需求和魅力型需求，KANO 問卷中每個質量特性都由正向和負向兩個問題構成（表 8-4），分別測量顧客在面對存在或不存在某項質量特性時所作出的反應。問卷中的問題答案一般採用五級選項，分別是「我喜歡這樣」、「它必須這樣」、「我無所謂」、「我能夠忍受」、「我討厭這樣」。設置的問題形式如下表所示。

表 8-4. 產品品質特性評價表

正向題	問題 1. 本產品具有 XX 品質特特，你的評價為： □喜歡這樣、□必須這樣、□無所謂、□能夠忍受、□討厭這樣。
負向題	問題 1. 本產品不具有 XX 品質特特，你的評價為： □喜歡這樣、□必須這樣、□無所謂、□能夠忍受、□討厭這樣。

根據以上形式的問卷實施調查，按照正向問題和負向問題的回答對質量特性進行分類，具體五個分類對照如下（表 8-5）；

（1）「O」：當正向問題的回答是「我喜歡」，對負向問題的回答是「我不喜歡」，那麼在 KANO 評價表中，這項質量特性就屬此分類，即期望型需求。

（2）「M」或「A」：如果顧客對某項質量特性正負向問題的回答結合後，那麼該因素就被分別分為基本型需求或魅力型需求。

（3）「R」：表示顧客不需要這種質量特性，甚至對該質量特性反感；

（4）「I」：表示無差異需求，顧客對這一因素無所謂；

（5）「Q」：表示有疑問的結果，顧客的回答一般不會出現這個結果，除非這個問題的問法不合理、或者是顧客沒有很好地理解問題、或者是顧客在填寫問題答案時出現錯誤。

表 8-5. KANO 評價結果分類對照表

產品/服務需求		負向問題				
	量表	喜歡	理應如此	無所謂	能忍受	不喜歡
正向問題(具有)	喜歡	Q	A	A	A	O
	理應如此	R	I	I	I	M
	無所謂	R	I	I	I	M
	能忍受	R	I	I	I	M
	不喜歡	R	R	R	R	Q

（四）方法應用-論文

1.應用 Kano 品質模式探討藺草材質之創新設計

陳俊智與蘇纹琦（2012）探討運用藺草材質於商品設計之魅力；研究藉由評價構造法之實施，蒐集消費者對於藺草材質商品之魅力屬性，並應用二維尺度概念之 Kano 品質模式，探討消費者情感屬性評價與滿意度之間的不同品質關係。

歸納出消費者對於運用藺草材質之商品的評價因子，包括：精品感因子、手感因子兩個構面。同時，在 Kano 品質分類的結果，說明各情感屬性項目與滿意度之間確實存在不同線性與非線性之 Kano 品質分類之關係，藉由 Kano 品質概念可釐清消費者對於藺草材質之商品品質需求差異，配合 RefinedKano 品質模型將其以重要度高低做一劃分，歸納出消費者對於運用藺草材質商品的重要魅力因子，

通過具體的實例說明 KANO 模型分析方法的應用，為了瞭解顧客需求層次及確定改進方向，某企業針對所生產的 MP4 選取了四個質量特性（FM 收音機、錄音、容量、播放格式）設計 KANO 問卷併進行了調查。

2. 電子競技滑鼠造形設計誘目性特徵

陳俊智、王明堂、劉健宇（2013）電子競技是以數位電子產品為器材在特定的虛擬環境中，人與之間體力、智互相對抗隨著電腦與網路的

發展已經有許多玩遊戲演變成新興運動，本研究認為造形設計直接影響著消費者的感覺，利用魅力工學的評價構造法訪談潛在消費者，再配合 Kano model 雙向問卷共同確立具有魅力，以提供未來滑鼠造形設計之參考讓產能品吸潛在消費者購買潛在消費者購買潛在消費者購買。

2-1.Kano Kano 雙向問卷設計

另外，題項中詢問「下位項目」之「具體事實」為在問卷中定義其樣式，故在原始的 30 款樣本中，選擇具有該特色代表性之圖片，以「紅色」區塊明顯標示出該題項所詢問項目置於問卷中。

讓受訪者透過參考讓受訪者透過參考圖片來作答，分別為：「側邊符合手指凹陷」如圖 10-4 所示、「按鍵前端分離簍空」如圖 10-5 所示。

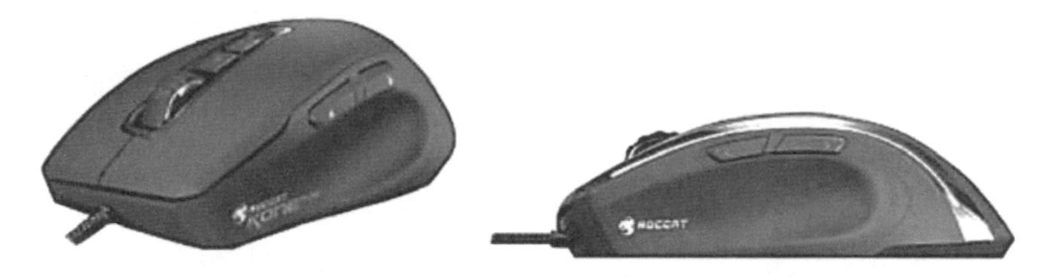

圖 10-4.側邊符合手指凹陷側邊符合手指凹陷

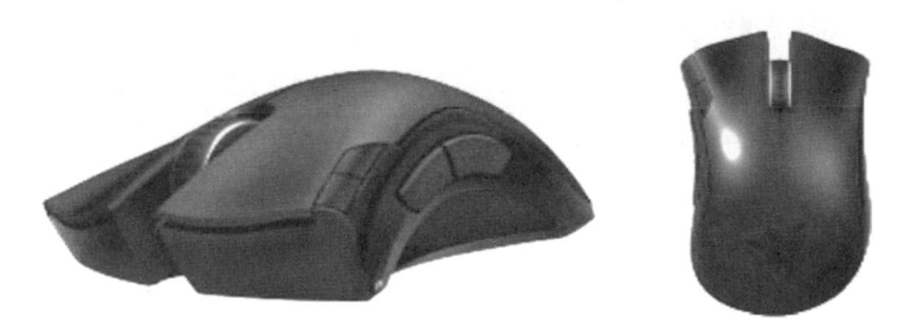

圖 10-5.按鍵前端分離簍空按鍵前端分離簍空

Kano Kano 雙向問卷的內容問項包含本研究的內容問項包含本研究整整理之 EGM 網絡圖中的「抽象情感」9 項與「具體事實」 3 項，共計 12 個項目。分別以一組「相對的項目」或「代表相對的特徵」的圖片，詢問受訪者的想法，如圖 10-6 所示。

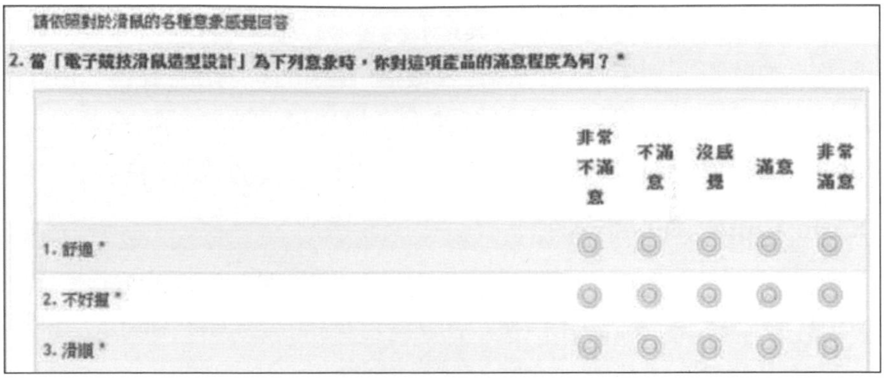

請依照對於滑鼠的各種意象感覺回答

2. 當「電子競技滑鼠造型設計」為下列意象時，你對這項產品的滿意程度為何？*

	非常不滿意	不滿意	沒感覺	滿意	非常滿意
1. 舒適 *	◎	◎	◎	◎	◎
2. 不好握 *	◎	◎	◎	◎	◎
3. 滑順 *	◎	◎	◎	◎	◎

圖 10-6.問卷表

調查對象是有長期使用電腦滑鼠並且年滿 18 歲以上之受測者進行進行 kano 問卷調查，採網路問卷方式，共計回收 38 份，有效問卷 34 份。

2-2.Kano 品質分類

根據受訪者之調查結果，應用「Kano 品質判定表」，加以判斷每一受訪者回答品質屬性，再以眾數者做為該項目所代表的品質屬性。問卷調查之結果應用表 10-4 之 Kano 品質判定決策矩陣，加以判定每一受訪者所回答的品質屬性，經由統計，以眾數者代表該項目屬何種「品質屬性」，結果如表 10-5 所示。

其中屬於「魅力品質」的項目：「舒適」、「酷」、「多功能」、「科技感」、「方便」、「具有紅黑配色」與「滑鼠側邊造型凹陷符合手指」共 7 項；屬於「一元品質」的項目有：「好握」、「滑順」與「不易髒汙」共 3 項；屬於「無差別品質」的項目有：「穩定」與「左鍵與右鍵前端分離簍空」共 2 項。

表 10-4.品質屬性判別決定的決策矩陣

產品需求		品質不充足				
		非常滿意	滿意	沒感覺	不滿意	非常不滿意
品質充足	非常滿意	無差別	魅力的	魅力的	魅力的	一元的
	滿意	反向的	無差別	魅力的	一元的	必要的
	沒感覺	反向的	反向的	無差別	必要的	必要的
	不滿意	反向的	反向的	反向的	無差別	必要的
	非常不滿意	反向的	反向的	反向的	反向的	無差別

表 10-5.感性意象的品質屬性判別與滿意度係數

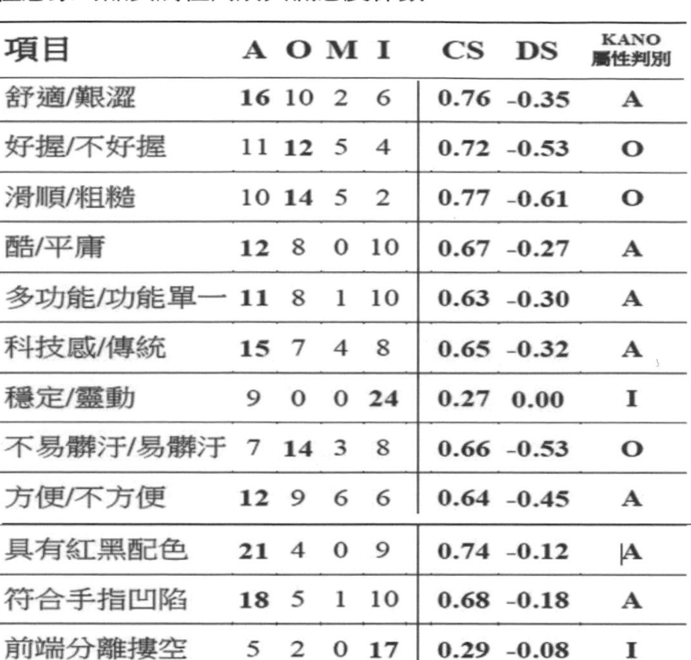

項目	A	O	M	I	CS	DS	KANO 屬性判別
舒適/艱澀	16	10	2	6	0.76	-0.35	A
好握/不好握	11	12	5	4	0.72	-0.53	O
滑順/粗糙	10	14	5	2	0.77	-0.61	O
酷/平庸	12	8	0	10	0.67	-0.27	A
多功能/功能單一	11	8	1	10	0.63	-0.30	A
科技感/傳統	15	7	4	8	0.65	-0.32	A
穩定/靈動	9	0	0	24	0.27	0.00	I
不易髒汙/易髒汙	7	14	3	8	0.66	-0.53	O
方便/不方便	12	9	6	6	0.64	-0.45	A
具有紅黑配色	21	4	0	9	0.74	-0.12	A
符合手指凹陷	18	5	1	10	0.68	-0.18	A
前端分離摟空	5	2	0	17	0.29	-0.08	I

限於篇幅可以連接至（http://www.hindawi.com/journals/mpe/2015/153694/），看一下作者等人所寫的論文。

七、人工類神經網絡法

人工神經網絡（Artificial Neural Networks; ANNs）也簡稱為神經網路（NNs）或稱連接模型（Connectionist Model），是對人腦或自然神經網絡（Natural Neural Network）基本特性的抽象概念及模擬，是一種進一步模仿生物神經網絡結構和功能成數學模型、計算模型的方法，也就是經由大量的人工神經元聯結進行計算（圖 10-7）。

人工神經網絡的研究，可追溯至 1957 年 Rosenblatt 提出的感知器模型（Perceptron）。幾乎與人工智慧 AI（Artificial Intelligence）同時起步，但經歷 30 餘年後，卻沒有像人工智慧有巨大的成功，中間甚至經歷了一段很長的蕭條時間，被漠視而至停滯不前。直到 80 年代，才又獲得了有關人工神經網絡的切實可行之演算法，及以 Von Neumann 體系為根據的傳統演算法，在知識的處理方面日益進步，經過出力不從心階段之後，研究者才又重新對它發生了興趣，導致神經網絡的復興。大多數的情況下、人工神經網絡能在外界信息的基礎上改變其內部結構，是一種具自適應系統的方法。現代神經網絡已經成為一種非線性統計性數據建模工具，常用來進行對輸入和輸出間的複雜關係加以建模，或用來探索出這些數據的模式（Matthew, 1990）。

簡單說神經網絡是一種運算模型（Zeidenberg1990），經由大量的節點（或稱「神經元」、「單元」）和之間的相互聯接所構成。每個節點代表一種特定的輸出函數，稱為激活函數或激勵函數（activation function）（圖 10-7）。每兩個節點間的連接，都代表一個對於通過該連接信號的加權值，稱為權重（weight），相當於人工神經網絡的記憶。網絡的輸出則依網絡的連接方式，權重值和激活函數（激勵函數）的不同而異。而網絡自身通常都是逼近自然界某種算法或函數，也可能是對一種邏輯策略的表達（https://zh.wikipedia.org/wiki）。想盡辦法要模擬自然界或是人世界的現象或是關係，所構思出來的運算。對於設計界的運用看似很好，卻需有人幫助或進行合作，方能順利完成進行。

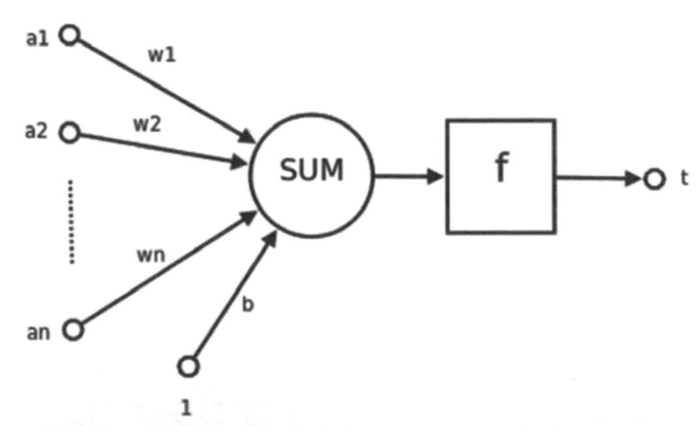

圖 10-7.神經元的構成（https://zh.wikipedia.org/wiki）

大多數的情況下人工神經網絡，能在外界資訊的基礎上改變內部的結構，是一種可以自我調整系統。它必須經過學習的過程才能夠擁有其推論能力，要有人告訴它什麼樣的情況會得到什麼樣的結果，也就是告訴它越多正確的情形（狀況＋結果），就越能夠更正確地回答我們的提問，有時沒有學過的範例，也能告訴你可能的結果。透過電腦的快速計算能力，使得電腦能夠就具有推論結果能力，稱之為人工智慧機器。

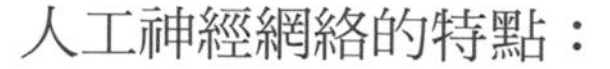

人工神經網絡的特點：

（1）讓可所有的定量或定性的信息等、分佈貯存於網路內的各神經元，故有很強的魯棒性（robustness 為強健性或穩定性；控制系統在一定結構、大小等的參數攝動下，維持某些性能的特性。）和容錯性；

（2）可學習和可自適應那些不知道或不確定的系統；

（3）採用並行分佈的處理方法，使得快速進行大量運算而成為可能；

（4）可以充分逼近任意的複雜之非線性關係；

（5）能夠同時處理定量、定性知識。

簡單的類神經網絡架構，因為人工智慧在國外的研究其實蠻多的，經過了這麼久的時間自然演化出許許多多的網路架構去解決不同的問題以及速度上的改進。但是我們只看最簡單的一種，了解原理才能加以應用，所以比什麼都更重要。

也就是通常一個人工神經元網路，是由一個多層神經元結構組成，每一層神經元擁有輸入（它的輸入是前一層神經元的輸出）和輸出，每一層（我們用符號記做）Layer(i)、是由 Ni(Ni 代表在第 i 層上的 N) 個網絡神經元組成，每個 Ni 上的網絡神經元，把對應在 Ni-1 上的神經元輸出做為它的輸入，大家把神經元和與之對應的神經元的連線，用生物學的名稱叫做突觸（Synapse）。在數學模型中每個突觸會如前述所說有一個加權數值。那麼要計算第 i 層上的某個神經元，所得到的勢能等於每一個權重乘以第 i-1 層上所對應的神經元的輸出。

然後全體加總後，得到了第 i 層上的某個神經元所得到的勢能，然後勢能數值通過該神經元上的激活函數（activation function）常會是∑函數（Sigmoid function），以控制輸出的大小，因為其可微分且連續，可方便差量規則（Delta rule）的處理。求出該神經元的輸出，注意的是該輸出是一個非線性的數值，也就是說通過激活函數所求的數值，再根據極限值來判斷是否要激活該神經元（https://zh.wikipedia.org/wiki）。

這個架構裡面包含了三層，S 輸入層，H 隱藏層，Y 輸出層，每一層的圓點代表一個神經元（http://mogerwu.pixnet.net/）。

（1）輸入層（input layer）：眾多神經元（neuron）接受大量非線形輸入信息，輸入的信息稱為輸入向量。

（2）輸出層（Output layer）：信息在神經元鏈接中傳輸、分析、權衡，形成輸出結果，輸出的信息就稱為輸出向量。

（3）隱藏層（Hidden layer）：簡稱「隱層」，是輸入層和輸出層之間眾多神經元和鏈接組成的各個層面。隱層可以有多層，習慣上會用一層。隱層的節點（神經元）數目不定，但數目越多神經網絡的非線性越顯著，從而神經網絡的強健性（robustness）更顯著。習慣上會選輸入節點 1.2 至 1.5 倍的節點。

1943 年 McCulloch 和 Pitts 根據類神經，也提出了入力及出力的模型（圖 10-8），x_i是入力的信號、w_i是入力信號的權重，h 是閾值。以方程式來說明則為以方程式（7.2）來替代方程式（7.1）。

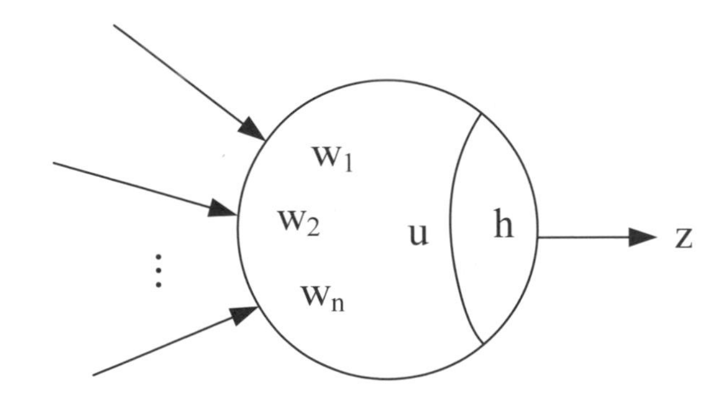

圖 10-8.類神經模型（長沢伸也、神田太樹，2010，62）

$$z = \begin{cases} 1 & (u \geq h) \\ 0 & (u < h) \end{cases} \qquad (7.1)$$

$$u = \sum_1^n w_i x_i (7.1)$$

$$z = \frac{1}{1+\exp(-u+h)} \qquad (7.2)$$

經由上述的簡單說明，如果發現自己的研究適合使用。就可尋找資源及與人合作來達到研究目的及獲得可期的成果。

第十一章. 基本研究的案例介紹

- 為了讓本書能適合初學、及有一定程度的研究生可以進行研究。
- 所以找了自己的幾個研究作為大家的參考。
- 有些礙於篇幅只能介紹過程，大家可以不同的角度應用這些較完整的案例。

其實感性工學的應用極廣，就看大家的企圖。除了第二章感性的要件及論文應用中，根據各個感性要件說明後所做的論文簡述外，為了更完整說明如何進行，介紹了自己所做的一些研究做為大家基本應用參考，也希望大家可以依據自己對這個領域的理解，加以參考。限於篇幅僅能擇要說明，敬請見諒。

一、 速克達機車的車頭罩之研究應用

摘自：王明堂，陳重任（2010）亂數運算產生設計構想的探討，工業設計，38(1)，26-31。

（一）背景及動機目的

由於電腦工具所產生的草圖，被認為無法增加概念設計時的創造力（Elsas, Vergeest, 1998）。如果在草圖過程中，設計師透過成像以及看到的視覺思考，重新詮釋找尋現有圖形的關連性或特徵，藉以刺激心中的想像，引發具創意性的聯想 (Goldschmidt, 1991)。而設計的創意設計仍然停留在黑箱作業的階段 (Jones, 1992)。嘗試將感性工學的部分方法應用於產品設計。也就是希望嘗試以較工學的方法，該如何從資料收集、分析、綜合而做出一個系統的過程。也就是希望利用感性設計的前階段步驟，來達到為設計活動尋找創造概念設計的方法。讓設計師可以容易地得到大量的相關草圖，做為構想設計的一個起點，不需再苦思而無法跳出陷在低潮的痛苦是本研究的動機。

台灣的速克達機車已發展成為大眾的移動工具，由於它的造形塑性且產業間的競爭性高，需要新設計來刺激市場。由於速克達機車的前車頭罩 （front handle cover） 就像是它們呈現表情的臉，騎士們在會車時

都會對著對方的車燈互視而成為焦點，也是消費者購車時的一個重要考慮點，成為設計速克達機車時特別在意的重要部分。在台灣由於機車市場高度的競爭，也就自然地產生了各式各樣吸引人的車燈造形設計，造形分類有兩種：一體式（圖 11-1）、及分離式（圖 11-2）。而隨著流行趨勢及製造成本，一體式成為最普遍，其發展過程的上視及側視也有明確的演進方向，而前視是最具代表且有著流行的趨勢，因此選為這個研究的探討及設計的目標。一般的設計草圖，除了構思所得外。還可試著以演算方式來找到設計提案，但是許多演算得到的方法得到的結果通常均不如人意。因此撇開單純希望自動化有效率卻沒法得到好成果的想法。如以演算方式來自動產生就可輕鬆獲得許多圖成為本研究的目的。

圖 11-1.單燈速克達全車；圖 11-2.雙燈速克達

（二）研究的方法

由於各種最佳化設計的方式一直無法突破，而該如何改進自動獲得的思維，如果利用演算所設定條件來產生參考的草圖，再從其中找出一些可供參考的構想，讓設計師與程式工程師結合不失為一個尋找構想的有效方法。因此以亂數演算為主要運算方式及結合調查，分成三個階段（圖 11-3），其步驟如下所述：

（1）準備：為了準備及產生研究的樣本，（A）樣品收集：收集現有前車頭罩的產品造形，（B）產品造形參數化：決定造形文法及定義控制點、（C）界定初步參數範圍，從所有被生產的樣本，來界定控制點分佈範圍。

（2）圖像數位化的範圍界定及概念創意：（A）調整參數範圍、（B）界定最後參數範圍、（C）亂數產生造形，來創造概念設計圖。

（3）調查及評估階段：關鍵語彙及問卷調查、敘述性統計分析、集群分析，來評價亂數產生的圖與現有產品的差異，藉以判斷此種方法的可行性。

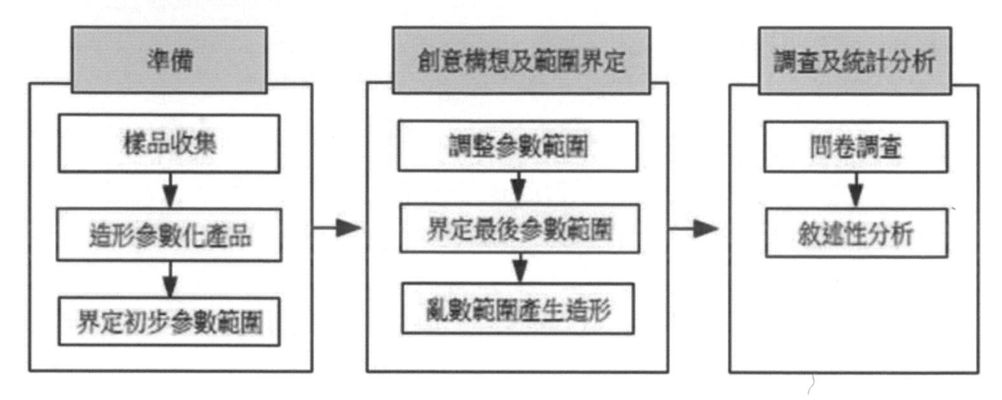

圖 11-3.研究流程

（三）研究的內容

1. 準備階段

從樣品收集、產品造形參數化、界定初步參數範圍，藉由現有樣品的量測，分析造形各重要點的分佈，界定出產生合理概念設計的點範圍。

1-1.樣品收集

為了收集樣本，正面拍攝停在車場的速克達機車之前車頭蓋，當作正視圖共拍攝到 150 個。經由篩選刪除分離式頭燈、及類似者後，共剩下 76 個一體式的頭燈。為了整理造形的各控制點數據，將拍攝所得的前車頭蓋圖像，以向量繪圖軟體 CorelDraw12 的繪圖功能，以貝茲曲線（Bézier curve）描繪出前輪廓線圖（圖 11-4），整理成圖 11-5 所示。

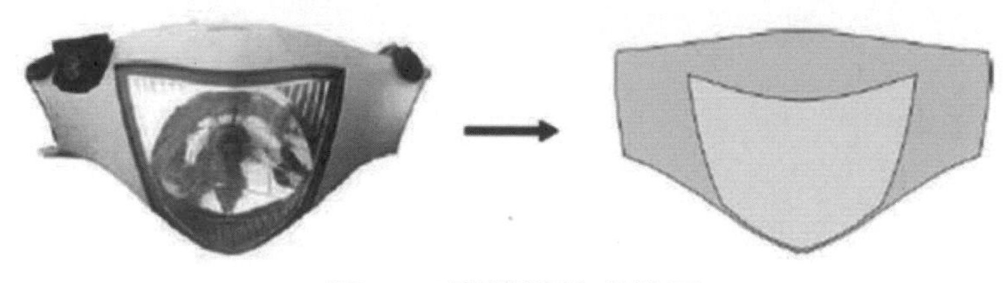

圖 11-4.實體描繪成線圖

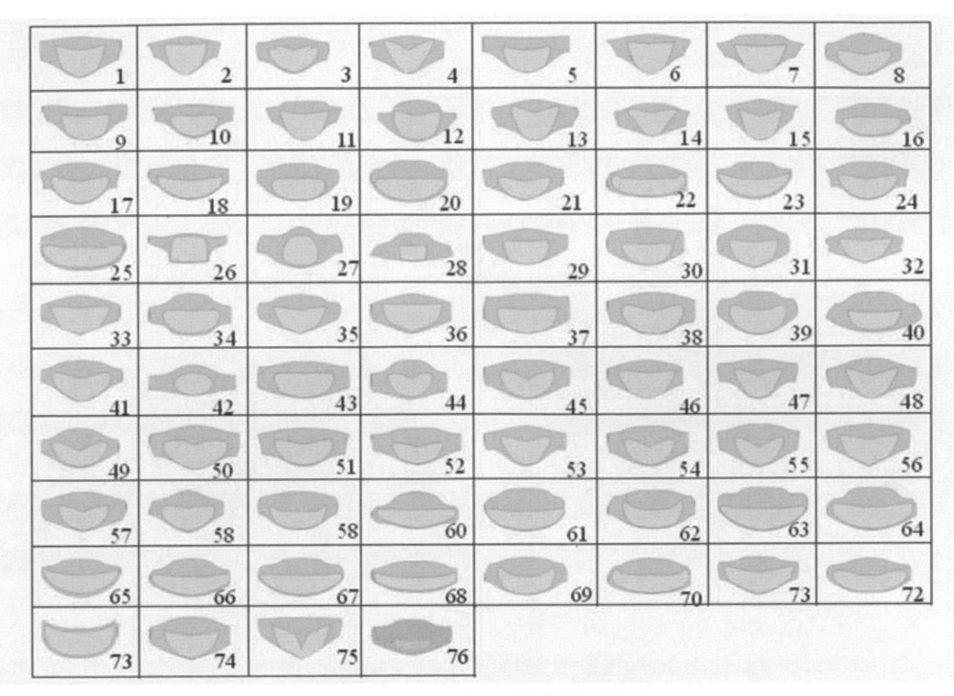

圖 11-5.市場產品樣本輪廓圖

1-2.各重要控制點的分佈範圍

將各樣本的造形加以參數化，統一將所有樣本等比率地放大或縮小成寬（W）10 公分，再以樣本的重心為原點（圖 11-6）。

以貝茲曲線（Bézier curve）描繪出所有樣本的線圖，並紀錄下各節點及兩端控制點的座標（X, Y），作為描述該圖的參數加以數值化，來定義出所有的樣本數值意義。

為減少參數的數量利用產品的左右對稱特色，以利日後的演算，採用車燈造形左半邊的數據作為數值化的主要參數，共有：（1）外形的外輪廓線、（2）車燈的內輪廓線。

（1）外輪廓線：由 A、B、C、D 共 4 個節點及 A2、B1、B2、C1、C2、D1 共 6 個控制點，

（2）內輪廓線：由 E、F、G、H 共 4 個節點，及 E2、F1、F2、G1、G2、H1、H2 共 6 個控制點（圖 11-7）。也就是由 20 個點座標，共 40 個參數來構成所有的樣本造形.

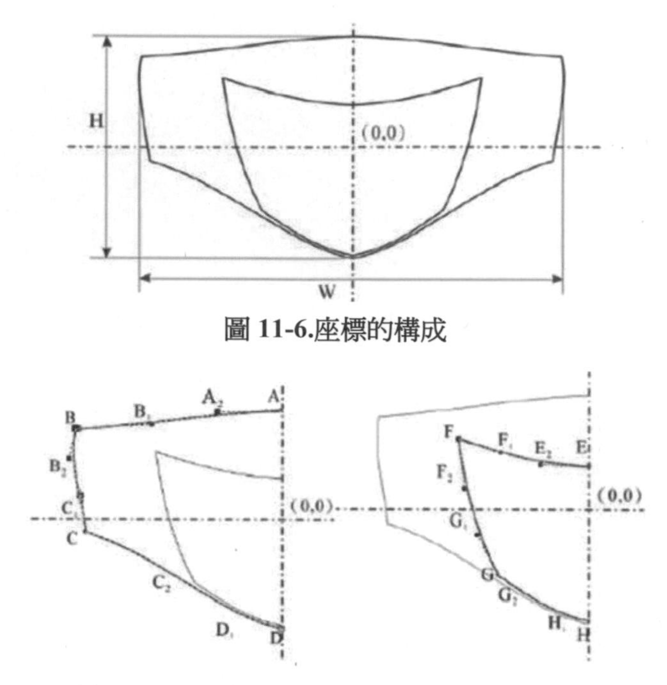

圖 11-6.座標的構成

圖 11-7.（左）為外輪廓線、（右）為內輪廓線的節點及控制點

2.創意構想及範圍界定

2-1.亂數範圍初步產生圖形

利用 Microsoft visual studio 2010 軟體的 Bézier curve 繪圖功能，控制輸入外、內圈各座標點的範圍，以亂數選取範圍內的任意點，分別繪出兩條曲線的左半邊圖，再利用鏡射方式完成車燈的整體草圖構想。

設定其演算介面可一次產生 60 個概念設計圖（圖 11-8），經由連續執行 5 次演算，發現最初的大部分設計圖均不符合設計師們認定的基本車燈。發現是對點的控制範圍過於寬鬆所致，所以有些範圍產生重疊，導致內外輪廓線互相交叉及產生圖形扭曲無法辨認出車燈的基本造形。藉由調整參數的控制範圍，加以慢慢調整，一步一步地修正範圍。

2-2.亂數範圍初步產生圖形

為了調整亂數所產生的草圖，將所產生的概念設計圖，經由 3 位設計師們的討論作為認定的標準，初步認為的概念設計圖不夠理想，但可選取來發展的圖未達 25%。接著調整各控制點的範圍進行第二階段的演算，執行出概念設計圖（圖 11-9），增加至約 50%的認同率。再繼續調整進行第三階段的演算概念設計圖（圖 11-9），所產生的概念設計圖被認定高達 95%，可作為設計參考之用。利用設計師們的判斷，作為調整參數範圍的參考，可找到有共識的概念設計圖。最後選取採用其中的 30 個，來作為所產生的圖（圖 11-10）是否與現有市場的設計有何差別。

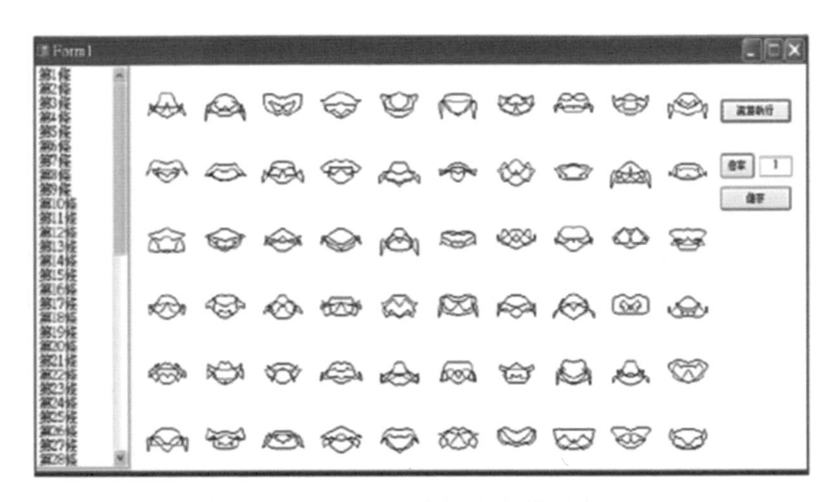

圖 11-8.演算介面及初步概念設計圖

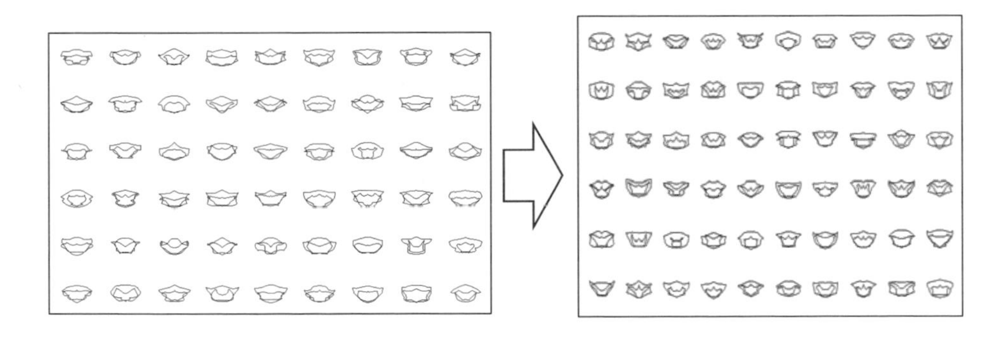

圖 11-9.第二階段至第三階段微調整範圍後

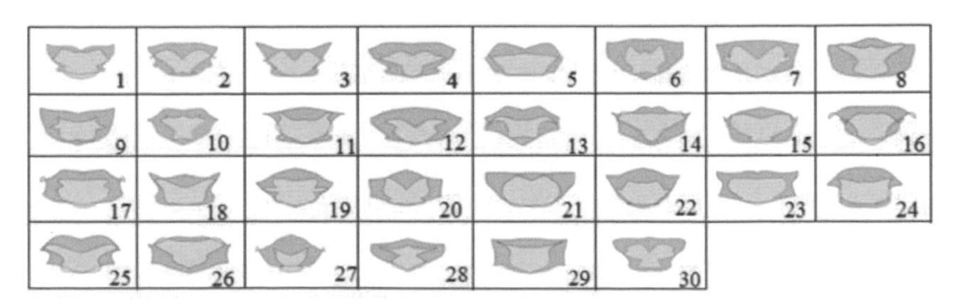

圖 11-10.亂數產生的概念設計圖（R1~R30）

4.調查及評估

4-1.感性語彙收集及歸納

為調查產品意象與概念設計圖間的關係，收集各品牌的行錄及摩托車雜誌上形容速克達機車的廣告詞共 191 個，利用 KJ 法將分組成 7 個感性意象語彙。再歸納成 4 個與造形相關的；科技感的 (scientific)、流行感的(fashionable)、創新感的(innovative)、流線感 (streamline)。

4-2.調查及統計分析

從收集樣本、及評價語彙，製作問卷調查內容，接著進行調查。以統計軟體分析所收集的資料，進而判斷亂數產生的概念設計圖與市場產品的差異，藉此來判斷此亂數產生法的可行性。亂數產生的 30 個與市場收集的 76 個，間格地插入其間共成 106 個樣本。利用前述所歸納的 4 個感性語彙 Likert 10 段調查量表。針對未來的設計師對概念設計圖較有概念的產品設計系學生為受測者，發出 130 份問卷，回收 112 份有效問卷。

對 4 個語彙進行亂數產生的圖形及現有市場產品的評價，利用統計軟體 SPSS12.1 進行敘述性分析，得到 76 個市場產品的 4 個語彙評價平均值的折線圖。發現流線感高於其他 3 個語彙評價平均值。30 個亂數產生圖的感性語彙評價平均值之折線圖，其中的創新感明顯地高於其他 3 個語彙。所有圖形的評價值介於 4~6 之間。且發現亂數產生圖的創新感明顯較高於市場產品（圖 11-11），顯示亂數產生的圖具創新特色。

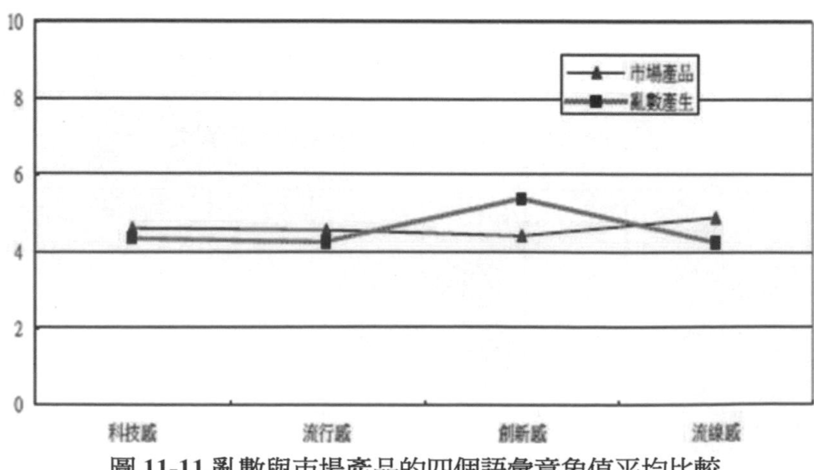

圖 11-11.亂數與市場產品的四個語彙意象值平均比較

其實過程與傳統的方法並沒有衝突，更是為了充實及改進工業設計的繪製草圖之廣度所做的努力，讓設計師們，可以改善在繪製草圖時的黑箱作業，協助在無靈感或情緒不佳時的無助情形，當然可擴大構想的範圍，讓有些想不到卻被運算出的構想，可被發現來發展出新創意。

經過：（1）準備階段、（2）範圍界定及概念創意、（3）調查及評估階段。可確定利用所控制的亂數演算所產生為可用的提案，可做為概念設計時的大量草圖（idea sketch）。只要覺得產生的不喜歡，即可馬上按動作鍵來獲得無數不一樣的草圖，再揀選可用者。只要仰賴專業判斷，進行更進一步的設計。就可以減輕設計時的困境，讓設計師能夠經由設計的選擇來突破設計，只是前面的準備作業需有相關部門來協助進行。

4.產品設計

比較麻煩的是準備期的專業及時間，如果是各類設計製造專業廠可以為自己各類產品建立這樣的亂數演算模型，利用較有數理概念的人力來協助，甚至可以請求學術界建立。而感性工學的技術就可以派上用場，利用前面一些過程來協助建立設計部門的需求。

與百力設計公司合作利用此亂數產生器的軟體，經由設計師挑選出編號 10，13，14 覺得很不錯（圖 11-12），具有速度感為設計草圖的依據，加以重新整合設計，進行草圖設計（圖 11-13），接著選出進行最後選出的設計彩圖（圖 11-14）及進行油土模型（圖 11-15），最後完成生產為周杰倫代言的宏佳之的驚嘆 125 的車頭（圖 11-16～17）應用。2012 年發表，根據該公司的自述為發表的驚嘆 OZ 125/150 導入運動化的設計元素（圖 11-18）。並以神似動物形態的觀念加以點綴，結合 LED 導光飾條的方向燈組、外擴式的前下擾流設計搭配魚眼式遠近頭燈突顯出具侵略性的產品風格。銳利的線條沿著車身側板向後延伸與高亮度的食人魚造型尾燈結合，一氣喝成的流體造型（AUTONET 記者，2012）。

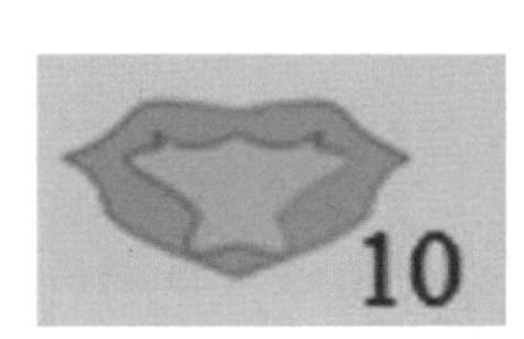

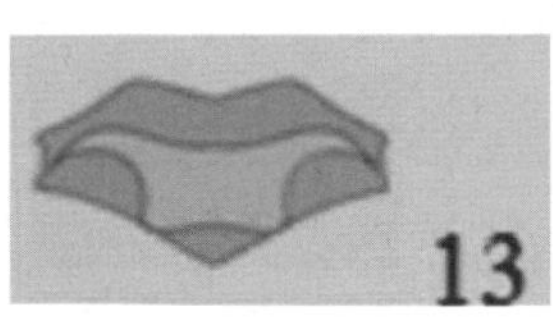

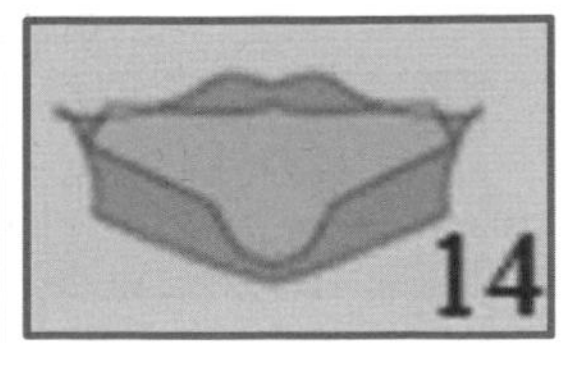

圖 11-12.挑選出的意象

圖 11-13.草圖

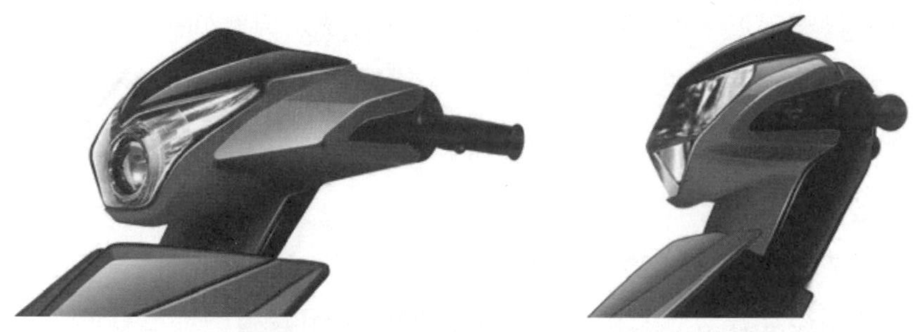

圖 11-14.選出的設計圖（百力設計提供）

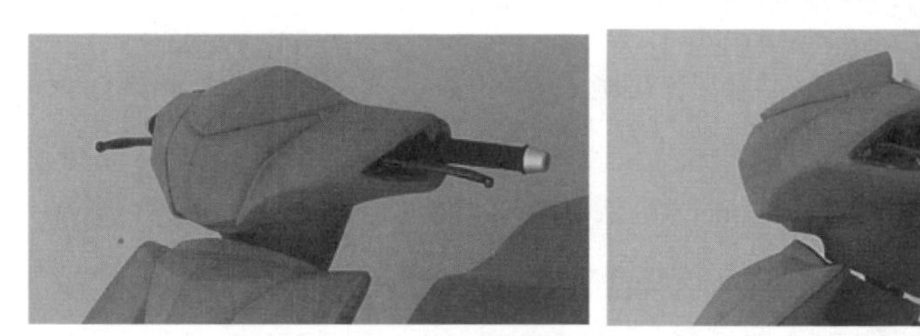

圖 11-15.油土模型設計圖（百力設計提供）

圖 11-16.完成生產的宏佳騰產品正視圖（百力設計提供）

圖 11-17.完成生產側視圖（百力設計提供）

圖 11-18.宏佳騰驚嘆 125
（http://mobile.autonet.com.tw/cgi-bin/file_view.cgi?b2040274120413）

二、 產品造形的性別屬性研究

（摘自：王明堂（2014）。產品造形意象的性別屬性認知研究。感性學報，2(1)，84-103）

（一）前言

我們似乎感覺不同性別對產品的屬性會有不同的喜好，例如：女性喜歡花俏豔麗，男性則喜歡素色簡單。因此業者便想盡變法來符合不同定位的產品設計概念，保時捷設定性別了車主界線，所以創建一個清晰的陽剛之氣和定義女性氣質（Avery, 2012）。哈雷（Harley-Davidson）聲稱它們提出「大男孩的大玩具」概念，現在也試圖吸引女性。而 1936 年德國開始福斯（Volkswagen）金龜車（Beetle）原先均以男士為主，2003 年開始新型金龜車的造形設計意圖讓男性及女性均可接受，事實發現女性車主竟然比男性還多。

這些喜好現象形成的原因，無法簡單地以人類的生理差異來解釋，產品造形的表徵似乎可顯示出性別屬性是個事實。為了掌握及迎合消費者的喜好，產品造形的性別屬性規劃是產品企畫的重要方向，藉此取得產品與消費者間的基本關係；創造哥倆好或姊妹淘們的認同感。產品為了因應性別需求，而產生差異化設計是基礎的區隔概念。但是，社會上隨著性別角色的概念模糊，男性也有越來越多購買傳統女性產品的傾向（Dodson, 2013/1/28）。如果刻板地認定女性喜好柔性、多彩的產品意象，也就是認為男性意象的產品一定是陽剛線條、單調色彩，女性一定喜歡陰柔線條，目前的情形恐產生誤解的可能。

所以除了男性、女性的造形性別差異外，所謂「中性」的設計趨勢正流行至許多領域，挑戰顏色更明亮、鮮豔、或粉色系就是女性喜好；顏色單調、造形方正就會吸引男性等的刻板印象。原本兩性壁壘分明的產品趨勢，已經漸漸縮減了其間的性別屬性差異，有了「無性、中性」的商品美感。造形方正顏色單調的黑色手機、銀色 iPhone 及平板電腦，卻能同時吸引兩性。或許因為通用設計概念在 3C 產品廣被採用，產品不再有強烈的性別差異，發展出一股新的產品造形設計概念，這些中性產品的盛行。由於產品造形的發展是從形隨機能，演進為感性設計的趨勢。

但是在激烈競爭的成熟產業中，設計者必須面對產品需蘊含性別屬性的議題，因此試著藉此研究試圖判別產品性別差異的特徵為何？

關於產品造形的性別屬性之研究不多，馬敏元等（2013）提出各性別基模族群的喜好、心理距離相關程度各有不同，由性別基模與生理性別兩方面，建構性別化產品與性別之關連性。歐金珊（2007）隨著兩性在心理及生理「趨向類似」，強調與突顯去除性別符號，進化成「極度平衡」傳達出應以「男女皆適用」，即商品不必分男女，需在男女身上皆能發揮一樣的效用與價值。

黃采瑄（2010）男性的中性化消費者偏好鮮豔、大膽、鮮亮生動的色彩；女性的中性化消費者則偏好黑、灰、白等是無性別之分的中性色。在無彩色（黑、銀白、白）中，男性最喜愛色彩為黑色，女性則為白色；有色彩的部分，視覺元素會因產品屬性不同，而形成不同之性別意象認知。

劉師豪（2012）調查手機的產品意象，發現被認為屬於女性化的手機，在柔軟的、圓滑的、輕巧的、年輕的、優美的產品意象認知較高，男性化手機則是對堅硬的、尖銳的、厚重的、成熟的產品意象認知較高。「男性化男性」族群喜好產品較有科技感和專業感，造形盡量簡潔大方，可搭配金屬質感；「女性化男性」族群則喜好較現代感或象徵權力的造形，並加入一點肌肉感的線條；「男性化女性」族群喜好較簡單、輕巧、年輕的造形，但不喜好太可愛的造形；「女性化女性」族群喜好較貴氣、活力、或可愛的感覺，造形盡量圓滑一點，不喜好尖銳、複雜的造形。黃采瑄（2010） 探討形狀認為仍被舊有觀念所束縛，認為較圓潤的造形較受女性喜愛，是女性意象的形狀；男性則較為尖銳或方正的造形。

曾榮梅、陳可欣（2008）在性別上男女對於造形的認知是有差異的，市面上連飲料都有為女性而設計的（例如：美研社玫瑰花茶飲品），在包裝飲用水上業者亦可針對性別的不同，設計符合男女造形認知的瓶身設計，吸引男女性個別購買。對於產品性別屬性的研究，色彩是較常見的，對於造形的性別屬性卻極為有限。黃郁婷、黃淑英（2011）研究30歲以下的男女性對香水瓶的意向，經調查發現男生較偏好抽象與中性化瓶身，「上輕下重」和「動感」可得男性信賴；而女性則較偏向具象化的瓶身，「噴頭處特別設計」會先吸引女性目光。Rosa et al.（2012）調查發現性別條件會小幅地影響對產品的功能性、和新穎性的喜好，女性比男性在產品設計更具創造力。

發現女性比男性在知覺有用的推薦意見上，有更大程度能作出決定（Doong, Wang, 2011）。Kreienkamp（2010）研究兩性的市場行銷，歸納出男性的決策偏向「線性」流程，講究產品的功能性，購買前會先蒐集客觀資訊、與相似產品做比較，經評估後才做出決定。女性決策則偏向「螺旋形」流程，開始無法具體地描述自己的需求。

Shepard（1962）主張人的心智會被心理空間分隔開，心智中兩個不同的概念，可視為心理空間中兩個不一樣的點，相似感是概念之間的距離函數。當兩個概念越相似時，代表兩個點在心理空間的心理距離越接近。對於獨特的圖形、和包裝的設計偏好，男女之間總是有不同的認知和情感(Ritnamkam, Sahachaisaeree, 2012)。有性別傾向的產品消費現象，是不爭的事實。

(二)研究方法與步驟

為了在市場、設計、工程三個工作領域，瞭解設計趨勢需探索相當多的因素， Cagan 與 Vogel（2002）提出的整合創新產品的流程 iNPD（integrated New Product Development），整合：（1）真正的水準及科技整合、（2）以顧客及其他利害關係人的價值為焦點、（3）是一套強調發現與發明的方法，三個內涵的開發思考模式，所發展出的精煉和製造方法的系統。

此方法可傳遞行銷研究、工程以及設計三個產品競爭力的核心，步驟可分為：判別機會、瞭解機會、機會概念化、實現機會四個階段。

第一階段的判別機會對一般創新性產品，提出瞭解產品必須面對 SET 因素；社會的改變（Social change）-社會、文化和流行趨勢，經濟的趨勢（Economic trends）-經濟狀態的轉變，以及技術的創新（Technological innovation）-發展中的技術、新興技術的評估等三個因素。

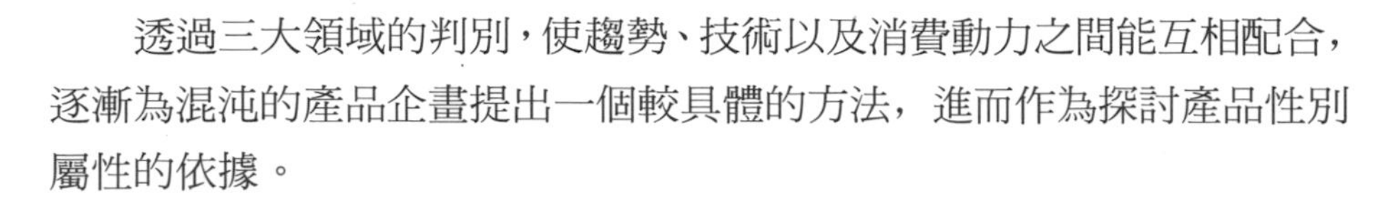

透過三大領域的判別，使趨勢、技術以及消費動力之間能互相配合，逐漸為混沌的產品企畫提出一個較具體的方法，進而作為探討產品性別屬性的依據。

以創新整合產品發展的方法（iNPD）之 SET 項目的分析，作為研究消費者判別產品機會的基礎，再經由調查分析來判斷產品的性別屬性，分成四階段：（1）判別產品機會（SET）、（2）產品性別屬性的判斷、（3）屬性與因素關係（圖 1）。

（1）判別產品機會：為了尋找判斷影響產品的外在因素，藉由 8 位高雄師範大學來自不同背景的工業設計研究所的研究生，為了能多樣的取得元素，所以藉由腦力激盪方法，此法看似主觀確是至目前為止，發展創意的重要方法，且長期被使用，來找出 SET 的各類別的關鍵內容，再加以多人的討論顯見具一定的代表性。為了避免文字意思難以精確傳達，再從網路中經由討論找出可代表各項目的產品圖像。

（2）產品性別屬性：以問卷方式調查前述所有產品圖像及配合文字說明，調查各項目對應的性別屬性。以 Likert 7 段量表評價產品性別象徵；（女性） ←（-3、-2、-1、0、1、2、3） →（男性）。判斷圖片中產品造形性別屬性的意象認知，性別屬性平均值(z)的判斷分成三段；（$-3 \leq z < -1$）視為偏女性、（$3 \geq z > 1$）視為偏男性、（$1 \geq z \geq -1$）視為偏中性。（

（3）屬性與因素關係：重新對於 16 個項目加以分類，進行因素分析來縮減代表產品造形，然後解讀因素，探討各因素與性別關係，藉以討論產品的性別屬性認知概念。

以消費力最強的 18-30 歲為目標族群，利用網路問卷進行線上問卷調查。調查時間從 2011 年 4 月 18 日開始，至 2011 年 10 月 18 日止，共回收樣本 199 份，有效問卷 192 份。受測者的性別組成：男性 75 人(39.1%)，女性 117 人(60.9%)。受測者年齡組成：18~21 歲 76 人(39.6%)，22~25 歲 93 人（48.4%），26~30 歲 23 人（12%）。

表 11-1. 被選定的 SET 項目

項目	數量	內 容
社會改變	12	S1.簡潔的造形；S2.人體工學的造形；S3.雙人座小房車設計；S4.方舟概念水上旅館；S5.高貴奢華局部鑲鑽設計；S6.自然材質創新運用；S7. 獨特風格，自我的線條；S8. 簡單,便利,可收納；S9. 多功能替換的設計；S10.Beatle 車；S11.速克達 CUXI S；12.速克達 MANY
經濟趨勢)	11	E1.趣味的設計清官榨汁器；E2.鑲鑽,繁複的設計；E3.低價運動錶；E4.品牌 Logo 的運用；E5.玩生活，放鬆舒壓的生活；E6.改善環境的油電混合車；E7.簡約一體成型的創意高跟鞋；E8.與 iphone 搭配的電動車；E9.氣氛好的室內設計；E10.快熱送，現做的最好；E11.簡潔設計
科技技術創新	7	T1.流線型的太陽能汽車；T2.電子閱讀器,簡約風格；T3.溜溜球充電器，動能變電能；T4.誇大有張力的造形線條；T5.跨越時代工藝結合；T6.新潮簡約的風格電子相框；T7.觸控面板，簡化的介面設計

（三）結果與討論

1.焦點團體 -SET 因素分析

為了能夠找出 SET 的項目，作為代表所有產品的面向，由 8 位出身背景不同的 工業設計所研究生，以腦力激盪方式，經過 10 輪的發言後，產生了 80 個提案項目。

再以表決方式逐一討論各項目作為篩選機制，能過（含）半數者的項目進入下一輪， 經由 3 輪的表決，最後有 30 個 SET 項目被篩選出來（表 1），分別：（1）社會改 變（Social change） （12 項）、（2）經濟趨勢（Economic trend）（11 項）、（3） 科技技術創新（Technology innovation）（7 項）。為了調查的真實及準確性，大 家再依照各個項目內容，在網路上找到認為可代表內涵的產品，再透過同樣的 8 人群體投票，選出超過半數投票圖像，配合文字說明（表 11- 2~4）成為問卷問項。

為了將 SET 的項目能夠由 8 位工業設計所研究生，以腦力激盪方式經過 10 輪的發言後，產生了 80 個提案項目。再以表決方式討論各項目，能過（含）半數者的項目進入下一輪，經由 3 輪的表決最後有 30 個 SET

項目被選出（表 11-1），分別各有；（1）社會改變（Social change）（12 項）、（2）經濟趨勢（Economic trend）（11 項）、（3） 科技技術創新（Technology innovation）（7 項） 。接著將各個項目加上代表視覺產品，並透過同樣的 8 人群體投票，選出超過半數投票的圖像，配合文字說明（表 11-2, 11-3, 11-4） 成為問卷問項。

表 11-2.社會改變的相關產品圖像

S1.簡潔造形	S2.人體工學造形	S3.雙人座小房車設計	S4.方舟概念水上旅館	S5.高貴奢華局部鑲鑽設計	S6.自然材質創新運用
S7. 獨特風格自我的線條	S8.簡單便利可收納	S9. 可多功能替換的設計	S10.Beatle車	S11.CUXI速克達	S12.MANY速克達

表 11-3.經濟趨勢的相關產品圖像

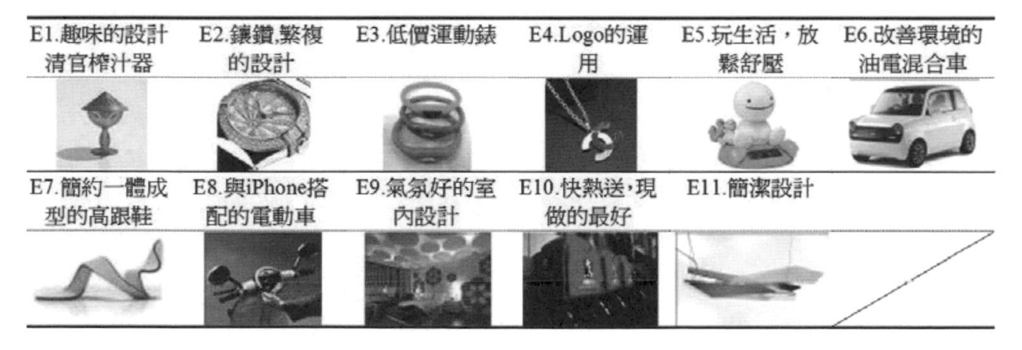

E1.趣味的設計清官榨汁器	E2.鑲鑽,繁複的設計	E3.低價運動錶	E4.Logo的運用	E5.玩生活，放鬆舒壓	E6.改善環境的油電混合車
E7.簡約一體成型的高跟鞋	E8.與iPhone搭配的電動車	E9.氣氛好的室內設計	E10.快熱送,現做的最好	E11.簡潔設計	

表 11-4.科技技術創新的相關產品圖像

T1.流線型的太陽能汽車	T2.電子閱讀器,簡約風格	T3.溜溜球充電器，動能變電能	T4.誇大有張力的造形線條	T5. 工藝與3c產品的結合	T6.新潮簡約的電子相框
T7.觸控面板，簡化的介面設計					

2.項目分析檢定

為了以極端值比較刪除相關性低的項目，就是項目分析中以量表總得分的前 27%（高分組）和後 27%（低分組）的差異作為比較，稱為二個極端組比較。極端組 比較結果的差異值稱為決斷值或稱臨界比（Critical Ratio: CR），將兩者的項目進行 獨立樣本 t 檢定。

在 t 統計量的判別上，研究者要先判別二組變異數相等的 Levene 檢定；（1）若是檢定呈現不顯著，代表沒有違背假設，則看「假設變異數相等」列的 t 值數據；相對的，（2）如果呈現顯著代表違反虛無假設，二個群體的變異數不相等，則看「不 假設變異數相等」列的 t 值數據。所採用的極端值之臨界比，一般將臨界比值之 t 統 計量的標準值設為 3.000，若是題項高低組別差異的 t 檢定統計量小於 3.000，代表該 項目的鑑別度較差，可以考慮將之刪除（吳明隆，2009）。

同時決斷值考驗未達顯著的項目（顯著性 p 值大於 .05 者）也最好刪除，因為一個較佳的態度量表的項目，其高分組與低分組在此題上得分的平均數差異最好顯著， 因為高分組與低分組在項目答對百分比的差異值愈大愈好，差異值愈大表示此題的 鑑別度愈佳。平均數差異值的考驗與獨立樣本 t 檢定操作程序相同，因此可根據二個獨立樣本 t 考驗求得的 t 值作為決斷值或臨界比數值，t 值愈高表示題目的鑑別度愈高（吳明隆，2009）。

由於在進行 SET 項目時會產生類似的項目被選入，為了避免從 SET 的取樣內 容有相互混用，及三個類別項目的可能混淆情形。試著將前述取樣的全部 30 個變數， 將所有項目合在一起進行項目分析，依據此過程的項目分析，試著排除題項鑑別度 低者。

根據檢定刪除獨立檢定 t 值低於 3.000 者；有 S3, S4, S6, S8; E3, E5, E7; T6 共 8 項加以刪除。

3.屬性與因素關係

Comrey 與 Lee（1992）對於因素分析時所需的樣本大小論點，認為樣本數少於 50 是非常不佳的（very poor）、樣本數少於 100 是不佳的（poor）、樣本數在 200 附近是普通的（fair）、樣本數在 300 附近是好的（good）、樣本數在 500 附近是非 常好的（very good）、樣本數在 1,000 附近是相當理想的（excellent）。

本研究的樣本數 198，對各 SET 因素一起進行因素分析算是普通還可進行的。首先進行同質性分析，KMO 值 .686 適合進行因素分析。為了更嚴謹些再刪除反映像 相關矩陣對角線的取樣適切性量數(measure of sampling adequacy; MSA）；如果 MSA 值愈接近 0，表示此題項愈不適合投入因素分析，一般的判別指標值為 .60 以上。

KMO 值.695，適合因素分析，透過正交的主成分分析（principle components analysis）及斜交的 Promax，均縮減成 7 個構念因素且內部構成的變數均一樣（表 11-5）。而解說因素負荷量也達 60.3%。各構念因素的圖像說明如下（圖 11-19）

表 11-5 轉軸後的成份矩

		元件						
		1	2	3	4	5	6	7
第一構念因素	E9	.778	.070	.189	.009	-.005	.094	.096
	S7	.719	-.047	.100	-.053	-.045	.116	.171
	S10	.628	.197	.083	.137	-.077	-.001	-.288
第二構念因素	T2	.114	.736	-.078	.153	.150	-.083	-.024
	T7	.125	.697	.044	-.009	.038	.020	-.159
	T3	-.127	.655	.113	.023	.274	.294	.118
	T5	.445	.485	-.055	.048	-.157	-.141	.226
	E11	-.133	.464	.035	.169	.187	.399	.101
第三構念因素	S12	.088	-.007	.848	.073	.025	.074	.115
	S11	.249	.068	.824	.062	-.125	-.086	-.013
第四構念因素	E6	.078	.014	.068	.658	-.010	.227	-.124
	E8	-.148	.313	.057	.568	.210	-.071	.173
	E1	.389	.013	-.033	.557	-.055	-.350	.142
	E10	-.130	.351	.229	.485	.252	.095	-.176
第五構念因素	T4	-.071	.249	.033	.117	.745	-.058	.049
	T1	-.095	.161	-.220	.029	.720	.100	.124
	S9	.441	-.176	.290	.064	.492	.114	-.210
第六構念因素	S1	.169	.093	-.015	.030	.018	.804	-.049
	E4	.386	-.176	.005	.321	-.038	.473	.397
第七構念因素	S5	.007	.069	.127	-.097	.055	-.052	.792
	E2	.247	-.175	-.082	.360	.129	.146	.466

萃取方法：主成分分析。旋轉方法：旋轉方法：含 Kaiser 常態化的 Varimax 法。

a. 轉軸收斂於 15 個疊代。

因素	項目	因素命名	代表內容
1	E9,S7, S10	生活裝飾感	
2	T2, T7, T3, T5, E11	理性技術感	
3	S12,S11	輕鬆移動感	
4	E6, E8, E1, E10	節能方便感	
5	T4, T1, S9	誇張功能感	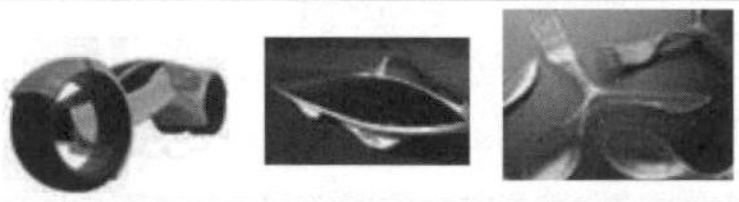

圖 11-19. 因素分析結果與代表產品圖片

4.產品造形性別屬性

為了判斷產品造形性別屬性，以 7 段 Likert 量表評估調查產品圖像的性別屬性，作為給予受測者是偏男或偏女的性別屬性認知。受測者對於產品造形偏男性偏女性的造形元素看 法，前述初步以 SET 的分類項目共 30 個，為了免於重複及相關性太低，利用檢定刪除及在因素分析的信度檢定後，剩下 21 項。

再以單一樣本 t 檢定，除了 E1、E6、T5 不顯著外其餘顯著，及針對受測者的性別進行獨立樣本 t 檢定，僅有 S10、E9、T2、T5 顯著，表示大多數的樣本在性別上，對於產品造形的性別屬性沒有很大的影響。為了易於表示 問卷的敘述性統計調查結果，以座標值分別表示（男性看法，女性看法，平均看法）； 依據（-1~ -3）為偏女性、（1~3）為偏男性、（-1~1）為偏中性的分類，加以判斷，由此研究結果 顯示，多數構念綜合結果均偏屬中性，試著再將之細分成；（A）（0.5≥x, y, z≥ 1）為中性偏男；（B）（-0.5≥ x, y, z≥-1.0）中性偏女；（C） 中性樣本（0.5≤ x, y, z <0.5）。加以判斷呈現如，各構念的意思及性別屬性偏屬如下：

(1)第一構念 - 生活裝飾感：經由敘述統計發現其平均值 E9(-1.613, -2.19, -1.1964)、S7(-2.067, -2.094, -2.083)、S10(-0.720, -1.658, -1.292)，顯示此種產品造形意象感覺屬於偏女性（圖 11-20）。在進一步看到 S10 的男女看法有顯著的不同，男的覺得偏中性，女的覺得偏女性。

(2) 第二構念 - 理性技術感：T2（0.813, 0.410, 0.568）、T7（0.627, 0.376, 0.474）、 T3（0.853, 0.658, 0.734），產品造形意象呈現為中性（圖 11-21），其中的 T2、T5 在男女的看法 呈顯著，也是認為中性的屬性。所以理性技術感的產品，不見得是被認知為男性的感覺，也 可能是所選樣本所造成的印象。最後調整判斷為中性偏男。

(3)第三構念 - 輕鬆移動感：S12(-1.405, -1.462, -1.432)、 S11(-1.227, -1.556, -1.427)， 產品造形意象偏女性的感覺（圖 11-22）。在造形上又被認為是復古，而在文字敘述上則偏經濟 方面為貼心感的設計。

(4)第四構念 - 節能方便感：E6(-0.013, -0.145, -0.094)、E8(0.507, 0.650, 0.594）、E1（-0.147, -0.162, -0.156），產品造形認知為中性偏男（圖 11-23）。

(5) 第五構念 - 誇張功能感：T4(1.800, 1.735, 1.760）、T1(1.387, 1.675, 1.563）、S9（-0.387, -0.419, -0.406），產品造形意象屬於偏男性，其中的 S9 卻偏中性（圖 11-24）。

(6) 第六構念 - 簡潔名牌感：S1（0.120, 0.145, 0.135）、E4（-1.347, -1.128, -1.214），產品 造形認知為中性偏女（圖 11-25）。

(7)第七構念 - 高級感：S5(-0.667, 0.043, -0.234)、 E2(-0.867, -1.034, -0.96），產品造形認知為中性偏女（圖 11-26）。

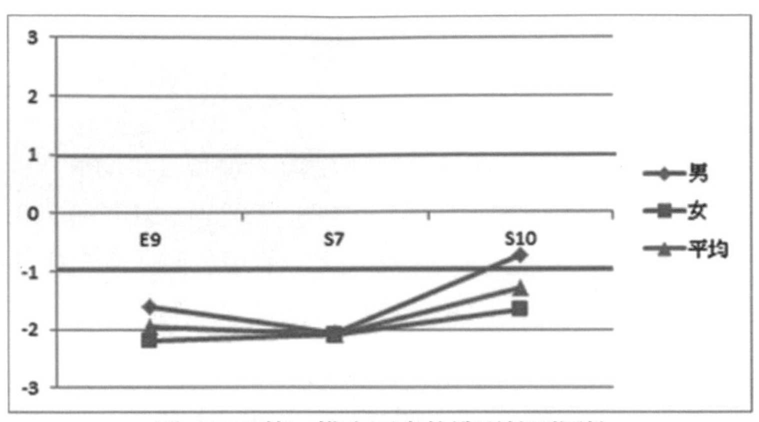

圖 11-20.第一構念因素的造形性別屬性

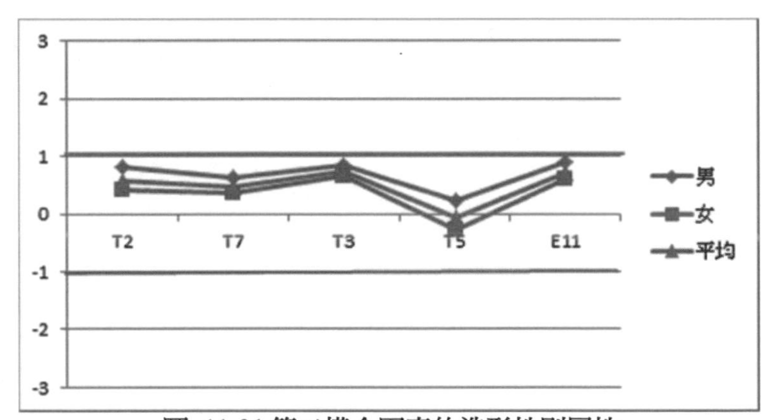

圖 11-21.第二構念因素的造形性別屬性

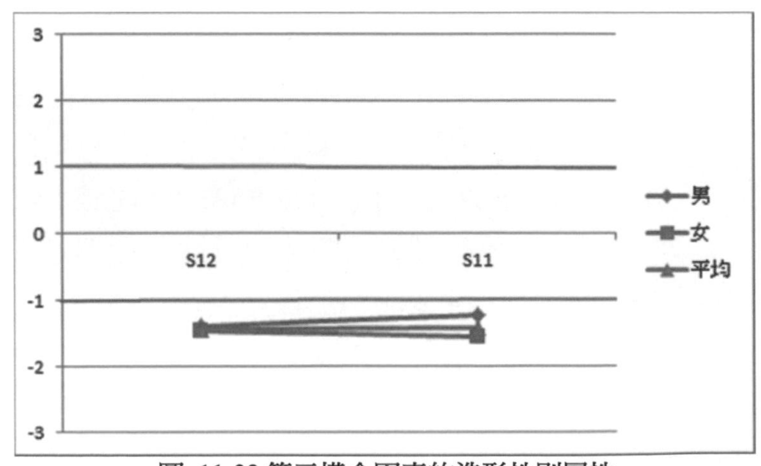

圖 11-22.第三構念因素的造形性別屬性

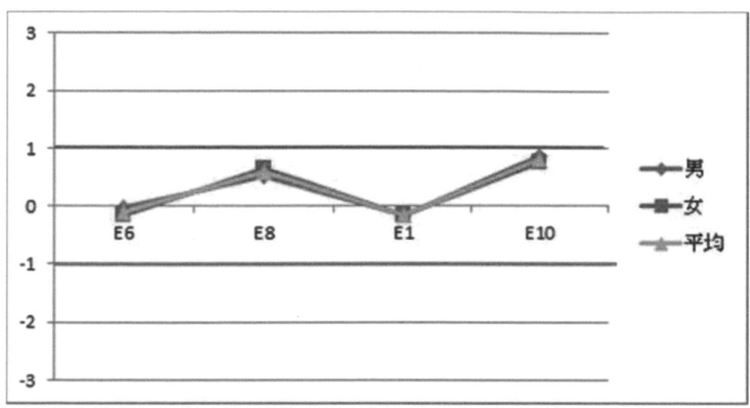

圖 11-23.第四構念因素的造形性別屬性

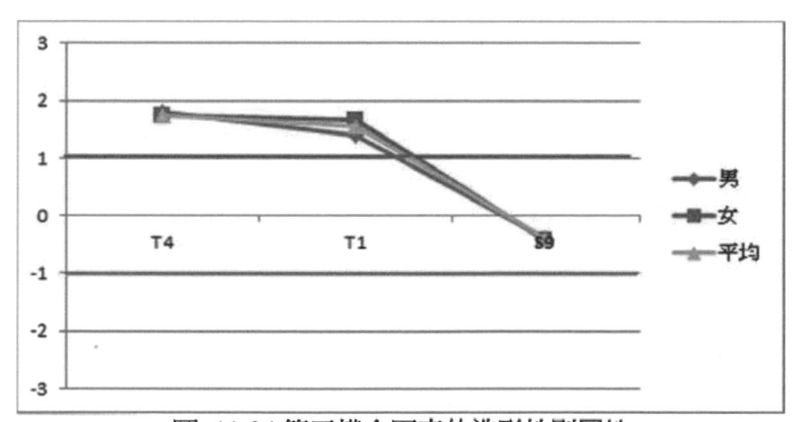

圖 11-24.第五構念因素的造形性別屬性

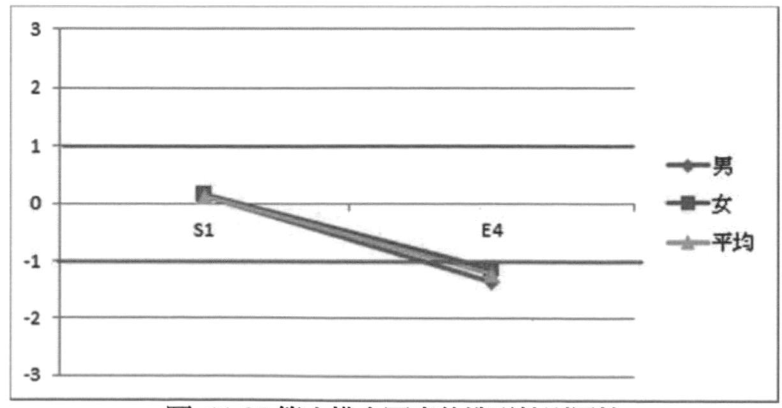

圖 11-25.第六構念因素的造形性別屬性

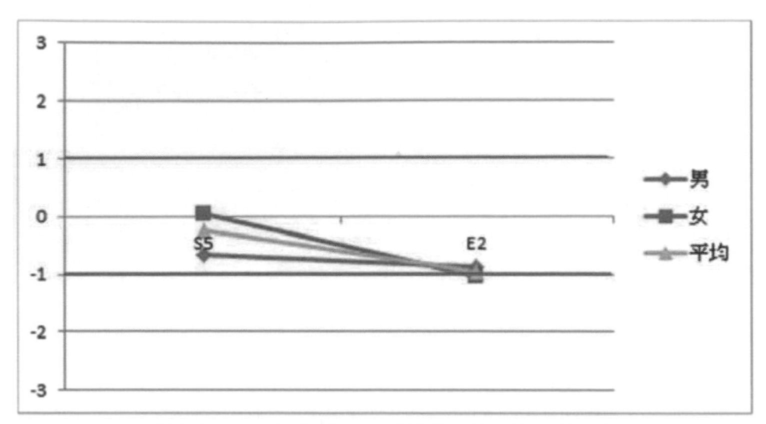

圖 11-26.第七構念因素的造形性別屬性

（四）結論

本研究鑒於探討產品造形的性別屬性，對於產品開發及行銷上的重要性，透過群體討論方式擬出 iNPD 創新流程中的 SET 因素，包含社會改變、經濟趨勢以及科技創新因素，各因素的問卷提案項目以文字配合圖像的方式作為調查的依據，採用 7 段 Likert 量表的形式以調查 18-30 歲族群對於產品造形的性別屬性之認知意象、與偏好。受測者對產品造形的性別認知：

（1） 被認知偏女性的樣本為：多彩塗裝的手機背殼設計、色彩繽紛的室內裝潢設計、局部鑲鑽的手錶飾鍊、及輕型小巧的速克達機車等，裝飾性高的要素如多彩塗裝、局部鑲鑽、輕型小巧的特徵為受測者認知偏女性的判斷依據。

（2） 被認知為偏男性的樣本為：兩款未來感車輛、功能性導向的外送車及雙人座小型車設計，不規矩的誇張曲線設計、與強調造形追隨機能如為降低風阻的流線設計等風格，為受測者認知為偏男性的造形判斷依據。

（3） 被認知為偏中性的樣本依喜好度區分為兩類：簡約設計風格的 3C 產品，幾何造形的簡約設計與無色彩配置的特徵為受測者認知偏中性且喜好度高的判斷依據；喜好度低偏中性的樣本多為色彩鮮豔、造形童趣、低調奢華的局部鑲鑽設計等特徵。

被喜歡的類別以新潮簡單、誇張、想像跨越等特徵；不被喜歡者為高貴奢華設計的特徵。車款的部分，男女性受測者的喜好度比較，兩款未來感汽車的圖片，男性受測者的喜好度高於女性。而兩款中性偏女速克達機車與 Beetle 車，男性受測者的喜好度則略低於女性。

從因素分析性別屬性認知的結果，得出六個因素：理性因素、裝飾性因素、幾何造形因素、奢華因素、復古因素、新潮簡約因素。各因素比較結果為（1） 理性因素為偏向男性的認知意象，（2） 幾何造形、新潮簡因素為偏中性，（3） 裝飾性、奢華、復古因素為女性、且偏中性。

上述的研究結果可作為產品企畫及產品設計的參考。產品造形的性別屬性，雖然被認知為行銷上的重要屬性，但是相關還是不夠。如果可以被深刻探討，所得結果亦可作為產品設計的參考，再將兩者的成果加以結合，相信可以提高成功產品的開發，以避免不必要的產品開發，產業未來勢必會漸漸瞭解做研究，不要進行不必要的開發，多關懷使用者真正需求，得以減少僅為刺激消費的資源浪費。

感謝

感謝我的學生林千婷在本研究中的文字、及圖片收集之協助給予極大的幫助，以及在過程參中參與問題討論的研究生們及接受問卷的朋友們，致上萬分謝意。

此文上面圖片的來源

S1. 簡潔造形，上網日期 2013/3/1，取自 http://preview.turbosquid.com/Preview/2010/12/05__13_44_00/ipad_3g005.jpg0bf46288-6b62-40e6-96e8-94b2de0005d0Larger.jpg

S2. 人體工學造形，上網日期 2013/3/2，取自 http://sphotos-a.xx.fbcdn.net/hphotos-snc6/9916_186618148792_3416900_n.jpg

S3. 雙人座小房車設計，上網日期 2013/3/1，取自 http://www.pcauto.com.cn/newcar/abroad/other/0509/pic/naro.jpg

S4. 方舟概念水上旅館，2013/3/1，http://edit.jgospel.net/media/27718/.34850.jpg

S5. 高貴奢華局部鑲鑽設計，上網日期 2013/3/1，取自 http://t3.gstatic.com/images?q=tbn:ANd9GcQ-Vyf3MvAEaDWLsZk5I2cThWun0OeP9c6bJ8lqDpm41CfR2_UW

S6 . 自然材質創新運用，上網日期 2013/3/1，取自
http://picpost.postjung.com/data/145/145945-19-6871.jpg

S7 . 獨特風格自我的線條，2013/3/1，http://www.fnf.jp/k-reki25.jpg

S8 . 簡單便利可收納，上網日期 2013/3/1，取自
http://www.designsprout.com/photos/uncategorized/2008/04/16/flip_3.jpg

S9 . 可多功能替換的設計，2013/3/1，
http://www.notempire.com/images/uploads/b_08.jpg

S10. Beetle 車，上網日期 2013/3/1，取自
http://wikicars.org/images/en/thumb/0/0e/2007_New_Beetle_whiteright.jpg/350px-2007_New_Beetle_whiteright.jpg

S11. CUXI 速克達，上網日期 2013/3/1，取自
http://www.7net.com.tw/mdz_file/item/11/05/01/1110/11100010578G_intr_b_30_120730161059.jpg

S12. MANY 速克達，上網日期 2013/3/1，取自
http://www.kymco.com.tw/products/models/many_100fi/images/newPic_a1.jpg.

E1. 清官榨汁器，上網日期 2013/3/1，取自
http://2.bp.blogspot.com/-3LDNNlhbvzo/TtYkwyQLP7I/AAAAAAAAA28/Zd0MFCSMi_w/s320/1069.jpg

E2. 鑲鑽,繁複的設計
http://img1.aili.com/images/201206/07/1339056702_05621400.jpg

E3. 低價運動錶，上網日期 2013/3/1，取自
http://img.diytrade.com/cdimg/951746/12988426/0/1280845581/Fashion_Wrist_Watch_Sports_Watch_the_best_gift_for_Christmas.jpg

E4. Logo 的運用，上網日期 2013/3/1，取自
http://img2.mtime.com/mg/2009/22/7dea607b-2733-47e2-a35b-b2fbefda9d28.jpg

E5 玩生活，放鬆舒壓
http://i00.c.aliimg.com/img/ibank/2011/100/770/284077001_293063393.jpg

E6 . 改善環境的油電混合車，上網日期 2013/3/1，取自
http://pictures.topspeed.com/IMG/crop/200910/2009-honda-ev-n-conc_600x0w.jpg

E7 . 簡約一體成型的高跟鞋，上網日期 2013/3/1，取自
http://img.hc360.com/gift/info/images/200909/200909271419558120.jpg

E8. 與 iphone 搭配的電動車，上網日期 2013/3/1，取自
http://4.bp.blogspot.com/-2DHyOvXXwTI/TfMh8tl5nOI/AAAAAAAABh4/Kcz09cNsWHo/s1600/mini-scooter-E-concept-iphone.jpg

E9 . 氣氛好的室內設計，上網日期 2013/3/1，取自
http://0492381177.tw.tranews.com/Show/images/News/3245698_1.jpg

E10. 快熱送，上網日期 2013/3/1，取自
http://www.plusview.com/blog/wp-content/uploads/2008/01/t_1200_0603-1.JPG

E11. 簡潔設計，上網日期 2013/3/1，取自
http://www.todayandtomorrow.net/wp-content/uploads/2008/05/polygon_crash_1.jpg

T1. 流線型的太陽能汽車，上網日期 2013/3/1，取自
http://sin.stb.s-msn.com/i/8A/70E563436C7AC89E236ABA11F8950.jpg

T2. 電子閱讀器，上網日期 2013/3/1，取自
http://i1202.photobucket.com/albums/bb380/kisplay/news/skiff-ereader.jpg

T3. 溜溜球充電器，上網日期 2013/3/1，取自
http://news.xinhuanet.com/newmedia/2010-10/24/12694892_11n.jpg

T4. 誇大有張力的造形線條，上網日期 2013/3/1，取自
http://images.thecarconnection.com/med/sixnine-performance-car-by-andr-lyngra_100178717_m.jpg

T5.工藝與 3c 產品的結合，上網日期 2013/3/1，取自
http://big5.thethirdmedia.com/g2b.aspx/product.thethirdmedia.com/pimg/200705/ASUSZhuPiHuanBaoEcoBook070530192287050.jpg

T6. 新潮簡約的電子相框，上網日期 2013/3/1，取自
http://www.pmsh.tnc.edu.tw/~wiki/98106/images/a/a4/%E6%95%B8%E4%BD%8D%E5%83%8F%E6%A1%8603.jpg

T7 . 觸控面板，簡化的介面設計，上網日期 2013/3/1，取自
http://static.dcfever.com/media/phones/images/2008/01/apple_iphone_12010629053_l.jpg

三、滑鼠的造形研究（羅玉麟、王明堂）

電腦是現在生活中不可獲缺的產品，從計算用途的超級電腦時代開始發展，至今輕薄短小的隨身型，至無所不在的雲端運算，然而它卻需靠周邊的輔助產品：螢幕、鍵盤、滑鼠來完成工作。螢幕僅往大尺寸或高解析度單一的發展方向，鍵盤始終陷於其前身打字機的 QWERTY 排列無重要進展。

源自於鍵盤移動鍵的不方便，啟發創新使用者在電腦螢幕上能無所不至的缺點，而發展出滑鼠產品。藉以因應電腦的重要用途發展：寫程式、繪圖、必須快速至所欲到畫面的位置，而產生的各種功能，讓電腦可以海闊天空地向前走的重要幫手。此部分的研究礙於篇幅，僅以介紹方法及闡述部分的研究成果的介紹為主，敬請見諒。

（一）前言

滑鼠是電腦發展的一個周邊產品，雖然現在的觸控板有取代其功能之勢，但還是一項重要不可缺的。它源自於 Douglas Engelbart 在服役期間所閱讀，被稱為電腦之父的英國劍橋大學數學家 Charles Babbage 在 1822 年的著作，啟發了他致力於創造如何連結人類與知識的構想。由於當時電腦的科技還未臻成熟，移動畫面的位置需靠使用鍵盤的方向鍵，按一次移動一點位置的移動游標。讓所有使用的相關技術人員均覺得需要一個介於電腦與人之間的產品或方法，來扮演輸入或移定位裝置。

最初的想法就是為了這個需求，讓電腦輸入操作變得更簡單、容易。1960 年代初期，有許多針對不同實驗環境，開發執行電腦上點選的功能；軌跡球、光筆等。1963-1964 年 Engelbart 團隊在史丹福大學努力地研究滑鼠，開發出世界上第一個滑鼠。在 1968 年 12 月 9 日的電腦研習會上，為了發表如何操作移動產品的功能，精心地用木頭雕刻出了一個外殼，來嘗試代替鍵盤只能夠行使機械化的指令而已，讓操作能更為直覺、便利，許多人因而相當地驚訝。在當初整個產品只有一個按鍵來作為確定之用，在底部安裝了一個金屬滾輪，用以移動及控制游標。外形像一隻小木盒的滑動老鼠而稱之為「滑鼠」，工作原理就是由木盒內底部有一個小球來帶動樞軸進行轉動，藉以改變可變電阻器的電阻值，所產生的位移信號，並將信號傳至主機。

發明滑鼠的技術開發者並沒有像現在的成功產品發明者為團隊帶來財富，其原因則是他們擁有專利權的那段期間，滑鼠還未能成為重要的周邊設備，無法被大量地商業生產。然而他的功勞也未被完全地埋沒，到 1998 年美國總統 Bill Clinton 也授予 Engelbart 一個國家技術獎章，藉以表彰他為電腦應用所作的偉大貢獻（圖 11-27）。這個產品真的改變了電腦的應用，使其操作更為符合人性及及時。

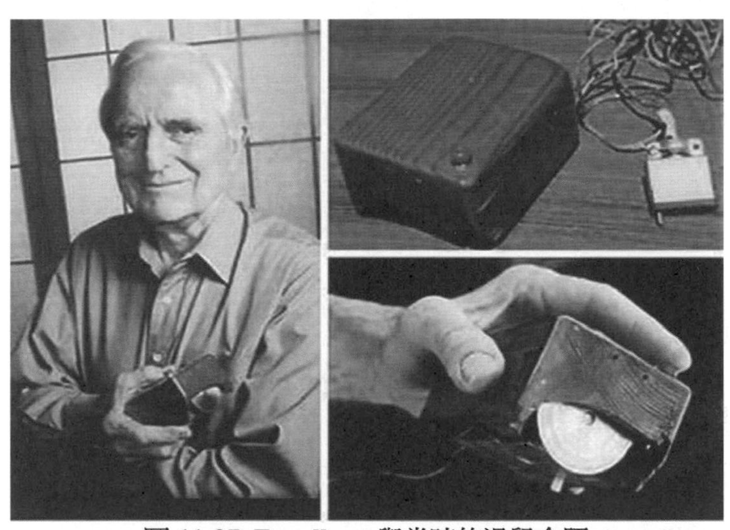

圖 11-27. Engelbart 與當時的滑鼠合照
（http://renoir.en.kku.ac.th/courses/188473/mouse/mouse.html）

現今使用者購買滑鼠的管道，因為需要試用多以在實體 3C 商店購買為主（圖 11-28）。現今因為資訊網路的發達，也造就網路賣場的蓬勃發展，電腦的周邊也可於網路購物商場買到。經研究調查消費者購買產品以視覺的刺激最強烈，對於成熟產品尤其重視造形。Kauffman（2003）指出目前滑鼠設計的首要要求重點是人因工程，那時購買就需試用一下，看看按鍵及滾輪是否合意。此概念在網路購買時，只能觀看商品圖片就進行購買，以單純圖片就決定購買是問題。但是對於這麼成熟的產品，在乎的基本功能已是沒有問題，而特別功能也可從文字及圖面的介紹就應可讓消費者知曉。對於造形的視覺刺激成為重點，而進一步可感到疑問，想討論的是設計師與一般使用者對於滑鼠造形的意象是否有差異?

(a)
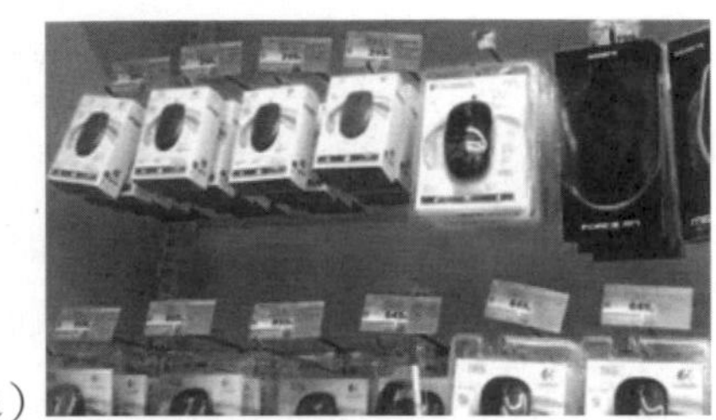
(b)

圖 11-28.實體店面的陳列方式（a）可操作的展示平台；（b）僅架上陳列方式

（二）研究目的

1.設計與非設計背景的滑鼠使用者對於購買滑鼠時的需求及其重要度排序。

2.與非設計背景的滑鼠使用者對於滑鼠造形意象之差異度探討。

3.設計與非設計背景的滑鼠使用者分別對於滑鼠造形喜好度。

（三）研究方法及過程

依據感性工學的流程加以調整成如下：

1.產品樣本的選取

為了進行造形的視覺意象調查，必須進行用樣品的蒐集，其過程需（1）考慮調查樣品本體所呈現的視覺，作為問卷調查之用、（2）樣品來源及決定（表 11-6）。

表 11-6.滑鼠樣本篩選流程表

研究階段	決定者	研究方法	**結果**
調查滑鼠樣本視角	消費者	問卷調查	滑鼠上方 45 度角
第一階段：蒐集滑鼠樣本	3C 賣場（燦坤、順發）	資料蒐集	155 個
初步篩選樣本	研究者	歸納整理	141 個
第二階段：篩選樣本	設計系專家	集群分析	7 群
最終決定的樣本	設計系專家	問卷調查	38 個

2-1.蒐集主要賣場滑鼠樣本

滑鼠樣本來源，以現有主要 3C 賣場燦坤及順發 3C 的現有產品為調查樣品，以現地拍攝呈滑鼠上方 45 度的照片，如無法拍得則根據現場照片的型號，則到燦坤與順發 3C 網路商場或其他資訊網路搜尋滑鼠相同品牌與型號的照片，上述的賣場總共蒐集到 155 個。

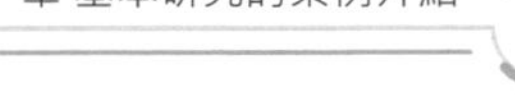

2-2.刪除相類似的滑鼠樣品

將蒐集到的 155 個滑鼠資料，首先將造形相似度高的加以刪除，共刪除 13 個造形相似度極高的樣本剩下 142 個，由於使用者對於實體產品和影像樣本的意象認知並無明顯差異。

2-3.減少樣品的其他因素之干擾

為避免品牌、色彩、材質等因素，影響到受測者對於產品造形的意象認知。因此，去除受測樣品上面的品牌 LOGO，然後再將其加以灰階化（圖 11-29）。藉此排除受測者受品牌因素，而對測試結果產生影響。也就是在挑選到的樣品，盡量排除可能影響測試結果的因素。有時樣品的拍攝角度也需事前加以規劃，而依循取得測試樣本

圖 11-29.刪除 LOGO 及樣本灰階化

2.樣本選取限制

利用作為問卷調查的樣本（圖 11-30），調查適合何種視角是主要影響購買滑鼠意願的，問卷受測者為滑鼠使用者 54 位，問卷內容為請受測者針對以下不同滑鼠的視角樣本進行。選擇主要影響購買滑鼠因素的視角是哪一張圖，透過問卷調查消費者對於滑鼠購買時，主要以 8 號前 45 度角視圖影響較大（圖 11-31），相對於其它角度的數值，如 4 號與 6 號，可發現原因在於可清楚看到滑鼠的滾輪、或其設備之按鍵與造形的呈現，將影響購買時的吸引力與意願程度。

有此結果確定樣本蒐集的視角以清楚看見滑鼠按鍵與造形的 8 號為尋找樣本的依據，而現今滑鼠種類與造形差異繁多，考慮台灣購買滑鼠的管道，排除購買者特殊需求性，所以限制樣本的蒐集範圍為台灣一般 3C 通路（燦坤及順發 3C）所販售的滑鼠款式為主。

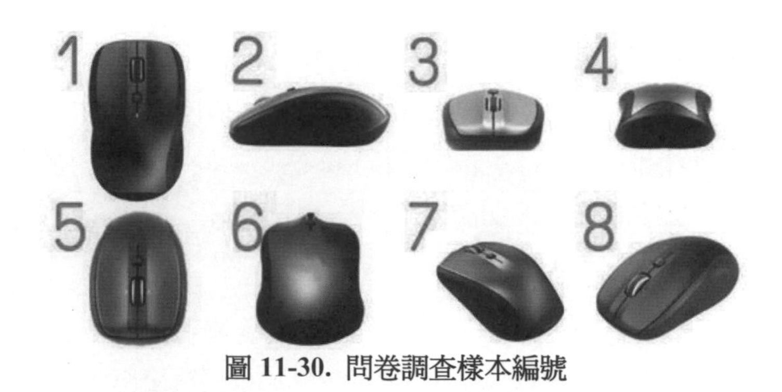

圖 11-30. 問卷調查樣本編號

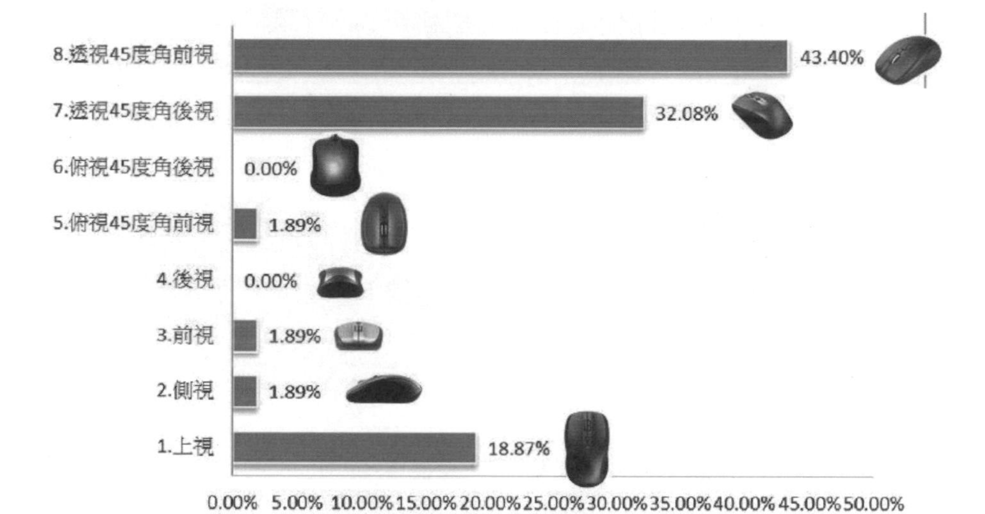

圖 11-31.實驗樣本限制調查

3.蒐集形容滑鼠意象的語彙

3-1.第一次收集

為了調查滑鼠的造形意象，使受測者能針對各滑鼠造形樣加以評價，需篩選出適當的意象形容詞，再依李克特（Likert scale）以形容詞的心理感受程度給予分數。形容詞的取得，主要取自滑鼠拍賣商場的廣告詞與研究造形意象的相關文獻，從其內容的形容詞語彙收集而得，並刪除重複及相近的語彙，經過初步歸納後共取得 289 個形容詞語彙。接著再將形容詞語彙由研究者或數位有經驗者，再一步進行初篩選，最後得到 133 個形容詞語彙，如表 11-7 所示。

表 11-7.滑鼠意象形容詞問卷調查表

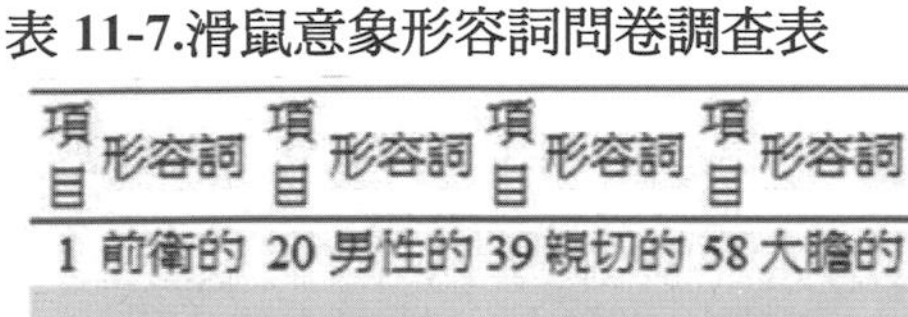

項目	形容詞	項目	形容詞	項目	形容詞	項目	形容詞	項目	形容詞	項目	形容詞	項目	形容詞
1	前衛的	20	男性的	39	親切的	58	大膽的	77	效率的	96	美觀的	115	沉穩的
2	陽剛的	21	女性的	40	柔性的	59	氣派的	78	典雅的	97	獨具造型的	116	愉快的
3	柔和的	22	稜角的	41	簡潔的	60	簡便性	79	舒服的	98	漂亮的	117	懷舊的
4	簡單的	23	圓渾的	42	現代的	61	厚實的	80	雅痞的	99	有型的	118	溫馨的
5	氣派的	24	規矩的	43	質感的	62	炫目的	81	精簡的	100	高貴的	119	特別的
6	未來的	25	叛逆的	44	曲線的	63	精密的	82	穩定的	101	犀利的	120	非凡的
7	溫暖的	26	粗獷的	45	豪華的	64	掌控的	83	反差的	102	順滑的	121	豪華的
8	呆板的	27	理性的	46	優雅的	65	細膩	84	光滑的	103	靈活的	122	魅力的
9	活潑的	28	感性的	47	精緻的	66	品味的	85	美麗的	104	流行的	123	內斂的
10	傳統的	29	尖銳的	48	厚重的	67	愉悅的	86	與眾不同的	105	雅致的	124	帥氣的
11	輕巧的	30	鈍感的	49	顯眼的	68	粗略的	87	動感的	106	俗氣的	125	熱情的
12	科技的	31	和諧的	50	輕盈的	69	大眾的	88	便利的	107	平凡的	126	清爽的
13	掌握的	32	簡約的	51	穩重的	70	衝突的	89	雅仕風格	108	高級的	127	顯眼的
14	風格的	33	弧度的	52	可靠的	71	新奇的	90	舒適的	109	年輕的	128	迷人的
15	搶眼的	34	輕量的	53	摩登的	72	安心的	91	吸引的	110	活力的	129	低調的
16	流線的	35	握感的	54	尊榮的	73	輕鬆的	92	笨重的	111	霸氣的	130	商務的
17	炫酷的	36	粗糙的	55	華麗的	74	粗獷的	93	對比的	112	性感的	131	特殊的
18	價值的	37	穩固的	56	單調的	75	美感的	94	平實的	113	唯美的	132	信賴的
19	激烈的	38	服貼的	57	都會的	76	另類的	95	優美的	114	靈氣的	133	平易近人的

3-2.第二次篩選滑鼠意象形容詞語彙

為了精選適合的滑鼠造形意象形容詞語彙，請 11 位受測者，先由 6 位挑選出認為適合的形容詞，取共有 3 位以上挑選上的形容詞共 45 個。再請另 5 位受測者挑選出他們認為不適合的，共得到剩餘形容詞語彙 13 個（畫成灰底的）（表 11-8）。

表 11-8.挑選適合的滑鼠意象形容詞彙

項目	形容詞	次數	項目	形容詞	次數	項目	形容詞	次數	項目	形容詞	次數	項目	形容詞	次數	項目	形容詞	次數
1	前衛的	4	20	男性的	1	39	親切的	0	58	都會的	1	77	美感的	3	96	平實的	1
2	陽剛的	4	21	女性的	1	40	柔性的	1	59	大膽的	0	78	另類的	0	97	優美的	0
3	柔和的	1	22	稜角的	4	41	簡潔的	4	60	氣派的	2	79	效率的	2	98	美觀的	1
4	簡單的	2	23	圓渾的	4	42	現代的	4	61	簡便性	0	80	典雅的	0	99	獨具造型的	3
5	氣派的	2	24	規矩的	1	43	質感的	4	62	厚實的	0	81	舒服的	4	100	漂亮的	0
6	未來的	3	25	叛逆的	0	44	曲線的	1	63	炫目的	0	82	雅痞的	1	101	有型的	1
7	溫暖的	1	26	粗獷的	0	45	豪華的	0	64	精密的	4	83	精簡的	2	102	高貴的	0
8	呆板的	1	27	理性的	1	46	優雅的	5	65	掌控的	2	84	穩定的	0	103	犀利的	0

3-3.最終篩選滑鼠意象形容詞語彙

透過形容詞組問卷調查結果，以受測者次數分配統計方式進行篩選，經由形容詞詞意相同者進行分群後（圖 11-32），透過語意差意法相關研究資料、教育部國語辭典修訂版及等參考文獻設定形容詞反義詞句，組成形容詞語彙組，共篩選出形容詞組 9 組（表 11-9）。

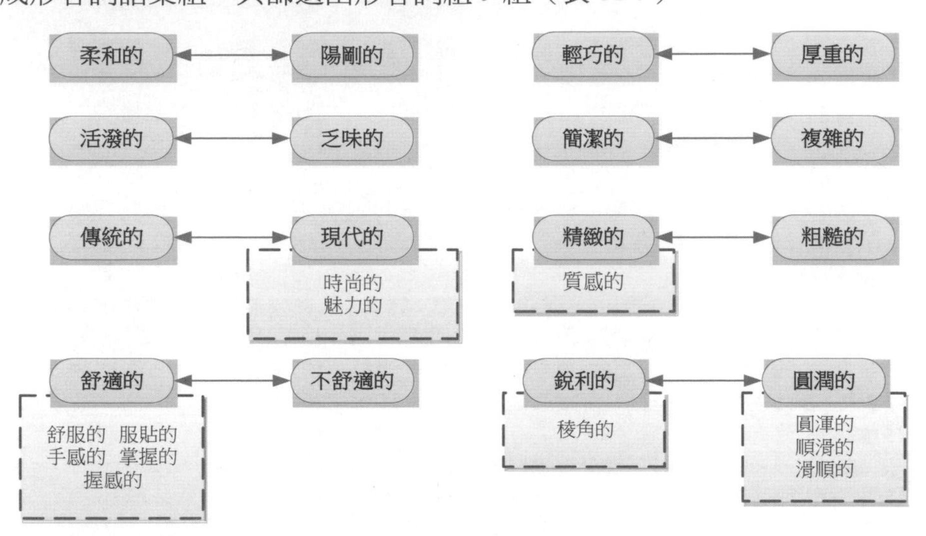

圖 11-32.形容詞語彙分群

表 11-9.滑鼠意象問卷調查用形容詞

傳統的	⟷	現代的	活潑的	⟷	乏味的
輕巧的	⟷	厚重的	粗糙的	⟷	精緻的
簡潔的	⟷	複雜的	柔和的	⟷	陽剛的
銳利的	⟷	圓潤的	討厭的	⟷	喜歡的
不舒適的	⟷	舒適的			

4.問卷設計與調查

正式問卷內容分為基本資料調查(表 11-10)、滑鼠造形意象調查、滑鼠喜好偏好調查（圖 11-33）。其後調查對於滑鼠樣本圖片的造形意象感受程度及喜好程度，受測者能依照該形容詞的感覺程度，以李克特（Likert scale）等距衡量尺度，分別給予 11 區間（1~10 分）的判別圖。

問卷調查對象分為設計背景與非設計背景兩大族群，年齡層為 18-35 歲，具有以個人意願或想法購買滑鼠經驗的消費者。

表 11-10.造形意象問卷示意表

一、基本資料

性別：□男　□女

年齡：□18 歲以下 □19 歲-25 歲 □26 歲-30 歲 □31 歲-35 歲 □36 歲以上

專業領域：□人文社會科學相關　□設計相關　□藝術相關　□法學相關　□管理學相關

□理學相關 □工程科學相關 □醫學相關 □自然科學相關 □教育領域　□其他_

是否曾接受過設計專業相關課程：□是　□否

請問您購買「滑鼠」的時候，您通常在意的是（複選）：□品牌知名度（A）　□品質及售後服務（B）　□價格高低（C）　□包裝及設計（D）　□其他

呈上題，請依照你在意的項目之代號加以排序（由最在意至最不在意）　______

請問您通常在哪裡購買「滑鼠」（複選）：□百貨公司專櫃　□3C 量販店（如：燦坤、順發）

□虛擬網路商城（如：拍賣、樂天）□資訊廣場（如：日本橋、彩虹 3C）□其他

	1	2	3	4	5	6	7	8	9	10	
傳統的											現代的
輕巧的											厚重的
簡潔的											複雜的
銳利的											圓潤的
不舒適的											舒適的
活潑的											乏味的
粗糙的											精緻的
柔和的											陽剛的
討厭的											喜歡的

圖 11-33.問卷的樣式

5.問卷分析工具

以客觀及系統的態度藉 IBM SPSS Statistics 20 進行資料統計分析，藉以推論產生該文件內容的環境背景及其意義的一種研究方法。

（四）初步研究結果

初步由 12 位 5 年以上設計經驗的受測者進行篩選，方式為請受測者依照造形意象形容詞進行分類，並在每一分類上註明每群為何種意象形容詞的聚集，以下以受測者由 12 位受測者分群後，透過 SPSS 進行階層集群分析，分析得到滑鼠樣本分群結果的 7 類分群（表 11-11）。以 Anova 分析出樣本顯著性皆顯著，受測者挑選出的代表為最終樣本共 38 張滑鼠

圖（表 11-12），並整理 12 位設計背景的受測者對造形意象形容詞的對照關係。因內容過多無法在此詳述，僅將主要流程加以敘述深表抱歉。

表 11-11.滑鼠樣本分群結果

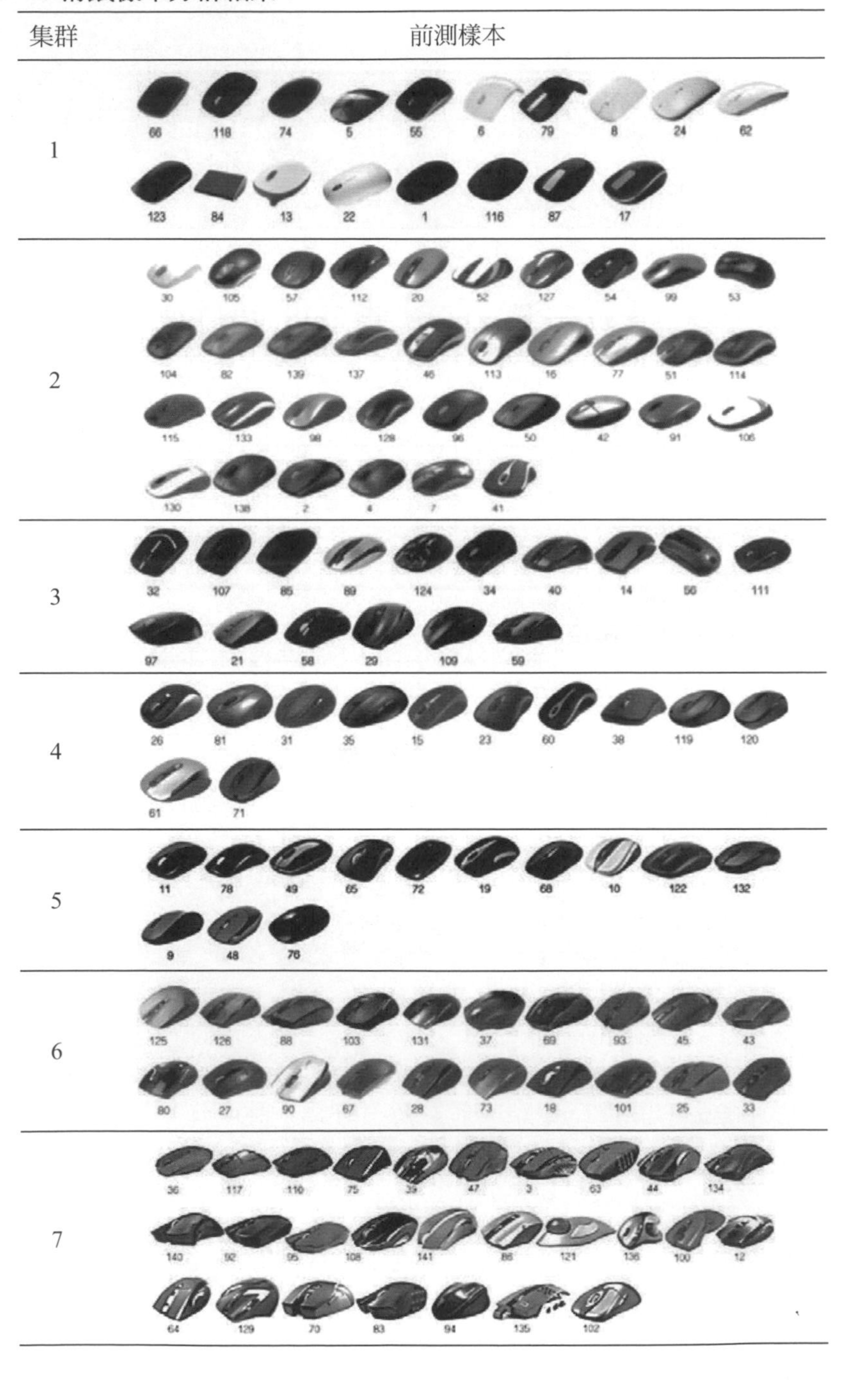

集群	前測樣本
1	66, 118, 74, 5, 55, 6, 79, 8, 24, 62, 123, 84, 13, 22, 1, 116, 87, 17
2	30, 105, 57, 112, 20, 52, 127, 54, 99, 53, 104, 82, 139, 137, 46, 113, 16, 77, 51, 114, 115, 133, 98, 128, 96, 50, 42, 91, 106, 130, 138, 2, 4, 7, 41
3	32, 107, 85, 89, 124, 34, 40, 14, 56, 111, 97, 21, 58, 29, 109, 59
4	26, 81, 31, 35, 15, 23, 60, 38, 119, 120, 61, 71
5	11, 78, 49, 65, 72, 19, 68, 10, 122, 132, 9, 48, 76
6	125, 126, 88, 103, 131, 37, 69, 93, 45, 43, 80, 27, 90, 67, 28, 73, 18, 101, 25, 33
7	36, 117, 110, 75, 39, 47, 3, 63, 44, 134, 140, 92, 95, 108, 141, 86, 121, 136, 100, 12, 64, 129, 70, 83, 94, 135, 102

表 11-12.最終滑鼠產品樣本

集群	篩選出的樣本
1	簡潔→現代、時尚、科技。 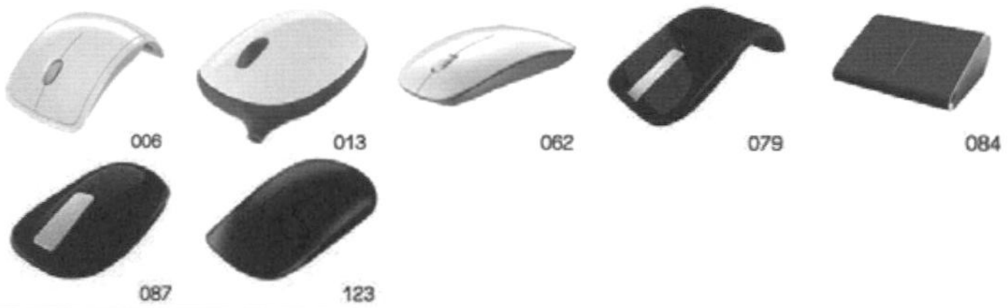 006 013 062 079 084 087 123
2	一般、大眾、普通→樸實、平和、呆板、傳統、實用。  016 046 104 105 113
3	精緻→穩重。  021 032 058 059 089
4	圓潤→可愛、活潑。  023 031 035 119 120
5	曲線、流暢→速度。  010 019 049 072 078
6	不規則→銳利、手感。  037 045 090 093 131
7	複雜→陽剛、霸氣、專業。 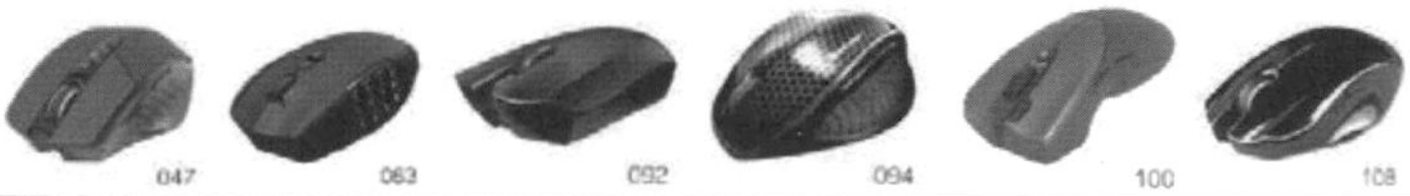 047 063 092 094 100 108

例如：表 11-13 的滑鼠樣本 2 之意象調查中，如以意象的平均中間值為 5，樣本 2 滑鼠的總體造形意象是偏向於「傳統的」、「厚重的」、「複雜的」、「圓潤的」、「舒適的」、「乏味的」、「粗糙的」與「陽剛的」。

經由檢定，對於有顯著差異的形容詞組的判別平均值，僅「簡潔的 －複雜的」在設計與非設計背景的受測者之結果分別為 5.85 與 4.76，可見設計背景比非設計背景的使用者，覺得滑鼠樣本 2 的造形意象較偏向為有「複雜的」意象。

表 11-13. 樣本 2 的造形意象調查平均值（）

形容詞組	總體受測者		設計背景		非設計背景		F	顯著性
	平均數	標準差	平均數	標準差	平均數	標準差		
傳統的 ⟷ 現代的	2.91	2.28	2.90	2.24	2.93	2.33	.008	.928
輕巧的 ⟷ 厚重的	6.49	2.34	6.70	2.32	6.27	2.36	1.936	.166
簡潔的 ⟷ 複雜的	5.33	2.19	5.85	2.18	4.76	2.06	14.915	.000*
銳利的 ⟷ 圓潤的	6.81	1.78	6.87	1.70	6.75	1.88	.229	.633
不舒適的 ⟷ 舒適的	6.14	1.88	5.97	1.92	6.31	1.83	1.831	.177
活潑的 ⟷ 乏味的	6.43	2.03	6.66	2.10	6.17	1.92	3.348	.069
粗糙的 ⟷ 精緻的	4.78	1.95	4.58	2.10	5.00	1.74	2.674	.103
柔和的 ⟷ 陽剛的	5.54	2.19	5.45	2.14	5.64	2.26	.458	.499

註: * 表示 P<0.05，達到顯著性。

想說說台灣的教育，學位會和自己的科系綁在一起，學生有時也擔心自己的畢業證書之學位是否符合未來的就業。也就是學生隸屬於一個科系、進入什麼科系，畢業時就拿那種學位證書。但是國際知名大學；劍橋、哈佛、史丹佛都已經不是這樣了。

這三個學校的學生們，畢業所拿到的學位都是取決於學生自己選擇什麼「學程」，由於學程是一套設計好的課程組合，通常可以隨著時代的改變而重新組合發表，組織出來的新學程，絕對不會是一個僵固的行政組織，而是一個要試圖趨近新時代的想法。

第十二章. 數位時代的感性及創新企畫概念

- 企畫是設計的前導，為了得到感性設計，需利用進行的相關調查，而在數位時代便須提出具創意的企畫方向，提供設計師們進行設計。
- 由於現在這類的研究通常由設計研究者進行，所以更適合作為在過程中與其他工程單位的資訊溝通及傳遞。

如何面對數位時代而利用感性的概念去創新產品，這是一個新時代必須思考如何創新的切入點。前面許多的方法告訴我們如何找到及確認一點機會來加以改進或創新，針對這些可能的研究所得到的結果，該如何加以整理成為方向，就是需要有企畫的概念才能加以持續推展，甚至落實成具體可行的開發方向，全體一致去努力的。

設計類別很多，先以工業設計（industrial design）為例，因為都在講求創新，所以創造出了許多希望符合社會需求的科系名稱。最近更因為「文化創意產業」被大力的推廣，而成為熱門的設計領域，橫向地整合了其他相關的設計領域，其廣義可看文化部給文化創意產業的定義。它其實就是原有與文化相關的 15 個領域，所構成的綜合名詞，卻引用了國外的資料及國內期待的數據，宣傳成產值很大及很新的領域。其實在分工的情形下，它成為一個設計的跨領域的學系，「設計」漸漸從顯學而可能需找到新方向。因此其名號雖還充滿招生吸引力，而加上「創新」的概念使「創新設計」成了 21 世紀初的設計新寵兒。台灣從工程領域發展的成熟漸漸導向設計，希望可為台灣發展出新的競爭力。相信會漸漸擴大到其他的設計領域，該如何創新？想一想如何去面對數位時代的快速變化，就是個必須創新的重要方向。創新就像品管或保安之類的組織流程，也是可加以管理的，然而管理者決定如何創新時，往往是採且戰且走的思維方式，而不是積極地了解哪些東西可行、那些不可行（McGrath, 2013）。如何在數位時代採取創新的策略，讓公司可以繼續向前行，是這個世紀很迫切且需去面對的問題。

回顧 1929 年美國華爾街股市崩盤，製造了全球經濟大恐慌的序幕，那時第一代的美國工業設計專業者，如 Walter Darwin Teague、Raymond Loewy、Henry Dreyfuss 等人，卻因而浮現出在資本主義現實的需求下。

那時代大部分設計師原均具有產品、平面、展示、舞台等一項專業，而擴充出全方位的可能設計經驗。他們利用自己商業敏感的意識和知道市場競爭法則的技巧，替那些正在面對經濟恐慌下所產生的問題，卻還倖存下來的公司，為他們的公司提出解決產品方向或滯銷的問題。

當時，各類計師必須接手的產品設計的項目相當繁多，讓人眼花撩亂得不知所措，一時被認為是拯救企業的一把手，代表著溝通生產者和消費部門之間的橋樑，終於在 30 年代的低迷景氣被一掃而過。

20 世紀最著名的美國工業設計師之一與美國工業設計奠基人的 Raymond Lowey，他的設計作品廣泛令人矚目，橫跨工業設計、平面設計與企業識別系統等領域，舉凡從生活用品到交通工具（從一支口紅到火車）都能看見他的設計，對美國人生活的各個層面有著深厚的影響。為當時的狀況寫下了一本「從口紅到機關車（火車）」的書，他說工業設計師能設計在他身邊的汽車、家電用品、電腦、衣服、文具等，人每天生活都需使用很多種工業產品（レイモンド・ローウイ， 1981）。

他認為這些工業設計品要處理；顏色、形狀、材料、構造等擁有形態等特徵的製品。他奉行流線、簡單化的設計理念，即「由功用與簡約彰顯美麗」，並帶動了設計中的流線型運動。他將一切「流線、簡單化」，大到太空船，小到郵票。所以能用手去觸摸、動一下，但是除了外觀造形外還有許多看不到的性質，就是設計品需擁有的一些產品屬性。

一、 問題的意識

所以如何能滿足消費者的各項心理需求，來使他們的生活更便利、也能夠被安全地使用、看得到的、摸得到、聞得到，這是基本的五感需求的提出，都希望能被滿足，而且這些設計品所擁有的魅力，能使人感動而被購買。為何如此呢？因為戰後的大家對生活的需求，僅是慢慢地從需求理論底部的基本需求，才開始慢慢往上爬升，加上個人收入慢慢地增加，購買力也便隨著增加了。

隨著時代的變化及進步，人類的生、心理的需求，也從「有就好」的基本需求，漸漸觸發出各種更往內心深層的需求，更是因人而異。加上為了減低成本而觸發的大量生產，使同樣或同質的產品處處可見，過度的競爭而製造出處處雷同的產品，有時忽略了消費者的心理需求。因此已經從生產導向，轉向了現在的消費導向市場。也就是為了滿足消費者的需要（needs），設計團隊便需真正去接觸及研究消費者，從中找到消費者的需求而轉換成可能的商機。從類比時代進入數位時代後，許多以前難以用類比方式達成的需求，便可以慢慢容易地利用數位模擬等的方式，先模擬再被設計出來滿足消費者。

進入數位時代後的產品，看似以科技感為主，但是這些科技感的表達除了簡潔外，也漸漸需走向滿足消費者的各項感性需求。筆記型電腦要有觸摸質感；摸起來要細緻，要看起輕薄，而且真的很輕，才便於隨身帶著。筆記型電腦從早期的提著很重的隨身設備，發展到 Ultra book 的概念，因應而出更輕更薄，但又要大的畫面。因此業者便從 CPU 至各零件都依此為目標，螢幕既要大又要輕、又創出感性的觸控技術，同時發展出僅以遊樂為主的平板電腦（Pad），來滿足輕、薄、價格適當的定位，Apple 公司在 iPad 上創造了新的市場，更衍生出一系列慢慢變小的產品。而接著該如何滿足我們的更深層需求，觸覺的應用、腦波的開發。

回顧以前，當時被認為專業卻重約 20 公斤的 Compact（已經被 HP 所購併了）隨身的筆電，發展至 2012 年 15.6 寸螢幕的筆電只有 2Kg，接著認為 10 寸左右是便於攜帶，卻對某些人嫌工作畫面太小，由於隨身工作機會越來越高，消費者有大且輕的需求。2014 年後大量的平板電腦，2015 年微軟提出 surface 的平板代替筆電，2016 年 apple 提出的大型 iPad pro 12.9 吋與 9.7 吋機型。探索 A9X 晶片、先進的 Retina 顯示器，以及 1200 萬像素 iSight 攝錄鏡頭等也是希望取代筆電，未來還會考慮更多來創新。往螢幕越來越大或是越小還真是難定論，必須輕還能被攜帶，從前述的許多產品均與手機變動快及輕便有關

摸起來、看起來甚至加强了功能。2012 年 SONY 的 vaiso 以 3-4 萬元的價格有了指紋辨識功能開關模式，有光線感應器能夠自動調整螢幕亮度、及鍵盤的發光，完全地從消費者的需求出發，更重要的是價格可被一般消費者接受。到以聲音做為輸入的各種程式機制，五感除了嗅覺及味覺已經在 3C 產品均被應用了。就因為 Steve Jobs 遇到了 Johny Ive 後，

讓他可以達成心裡一直想做的事，因而常常在設計部門逗留討論，所提出的想法，Johny 均盡快地花時間加以完成。我常跟學生講說工業設計師是老闆的左右手，也是他們夢想的實現者。設計師在這個過程必須能還保有自己，才能一直被重視（Kahney, 2013）。

（一）產品的翻新及變化

設計師們對產品的理解，需從產品研究、探討、企畫甚至設計均相當了解，才能做出這麼多的事情來。也是數位時代必須面對的時間壓力。工業設計部分又漸漸扮演起了許多角色，才能更容易抓住時間，也因為數位時代，許多想法均需從創新出發，對於工業設計更是他們的專長。

另一項指標產品；行動電話從從 1970 年代後期、和 1980 年代大受歡迎的不能隨身行動電話（圖 12-1），早期得須透過接線生。到 1983 年，Motorola 通過美國聯邦電信委員會（FCC）的認可，才推出第一支商業化的行動電話 Dyna TAC 8000X（圖 12-2），當時以接收電話為主的。接著有不同系統的產品，附加了一些功能：錄音、拍照等相關產品（圖 12-3）

圖 12-1.Carphone（http://facultywp.ccri.edu）;圖 12-2. DynaTAC8000X（http://www.retrowow.co.uk）;圖 12-3. 行動電話歷史（misstaylorknight, 2013）

接著的行動電視電話（mobile TV）（圖 12-4），一種不需經由衛星、電纜線，可隨身攜帶來接聽電話、及收看電視節目的行動電話。它的內容是編碼的電視節目，經由無線網路的 IPTV 串流影像、podcasts（數位媒體檔案）、由下載存放在行動裝置接著再看的方式（http://en.wikipedia.org/wiki/Mobile_TV）。產品各種形式，以圖 12-5 及圖 12-6 較常看見。合乎消費者的需求，照理說應會暢銷，但此產品一直未能成為行動電話的主力，只是山寨機的附加功能。

圖 12-4. tv mobile phone(http://www.mobiletvphones.org); 圖 12-5. AT&T mobile TV （http://www.wireless.att.com）; 圖 12-6.Mobile TV Phone （http://www.koreaninsight.com）

進步到智慧型行動電話（smart phone）：可以當作個人的行動秘書，擁有個人電腦部份功能的行動電話，目前工業上沒有定義的很清楚。最早有黑莓機（blackberry）（圖 12-7）、和三星智慧型行動電話（圖 12-8）及最近最流行的 apple 的 iPhone（圖 12-9）等。

這些產品的變動時很快的，黑莓機已經面臨生存危機，但是 iPhone 卻能一直保持它的節奏，每年的 10 月左右出新機型，2014 年的 iPhone 6 卻能保持大賣的不敗地位，但是在 2015 年的 iPhone 6s 沒有那麼成功，2016 年的 iPhone 5S 及未來是否有新的創新可以抓住消費者，善用更深層的五感可能是一個重要方向。

圖 12-7. blackberry-8830 （http://vanguardtechnology.files.wordpress.com）; 圖 12-8. AT&T mobile TV（http://www.wireless.att.com）; 圖 12-9. Mobile TV Phone （http://www.koreaninsight.com）

因數位時代的快速科技創新，零組件因為是時代最受矚目的產品，所以產業投入了大量人力物力，新技術的出現會使舊產品馬上被淘汰。

因為這些產品的主力消費者是年輕人，消費力是決定新技術，他們可以接受好東西付出代價，消費的行動力很強。

記得 MP3 開始時，1997 年有一家韓國的廠商叫 iRiver（圖 12-10），開始創造了隨身數位的風潮。但是遇上 2001 出現 Apple 的 iPod(圖 12-11，圖 12-12）再配合 iTune 的線上音樂購物機制，頓時勝敗產生極大變化。我們是在很難看到一個一直永續的數位產品，因為科技技術的進步太快了，所以消費者對此類產品的生命週期快到來不及應付，因此如何廠商如何應付及消費者如何採購成了問題。

圖 12-10. Iriver 的 mp 播放器
（http://www.iriver.com/product/view.asp?pCode=003&pNo=29）

圖 12-11. Classic→classic→mini（http://en.wikipedia.org/wiki/Ipod#Models ）

圖 12-12. Nano→Shuffle→touch（http://en.wikipedia.org/wiki/Ipod#Models ）

因此在感性工學的研究，研究結果需轉換成企畫的內容，讓設計部門可以解讀，或自己的研究，均需要指向企畫的內容如何去完成。

（二）認識快速的數位時代

為爭取產品快速上市，所以設計的時間被大量的縮短，更何況是產品企畫的時間，以因應規格變化產生的成本變動。從 2008 年的金融危機以後，近來更因國際競爭及經濟不景氣，以外銷為導向的台灣產業，受盡外在環境的影響，而如何在這種條件下。各企業想盡辦法，鴻海從代工極大化，能以技術及整合能力完全掌握住各大代工客戶，想盡辦法取得日本夏普想快速取得面板的最新技術；試圖擴大代工及設計，同時獲得一個百年品牌「SHARP」。較少的或擁有品牌及代工生產，但會遭遇代工廠及品牌的衝突，例如：宏碁及華碩最後均將公司一分為數個。

宏碁集團分為「宏碁、緯創、明基」三個集團，華碩成為「華碩及和碩」。抓住消費者的需求之原始想法，似乎在變動的時代想得到生機。而直接以自己品牌出現的 HTC 是個特列，雖然也面對不同的困境，而想專注設計。特別的像 Samsung 深入產業，有自己的主要零件的生產技術，這些技術因也有品牌與代工及競爭品牌產生市場衝突，恐被放棄。例如 2012 年因為 Samsung 手機品牌的崛起，原先的零件採購的 Apple 與委託代工的 SONY 遭受市場競爭威脅，興起台日聯合抗韓的產業合縱連横。智慧的業者很快地就找到解決方案，可以理解在數位時代大家解決事情重效率去面對快速的變化。

所以在數位時代，爲了競爭就需有不同的彈性策略，管理及企畫模式也會因公司的性質規模而有深思必要，才能應付快速專科的時代。

二、數位時代的設計價值

隨著各個時代的進步，從農耕時代、商業時代、到資訊時代，每個時代因應當時社會的的需求，而有不同的設備、設計品的需求。每個時代均有各自的必需品來滿足生活需求，同時受到演進概念的影響，大家都希望擁有新的物品，新的物品就必須有新的機能、形狀來詮釋該產品。隨著數位時代的到來，數位設計品便成為生活中的主流用品。

(一)體會數位時代的變化方向

2015 年是網際網路誕生 46 週年，數位電腦也滿 69 歲，兩者的結合所造就的數位化時代。因為這樣的組合使人類的生活有了革命性的改變，數位資訊科技改變了人類的生活型態；包括工作方式、思維、環境品質等，它和任何一項新科技都一樣是「中性的」，好壞在於你我如何去加以定義及應用它。

雖然進入數位時代有很多的特色，以快速及方便的傳遞資訊方式，寫下數位改變類比資料的不同形式。資訊變成數據形式，便可無遠弗屆地將人類溝通時所需的客觀文字、圖與語言，轉為即時傳遞出去及接收回來的機制。數位時代開啟了可以迅速及確實傳遞的特色，以及代替人腦運算的特色。數位時代的特色有別於之前的產業型態：一昧追求大量生產，找尋消費者的現實需求。方法及技術成為重要的創新，因此所謂業務需要人際間的互動漸漸受到考驗。互動的型態成了新的追求方向，每年均有新的互聯網模式出現，從 mail、FB、line 等改變了通信及交往的方式。

在新時代中由於新的數位產品開始沒有比價基準，均能有較豐沛利潤，所創造的新使用方式、需求，積體電路的數位推翻工業革命後高成本的機械式控制，接著開始的各式各樣的比價軟體出現，一樣東西透過軟體可以知道有各種價格出現。同樣功能以數位方式可以有較低成本，較高售價的機會便減少了。同時企業經營者，也別於其他產業方式，認股權證、員工配股分紅利益分享，造就無數科技產業，之前有新貴的招牌效果，使科技優秀人力大量加入產業，創造出空前之開發優勢時代。但也隨著政府的正義原則，這些暴富、貧富懸殊造成社會觀感不佳。

探討後數位時代的消費者需求，如何開啟創造消費新需求，創造出各類數位新產品，來滿足以前設計者無法感想的設計品。只要是有魅力有市場潛力的產品，將之實現生產都變成可能。只要有市場魅力的產品，便可能吸引到大量資金、及人力，投入開發並去將公司上市或賣給相關業者。有別傳統產業敢想卻不敢投資的心態，只靠降低成本、降低售價在紅海中競爭，最後造成品質低落，被漸提高生活水準的消費者所淘汰。

也由於就業條件不夠優越，就更無法吸納專業的優秀人才，使得技術及人力資源無法累積，更無法產生有利的競爭優勢，被迫轉往人力成本較低的區域投資。但這些機會想法也因時空轉移如法下去，例如：中國大陸的工資已經提高，無法找到競爭力。所以傳統產業也需轉型，想辦法加值自己的產品，讓原有需求的產品加值，改變銷售通路等方式精益求精。

但是「數位概念」讓所有產品有了新生命、新契機，讓以機械加工專精的日本轉型不及，給了台灣有新的起跑點，所以台灣從滑鼠、鍵盤、至主機板、筆記型電腦，幾乎所有在資訊時代的數位產品，均享有國際絕對競爭力，產量總是佔世界之一半以上。也隨著時間的轉化從新路，因為產品的生命週期變短，消費者的喜好隨著傳播媒體的刺激，隨時隨地在改變。勤奮、機動力強的日本沒有在數位時代跟上腳步，失去了競爭優勢，SHARP、SONY 等著名企業頻頻出現財務危機，日本政府的內閣數度的更替，在現今的新首相下國庫幾見底恐破產。看看這 30 年，日本曾横行全球幾乎買下美國，任誰也不敢預知有今天的情形。

數位時代的設計需專注著時代的變化，該如何去抓住變化及掌握變化的方向，就需更深入研究抓住一絲創新的契機。

（二）克服激盪的數位消費時代

工業設計發展至迄今將近百年，一個世紀以來由於設計工作者的努力，加上人類在技術、經濟、社會、……，各方面已經有長足的發展；工業設計在 21 世紀初的產業，需呈現出多元的發展面貌。其他類的設計專業也需有各式各樣、形形色色的設計論點。亦透過企畫調查、研究開發、製造生產、行銷販賣和消費使用，檢驗理論本身的可行性與適用性。

在產銷環境快速變化的後工業化時代，許多在以往可行而有效的設計理論，卻每每發生一些窒礙難行的現象。加上 3D 列印技術的出現及生產化，我們可藉著變動來克服激盪的數位消費。雖然可以理解變化現象，導因於後工業時代中行銷戰爭及遊戲規則的大幅改變，承認舊的經驗法則不再適用於新的消費體系。但是我們卻可能永遠無法得知，人類發展出來的這一套商業機制，把人類帶往數位變動的有形似無形的消費。

（三）了解數位的消費方式

數位時代除了產品是數位方式呈現，消費也以數位方式發生，其中以貨幣型態之改變所導致的身份識別重要性，而引發的消費機制的多樣性。人類使用貨幣的型態隨著時代的改變，而一直有新的面貌出現，也從原始的貝殼至傳統的貨幣，最後進入了電子貨幣的時代。

這個過程的轉變可藉由消費形態的改變，看出設計是否新增附加價值的正確性，必須透過遠程望遠、中程望遠及短程望遠三隻眼睛，來觀察出附加價值是否符合時代的潮流。到底是貨幣型態的改變而帶領時代的數位化，還是因為時代的數位化迫使貨幣轉變成為新的形式。

1.捕捉大時代潮流的「打開遠程可望遠的眼睛」

確實瞭解社會動態：如「資訊時代到來」、「經濟柔軟化、服務化」、「女性踏入社會人數激增」、「小孩生育數驟減」、「安全座椅之法規實施」由看出社會的各種變化，憑著敏銳觀察力找出未來產品。例如：由於「女性踏入社會人數激增」：勢必產生多數職業婦女，以食品為例：冷凍食品、速食可解決快速料理之需求看顧小孩之協力、陪伴接送學童（小學）行業，這些小孩長大對產品之需求必定異於大家。

「安全座椅之法規實施」：大量的安全座椅需求，卡位戰、價格戰（產品之定位），銷售策略—隨新車贈送等，到最後失去了競爭力。再出現新的汽車的安全、監視、GPS 導航，至最近的免駕駛者的汽車操控技術，增加人類可以更自由。

一直進步的數位技術及應用，讓我們隨時看到新的時代潮流，我們不得不帶著遠程的望遠眼睛來看未來的時代，帶領數位時代的電腦技術之發展。看到新的概念改變，微軟從系統起家，設計套裝軟體至進入搜尋引擎的模式，發展出個人電腦的全盛時代。

我們現在可以藉著 google 從搜尋引擎起家，藉著年輕的創意及大膽的嘗試，發展出業者大家可以免費使用的 android 系統，打敗了微軟的系統，接著進軍筆電的市場低價的 Chromebook 之出現，勢必會打敗目前看似功能齊全事實是用得不多的挑戰。

他們以低於 1 萬元台幣的筆電橫掃教育市場，發現筆電確實只是一個文書作業的工具而已。或許之前將筆電高功能化的思維，會再不久的將來被分割成高價的工作站桌機、低價的筆電及平板電腦與智慧型手機，也就是依據不同的需求尋找市場。

2.根據社會及經濟動向尋找機會的「瞇著中程的望遠眼睛」

如何確實掌握消費者變化之「中程望遠眼睛」，必須根據社會環境所產生的變化，消費者就會出現新的消費行為，如果早一步看出趨勢，放大此趨勢，就能在其中找到以不同領域為思維的成功商品。傳統通路的行銷概念已經被網路所打破，雖然創業的門檻變低了，但是傳統作法為主的本業還是需要觀察其動向，如果對其他領域完全不關心，商品就沒有機會有新開發的方向，所以需藉助不同領域來激發想像力。

除了開發新產品，還要注意新的消費型態，例如阿里巴巴所開創的光棍購物節（每年的 11 月 11 日），竟然可以一天創下幾千億台幣的業績，而且年年倍增。這些議題所衍生的新產品，就在數位消費時代被瞬間激發出來。

卡片型：卡片型之始祖為電子計算機，以卡片大小為追求輕薄短小依據，開始很多產品追進，幾乎講求攜帶產品均以之為標的。但是這樣的概念也難以成為主流，所以隨時必須戴上觀察社會及經濟的動向尋找機會的「中程望遠眼睛」，才能讓自己的產品隨著時代找出生存的機會。

3.隨時觀察周遭消費者新動向的「閃爍著短程的第三隻眼睛」

我們周遭會因為季節、流行等，而有各式各樣可被人仔細觀察出來的生活行為，藉以發現新的趨勢。平日走在街頭亦需隨時觀察不斷地注意是否有新的動向，來導引出可供未來商品開發的靈感。

我們科看到 7-11 連鎖便利商店，隨著時代在世界各地有不同的展店方式，他們積極的在消費最前線仔細觀察出每個地點不同的消費型態，改變自己在每個地區的店內貨物。

一般最佳的地點就是人潮聚集處，就可發現令人不禁感嘆的行為或地方。數位時代導引我們以不同的消費型態來購物，前述的便利商店拉近了消費的距離，改變了購物行為。就在科技發展的時代，提供了一個

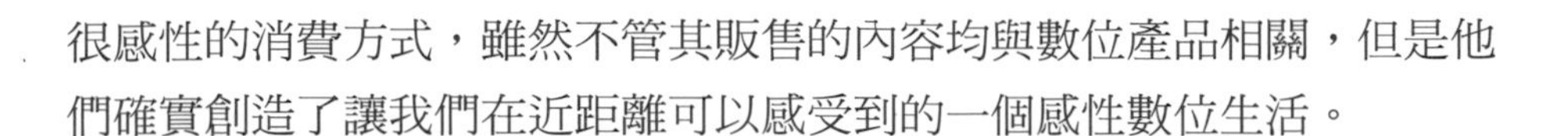

很感性的消費方式，雖然不管其販售的內容均與數位產品相關，但是他們確實創造了讓我們在近距離可以感受到的一個感性數位生活。

(四)產品被需要的價值為何

影響創意價值的因素，主要為產品本身創造力的具體表現。其取決於產品的原創性、價值感、整體性三大要素(Sobel & Rothenberg, 1980)。首先，該產品的新穎設計、結構或概念，會呈現其原創性；其次，產品價值感會經由對事物的表達程度、連貫性、理解性、效果、以及對欣賞者視覺刺激或情感的影響而表達。若能再兼顧原創性與價值感，會使其產品創造力的表現發揮到極致。

價值的高低並不是由供應者者決定，而是由需求者依當時的狀態，所能接受的意義，所以有很大的變化。一般可由下列四項價值意義所構成：(1)**稀少價值**；稀有性會決定物品的高低，例如；寶石因供給少，所以產生價值，如果是一般石頭，由於量多所以價值就降低。(2)**交換價值**；因為交換產生的價值，例如在有些產品不會貴，因為不太稀有，但是如果能轉移至別處，就產生當時的需求、或稀有，而產生價值，例如：日常生活不虞匱乏的水，在沙漠的某些時機，就可能具有與鑽石交換的價值。(3)**貴重價值**；大家很想得到，想變為已有時所產生的價值，例如：iPhone 手機。(4)**使用價值**：如果稀有，但無使用的可能性、及情境，恐怕就會失去價值。

產品價值的意義則更為廣泛，除了上述的價值意義外，會因產品的功能、特性、品質、品牌，與造形等而構成產生。另一種說法為；功利性(utilitarian)與象徵(symbolic)(Abelson & Prentice, 1989; Hirschman, 1980)。「功利」係指產品本身所具備的實質性能、與實用性，如：產品的功能、品質。「象徵」係指非產品功能之價值，也就是指非實質經濟效益的產品價值，如；品牌、宣傳、流行。有些消費者所佩戴的高價手錶，計時只是附帶的目的，重要的是因獲得社會認可，所得到之自我肯定的心理滿足，除可以增加身份的價值、及產生使用者的品牌群集效應。例如：開賓士車者可能很多人有此心態，配戴高級萬寶龍(Montblanc)鋼筆等。未來的時代恐怕會改變一些概念，可能需經由設計所創造的。

在消費生活的相關活動者，也是創造價值的重要成員，隨著消費者、利害關係人的知識提升，在產品提供服務的過程中也會伴隨產生價值，此稱之為價值共產（value co-production）（Ramirez, 1999）或價值共創（value co-creating）（Prahalad & Ramaswamy, 2004），就是經由二個或更多的行動者所進行的價值共同提供活動。Stähler（2002）的研究也指出價值主要來自於兩大群體：也就是消費者與價值伙伴，認為價值並非來自於現有產品，而是經由滿足消費者及外部伙伴的需要而創造出的；但並非所有的價值伙伴均需主動地參與價值經營，也可能是從在其他企業的價值創造而獲利。

佐口七朗（1991）認為人工製品的價值都介於使用價值（use value）與精神價值（esteem value ）之間，也就是使用價值+精神價值=整體價值（total value）。油穀遵（1989）認為購買產品並非取決於產品的實質價值，而是取決於表現它具備有何種實質價值、及表現價值。所謂「實值價值」是指商品能應用於生活手段的價值，以物資性的商品來說，即為製品價值。

（1）實值價值可分為二個重點：素材價值與性能價值。「表現價值」又可稱為形式價值。（2）表現價值則包含語言的表現價值、和非語言的表現價值兩種下：（A）語言的表現價值：名稱表現的價值（指商品利用其名稱改變價值）、敘述表現的價值（指商品的語言性說明、成分內容的表示、表現法的說明）。（B）非語言的表現價值：利用五感：視覺、聽覺、觸覺等感覺器官，所能判斷的要素而產生的價值。如產品設計的外觀表現，包括造形的流行性、色彩計畫的符合消費族群的需求等。除了產品本身的價值理解外，我們也必須瞭解消費者對價值的概念。

低價在這個時代已經無法成為獲利的要素了，許多成功的例子說出來他們與眾不同的地方，法拉利因為減產而更賺錢，蘋果的 iphone 沒有因為降價而銷售的更好，極大量的生產不見得一定要低價，在智慧型手機，有許多跟進蘋果的造形及功能，無法成功者甚多，例如小米機的低價策略在 2015 年就發生銷售量停滯，展望 2016 年以後就更不知如何。

戴森（Dyson）的吸塵器算是此類產品的高價品，他的方法就善用工程師及設計師的性格跟消費者說話，在行銷時放入許多專有名詞，如小型圓錐體氣旋，如何讓其可以永保吸力。由於專業吸引了一群工程師的青睞，顧客群也漸漸變得成為大眾了。

在這個消費力強大的時代，價格與價值的關係大家越來越清楚，不會因為低價就很興奮的去購買。精品一般的消費概念正在上升中，而如何讓自己的設計品成為精品，除了產品力之外，就需說出更多大家做不到，但你卻可以願意付出地去做它。Hermes（愛馬仕）的一條圍巾需經過 30 個生產步驟，他的柏金包以物以稀為貴的概念，寧可讓消費者等著，也不願大量的生產，有許多名人如摩洛哥王妃 Grace Patricia Kelly（葛莉絲凱莉）等名人願意去用，花心思抓住小眾市場也可成獲利極高的產業。

（五）專注消費者的價值觀

消費者對產品是否獲認同的價值可分為；消費者期許價值（customer-desired value）與消費者接收價值（customer-received value）。兩者之不同，在於消費者的期許價值；消費者想要從其所接收的產品／服務、及提供的廠商觸所獲得的價值。消費者接收價值；是指在實際體驗該產品／服務的互動下所獲得的價值（Flint &Woodruff, 2001）。若能將兩者之間的差距加以縮小，就可提高消費者對產品與服務的滿意度。

而消費者的期許價值會受到產品／服務的其他消費者評價影響而改變（Flint &Woodruff, 2001）。因此，如何協調、或改變上述兩種消費者價值，使其能夠更接近，各個企業經營者所需努力的方向之一。

消費者期許／接收價值的差距，可以經由產品品牌的烘托、或產品口碑的塑造而改變。當產品價格上限未知時，例如是藝術產品，資訊階流、與需求長龍行為會對價值鏈中附加邊際價值（marginal value）的分布產生影響（Crossland & Smith,2002）。資訊階流會經由鑑賞家，傳遞到投資者、及蒐藏家的耳中，潛在消費者因此產生對於上階層產品發生願意且能夠購買的需求長龍，並形成向上層產品傾斜需求的需求曲線。而如何瞭解他們的價值觀，并加以應用得到產品增值、及消費者滿意的雙贏境界，值得深入研究。

因此，設計的價值就成為大家深究的議題，與實質的設計最相關的非語言表現價值，而且最重要的是其他的作法就是為得到加值的目的。

要成就一個精品的品牌不容易，但跟他們學習一兩個制勝心法，你就可能比別人更勝一籌。精品品牌如同宗教，Kapferer 與 Bastien（2012）提出具備以下特點：**（1）都會有一位精神領袖**，有如教主一般存在，如香奈兒創意總監拉格斐。**（2）會有一個迷人的創業傳奇**，就像宗教的創世神話。**（3）都有一個供人朝聖的起源之地**，就像聖地麥加。或各地的品牌旗艦店，也可扮演殿堂角色。（4）**一定有一個排外的私密社群**、固定的交流時間，例如保時捷俱樂部。（5）品牌 LOGO 意義只有創造者才清楚，需維繫一種捉摸不住的神秘感。（6）為了追隨它，精品迷一定要做出犧牲，如高價或下訂後漫長地等待。

三、感性企畫的概念

（一）產品企畫的工具

坊間產品企畫的書不多，為提出適當的產品設計方向，以免浪費了後續的開發時間、所花費用，前期的消費者調查使產品開發不致失敗。

所以提出適當的產品企畫作為方向的定調，使全體能有清楚的方向，方能全力以赴。在數位時代的產品，銷售產品的時間差，可以讓產品從成功變成失敗，所以適當的企畫程序及內容，可以節省時間、及增加團體的向心力。以神田範明（2004）提出的產品企畫的七個工具方法如下：

（1）訪談調查：（A）群體訪談（group interview）、（B）評價構造法（EGM）；

（2）問卷調查法；

（3）定位分析法；

（4）構想（idea）發想法：類比發想法、焦點發想法、檢查表發想法；

（5）構想選擇法：權重評價法、層級分析法（AHP）；

（6）聯合分析法（conjuction analysis）；

（7）品質表。

（二）產品演進發展下的感性企畫因素

雖然是優良企業也是一些弱點值得去探討，這些如下問題都會發生在企業中有 7～8 項。神田範明（2004）提出如下的問題：

（1）持續的成功的經驗、危機意識漸漸稀薄；
（2）品質、技術等成了任務說明；
（3）沒有企畫系統，或是很曖昧不明；
（4）陳列在前的商品開發太多；
（5）沒有市場意識；
（6）觀察和調查不足而看不到顧客；
（7）好的構想沒有，執著於固有的成功觀念；
（8）在企畫的事務營業部分無法使用；
（9）外部部門的活用不厲害；
（10）其次是太重視技術。

因此必須重新針對公司的產品、業務開展出新的企畫，讓公司可以繼續向前發展。發展變化因素會因兩大因素而需改變調整，（1）社會經濟方面、（2）技術科技方面。這兩項因素改變消費者需求方向，也使製造廠商拼命往科技發展付出人力及調整策略。近來之資訊、通訊產業即為明顯例子。

如何可以整理出感性企畫及成為感性設計，當然首先要找到感性品質，而達成的品質設計後，再加入設計的感性而塑造出感性設計的方向（圖 12-13）。當然需要對要求的品質、企畫的品質所形成的感性的品質，然後找出品質特性，加上找出問題的原因（成本、生產、技術）而形成品質的設計，再加入感性設計而進入產品感性設計。其中品質企畫與品質設計之如何互動，而形成一個企劃。

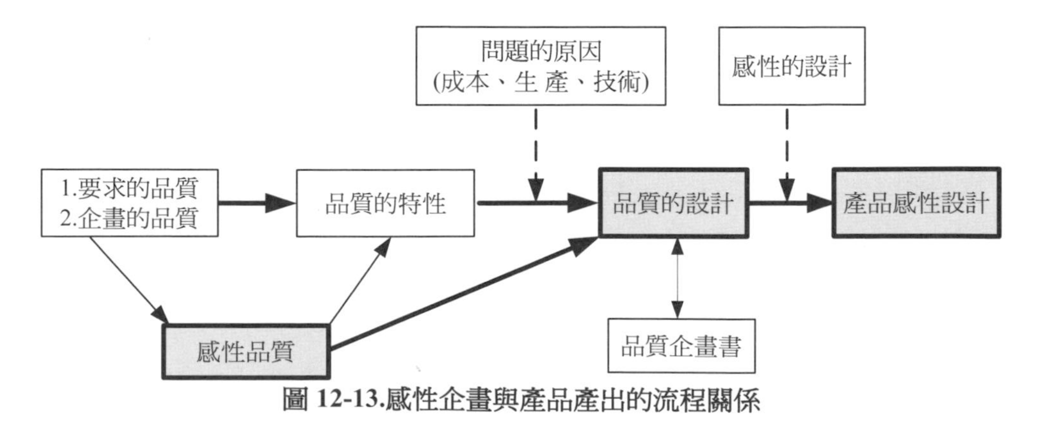

圖 12-13.感性企畫與產品產出的流程關係

而許多的外在的因素，因為許多的因素而影響了感性及品質方向，如何設計的出現及發展，需面對基本的社會經濟因素及科技技術因素，所形成的外在及內在環境，簡單說明如下：

（A）社會經濟因素：（1）經濟情勢變化：景氣低迷之因應。（2）就業現象變化：（3）兩岸關係：考慮大陸市場需求。（4）人口組成變化：老年人口增加、生育率減少產生之幼年人口之被重視。（5）生活形態改變：上網族群之生活形態。

（B）科技技術因素：（1）生產技術進步：奈米技術；（2）材料科學之進步：（3）生物科學改變：遺傳基因；（4）新發明、發現。

四、企畫書的基本內容

當設計要進行得順利及希望設計成果有目標，便需經由企畫來找到設計方向，因此如何完成基本企畫便是基本能力，這裡以極精簡的內容加以說明，來讓研究者或是想快速能夠來理解企畫的意義，以利後面的感性設計的應用。

（一）企畫的三個基本要素

企畫就是要把卓越的思考彙整成優秀的企畫書，並加以說明給相關的人了解，進行一個優異的發表來說服上位者，使企畫內容被執行。構思雖然是最重要的，但只能稱為是狹義的企畫，也就是只動腦袋還不足於成事，廣義的企畫必須具備三個要素：（1）構思；（2）企畫書；（3）發表；無法有足夠的內容介紹，有賴讀者去認真的體會。最後要獲得認同才叫做企畫完成，達到目的而構成完整的企畫。

以前企畫被認為是指構思而言，企畫以構思法為中心，也就是如何憑空想出各式各樣偉大的方法及內容。但是這樣的內容在現在恐怕已經無法完全得到認同，尤其在各行各業分工清楚各有專精的時代。現在成功之企畫需需從企畫構思開始、經由一定程度的研究及調查，至完成提交企畫書，及現場該如何與發表的與會者互動，必須受到對方之肯定及接受，方算為企畫成功。回想以前之狹義企畫的定義，現在看起來幾乎不算一回事，只是一些大話而已，難以算數被認同採用。

這也是由於在 80、90 年代，因為能夠提出像樣企畫者是屬少數，如果有提出構思的能力便是專業。對方只要聽了我們所說之企畫綱要，便可以被算認為完成，因為對方已經瞭解了就算數了。但是現在的分工及技術領域複雜，概念性的原理原則已經難以被滿足，因此，這樣的企畫書便無法被認為合格，因為知識已經進步，專業已經需被精進。如何將工具加以熟練，對於議題需能有深入的了解及調查，精闢的分析及說理方得為上策，如果能夠有好的企畫便能方向前進。

延伸至上面的說明，因此如何成為成功的企畫人，便需擁有三種能力：（1）構思能力、（2）寫企畫書能力、（3）發表的能力。或許你會認為哪有可能，但目前之市場要求，對企畫品質要求外對企畫者之能力需包含三者，方能稱為具有企畫能力之人，如何提高這些能力，成了對企畫有興趣之人的當務之急（北岡俊明，1994，42-43）。

（二）企畫的三要件

如何才能被稱為是一個「企畫」，雖然企畫是在溝通許多事情，將收集的許多情報加以整理出的一套方法。因此如果只是將別人的想法及資料彙整就叫「企畫」，那就失去它的真正意義，許多初次完成企畫之人，高興的提出想法，但被上司：「你懂不懂企畫。」，所以大家就會反省自己不是對企畫內容、程序、方法都已經瞭如指掌，怎麼還被指責。到底哪裡出問題，難道自己不適合當企畫人，難道自己努力不過。

事實構成「企畫」除了必備之內容、流程外，還必須具備三個無形的要件：（1）具有創新性、（2）確實能達成、（3）對未來具有價值性。這樣才能顯現出企畫存在的意義，我們一定要讓對方了解成功「企畫」內涵，那是用時間、腦力及智慧創造出來的，如何辨認其企畫是否具有上述三者，尤其有價值性才能達成企畫的未來性。

便是企畫者及掌握執行企畫的所有人需有一致的想法，且需努力的討論才能得到一個絕佳的企畫，才能使企業或是計劃得以順利推動及獲得預期的結果，這是一般企業輕忽而沒有做到的，從企業的目標及整合均需有整體的企畫方能慢慢奏效，才能往正確的方向前進，實在需要加以重視才對。

1.具有創新性

在現在的時代，沒有創新概念的構思，是完全引不起對方的好奇與聽下去的想像，有創新才能具備未來產品的開發概念。如果是件被認為似曾相似的企畫案，便被認為可能是引用過去的、或是不夠認真的企畫。

沒有具「創新」精神、或要件便註定不被吸引，僅是陳述方法、或順序改變也無法視為成功的企畫案。所謂創新便是前所未有的看法、方法及觀點，可能是一部分或全部的創新。無論是延續以前的企畫、或是依據老闆要求的企畫，**內容也需再加上一些自己的創新構思**，不可完全僅依據老闆所提出的概念而已。

但是，如何在兩者間找到平衡需細心加以觀察體會，有時是否創新也需要去符合對方的觀點，所以可以利用多個提案並列的方式，找出符合對方所好的可能性。而且這些想法是經由研究，而提出的具有創新性的提案。

2.確實能達成

是否為有意義的企畫，接著需確實掌握企畫目標，才能算是達成目的。就像我們要前往甲地、卻到了乙地，更絕對不可以走到丙地。如果沒有確實能達成的結果，就無法被承認，更何況因為客人就在甲地等你，如果走至乙地，對方當然無法找到你。更何況去欣賞你的優點：準時、迅速..等，他一定埋怨你不守信。所以「確實」做到企畫案要求之目標是基本要求。因此一定要完全理解企畫的目的，而且提出的是可以確實達成，這樣真的算數。

無論你的企畫如何精彩、富創意，偏離了主題就不可能被接受。雖然會有很多讚嘆，只「可惜」的無奈嘆息聲是大家心裡會發出的評語而已。而且確實能達成還是對方在自己能力可達成者，**因為企畫需根據企業的三個力：（1）能力、（2）財力、（3）決心**，缺一均都難以有成就，適當理解這些當事者的條件，方能恰到好處。

3.對未來具有價值性

企畫的價值不明確或無法有價值，對公司是毫無用處。有價值的東西就一定會被欣賞，不管做人或做事亦同，但我們判斷企畫之價值觀到底為何？通常所謂的價值，在商業行為中是以利益為價值標準，當然因為不同的目的，需顯現出的價值即不同，所以不同的企畫案種類就會有不同的價值要求。

如果是廣告企畫則是以「創造話題」刺激消費者的購買為先，產品則是要有造形、功能或價格的優勢來告知消費者，例如：行動電話就是以可隨身帶著走的器材為吸引人的價值，數位相機就是可以有不用底片，不需以前要費用的底片，單單這樣的功能，就可創造出一個極大的價值。

產品企畫如何達成價值要求，通常以：**（1）增加商業利益、（2）造成流行、（3）增加商譽提升企業形象**（高橋憲行，1997，9-10）。當然依據更深層的意義會有高低不同的價值，有時能夠有所貢獻即算有價值了，但是必須更有決心去執行方能得到成果。

（三）加入感性的產品新企畫方向

觸動人心的設計得起自於感動人的企畫，所以利用前述的感性研究的探討作為基礎，所得到的結果從各方面來分析探討該類產品後，方能得到更有價值的產品開發。當然如前述的要有三要素的創新的概念、能夠確實達到、及該企畫具有價值性。

因此，除了造形的視覺優勢外，針對需求加不同程度的五感需求，藉以更深入打動消費者的心。所謂的感性的企畫，簡單地說即加入五感之一、以上的所提出的企畫方向。

五、以感性為主體的企畫

以感性為主體,這類的企畫無法以單純的傳統觀之腦力激盪方式，再加以想像就能得到企畫方。但是可以在得到想達成的方向後，再利用我們前述所談的感性研究方法加以探討，而得到真到的感性企畫的目標。

理解了感性研究的進行過程，即可得到針對某些事情的五感研究結果，這些結果如果是有目的且有價值的，即可將之放入企畫內容，增加了企畫內容的深度及廣度，不管是傳達設計、建築設計、服裝設計等，均可用前述的研究方法，按部就班地得到結果。

(一)感性企畫的目標

如何達到感性企畫，便是以前述的一般企畫為主體，適度加入對於五感的探討而調整出來的企畫內容，來規劃設計方向，藉以更接近消費者。爲了希望能提高企畫過程的效率，以下所提的概念值得一試，作為研究者的訓練及嘗試。

1.重新確認企畫的感性目的

因為加入了感性的訴求，因此不管是訴求除了視覺之外的那種感覺，由於對其他感覺的感受一般人較少且較能理解，所以目的需要搭配因應五感的研究方法及適當地設定範圍，使研究能夠確實進行，以免不夠具體及可行性不高，而無法達到企畫的目的。

所以企畫目的所搭配的研究過程需要：(1)決定產品或目標物與五感的關係-使方向確立，(2)討論適當的研究組合-使方法能夠確立，(3)討論可能的調整方向的時間點-不至猶豫不決。(4)更重要的是瞭解設備及人力是否可順利進行，否則則需委託適當的研究機構來協助進行。

2.企畫書內的感性角色

企畫書撰寫的原因與動機，讓它能找到存在的價值，一般不同層次之企畫會有不同層次之負責人。關係公司存亡的企畫書，必定由總經理親自操刀，其他公司的短、中、長期策略會有各式企畫性質的內容來實現，各部門的經常性業務也會有相關的負責人。所以企畫不是企畫人員的專門工作，有時你已經也在做企畫了，而且做得很好卻不知自己是個優秀的企畫人員。

在商場通常老闆是企畫的主要發動者，如果你是充滿抱負滿腹理想，應該隨時會有一些構想，要實現就得靠提出企畫案給相關人員，讓大家加以評估，才能得以獲得實行的機會。

一定要有一個好的企畫除了開始的被認同，接著的籌募資金均需靠此方能順利。提出企畫如果只是被動地接受要求，有時會喪失機會點的時機，優秀的企畫者會隨時抓住機會，在適當的時機提出適當的企畫案給上位者。藉此讓主管了解你的才華，藉以得到晉升或加薪的機會。

所以適度瞭解自己的角色，才能提出適合自己角色的企畫案，才能獲得被接受的成功，例如：如果自己只是個低階員工，提出拯救公司企畫，一般無法獲得認同。當然如果真是優秀企畫，也需透過適當的管道才能到達相關的地方。因此自己要隨時以五感來觀察事物，如果相當地投入其中，就能達到企畫書的感性定位。

要有感性的企畫，就需企畫者的角色是眼觀四面、耳聽八方，需是個很敏銳的人。也不一定是企畫部門才可提出，其實獲得提拔的人通常就是個腦筋靈活，隨時有創見的人，但是就只差沒能夠完整地提出一個計劃來的人很多，所以學習如何撰寫企畫書不是企畫單位而已，尤其現在的社會是許多人應該具備的能力。所以從五感出發去探求重要，且跟著社會的發展會被接受的，例如：聲音的互動、立體畫面的需求，總是想說如何有嗅覺的技術及如何被需求，是一直值得被關注的。

產品企畫的進行為例，並不等於完全是以創意為主，不要以為既然是產品企畫，便需全力地發揮自己偉大的創造力，天馬行空不管如何地放寬放大了自己的想像力。**前面也曾提及企畫的三要件；創意僅是企畫的其中之一要件**。創意的發揮還需掌握需求，產品如果在乎即時市場需求便需掌握目前消費者的消費型態。尤其現在的消費者，因為外在環境的刺激相當多，所以對產品的要求亦隨時地增著，已經開始從視覺上關心美醜的基本外，漸漸往滿足消費者的五感需求去符合他們的需要，例如筆電的按鍵觸感及聲音，需要符合一定的標準及個人需求。

前述有天可能希望能有嗅覺的滿足。當然不同的產品漸漸加入原先要求的五感之外之追求，實體的嗅覺感受外。例如：洗髮精以前主要有洗淨效果即可，現在要有香味，而且是各式各樣的香味。接著的瓶身也要漂亮，還有按壓的洗液感覺要符合不同對象的需求等等。吃的東西除了好吃也要求擺盤及容器的搭配視覺效果。這些在在說明了凡事已經必須以五感來說出、提出，方能產生效果及吸引人。景觀設計一樣，除了視覺、聽覺外，走在路面上的觸覺也被要求了。

如果以未來為需求，便需提出富創造力之產品規劃，在大型公司不管台灣或日本，設計均分為未來設計及應付現有市場之設計單位。連日本的產業也一樣，對於公司未來的規劃均稍嫌不足，更何況是台灣。未來台灣的市場研究，因為產業轉型的需求一直會佔有相當大的角色，如果我們無法掌握便會影響公司生存，不得不努力為之。所以得到企畫的要求時便不可隨意為之，筆者以前在做企畫時通常只要有文字敘述即可，現在提案必須的視覺聲光效果，否則難於及時打動上位者或是客戶的眼光及青睞的。

而且需切記企畫思維不能太過複雜，以至無法寫成有焦點企畫，也就是沒有確切的目標，而讓人覺得難於執行而無法完成。所以如何抓到主題而且抓住它，再以五感思考來加成而發揮出說服力，否則便無法使企畫付諸實行，因而胎死腹中，浪費了已經花費的時間及人力。

（二）感性產品企畫的整體觀

如何架構出整體的企畫輪廓，需要真正理解了目標方向及目的何在，方能規劃出可用的內容。因此，適當地針對相關人員的訪談，例如：對總經理的深談，技術相關人員的能力理解、公司生產技術能力、及適當的銷售對象的觀察或調查，這樣才能得到真正有用的內容。

（三）構成感性理念的企畫意義

這樣的理念就是對於現有產品及現狀覺得可以擴大或叫做更深入滿足消費者的需求。以五感的訴求來打動消費者為訴求理念，這樣可以比其他競爭者更有競爭力，例如:汽車性能除了馬力外，還在乎它的引擎聲音，高級車會設計出充滿綿綿不覺的馬力輸出引擎聲，加深了開車者的聽覺刺激。

跑車藍寶堅尼就具有這讓魅力；接著需讓想法以簡短、易懂之方式及各種方法，表達給對方（客戶或主管）。有了理念便能決定方向，就如有了設計理念，便能較易得到設計工作的進行方向，最怕沒有了理念永遠無法向目標接近。也怕目標不明或太大了。

換言之，決定了理念，即是決定了基於某件事條件下，可進行的想法或概念。有了基本理念還需加上創造力，使理念的創造力吸引人，「創造性理念」；就是以清晰明瞭的字彙來表現，使人容易瞭解某事的想法，同時內容不乏五感創意的理念。讓人很興奮地聽到且被感動地想儘速進

行該想法，而且讓對方（相關人員、主管、老闆）產生想要幫你完成企畫的共同想法，才能凝聚向心力，消費者被這種企畫的成果感動的幾率越高，產品或事情越能成功。

（四）產品變動的特質

產品變動的特質甚多，但主要掌握下述即可瞭解大概；（1）多樣化、（2）極大量化或少量化、（3）虛擬化、（4）重視生態、（5）量產效率變快、（6）生命週期變短（片岡寬編著，1995）。雖然同類商品在市場上的確有擴大趨勢，但這種趨勢的內容似乎也因商品種類的不同而有些差異。而其中的多樣化是一件重要的議題，產生多樣性的方式，可以（1）增加吸引力、（2）形態變化、（3）增加休閒性與趣味性、（4）主要功能掌握，增加附加價值。

其實也隨著時代極大量化的概念及少量化也在變動著，有些產品因為製作技術而改變了本質。極大量化來攤提成本，在資訊產品就產生了許多的產量的分工。一台 iPhone 手機就牽涉到幾十家的上市公司，他們極大量的製作相關零件，因為數量極大化幾乎每一個零件均可成為上市公司的原因。消費者期待甚麼樣的商品，希望能滿足適應感，同時使人能切實感到消費情境裡的主角是「自己」。如何讓消費者切實體驗到情境中的主角是自己，就需研究他們的需求及以多樣的概念滿足他們。

因此每個時代對每個產業均有不同的變動特質，例如 UNIQLO 成立於 1974 年，為經營休閒服裝設計、製造及零售之日本公司，以「平價及高品質」、簡單設計搭配流行的剪裁或版型的定位成為日本連鎖服飾零售業的領導品牌。在 2010 年 4 月進軍台灣；010 年 10 月台北分店正式開幕；2011 年 3 月 25 推出網路商店。除了實體及網路商店，亦可透過網路來代購日本 UNIQLO 商品；除了在百貨公司、賣場，甚至在各地開起自己的門市，成為更平民的商品來接近消費者。

這就是數位時代的產品特質，能夠透過各種管道來達成任務，阿里巴巴的淘寶網更是發揮了極致的，開啟了光棍節的活動，來創造業者及消費者的極大商機，這是一個極好的企畫，在目前的社會創造出一個的慶祝活動及得到消費者的支持。

（五）構成感性企畫理念的多樣性

商品精心經營和擴大商品種類的趨勢似乎更加快，性能及娛樂性均廣的手錶及玩具櫃臺，看到的趨勢；大型家電賣場，擺放著甚至可說是過剩的各式商品，等等市面現象均呈現這一趨勢。把市場上同類商品增加的傾向叫做「多樣化」。

只有當消費者能從各式各樣的商品群中，選出自己所需要的商品；且企業也能經由多種商品，實現原有市場的滲透力和新市場的開拓時，這個「多樣化」才有意義。知道構成感性理念的意義後，才能對產生找到合理的感性理念要件，有動能去完成後續之工作，需以（1）簡單易懂、（2）有說服力。構成理念之內容（中村周三，1996，32-39）來構成感性企畫的理念要件，依其幾類的多樣化感性形式。

1.一次元的多樣化感性

是直接以需求為主，來對應產品使用目的，將消費者的需求可歸納為，（1）改善：如何改善現有產品之各項問題，使其多樣化。（2）新機能之應用：將別人發表之革新、劃時代之機能，加以理解消化成自己的加以改良。（3）新的使用目的探討、技術改善。（4）消費者之反應加以分類找出方向。例如：資訊產品之行動電話等。

2.二次元之多樣化感性

基本機能不變利用附加機能或造形設計多，來創造多樣化的吸引力。這吸引力以感性的各種方式，使消費者能體驗到，看到、聞到、摸到等。

（1）機能不變加上多樣化機能：對於成熟產品加入機能使期能創造流行。例如：烤箱或隨身聽。冰箱上可以加上上網的功能，使為 wifi 可以更加有效利用，同時可以解決查食譜等需求。

（2）將感覺變成商品性：它不是來自使用價值。不論是就人的需要、商品作為人類勞動的產品，或是可感覺的物質屬性，都沒有什麼神祕的地方。「但是桌子一旦作為商品出現，就變成一個可感覺而又超感覺的物了。」，而對於諸多的人之感覺，每一種均能為了滿足及接近它而成了有形的商品，需要嗅覺所以有了香水，為了聽到悅耳的聲音而產生錄音的設備；從感覺變成商品成了感性工學延伸至感性設計的重點。

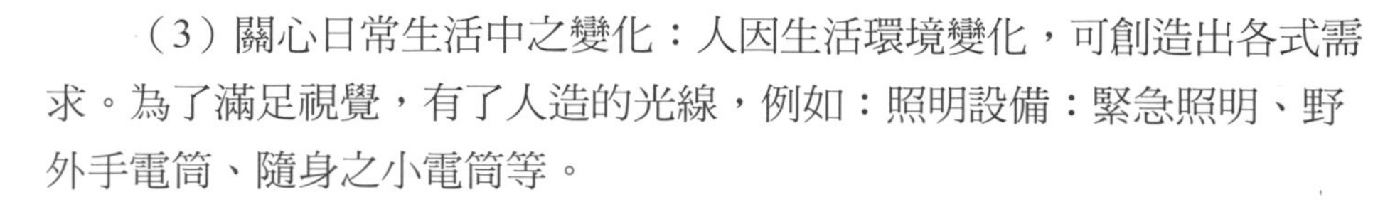

（3）關心日常生活中之變化：人因生活環境變化，可創造出各式需求。為了滿足視覺，有了人造的光線，例如：照明設備：緊急照明、野外手電筒、隨身之小電筒等。

3.三次元之多樣化感性

就在所有的產品為了滿足消費者們，因此各種趨勢的複合化，將原先不是很重要的事務，經由組合而變成可以有效應用的設計品。更可以將感性加以多重組合，使五感重新被詮釋成不同的重點。（1）將原有機能轉成新流行、（2）技術革新產生之變化、（3）使用目的及環境變化、（4）消費者生活型態變化之掌握。

（六）形成感性企畫

所以為了進行具有感性的設計（Kansei Design: KD），就必須規劃好具有感性的企畫，過程中就是依據前述的感性工學的各種流程，然後進行相關的研究內容，所得到的研究結果。好好加以利用就可以得到具有感性的企畫依據，得到被認為具有感性的設計方向。

過程中知道感性設計的重要性，因此如何配合這種需求，在未來的設計生涯不至於落於人後，準備好自己的設計能力，還需將自己的知識擴充，了解一個具時代意義的設計理念。除了準備好當設計師外，你還可能成為未來的設計主管、或其他部門的主管，就更需要先準備好自己。雖然介紹例子，**但是想說的是企畫者勢必了解何謂感性以後，才能做出與感性相關的企畫，而不是只要執行以此方法進行研究、設計，所以必須從頭至尾相關的人均需不同程度的理解此方法**。

不能見文生意就認為自己懂了，尤其企畫部門主管務必一定深以為戒，不能馬虎帶過，如果如此此法絕無法在公司產生效果。不然就委任一位有深入研究者帶領，才能將過程及結果影響上位甚至執行長等或更高位階的老闆。

六、感性設計的準備

對於人類的發展，感性工學（Kansei Engineering; Kansei Ergonomics）可說是從人體工學發展出來的全新學問，也就是因為設計將生活者的感性加入，將創作新產品開發技術的領域加入了人的需求（needs），用適切的方法將人的感性加以資訊化、數值化，因此在東西的設計中，以圖像加入了消費者喜好的製品製作的開發技術（Nagamachi, 1998; 2002；長町三生，1995；1998）

產品為什麼要設計？而設計要往那個方向出發？陶曉嫚（2012）除了亮麗的外型，還要其他的要件，才能打動消費者。長町三生指出，設計師的使命就是要站在消費者的立場，來重塑產品形象，進而賦予它們新生命。感性工學搭起了市場端與產品開發端之間的橋樑，才能讓設計打動人心，也是產品熱銷的核心關鍵，讓從（1）開始有某種感性的認知；（2）進行感性工學的探尋；（3）將結果導入設計（其他類設計均可）的過程。其實如果想要讓設計品達到感性的目的，相關人員一定有開始有「感性概念」、接著認識「感性工學技術」來進行「感性研究」及「感性企畫」，然後相關人員以具「感性人文的涵養」來從事「感性設計」及「生產」（圖 12-13）。

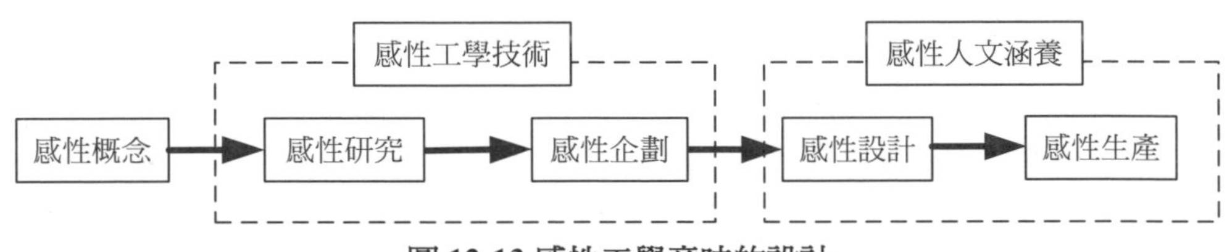

圖 12-13.感性工學意味的設計

其實過程不困難只要開始，對任何事情均會產生好的效果。前面提及 VW 透明工廠不僅僅只是個生產基地，同時也扮演了結合文化藝術的中心，藉由透明工廠的場地上來演出著名的歌劇、音樂會與定期舉辦的「露天音樂會」，上面是汽車引擎，地板比擬演出廳的高級感，坐著的是一些管理者或是工人。

雖然這樣看似作秀，其實透明工廠所顯現出來的不僅是先進製車工藝的殿堂，同時也是一個人文薈萃的所在。而且看得到世界各地漸漸有這樣的概念正在發生，讓生產的工人因為環境的感性而改變了生產的態度，德國的一些汽車工業的想法就是很好的例子。雖然近來該公司有偽造排氣數據的事件，但是以他們在工廠管理及對工人的概念，應可順利以這些表現突破大家對他們的看法。

第十三章. 感性設計的說明及基本設計案例介紹

- 從設計的意義出發，提醒在設計之前的方向之提出需注意的事項，並提供幾個設計案例（限於篇幅以最簡單的方法呈現）。
- 依據設計的概念，我們總是希望能同時滿足五感需求，讓消費者得到最好的產品。
- 但是這樣的概念卻會產生多餘的設計，如何給予設計品適當的生命力才是重點，感性設計需要在適當的定義及要求，發揮最大的效用即可。

感性設計（Kansei Design：KD）就是因為前述的感性工學研究結果，加以呈現出來的設計，就會出現感性設計的特質。感性文獻中會出現的術語感性設計，刻畫出所謂具有感性的作品，而產生實際的工業生產的產品。雖然設計大家是個耳熟能詳的名詞，但是能真正理解的人不見得很多，因此，試著加以闡述及說明如下，才來介紹感性設計及案例。

一、談一下甚麼是「設計」

在此談設計似乎稍嫌奇怪，但是少有文字在談。中文的設計源自英文“Design”其意為構想、計畫，後來的應用包括在很廣的範圍；從繪畫、視覺傳達、工藝、建築、產品等，而且其內容與定義，經常隨著時代的變遷與思想潮流的演變而有所改變。不過「設計」被應用於藝術有關的事物，則源於義大利文的「Designò」，其原來意思是「描繪」。在文藝復興時期的「設計」被視為是經由畫家、雕刻家的草稿和構想過程的結果，他們進而用記號的表現、計畫，而估量推測出想法的造形。

日語開始對這個新鮮的「design」，卻將之翻譯成漢字的「設計」和音譯的「デザイン」，明確地分出這個曖昧的字彙意義，來解決不夠精準的問題。設計是指與技術及科學教相關的部分，デザイン則是指較藝術性的造形、圖案等不那麼明確的部分。而日文與「design」相近的還有「意匠」的字彙，狹義意匠的意思是指進行設計時的形態，特別是在圖案和模型的計劃，完成配置等。也包含有藝術、美術的意思。而法語的設計字彙「Dessin」意義，則包括圖案、意匠、籌劃等意思，其中圖案被視為是圖示的事物，或於器物上描繪平面的裝飾模樣，意匠出裝飾或構想的感覺。十五世紀的理論家 Lancilotti（1885）曾將「設計」歸為繪畫的四要素之一，其所稱的繪畫四要素為「描繪」（designo）、「色彩」

（colorito）、「構圖」（composition），及「創意」（inventione）。Vasari（1550）則把「設計」的概念提昇到「創意」的層次上，更認為所有藝術都由它而生。我們常會把設計無限延伸，因而使設計失去了真正的意義而濫用它。

其實它有很深的含義、及很大的包含範圍，在中文只要是無中生有的，就叫之為「設計」。就因為與設計相關的意思及範圍極廣，到現代才漸漸被大家理解。現代的「設計」一詞，已被分成有廣義與狹義兩種意義；（1）廣義的用法，是指有計畫達成具實用價值或觀賞價值的人為事物。有效的「設計」是採用各種方法以獲得預期的結果，或免除不理想的呈現。（2）狹義的設計，則特別是指對外觀的要求，在實用、經濟的原則下做各種變化，用吸引人的外觀或流行的款式來增加銷售力。在現代的社會是一個常被聽到的語彙，而且被認為是重要的創造力來源。

關於設計的定義，最簡單的是一種有目的的創作行為。同時設計的過程是要經歷情報的收集及分析，再將不同的情報築起一件作品，故設計又可以叫作情報的建築（http://zh.wikipedia.org/wiki）。因此設計與技術常會一起出現，利用設計來產生技術或實現技術的應用。初任工業設計師的主要工作壓力為「有時沒有設計靈感」、「工作時程」、「自我要求」（游萬來等，2014）。

（一）到底設計概念為何？

對於設計兩字，設計界原認為是我們專用的，但是漸漸地被各個領域借用或叫泛用，大家都會說上設計兩字。而設計可以說是人們在環境中為了擴充自己，而將生理及心理的機能加以延伸的系統，我們可以想象，再經由想象得到規劃成真的機會，還有創造出語言與符號（文字）即人與人之間的媒介產物，因此，這類的媒介應屬個人與他人間的共有財產，使用這些記號可以溝通人與人之間的意念，也可以達成交換訊息的目的。甚至可以無中生有的，這是設計最特別的地方。

我們生活的社會是眾多個人所集合而成，並不只是一個簡單的集團而已，而是複雜的複合式社會組織，好像經由無數有機物體，而形成的一個具體且活的世界。而這個社會又不斷地膨脹，必須有一個完整的情報網才能順利地讓組織發揮功能，不致於錯亂而失衡。事實上社會就因為設計而無限地往外擴充，而且你我必定相信只會偶爾停歇而不可能停止，而停止的那一個刻恐怕是不好的事發生了。

因此，因為我們具有設計運作的概念，人類的食、衣、住、行、育、樂，各方面均因之而能進步地向前行。同時，另一方面，也需要環繞者我們四周的自然界給予我們生活的場所，所創造的這個世界提供了適合了適合生存的條件，及供給所需的各種物質和能量的來源，而讓我們能延續生存下去。在人類生存的過程中，我們可以從自然界中擷取物質、而獲得能量來維持生命，也在其中發展各種增長智慧的活動。在這樣的自然環境裡，藉由「設計」的過程及結果更加地將人與人之間的關係牢固地圍在一個圈裡，藉由它傳遞了人與社會之間的關係。這些均需靠不同的設計活動之安排、或設計的規劃來建構才有辦法；就像旅館、飯店、住宅等居住空間，都是依環境和空間體系的狀況來決定，如果只是房間，就無法呈現出這些空間的價值，在加上裡面的產品，如果其內的家具、電氣設施，沒有制訂一些標準設計的意義，就像有了這些物質及能量，進而為它們找到適當地存在秩序及意義。

Findel（2001）認為設計必須包含藝術、科學、及技術等三方面的領域。雖然工業設計不算是很新的領域，它的設計工作也已分化出一些相關領域，張文雄（1995）將（工業）設計師的工作區分為：企畫設計師、工業設計師、機構設計師、模型設計師。也就是說工業設計的未來發展，可以有很多的面向去趨近需求。何明泉等（1997）提出產品開發工作，可分為企畫（Planning）、設計（Designing）、原型（Prototyping）、工程（Engineering）四個階段，設計師必須具備不同的專業能力。它被認為包括了：（1）企畫階段：需具備市場、行銷、設計、工程、規畫等專業知識。（2）設計階段：構思及創造能力、審美、草圖繪製、草模製作等能力。（3）原型階段：外觀精模、操作精模、機構精模等原型製作及表達能力。（4）工程階段：機構、模具、電機、製造等工程上專門知識。

雖然工業設計的工作需求很多，楊敏英等（2003）研究提出認為不同學校對於工業設計教育的重點略有差異，有些強調設計方法、觀念的啟發，有些則著重設計實務技巧的訓練。大部分工業設計教育所提供的專業養成，多半是以基本設計、產品設計、進階產品設計、及專題設計等構成核心系列課程，教學實施以工作室（studio）實作指導方式進行。但是大家對於這三者的相對重要性及個別扮演的功能，以及應該表達的方式有不同的看法。

大部分工業設計教育所提供的專業養成，多半是以基本設計、產品設計、進階產品設計、及專題設計等構成核心系列課程，教學實施以工作室（studio）實作指導方式進行。這些設計實作課程不但被列為必修，且佔有很重的學分數及上課時數，學生在創意發展、畫草圖、作模型、及作品展示發表等不同階段，花費相當多的時間、心力、甚至金錢。從每年大專校院工業設計科系的畢業專題成果展示，似乎也顯示目前的工業設計教育是培養學生成為有創意、具備表現技法能力（畫構想圖、作模型）的工業設計師為主。

（二）設計領域有多大

設計領域到底有多大，如果我們翻開報紙，在徵求產品設計師工作的條件，資格竟然是電機、電子等，才恍然大悟有些被視為零件的物品，在該行業確實是他們的產品，所以叫產品設計也無誤。保險業、旅遊業也將他們的保單及旅遊行程視為產品，所以設計一張新的保單及有趣的行程，儼然也創造了一件新的產品，當然也可稱為「產品設計」。

如以介紹設計周邊生活一切有完整用途的東西叫產品設計，恐怕也是種困擾，所以又回到了早期常被認為意義不明，會被誤解的「工業設計」，它的稱呼成為較專業的，似乎可以獨用不會與他業混淆。很高興這個名詞被正名了。工業革命要求產業和藝術相結合的時代後，對於專門的設計領域，認識東西製作出來的過程中，需要設計介入生產，使之可以大量生產、接著希望可以更美，才是使工業設計（industrial design）真正誕生了。

現在的設計領域已經因分而工分類也擴大了許多，設計的相關種類主要分：視覺設計和最近包含與視覺有關的介面設計之工業（產品）設計，環境（空間）設計三個大範圍（井上勝雄，2007）。視覺設計有資訊的設計和為了傳達的設計。工業設計是製品的設計，和為了使用的設計。環境設計是有環境的設計，和為了住的設計。就是這樣的設計，現在包括人類生活的全部面向。在這裡以感性工學有深厚關係的工業設計為中心來加以敘述。

李賢輝(http://vr.theatre.ntu.edu.tw)提出如果以人(Man)、自然(Nature)和社會 (Society) 為構成世界的三要素，那麼設計可分為以下三個領域：（1）視覺傳達設計：製作良好的訊息，以作為人與所屬社會間的精神媒介。（2）工業設計（產品設計）：製造適當的產品，以作為人與自然間的媒介。（3）空間設計：規劃和諧的空間，以作為自然與社會間的物質媒介。其實可調整三者加入物的地位，之間是以人為中心，物（產品）在人的世界佔有重要的位置（圖 13-1），而這些設計的位置，可以座標方式出現。我認為是很具體易懂，且符合現在的趨勢及流行看法。他進一步以次元的概念，來建構相關的設計領域，以空間的概念來說明之間的關係，創造了這些內容的關係。

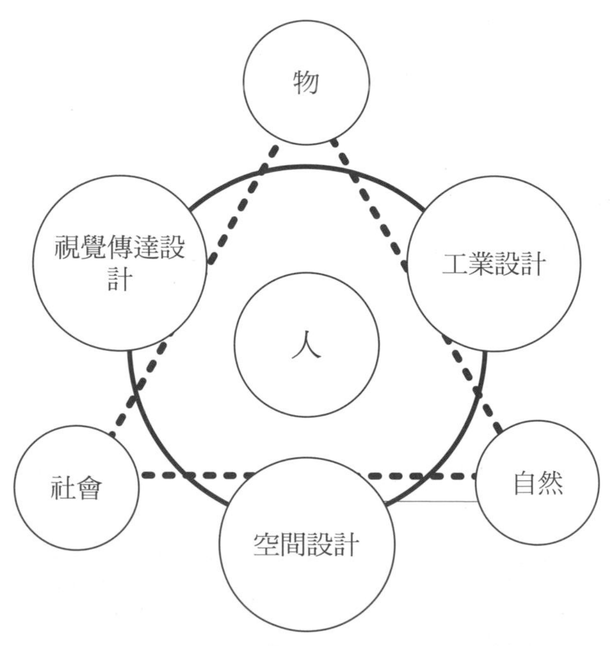

圖 13-1.「設計」與人、自然和社會之關係（李賢輝，未知）

1.二次元設計

二次元設計最常見的是視覺傳達設計，以傳達資訊或消息為目標的視覺媒體設計即為視覺傳達設計。一般多採用平面型態，所以俗稱為「平面設計」。主要包括：標誌、字體、卡片、傳單、函件、海報、封面、小冊子等等，但視覺傳達也可以採用立體的形式，如展覽、櫥窗等設計即屬之。由於應用性質之不同，視覺傳達設計又可細分為傳播設計和商業推廣設計等基本型態。

（1）傳播設計：指以知識與觀念的傳播、或活動資訊的傳送為目的的視覺媒體設計。如藝文性海報〔音樂、舞蹈、戲劇、美術展覽、演講等藝術和文化活動海報〕、保健小冊、交通安全教育宣導等，皆屬於教育傳播設計。

（2）商業設計：俗稱商業廣告設計；是為了促銷商品或推廣服務所作的視覺媒體設計，例如報紙商業廣告、商品銷售現場廣告、廣告函件、商品包裝、商品型錄等，皆屬於商業推廣設計。

接著必須是呈現在三度空間的設計，因為有體積的差異，試著將之分為小三元及大三次的設計。

2.三次元設計

2-1.小三次元的設計

最常見的是產品設計，這個產品是可被看得到的設計品，因著類別也有數種。

（1）工業設計：這個用語被開始使用是從 19 世紀藝術家和建築師們被新藝術運動（Art Nouveau movement）影響，開始簡化他們的設計及做一些裝飾在結構元件上，及風格派運動（De Stijl movemen）的藝術家們在第一次世界大戰期間，更是做了重大的貢獻，他們的設計理論以幾何形狀，許多他們能的理論也被包浩斯（Bauhaus）引入機能設計的概念中（New Standard Encyclopedia, 1990, D-132）。

在一人的世界，東西都是由一人考慮製作的時代，設計這樣的詞沒有被用過。從歷史的角度來看的話，設計一詞開始被用是從工業革命後製作物品分業化的時候才開始。伴隨著產業的工業化後沒擁有美價值的東西也出現，每個人才感覺得到對產品必須有美感這件事的必要性。如果單單從生產的角度看效率，每個人對於只是擁有用途機能的產品開始有拒絕的反應。

是指規畫以機械量產方式製造實用產品的工業設計行為；所得結果為工業工藝品或機械產品。

工業工藝的特色主要在於量產，有統一的品質、規格、和最高的效率，產品適於大眾消費。在工商業繁盛，人口不斷增加，物資需求激增的環境下，大眾必須依靠工業產品生活，只要我們有能力判別選擇優良的工業產品，亦可滿足日常生活的需求。

（2）工藝產品設計：是以創造完美的生活器物為目標的設計行為或方法，並能滿足人類精神與物質上的需求。凡足與牛活有關的各種器物小自杯盤、刀叉，大至傢俱、汽車、飛機、輪船等，均屬於這個範圍。由於製作條件均不同，產品設計可以區分為手工藝設計與工業工藝設計兩大類型，茲簡介如下：

（3）手工藝設計：是指有計劃的以手或簡單手工具來製作實用產品的設計行為；所得產品為手工藝品。手工藝的特色，主要在於手工與材料造形上所表現的特殊美感，以自然材料所設計製作的手工藝品，格外富於美好的感性特質，值得品賞與玩味。在工業機械產品充斥的僵硬環境裡，妥善應用美好的手工藝品，將可增添許多生活的情趣。

2-2.大三次元設計

大三次元的設計通常會超出人手可觸及的範圍，以空間設計為主軸營造理想生活空間為主的設計行為或方法。其涵蓋的範圍包括建築設計、室內設計、景觀設計等。

（1）建築設計：指依建築物的機能、結構、與形式所做的整體設計。主要包括住宅、學校、機關、工廠、商店以及宗教建築、紀念建築等。

（2）室內設計：是指建築物內部機能與形式的整體計畫。現代建築多採用工業設計方式，作可變機能的空間規畫，而依個別需要所採取的室內設計顯得格外重要，包括的範圍和建築設計相同〔即住宅室內、學校教室、機關辦公室、工廠廠房內部、商店內部等設計〕。

（3）景觀設計：是指以綠地、花草、樹木、水石等自然要素為主體的戶外遊憩空間規畫，其間常依需要而設置亭閣、牌坊、雕塑、座椅、遊樂設施等。

3.四次元設計

除了以上所描述的設計領域外，若增加對時間的考量，則形成所謂「四次元設計」其中包括表演設計（如舞台設計、燈光設計、道具設計、服裝設計等）、電影電視的美術設計、多媒體設計等項目。

其實這種情形在分工精細的時代，然後又期待跨業合作情形下，常會因原先的範圍切割後，與其他領域產生交集，例如：建築設計，原本講的是把房子蓋起來這件事，但是分工後，專門以外觀造形設計為業者，又與建築結構設計、及建築規劃的工作也不同，需區分不然也覺得說不清楚。但是有些工作就很容易區分，例如從平面設計、或美工設計發展出來的視覺傳達設計，又因應網路時代而有的網頁設計，及為了滿足人類難於達成的想像世界之動畫設計，可以動、靜為界，從其中分出的領域似乎均有新的名稱，比較沒有混淆的問題。

這些領域可以在感性工學的介入下，讓設計可以得到更有特性、價值的結果，而在這個領域內，本書先以工業設計做為標杆，來嘗試說明其應用及主要過程為何？

（三）工業設計發展的概述

台灣自 1960 年代導入工業設計的大專教育已有 50 餘年。過去勞委會提供的有關工業設計行職業之標準分類及界定等資訊，不是過於老舊、就是與工業工程等其他行職業混在一起。近幾年行政院主計處的行業分類標準，分別於 2010 年 5 月，第 6 次修訂「中華民國職業標準分類」，及 2011 年 3 月第 9 次，修訂「中華民國行業標準分類」才正式新增了工業設計職業及行業的分類，將實際雇用與就業情形拉近工業設計職場的實際情況。

Sohn 與 Eune（2003）認為，學校的設計教育對於設計師在設計實務上的幫助有限，設計師進入公司之後還需 2~3 年的再教育。工業設計專業涵蓋的工作範圍相當廣泛，具備綜合不同學門知識的特性，是一項整合性的專業，是不可忽視的。

專業知識的累積是資深設計師與初任設計師差異的分水嶺，資深設計師會在腦中建立一個資料庫，隨不同設計工作中的不同狀況而有所調整（陳順宏，2005）。剛畢業且無實務經驗的工業設計師，很難獨力完成設計工作，因此，設計主管對新進工業設計師的工作表現，很難達到滿意（許言、張文智、楊耿賢，2007）。

設計要素的還原主義或還原論（Reductionism）也可翻譯為化約論或化約主義、分割論是一種哲學思想，認爲複雜的系統、事務、現象可以通過某些過程，將其化解爲各部分組合的方法，加以理解和描述（Agazzi, 1991）。認爲現實生活中的每一種現象都可看成是更低級、更基本的現象的集合體或組成物，因而可以用低級運動形式的規律代替高級運動形式的規律。此理論的方法論就是對研究對象不斷進行分析，恢複其最原始的狀態，化複雜爲簡單，讓設計可以成為表現事情的最後原貌。其中有幾個主張值得加以了解如下：

1.還原主義的廣義定義

對於還原主義的意義有廣義的；(1)把表面上較爲錯綜複雜的東西，還原爲較簡單、明瞭東西的任何一種學說。（2）企圖將複雜的事象經分析簡化，由最基本元素的性質，去了解整體事象變化原理的理念。

2.還原主義的狹義定義

而狹義定義在社會科學（行爲科學）方面，是指一種信念，即人類行爲可以還原爲低等動物的行爲或用後者來解釋它的意義，歸根究底還可以還原爲支配無生物運動的物理規律。我們可以希望這樣的還原主義，將思想分析成為源自無生物的基本概念。

3.設計還原論

從 20 世紀初就已經廣為流傳的科學思考觀點，如果從設計科學化的觀點，來作客觀的分析立場，感性研究對設計的科學化會有重要的影響。如果探討設計誕生至今的過程，設計書籍一直記載著各說各話的歷史過程、及不同觀點。19 世紀最大的發現之一，是以記號為基礎來記錄化學元素，成了有名的週期表。這個想法是從分析思考開始，將物質的分析，還原成能夠最小呈現的範圍為止，就可以發現它們有基本組成要素，分類表也發現有週期律表的情形。20 世紀的大發現是可被預測的生命的科學 (life sicence)，也是以前述還原的想法為基礎。世紀的後半發現的 DNA

遺傳因子的螺旋構造，因此，很多生物的遺傳因子訊息就被解開了，人類經由學習知識，可以擁有創造出完全新生物的知識和技術之基礎。

前述的兩個概念，根據這樣過程所看得到的成果，將元素表中的元素加以重組合後，能形成自然界的所有東西外，也能創造出完全新的東西 (化合物)。所以這個還原再加以綜合化的過程，可能會有很大的成果，創造出新的東西。這樣的概念在設計上產生極大的影響，創造的過程除了質變也可量變，是神奇的過程。雖然對化學不是很有概念，但是極崇拜這樣的過程。要素還原主義的分析和綜合化過程不僅是科學技術，也給藝術領域有很大的影響，在過程中也誕生了工業設計的想法（Budenholzer,1991）。

Decartes 提出的要素還原主義想法到底給藝術如何地影響，首先工業革命的成果，於 1851 年在英國倫敦舉辦了能夠交換信息的第一次萬國博覽會，有了照相機的展出。當時藝術的表現方式是將看到的，以忠實的遠近法和明暗法的寫實主義為主要想法。但是，由於照相機的登場，以此為基本的想法完全顛覆了繪畫界，討論繪畫到底要發展成為如何，成為了一個話題。這個新的衝擊，讓年輕的藝術家得到了新的刺激，莫內（Claude Monet 1840～1926）因此首先實驗嘗試新方法，畫出「日出-印象」成為印象主義的代表形式。分析照相機被銀板化合物感光的原理，以光為主題製作了許多的作品，稱為印象主義。到了後期科技還原了光的的三原色形成，以映像管投射原理製作出電視機，甚至到目前光電領域，創造出液晶電視、平板電腦等其他的產品。

但是，在印象派也有錯誤的過程，從印象派發展出來以塞尚（Paul Cézanne，1839 – 1906）為代表的「形」立體派成為最被注目，要素還原主義的想法明確地在作品中表現出來。首先將形狀加以分解、細分後，將基本的造形要素還原。在他的作品中敘述風景，是由球和圓錐、圓柱所構成，到達了化學週期表的印象。接著他們用基本造形的想法實踐繪畫的綜合化，開始製作新想法的實驗作品，因此，產品也好、視覺也好、空間也好，均曾以幾何主義，甚至極簡的概念來設計。

設計與還原論關係的基本假設，包括三個方面：所有的事物可以分解還原成要素，並且要素可以由其他事物替換。所有的要素加到一起，便可得到事物的整體。如果解決了各個要素的問題，就相當於解決了整體的問題。這樣的概念在創造力的方法中，也有相同的概念。

所以還原主義可以作為追究事務真相的方法，同樣的元素更可以反過來氧化成各式各樣的物品。所以化學反應真是設計精神的科學釋解之一，真是可以化腐朽為神奇，更可以創造出更新更有價值的產品。

二、設計與開發的對談

設計不見得被開發，開發不見得被生產。就因為這一切牽涉許多的具而經費，尤其在大量生產的產品。

當設計如果單獨存在，也就是只停留繪製的階段，在某些設計領域或可單獨存在而有意義及價值，例如：繪畫、平面設計或動畫設計等。但是工業設計類的工作，均需以設計為前導，然後再進行相關的開發，才能產生讓人可以觸摸使用的產品，而有效用的結果。因此，設計與開發成為前後、甚至是循環關係，這樣的關係常需一群人的合作，才能達到預期的設計成果，來滿足消費者的需求。而開發常需要有相關的技術，也就是空有設計概念沒有相關技術的支援，這些設計只能紙上談兵而已，所以配合或習得相關技術是相當重要的事情。

Heidegger（1977）在《對技術的提問》關於技術是對的，但不是真實的，是超乎工具地位，其實只是告訴了我們一半的故事而已。技術與技術系統也需像工具一樣存在，但是它們不是自然或沒有雜音的。技術的創新會操作人類的創意和有關生產的知識、及力量（Foucault, 1980）。但是之間的關係其實是更複雜的，Heidegger（1977, 12-13）認為技術「不僅是一個意義，更是一種呈現的方式」。技術本質的開始不只是在透露知識，也是一個歷程與詩學的產生（poiesis；原意為產生出來或帶出來）。

凡事均需手工製造、藝術與詩的產生在表象或具象的形象皆是這樣的。另外，技術體現在某個領域，可以暴露和隱蔽出來，那裡是真理，真理是如何發生。設計相關領域已漸漸成為科技時代的顯學，成為呈現科技技術的載體，必須藉由設計來闡述新興科技或技術與人的關係，如何將它們轉化為人可使用、喜歡用、用了不會出錯的產品。這樣的概念是設計與開發之間最微妙的關係，如果無法掌握這樣的概念，尤其是工業設計將無法顯得有價值。

U. S. Bureau of Labor Statistics（2012）描述工業設計師的工作環境：「工作空間以辦公室為主，使用設施有速寫設計的繪圖桌、可與同事腦力激盪的有白板的會議室、用以準備設計及與客戶溝通的電腦及其他辦公室設備；設計師也會出差去測試的場所、設計中心、客戶展覽場、使用者家裡或工作場所、以及產品生產的地方等。」

（一）擴大設計的概念

但我們大致理解設計的意義後，除了狹義的造形處理的行為的設計意義外，更擴大為計劃行為。而在工業設計中除了造形處理外，產品企畫、計劃等及其結果。井上勝雄（2007）整理出工業設計的過程及概念（圖 13-2）。

如何從設計的點子至可以販賣的商品，這是一個不平凡的過程，除了設計的造形及色彩的產生外，成為產品的概念後，必須經由資本主義的行銷及創造價值的過程，才能成為可被人接受的商品。

工業設計就需比一般的設計需有更大的視野，必須接受一大群消費的價值感考驗。因此，它的過程必須步步為營，因為必須投入很大的經費，少者數十萬元，多者數億元。如果加入前期的研發及技術的累積，那更是龐大的費用。

澳洲天空新聞台（Sky News）報導，三星電子（Samsung）向用戶發出警告，表示在智慧電視前討論個人敏感資訊時，要分外小心。三星在智慧電視的隱私權政策聲明中指出，因為啟用電視語音辨識功能的用戶，在智慧電視前所說的話「會被擷取並傳送到第三方」（黃慧雯，2015/2/10）。三星發言人說：「倘若消費者啟用語音辨識功能，語音數據只包括 TV 指令或搜尋句子，使用者只要看到螢幕上出現麥克風圖示，就可輕易判斷語音辨識功能已開啟。」所以，使用者千萬小心，一旦那小小的麥克風圖示出現在螢幕上，就表示有人正在傾聽你說話。電子科技真是無所不在，而且可以產生極大的正面或負面的應用。如何加以正面擴大，成為協助人類的好設計。

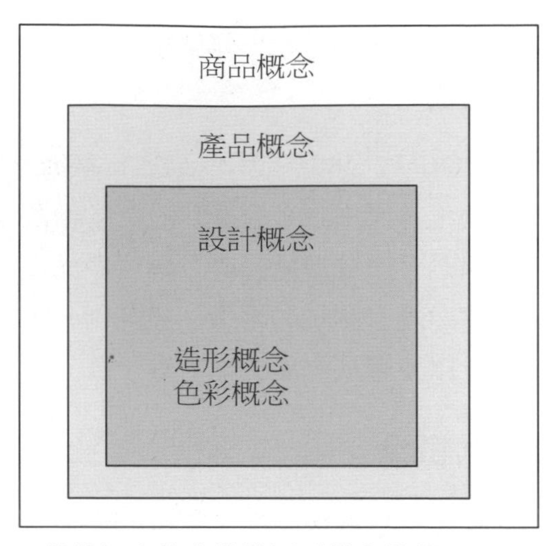

圖 13-2.設計概念的意義範圍（井上勝雄，2008，21）

（二）掌握開發的過程

為了完整闡述，我們僅以簡述來說明這個複雜的過程，由於工業設計的產品在完成了生產前，需耗費龐大的費用。因此，不得不有個縝密的過程來避免任何的錯誤，但是在數位時代後，商品的生命週期因為消費觀念產生極大的變化。產品的生命的週期不是壞了、而是不流行了。企業依其規模對於消費者的看法均需有詳盡的推演，因此，每家企業均有不同的流程。

但是大致流程為：（1）前期：市場調查、產品企畫、（2）中期：產品設計（造形設計、機構設計、電子設計）、（3）後期：生產。

而商品成敗、是否暢銷常決定於前期階段的探討，由於企業越大越需確認必須獲利，就需大量投入前期階段的探討，尤其對於從 OEM 走到 ODM 及進入 OBM 的台灣，為了掌握設計結果，就需緊緊地抓住開發的各個過程。讓設計與開發緊密的結合在一起，才能得到感性的設計品。

三、 生產的思維

工業設計師的工作特點之一，就是能自由地表達其創意（Baxter, 1995）。公司給予設計師自由度，例如對設計方向的掌控，讓設計師可以盡情發揮也算是另一種「福利」。可以從工作中學得設計實務經驗、或所設計的產品被量產的成就感，是多數工業設計師最滿意之處（楊敏英、游萬來、郭純妤，2010）。

當設計進步到一定程度，從生產導向轉至客戶導向時，從設計至生產的思維便需加以調整。雖然經過了多樣化的概念，但是這樣的概念還是比較表面的，以形狀及顏色為基礎。

因此，當感性工學的概念被深化到一定程度，台灣雖然不及日本已經應用的很廣泛，而且能夠跟隨這樣的概念進行設計，但是在台灣感覺還是很學術。如何從感性研究進入設計甚至到生產。大部分人均不會反對這樣的概念，但總是覺得費時，因此如何因應實勢規劃適當的策略，尤其在數位時代，快速地消費轉變。

我認為類似工研院的法人團體，做趨勢判斷提供相關的研究資訊及資料，給相關廠商購買參考。當然相關研究，如以個別的法人編制似乎無法有能力及時完成。所以適當的規劃來構成產官學的合作機制，不失為一個很好且合乎實際的機制。

所以藉由這樣的機制，才有機會完成感性產品的生產，因此這樣的生產思維可以遂變成合乎台灣及時與即時的需求思維。

四、感性設計的內涵

我們理解了感性工學的內涵後，從中理解更深入人的五感需求，才能找到更底層的意義去滿足消費者。所以，從研究後的結果作為設計的依據是必須及必然的過程，而如何加以應用就成為重點。當然應用端視需求的程度，及滿足需求的程度。因此在感性設計的意義即可說為：依據五感合理的需求所進行的設計。

根據 Lévy（2013）的探討提出 KD 計劃基於它們的主要焦點可以被分成兩群。第一群著眼於器物的物理物質（它們的內在特性），和使用者對它們的評價或偏好。

這一組進行的項目非常接近 KS（Kansei Science）中的應用（例如紡織設計）（Otomo & Yamanaka, 2012; Yahaya 2012）而在汽車設計（Kushi, Kitani, & Fujito, 2005），其對模糊性和不確定性的態度是不同的。

KS 試圖避免歧義和不確定性、試圖「解決」通過邏輯推理的手段，同時以 KD 處理模糊性和不確定性，來通過設計技巧的手段。第二個群組是著眼於器物互動的重要性（Stienstra, Alonso,Wensveen, & Kuenen, 2012）（在相互作用的工件品質）。

補充後提出的 KD 方式，由歐洲豐田汽車（TME）開發出來嘗試整合公司上游設計過程的一個構造（Gentner, Bouchard,Aoussat, & Esquivel Elizondo, 2012）。

（一）它的定義

滿足五感需求是我們工業設計師進行設計時的理想，對於感性的探討前面已經有許多的說明及介紹，而如何將研究成果導入設計，才是感性工學研究的最重要結果。而到底是要個別滿足其中的五感，還是同時滿足五感的需求，那是見仁見智的事。如果依據設計的概念，我們總是希望能同時滿足五感需求，讓消費者得到最好的產品。

但是這樣的概念卻會產生許多多餘的設計，而且如何給予設計品適當的生命力才是重點，它只需要在適當的地點或期間內，即可發揮出最大的效用。

這是產品設計的基本概念，因為設計師一直希望消費者能購買產品，如何刺激他們消費需要適當技巧，如果刺激太多也可能弄巧成拙。如果感性設計只是成為刺激消費的手段，那麼這樣的研究還是成為資本主義的明顯工具，這不是感性設計的基本主張及精神，而是希望真正找出滿足消費者的需求，讓它們能為人類做出更好的貢獻。

如果因為對五感的重視，提高消費者滿足的原因，是因為滿足了消費者的五感，讓他們的視覺、聽覺、嗅覺、味覺、觸覺得到滿足甚至受到保護，這樣的思維才是設計前期的市場調查及產品企畫，應用人對產品的感性所進行的工學研究的主要目的。這樣可以讓人類在祈求壽命延長的過程中，讓我們的器官可以隨時保持舒適及健康，一直有高滿意的品質體驗，這些感覺被重視而提高了我們的生活品質，及讓身心靈得到滿意及感動，讓生活過得滿足、滿意才是感性設計的最終目的。

如何分析、解釋最後設計出設計品來，就是感性工學在設計上的角色。就是藉由前述如何找到人們對於產品的意象、感覺，再想辦法「轉變」或「釐清」成設計師思考之關於產品設計的「設計要素」成為產品企畫內容，再以系統性的程序模式；或是利用工學觀點以計量化等方法，進行對人之感性分析之後，利用於商品設計之過程，藉以製造出可讓人類有喜悅感、滿足感的商品 (Matsubara et al., 1994; 1997; Miyazaki et al, 1993; Nagamachi, 1995a）。這是感性設計的基本流程及目的。

所以感性設計，就是根據這些感性工學的研究結果，而成為產品設計的基礎，在現有大部分的設計能達到的成果，除了造形的視覺滿足外，注意其他五感而得到更好的結果。因為對的企畫方向比產品設計的努力還來得重要，有了好方向才有可能得到好的設計結果，在過程也不至於產生各部分的意見衝突。

（二）需具備的條件

在了解了消費者的感性需求後，以及研究所得任何設計所需的感性條件及感性品質，所進行的感性企畫結果，所追求到的方向性時。

這些可做為感性設計的依據，除了說出美感的方向及其他四感的可能機會外，應讓設計品對消費者發出：（1）暗示性：即該產品能暗示人們該如何的使用方式、操作程序等；（2）象徵性：可以體現出產品本身的價值、性質及趣味性等；（3）感受性：使用者能夠在五感上，均有被受到呵護的感覺。

如果達到上述三個特性，就有機會達成感性企畫的機會，就可能創造出新的概念及機會。

這些感受是以前的設計常被忽略的，而且難於加以呈現的，而成功的感性設計就是要對這些發出的感性，能被消費者有知覺地接收到。舉例如下：

1.暗示性為何？

暗示性為何？產品為何如此的方式來表現自己。產品必須控制自己的暗示性，這部分通常會指向對於人體工學的探討，讓產品能合乎基本的人之心理感知，而不至於發生錯誤。但是在造形設計上如果只是以基本的吸引人之造形，無法達到暗示，常需細節的指示才能達到使用暗示，可以節省使用者探索的時間，來增加消費者對設計品的好感。

暗示性需要具有整體感，才可以透過適當造形來暗示使用方式，把手是最常見的造形暗示，提示如何拿取及鬆手時不會被卡住，蓋子的提取也暗示了拿取的方向性，及增加了接觸面積（圖 13-3）。

小茶栽堂的革命性濾杯設計，期望馬克杯亦可拿來泡茶，暗示性的讓我們知道可以將茶葉置於杯底、蓋上濾杯、注入熱水，便能隨時隨地，其上的小突出暗示著可以提取（圖 13-4）。

較不顯著的有如裁紙刀的進退刀按鈕設計，為大拇指的負形並設計有凸出，不僅便於刀片的進退操作，而且暗示它的使用方式。許多水果刀或切菜刀，把把手設計為負形以指示手握的位置。

當然在造形的暗示性，就依據設計者的感性思維，是感性、或是性感就需當事人的感覺，甚至有時會含蓄的表達，就需根據設計者的個人巧思了。

圖 13-3.烹、煮、蒸的多功能設計

圖 13-4.小茶栽堂馬克杯得到 2013reddot 優良設計獎（http://www.boco.com.tw）

（1）透過部分或整體的造形，來引導設計因果聯繫的使用方式。ALESSI 把有趣的功能加在造形為基礎的設計上，PhillipStarck 的外星人擠汁機(圖 13-5)。鋸子旁的按鈕造形引導按壓可能的折疊效果(圖 13-6)，傳達出按鈕的用途。有些蓋子可以暗示精細的微調或大旋量的粗調，容器也會利用開口的大小，暗示所盛放的東西貴重與否、用量多少和保存時間的長短等。

圖 13-5.Starck 出名及怪異有趣的擠果汁機; 圖 13-6.按壓暗示的折疊鋸

（2）通過產品表面的肌理和顏色，來暗示使用方式。人們早就發現手指尖上的指紋，使把手的接觸面積變成細線狀的突起物，提高手的敏感度並增加把持物體的摩擦力。這種稱為肌理設計的設計，使產品的把手獲得有效地利用，尤其手工類的工具作為手用力和把持處之暗示。色彩在感性設計中扮演很大的重-要性，如照相機大多以黑色為外殼表面，顯示其不透光性，同時提醒人們注意避光，並給人以專業性的精密嚴謹感。有些設計的按鈕會提醒式的紅色系，來引起注意且比較易找到。甚至連鞋底也利用這樣的概念（圖 13-7），來提高消費者的注意力及有抓力的可靠感性訴求。

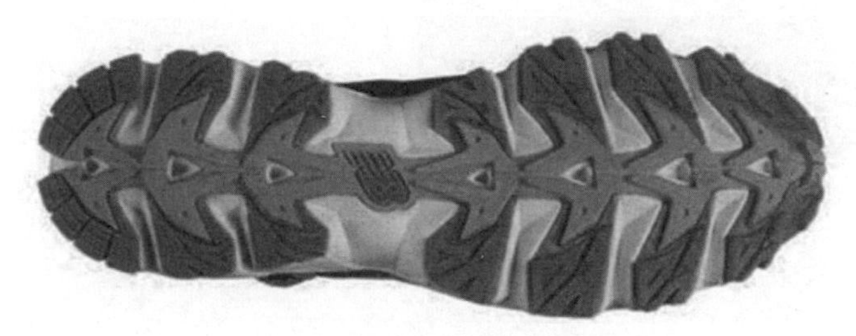

圖 13-7.靴底的質感及紋路

（3）通過產品表面的顏色，來提醒人們的注意：以前不被重視的一般工具，也漸漸加入感性設計的觀點，除了提醒注意外也增加了價值感。如圖 13-8 的手鋸子，它的握把以黃色及灰黑色組合，增加了使用者的注意力及趣味性。

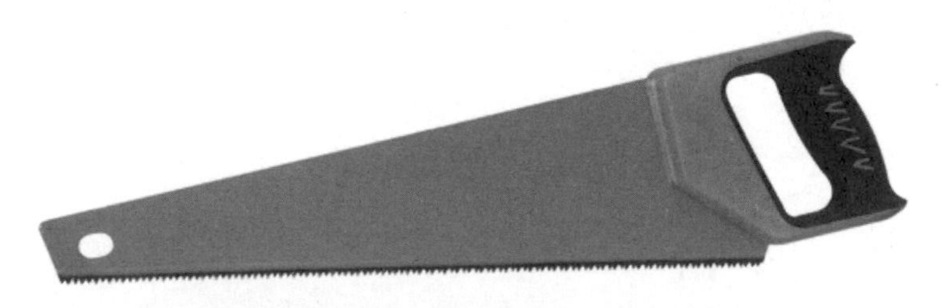

圖 13-8.鋸子的握把之暗示

2.象徵性

透過造形彰顯出來的象徵性，是產品設計成果之成敗的關鍵，沒有成功就是一件平凡的設計品，無法吸引到消費者的目光。因此，如何依據企畫的目標象徵，去詮釋造形是感性設計的要點。更具體說產品設計就是要處理好零件之間的過渡關連、表面肌理、色彩搭配各方面的關係，並把握好產品應該顯示出來的感知精度。

（1）透過視覺可表達出的造形語言，來表現出產品的技術或功能的象徵。蘋果公司（apple）的設計是最典型的例子，因為他們重視及信任工業設計團隊，因此他們的造形視覺語言，可以呈現出一種給消費者最簡單的概念，來象徵其技術是如此的乾淨利落，不拖泥帶水。通過產品形態表現出技術的象徵，是體現產品功能和內在品質最直接的方法。由於產品的優異品質無法顯現出來，只能靠造形的具象實體來表示，精湛的設計品工藝可引導使用者，從視覺感受到該設計品的技術。

（2）透過造形的視覺語言，可表現出好產品的品質象徵。有優良品質表現的產品，使設計品與眾不同，雖然現有的認證可以確認品質條件，但是同樣通過認證的設計品，卻還是可以看出它的差異。有些 OEM 公司製造出同樣的產品，因為貼上不同的品牌，就能顯出其不同的品質價值。這個品質是被製造出來外，設計的開始就需將各項品質條件設定完成，才能生產出好品質的設計品。當然也是不同的 OEM 付出不同的價格，所延伸出來的品質價值。延伸至產地，德國的產品就會讓人覺得品質可靠，那是一種產地的驕傲，是民族性的表現。

因此，當設計開始步入感性設計的階段時，代表著企業的信心及自我要求的標準，已經與一般公司不一樣了。

日本是我們公認最早且最投入感性設計的國家，企業呈現出來的造形及功能，均已經融入了真正的品質管理內，藉以完整地表現出設計品的價值。

（3）透過造形語言呈現出設計品的安全象徵；安全感的象徵在家電類、電器類、機械類及手工具類的產品，具有相當重要的意義。安全感的體現讓使用者的心理及生理得到一定程度的安定感，是一個知名品牌的必備條件。

也就是看了就會讓人感覺安心的設計，才能受感動而得到消費者的青睞。顯現其對周邊產品的相關研究，而得到合理的尺寸，例如：避免放不進去、或避免會無意間觸動非相關按鈕的開關設計，這些預防會在生理上給人更高的安全感。大可意念傳達有限公司所設計的波浪散熱墊，在造形上渾然飽滿的造形（圖 13-9）、精細的工藝、多彩的色彩計劃，也會給人心理上更高的安全感，也可有許多的用途；例如止滑或散熱的，來當作桌面刀具的止滑，筆電的散熱及止滑用。

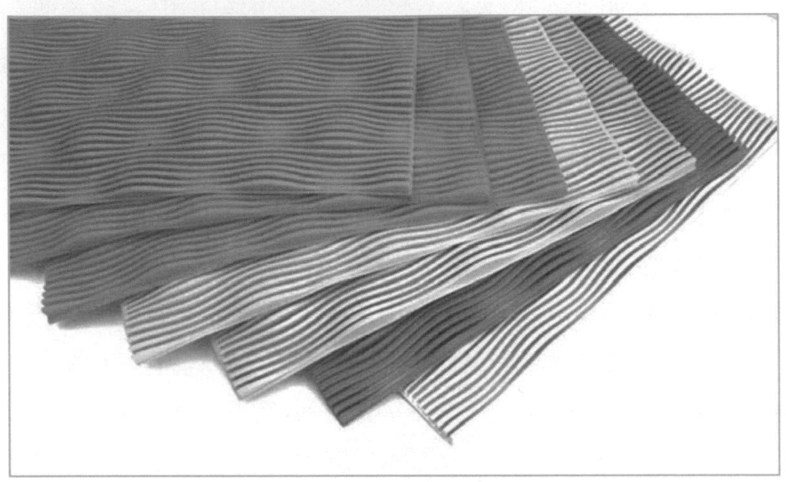

圖 13-9. Duck Image_波浪散熱墊（http://www.damanwoo.com/shop/product/1559）

3.感受性

在產品上除了造形的視覺語言外，還有聽覺、及觸覺其他可被感受的項目。還有一些產品必須加上味覺及嗅覺。當產品的異音出現，可能是設計時相鄰部品的間隙太小，或是品管的問題使旋轉時偏離軸心。當異音出現時代表此產品品質不良，當然這樣的議題與當社會的價值觀有關，在日本不可能發生，但是品牌因為經營成本，會將產品在其它國的附屬廠，甚至是委託製造。

不同的產品會因為不同的需求，而有不同的觸覺要求。需要清潔的表面一定要光滑的，需要人手接觸就可能是要有質感的咬花，來增加握持或觸摸時的感覺。所以必須對於製造程序有一定程度的理解，才有機會設計出讓消費者感受更強烈的產品。

（三）應有的心法與思維

前述的如何感受感性的條件之外，感性設計的工具要充分利用現代人機工學和美學的成果，科學地來增加產品設計中感性因素。

這些因素通常可由研究發現，但是最後還是需要有技巧地反應在設計品的設計過程結果。

1.通過恰當的人與工具之間的關係設計

通過恰當的人與工具之間的關係設計，來體現產品的感性，例如：良好的工具把柄設計，使對受壓性不敏感的手掌、拇指與食指間的「虎口」處，利用這個地方來承受力的衝擊，就可以避免因長時間使用工具，而引起手指麻木與刺痛感，減小了局部壓力強度。有些工具的握柄上做了指槽，這種指槽雖固定了手指位置，反而影響了操作的靈活性。

「恰當」的人機工學設計，不僅令人視覺舒適而且「手感好」，得到了從人體工學體驗所得到的觸感，有時亦可同時得到美觀的要求。

2.通過選擇合適的造形材料增大產品的感性成份

在選擇材料製作產品與人直接接觸的部件時,不能僅以材料的強度、耐磨性等物理量來作評定，而且還應從所選材料與人情感關係的遠近作為尺度來評價，適當的材料除了可反映產品的價值外，亦可增加了消費者對產品的設計感性值之提供。

研究指出，與人類情感最密切的材料是如棉、木等生物材料，其次是石、土、金屬、玻璃等自然材料，然後才是非自然材料如塑膠材料。一般來說;越能與人類接近的東西，越能令人感到親切，更能填增多一份感性的因素。

我們好像從中發現自然的材質，是基本的可以從心中得到的感性材料。但無奈的是沒有辦法讓所有的設計品均能使用自然材料，因為會囿於其他條件的要求，所以很多均會採用化石原料的衍生物，所以設計過程便需以其他的手段來解決這些問題。觸感、嗅覺等的問題，常會被忽略了，但是必須重新被提起注意。

3.通過研究現代人的審美方式來表現產品的感性

產品的感性除了設計師說了算，老闆說了算外，漸漸地這些說法無法說服行銷人員的要求。

產品的美應可體現在產品的使用過程中，由合理的人機關係而產生的內在美，和由外觀形態產生的外在美。這些因素增加了人對物的廣大接受性，而人的審美觀是會隨著時代在不斷地變化的，產品的外在美更是如此。

「造形優美」所代表的豐富內涵，也包括了變化中的審美因素，比例與尺度、對比與均衡、韻律與節奏等，均是美的規律，都是人們在勞動中通過與產品的視覺形象所得到的調和之美。將和諧化為審美因素是人在演進的過程中，所呈現出來的包容及享受。瞭解現代人所不斷變化的審美觀，將有利於把握產品中的感性因素。

因此，透過研究來了解現代人的及時反應是掌握信息的關鍵，如何應用前面所談的感性工學的方法，來探索現代人的五感需求，已經是設計的重要過程。

4.通過對物的生命現象與形態關係的研究

我們對生命現象的體認及一起演進的結果，看到的皆是生命體，由對生命的喜悅所轉化而成的經驗。我們可通過對物的生命現象與形態關係的研究，來得到產品感性產生的原因和表現的方法。

例如：大自然的美是可模仿成物體的美感，大自然的氣味是可以學習來讓人使生命盎然有趣，更大膽地創造出許多香味來迷惑消費者。

這些往往體現在該物體的形態是否富有生命力，物體形態的生命力，實際上是物體本質所外泄出來的形式，讓我們得到學習而加以更廣泛的應用。有天我們可能期望觸摸到樹皮、石頭的紋理感，空氣的氣味是期待一個清晨的新鮮空氣。這些都可能成為未來人類的期待，因為我們來自大地，當然期望接觸大地。

（四）工研院的感性設計商品開發流程

鑑於工研院大力地推廣感性設計的開發流程（圖 13-10），在此加以簡述及說明。其過程與一般的開發流程加入了：（1）設計前的前瞻產品感性需求分析、及（2）設計完成後的產品功能及感性驗證。

他們首先有（1）生活型態市場趨勢調查、（2）前瞻產品感性需求分析、（3）概念設計與創新技術及雛形品、（4）設計修正、（5）進行產品功能及感性驗證、（6）最後進行試量產。

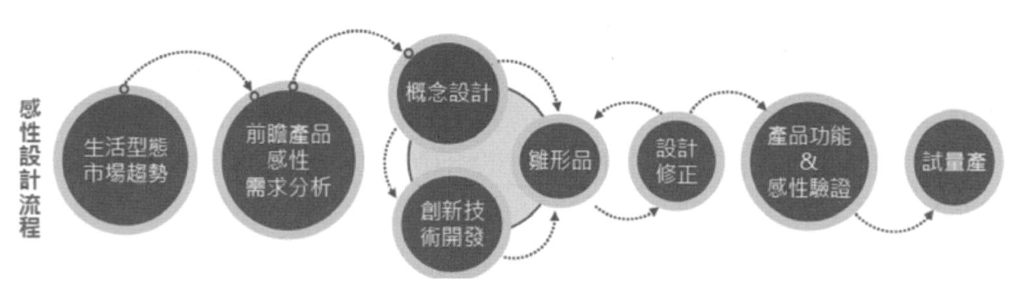

圖 13-10.工研院感性設計流程（林長弘，未知）

五、 感性設計案例介紹

設計被一般人所強烈認識的事，是大量生產方式，被確立的是 20 世紀初的美國汽車產業之新車開發開始。因為當時的景氣股價大跌，為了面對消費者極度冷淡的購買慾望，第一品牌的福特（Ford）必須面對緊追不捨的通用公司（GM），開始導入為對應收入高低不同為分類，以此概念為中心做的造形設計想法。當時盛行提供便宜與多的人的想法為基準，初期的市場非常的正確，比較完全以設計和感性一樣形式大量生產的福特，新的通用公司的車種以當時消費者擁有嚴謹地選擇心理相符合。

工業設計的基本想法，以英國和法國相比工業化較慢的德國，政府的指導來計畫推進工業，其中的一環是以工業化為前提，設立包含有養成建築的近代綜合藝術為目的之國立造形學校包浩斯 （Bauhaus），校長是建築師的格羅佩斯（Walter Gropius）於德國威瑪 （Weimar）。

同時，因為受到正抬頭的全體主義及古典主義者的政治家的迫害，1932年短期的關校。那時為了教導從歐洲各地集中了學多新銳的藝術家，尤其特別多的猶太人的教師全部被迫害渡海逃到了美國。也就是說在歐洲播種卻在美國開出盛大的花朵來。為了這種視覺感的造形設計，以容易理解的視覺模型為基礎向全世界散播工業設計的想法。因此。經營者瞭解工業設計的重要性，在兩次世界大戰中荒廢的歐洲，為了復興從美國輸入大量的物品，經營者以外，一般人也對大量生產的產品有深刻的印象及認識了。到現在所有的產品幾乎都有設計師的參與及關心，很多產品因實施設計而正送往市場。

因此，已經有了設計的用語後，為何也誕生了感性的用語呢？最主要的原因是設計本身，在設計師的內心為了表現擁有的美的感覺，積極地進行設計論等的確定及為了設計外顯化的努力。也因此設計研究者為了讓設計能以科學的方式去瞭解要進行的領域，所以開始考慮利用新的用語「感性」。設計師為了考慮解決設計中困難的內在問題，和對外在的設計者（機構設計等）、和企畫、每個營業的人進行說明。為了從設計師身邊的所有人開始發動解決設計的內容。

另外，工業設計的造形，是偏重視覺感覺的感性之具體的實行，長町三生所提倡的感性工學為對象的領域，是以關心人的五感之寬廣的範圍。比如說；年輕人喜歡的香味是那種香味的感性，也包含有汽車的門，像高級車一樣的厚重關門聲又是那種聲音的感性。

站在這樣的觀點，感性工學就是利用科學方法的設計。現在的設計師，或許認為那樣的事在方法論上暫時是不合適的，儘管少但是設計師的外面思維一直漸漸地被淹沒了。21 世紀被稱為是腦科學的時代，那些研究結果也變成很大加速力的可能性穩藏起來。感性的研究者，他們以積極地納入時代的科學方法論和成果。當然，從設計師的角度和從工學的角度，產生了展開設計方法論的研究者。

對於從這些不同領域的人所產生的分類，設計師方面努力地以人才培育為重點的設計高度化。也就是說設計就是為了創造的行為，以前是將設計行為當作是黑箱作業。設計的黑箱化也不全是因為懶惰，也可能是因為當時的方法論有些極限。產業界也在尋求能賣的設計，以設計實力為設計師的培育目標，和可能缺乏以推展組織化的支援背景為重點。

林榮泰（2009）利用施振榮先生的微笑理論，概略勾勒出台灣經濟發展從 OEM 到 OBM 的發展方向與重點，並對照感性科技、人性設計與文化創意的發展，終形成美學與體驗經濟感性的。

提出台灣從 OEM 到 OBM 經濟發展示意圖中看到感性科技、人性設計、及文化創意直接的關係（圖 13-11）。就是進入到產品設計體驗化以後，更需講求對於感性科技、人性科技及文化創意，藉以達到美學體驗經濟的時代（林榮泰，2009）。

從 Function 到 Feeling 的體驗設計，將產品的價值從 1930 年代消費者以生理需求為主，而將產品設計的需求從機能性一直往前推進（圖 13-11）。這些過程讓我們感受到各種年代的價值發展會有不同，到 2000 年代自我實現的消費需求王體驗性的產品發展，一直往文化性的產品設計發展，這些過程感性扮演著如影隨形的角色，去協助產品的發展。

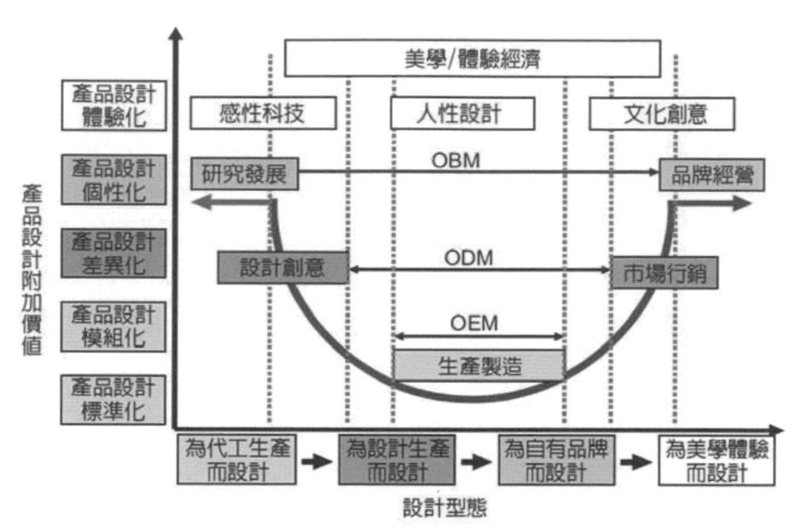

圖 13-11.台灣從 OEM 到 OBM 經濟發展示意圖（林榮泰，2009）

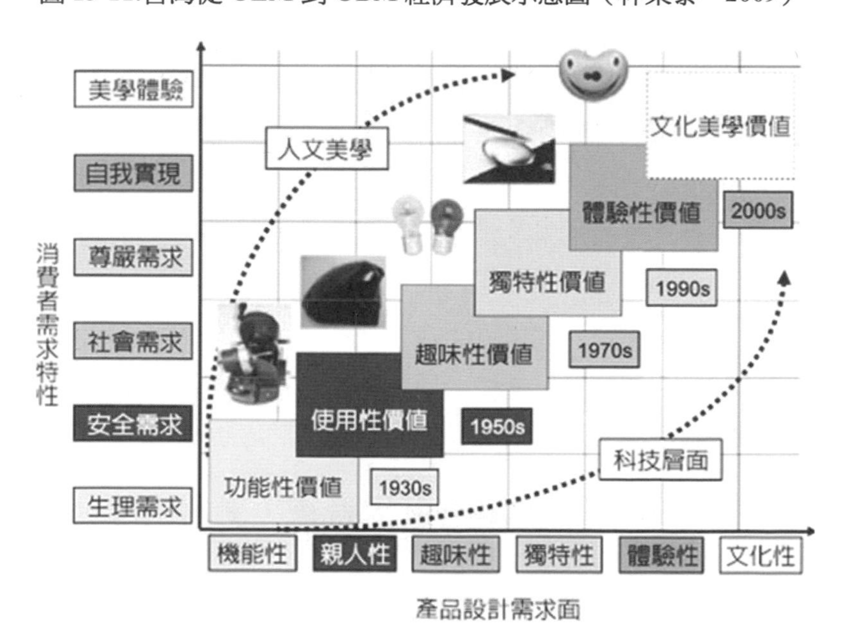

圖 13-12.從 Function 到 Feeling 的體驗設計（林榮泰，2009）

從感性工學的應用、感性企畫的初步了解，進而希望大家可以應用來進行設計。下面有些感性設計的個案來自於產品設計教學及廠商提供，感謝班上學生提供的設計資料，對於他們的設計成果表示由衷的佩服及感謝。雖然還是一些基礎的方法之應用所得到的成果，僅能作為拋磚引玉，大家一起來耕耘這樣的概念。其實我們可以發現，從前面的理論到應用，所花的時間是我們會抱持疑問的地方。其實我們可以根據實際需要及時間要求，選擇簡單或是複雜的方法，這要根據你對這個理論及方法的理解程度來決定。

下面就是以最簡單卻也能有效果的方法，就是**從第五章基本的類別分類的感性概念為基礎（圖 5-17）**，加以應用，而進行設計。

請學生在課堂經由簡單的教導，他們跟著做所完成的結果。而每個設計均在之前設定了自己的方向，就是在第零次感性。以下的說明該如何加以進行：

（1）利用從第零次感性的目標一直往後推移如圖 13-13 所示，一直推演出解決的造形或是機能達成的技術、理論等。**目標希望經由審慎研究過後，如果是求速度則可以市場的反應加以進行**。

（2）也可利用雷達圖（如圖 13-14），來顯示自己對五感的解決程度或是期待的感覺，就是將五感拆解成五個向度，在上面標示重要度或是期待值等。

（3）然後以情境圖來表達設計的相關元素如：圖 13-15，將心目中想像與設計相關元素或是需求，在未成，型前找尋可以代表或是形容的圖素等，藉以作為溝通或是記憶的內容。

（4）最後呈現出設計結果，如圖 13-16，以電腦繪圖模擬或實際物品的照片來輔助設計結構，也就是用若干圖來呈現設計結果，同時需顯示出使用的情境，作為一目了然之說明用。

（一）案例：好使用的隨身藍牙音響（黃琮輝）

此設計利用零次感性的方法，（1）首先將其設定為「好使用的隨身音響」為目標（圖 13-13），（2）利用這個過程解析希望達到的一次及二次感性，最後為解決分析結果，以各項的物理特性來配合分析，藉由這樣的解析來達到想完成的事物。重要的物理特性有：法國號原理、光電效應、動能發電、高密度橡膠、蜂巢極值原理。

（3）這些可能不懂的物理特性看似困難，但是可以開展設計者的視野，得到創新的方向及學習的機會。也試著從重視聽覺及視覺的這個設計五感目標的雷達圖（圖 13-14）來表示對設計的期望，作為計劃的目標。（4）同時以意象的方式，尋找相關的圖像（圖 13-15），來找到所想要達到的感性訴求。最後完成設計圖以圓渾來呈現視覺，及聲音及隨身攜帶的電腦喇叭來表達所要的設計如圖 13-16 及圖 13-17 的圖說。

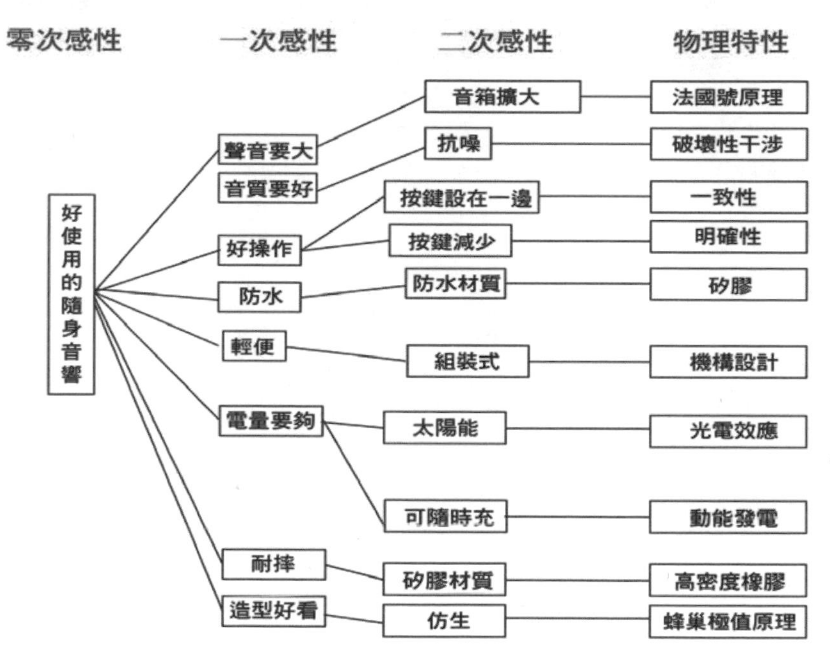

圖 13-13.「好使用的隨身音響」的類別分類的感性概念

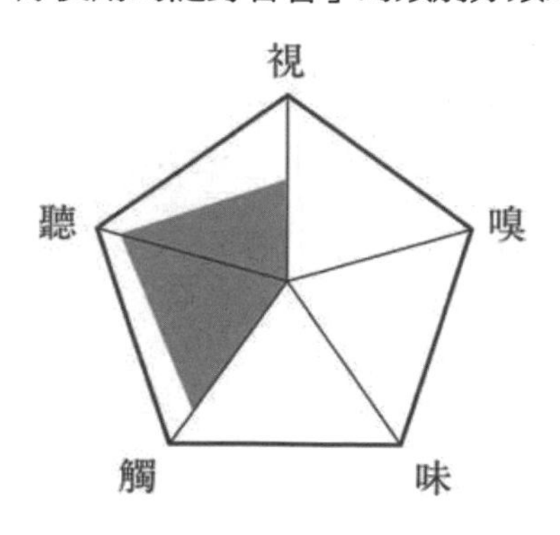

圖 13-14.期待的感性雷達圖

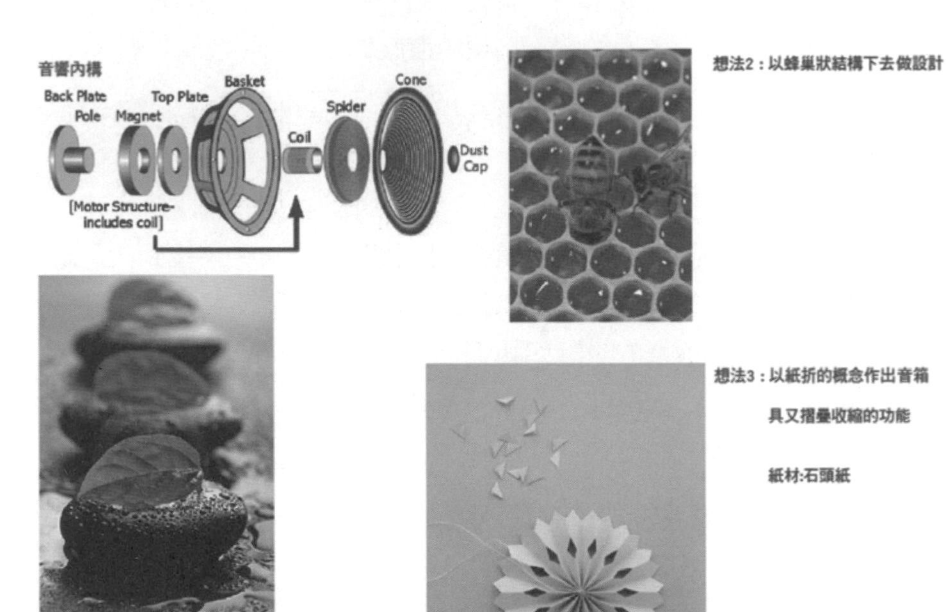

想法1：以滴水穿石的概念下去做

想表達的並不是成語本身

而是視覺上迩帶給人的一種穿透

圖 13-15.「好使用的隨身音響」的情境圖

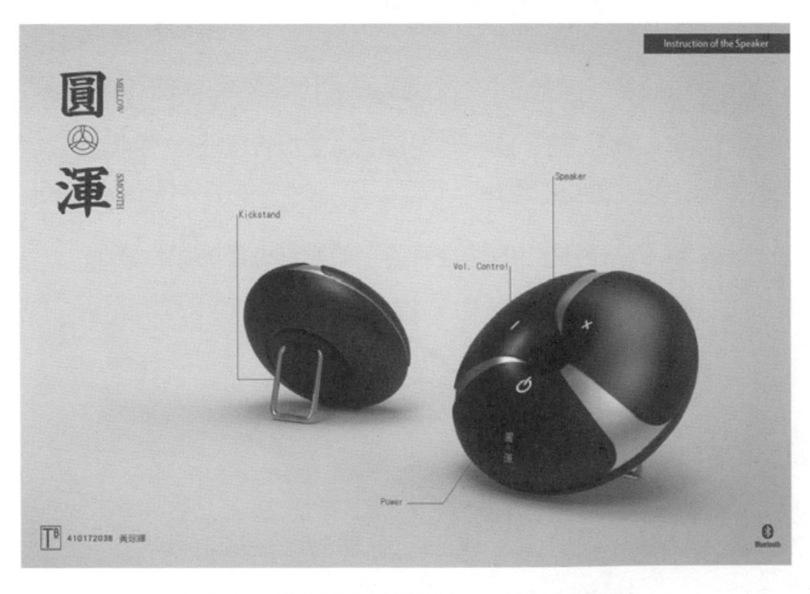

圖 13-16.圓渾的設計及站立的使用情形

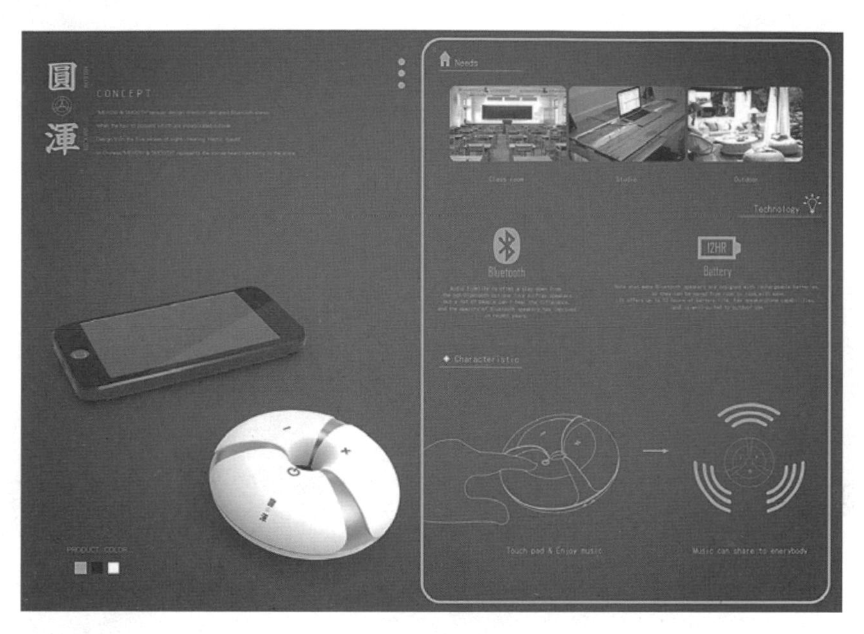

圖 13-17.操作使用說明

（二）案例：很前衛的感性手錶（邱冠雯）

患者或具有心臟疾病風險的民眾皆可自行操作的攜帶裝置，已經進步可立刻傳送資料給醫師藉以作為診斷的依據。加州大學洛杉磯分校心臟病學助理主任 Gregg Fonarow 說這項科技可做為第一層把關工具，「可改善醫療品質與降低醫護開銷。」及早發現攸關性命的情況，將可大幅刪減成本，因為心臟病是美國第一大死因。加上可撓曲的基板，讓偵測及傳輸變得更接近人的使用。

（1）因此，以「很前衛的感性手錶」為目標、以如何抓住自己的情感來作為攜帶裝置的一部分功能，就是可顯示情緒的設計，畫面的花可以依據情緒改變，藉以了解自己的情緒。（2）利用感性工學的零次感性展開的方式（圖 13-18）。（3）對於符合分析，所配對得到的物理特性有：防水的紙、可洗可折、加上異質結合、記憶卡、耳機、筆、手電筒、輕鬆無負擔，及加上右圖的功能解釋，得到可以戴在手上的攜帶裝置。（4）利用軟性幾乎像薄如像刺青感覺的感測器，感測使用者以理解自己的心情，也就是利用樹的葉子之多寡來表示心情（圖 13-19）。

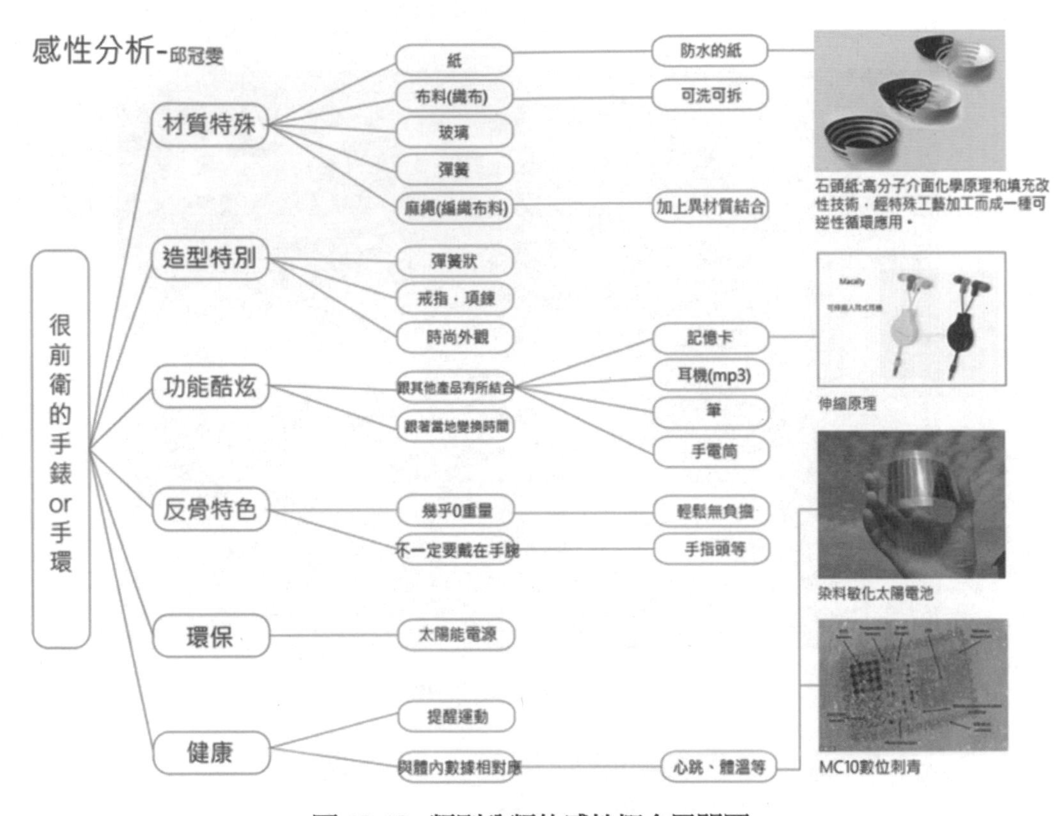

圖 13-18. 類別分類的感性概念展開圖

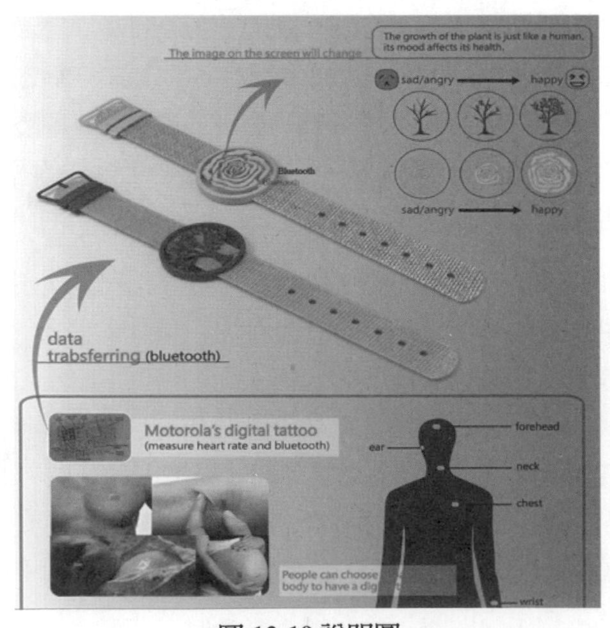

圖 13-19.說明圖

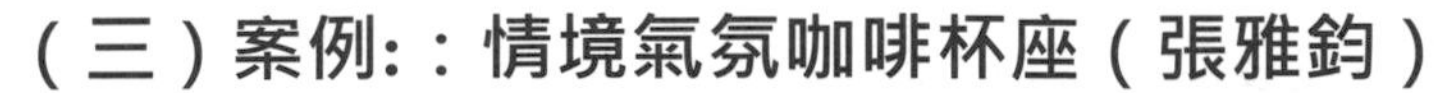

（三）案例:：情境氣氛咖啡杯座（張雅鈞）

利用 LED 燈的燈光變化產生視覺的吸引，也就是在咖啡廳裡當服務人員可以一起端過來或提過來咖啡，可以不同的組合，（1）進行零次感性分解（圖 13-20），（2）從零次的「餐廳趣味情境燈」的期望，展開一次、二次的感性分析，結果得到了組合方式的概念。

（3）依據分析為達目的，得到的**物理特性有：花形、光線閃爍變化、重量感應 sensor、移動感應 sensor、太陽能模組、可分解塑膠**。

（4）為了這樣桌子的感性氣氛，希望讓約會能有一個好的環境及氛圍。而拉出一杯或兩杯後會產生不同的燈光（圖 13-21），所產生的圖 13-22 情境可以讓情侶或朋友產生聚會時的心情愉悅及變化的感覺，藉以促進友誼（圖 13-23）。

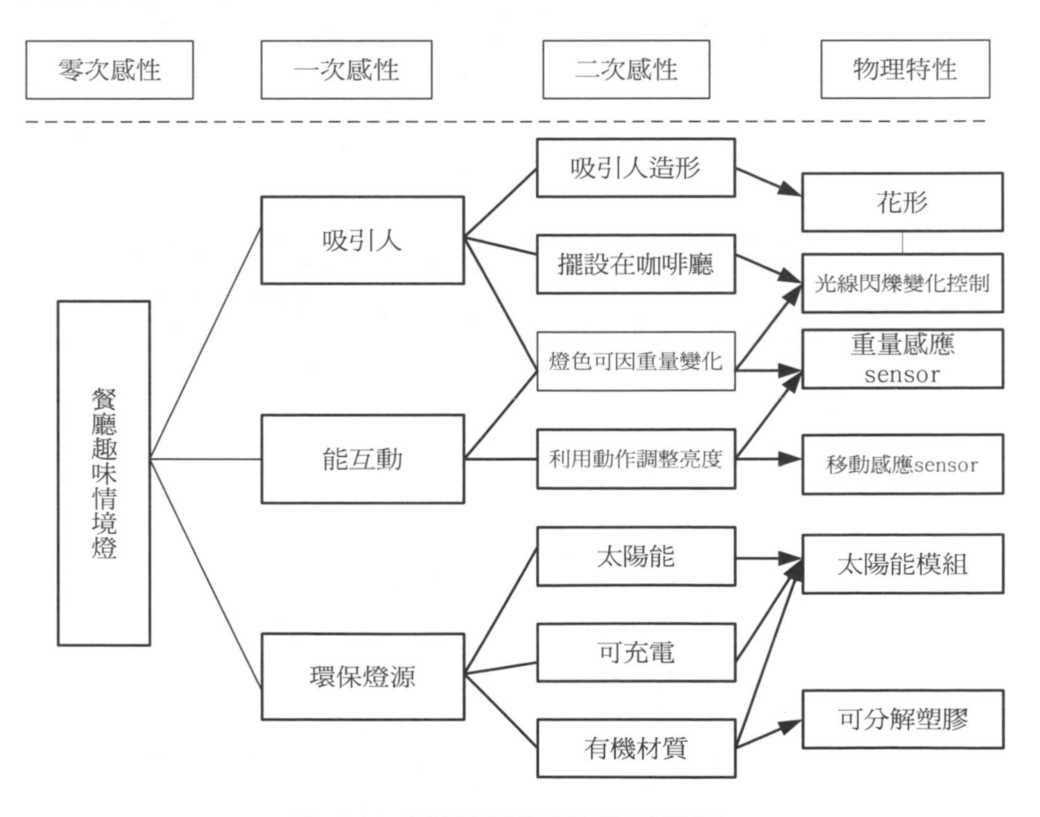

圖 13-20. 類別分類的感性概念展開圖

圖 13-21.組合情形；

圖 13-22.亮起來的情境

圖 13-23.喝咖啡約會情境

（四）案例：Flow（李冠廷）

希望以線元素的單體來構成球體，也就是藉由流線的造形，給使用者一種舒服的視覺感受。藉由零次感性的期待，（1）想要「具有感性的餐桌燈」，（2）而加以解析出一次及二次感性，最後以單體模組概念來架構出可能的形態（圖 13-24）。

（3）對後分析出其**物理特性，如螺旋形、內照式及單體模組，來達成這個設計的感性。**

（4）也就是將LED導光燈置於線元素的內槽，然後加以連接成球體，同時可以連接電源。發光可以產生間接光源，使其光源像一朵流蘇的花（圖 13-25），所以命名為 Flow，而且這樣的方式能讓光更加柔和。其細部的設計細節，大小、組合方式（圖 13-26）的說明。

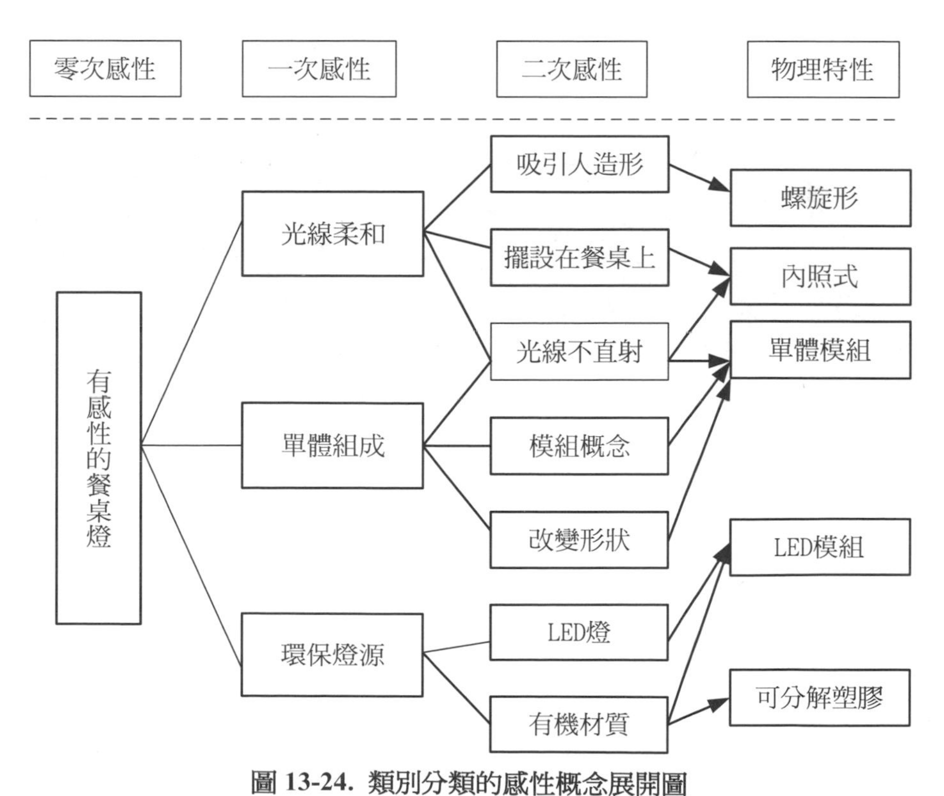

圖 13-24. 類別分類的感性概念展開圖

圖 13-25.產品樣式

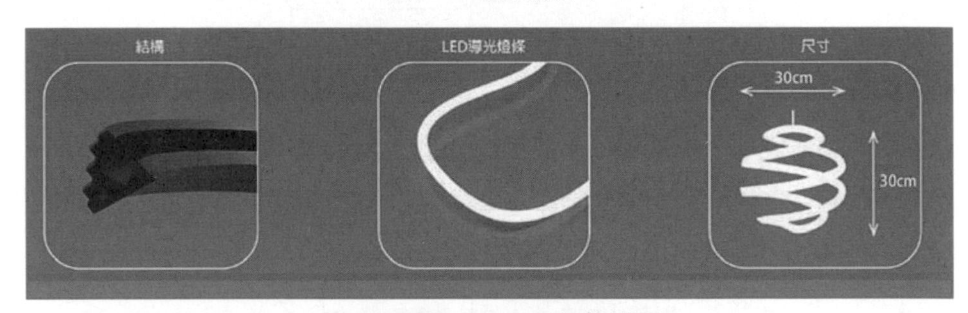

圖 13-26.組成的單體細節說明

（五）案例：女生隨身開罐器（郭子銘）

對於女性喝飲料是件有壓力的事情，由於擔心被放入不明物，所以隨身攜帶開罐、瓶器成為一種趨勢。

（1）以「色彩繽紛的開罐器」隨身攜帶為主要的零次感性目標，藉由筆狀的造形給使用者方便、小型的視覺感受。（2）藉由零次感性期待，加以解析器一次及二次感性，最後以多功能的隨身開罐架構出伸縮的可能形態（圖 13-27）。（3）其得到的物理特性：鮮豔的橘紅色、筆狀、伸縮的各式功能。（4）而如何讓她們能有一個可隨身又多用途且符合女性對於顏色及輕量化的要求（圖 13-28）。可以開瓶、拉出軟木塞及開罐子（圖 13-29）、輕巧可放入隨身包內而不佔空間（圖 13-30）。

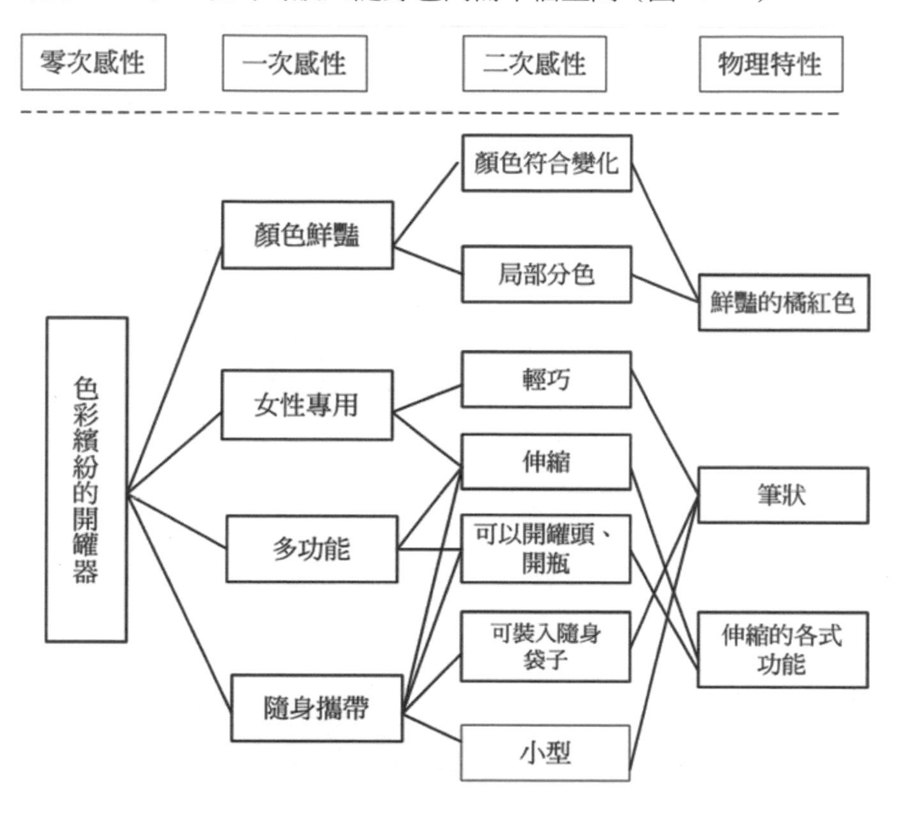

圖 13-27. 類別分類的感性概念展開圖

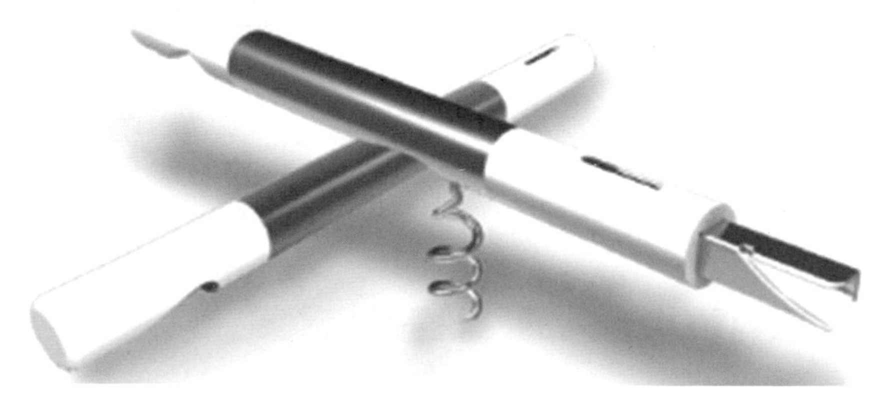

圖 13-28.色彩繽紛的女生專用隨身開罐器

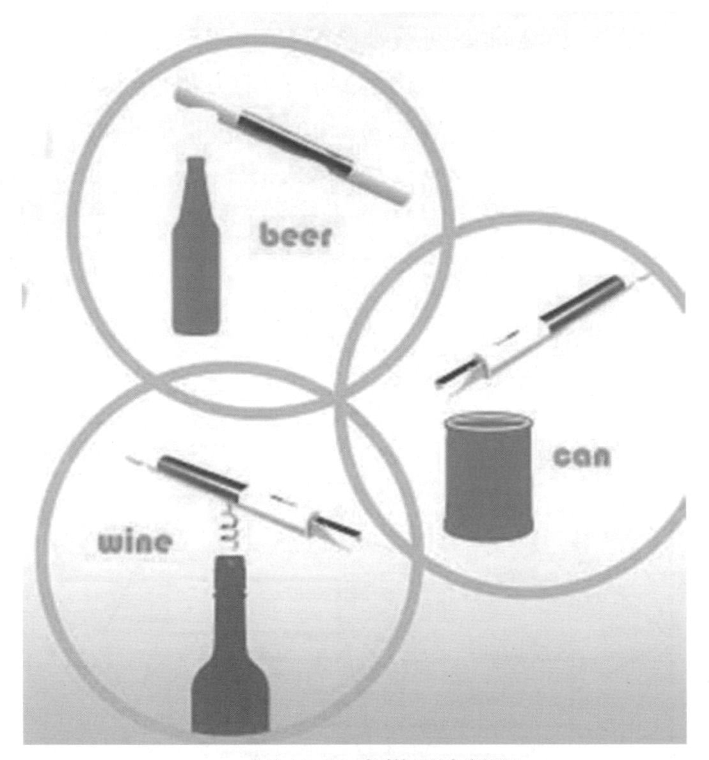

圖 13-29.多樣用途說明

圖 13-30.隨身放在袋子內

六、現有香水系列的感性設計想像

容量形狀的設計，尤其女用香水，使內部的香水成為主角，不一定需要很多的量，因為香水一次的用量不需多。加上香水蓋的設計，配合了平身的造形，才使得香水更身價非凡。牽涉了為三種設計類別：香水設計、造形設計、視覺設計。品牌定位的不同，CHANEL 的平整造形強調成熟，Dior 的 J'Adore （圖 13-31）Dior J'adore 全新 2011 廣告在電視上打的如火如荼，代言人莎莉賽隆 Charlize Theron 曲線窈窕身材盡現好萊塢巨星丰采，這款讓女人甚至男人也為之著迷的設計，勢必花了許多心思才得以設計出來。

以年輕女性為主的 ANNA SUI 有林林總總吸引人的造形，具有品牌知名度，單價亦不高，可被年輕女性所接受。BVLGARI 女性 Mon Jasmin Noir 香水所呈現出來的是智慧魅力的造形。

圖 13-31.Dior J'Adore (http://www.dior.com/beauty/twn/zh/)

游曉萱（2009）在其碩士論文中，經由問卷調查瞭解女性消費者對裝飾性風格的看法，有近乎半數的女性消費者，認為 ANNA SUI（安娜蘇）（圖 13-32）最具有裝飾性風格的化妝品品牌。蕭志美（Anna Sui）生於美國密西根州底特律，美籍華裔時尚設計師。1996 年，Anna Sui 在日本東京設立亞洲第一家精品店。雖然有些裝得滿滿的感覺，但是底部平平的，如何構築出各設計領域的良性互動，才能在商業中漸漸應用這些研究成果，來構築出生意的基礎。

而男性的古龍水（Cologne），在包裝及瓶身的設計就完全不一樣，dunhil 的男性古龍水強調的是成熟（圖 13-33），所以包裝盒是深沈的顏色，瓶身則是方正的造形、及成熟低調的顏色。

圖 3-32. ANNA SUI 香水

(http://cdn.makeupstash.com/wp-content/Anna-Sui-Autumn-2010-Makeup-Visuals.jpg)

圖 13-33. dunhill MAN Cologne by Alfred Dunhill for men.(http://www.dunhill.com)

第十四章. 研究生需有的心態準備

- 管你當初決定念研究所的情形如何？
- 既然進入研究所，需要將之當做一個新的開始重整自己心態。閱讀後能讓你更了解研究生的生涯，再次決定是否要花時間去取得學位。
- 理解當研究生的生涯所需擁有的正確心態，及如何自己進修了解如何撰寫自己的研究，投稿進而完成自己的畢業論文，藉此本部分將自己的研究生涯的心得與大家分享。
- 這是多年來教學中，一直在跟研究生講的內容，所以乾脆寫出來與大家分享！

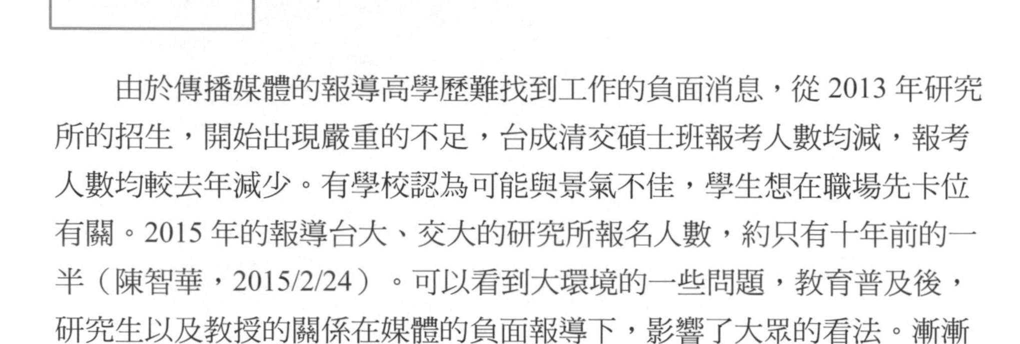

由於傳播媒體的報導高學歷難找到工作的負面消息，從 2013 年研究所的招生，開始出現嚴重的不足，台成清交碩士班報考人數均減，報考人數均較去年減少。有學校認為可能與景氣不佳，學生想在職場先卡位有關。2015 年的報導台大、交大的研究所報名人數，約只有十年前的一半（陳智華，2015/2/24）。可以看到大環境的一些問題，教育普及後，研究生以及教授的關係在媒體的負面報導下，影響了大眾的看法。漸漸成為另一個教育需注意的問題。

2016 年以後的情形恐怕更糟，但我覺得這或許是在景氣不好投入時間受教育的好機會。就**如以前猶太人所說的雖然受迫害，需要到處流浪，他們認為必須帶走的是教育，唯有受教育才能改變自己**。或是一面工作一面受自己想要學習的教育，甚至跨行刺激自己的腦袋，唯有這樣才能面對未來的競爭，但是決不能讓自己**因而生病或是力不從心**，這時的受教育是心甘情願地在享受知識給自己一個再造的過程。

我認為追求得到的知識，一定會有助於未來的發展。唯有想盡辦法準備好自己，才能在人生的路上更能夠一路順風。等機會出現時才有辦法隨時改變自己，獲得新的人生規劃。在這個時代畢業後，如果有好的就業機會就可考慮先就職，再找機會回學校來進行在職進修。

所有的學習及進修，在台灣如能在大專院校進修是最便宜及最有效益方法，此時除了得到學習還可重新建立新的人際關係，是加值自己人生的一個好方法。

能夠念自己喜歡或正需要的知識，就可以充實自己及儲備未來發展的能量，如果這樣就更能找到更多機會，比別人勢必更有競爭力。但是不能沒有目標的一直在學校唸書，甚至當作逃避就業的方法。

一、從大學畢業出發往碩士或博士前進

近來大學畢業後，希望念研究所的人數明顯降低了，而在台灣念大學的就學比例，已經比美國等先進國家還高，上研究所唸書亦然。如果你已上了研究所，就必須開始準備未來兩年的讀書生涯，到底該如何過。絕對不可將研究所的日子當做是大學部的延長，雖然教授不再像以前那麼緊迫盯人，但自己不可就此鬆懈，一不小心原本兩年可畢業，很容拖到三年甚至更長，尤其博士學位有人可能超過了九年的修學年限，卻可能沒有畢業。

不管你當初念研究所的決定是如何下的，需要現在開始當做一個新的生活，重整心態才可再出發，以前的就過去了。如果是爲了延後就業，你因為知道或認為就業環境惡劣，才做此打算的，也可以沒有關係。其實唸書是投資自己最好的方法。有諸多的好處，而且成本又很低，問題是到底自己知不知道為何來唸書，也就是必須確認好唸書的目的及方向，掌握這段時間，學習自己的規劃方向所需的知識及經驗。

如果再繼續念書是想念至博士班，而且是想藉此求得教職。目前的時機，建議重新考慮此事，必須要先瞭解自己專業的大學求職市場情形，及目前教書環境的生態為何？是否符合自己的性向及專長，這兩個狀況值得你去探討，否則你這 2-4 年的碩士生或是更長的博士的生涯，會成為你的人生空白，因為你沒有方向，就很難到達目的得到收穫。

如果你現在已經知道所為而來，而且也下定決心了。在大學教書已經不是最好的職業了，除非你對教書或造就人才有責任感及興趣，才會是一個好的選擇。心存好念要耕耘教育事業，就需下定最大決心勇敢的去做，不能後悔的往前去。

從學習生涯的角度來看，亦可將學習的知識作為參考，讓你修正成及擁有健全的學習心態，一鼓作氣地完成自己的學業。不致一有機會就去休學，時時地產生心理的矛盾及製造自己的壓力，使得原本做好的規劃，一直被外部變化的信息所打亂。其實景氣是一種波段、而且有週期性的是起起落落的，會造成每個人畢業時所面臨的情景都不太一樣，所以不是問題。而畢竟自己的人生很長，趁已經下定決心了就去做，以後才不會後悔。年紀越大讀書的邊際效益會越低（可能薪水已經高了，有了家庭），雖然判斷力及經歷增加了，但是體力及智力卻均隨也降低了。

除了我的說法，以下是有一些人將之當作研究加以探討，這也是一個被關注的議題，參考一下可以早點做好心理準備及下定決心。一下分成碩士及博士兩個階段加以介紹：

（一）碩士生階段的部分

1.碩士生生活經驗之回溯性研究

楊淨涵（2009）經由質性研究法以立意抽樣的方式，尋找碩士班畢業後二年內的人進行深入訪談，發現他們的碩士生活之研究結果如下：

1-1.碩士研究生最大的壓力來源與成因

（1）碩士生會產生課業壓力的原因是碩士班的學習型態已經改變、課程難度與作業量提高、時間緊迫、及完美主義的性格所形成。

（2）研究所生活中最大的壓力源是「課業壓力」，尤以論文所造成的壓力最大；而論文的壓力源又來自於「時間緊迫」與「meeting（與指導教授的討論會）」。

（3）而壓力來源及不同狀況，對研究生的生理、心理以及課業等方面都造成影響，他們常會在感受到壓力時，出現心理煩悶、緊張與急躁的反應為最多，所以需要有適當的生活休閒來加以調劑。

如何替自己做好時間的分配，保持愉快心情及正常的兩性交往，才能夠鼓起勇氣與指導教授保持溝通機會及討論方式，使與教授的討論會成為加速自己研究速度的助力，引導你往前而不是擋在前面的絆腳石。**建議按時與指導教授討論，不可因為被教授的挑戰而致與他漸行漸遠**，記得他是來幫助你完成學業的，絕對不會是要找你麻煩的。

當然他們會因為需要，而要求你做一些事情，這是無可避免的，把它當作是學習的一部分。其實坊間很多傳聞都說教授會剝削學生，為了教授自己不讓學生畢業。我不會這是常態，也可能是誤會，甚至是一種**對學習拖延而給父母的一種理由的說辭**。其實在台灣教授對研究生的學業輔導，**當研究生畢業時學校才給的指導費用僅為 3000-5000 元**，他們需

在研究生 2-3 年求學期間給予指導，憑良心說你覺得公平嗎？如果是博士生就更長，依次推論就不公平了。通常教授們不會在乎這些費用，而是在乎學生是否願意學習，所以也就少有教授提起這樣的問題。

1-2.研究生的人際互動與互動形成原因

（A）研究生的人際互動-通常與同儕的關係最密切，也就容易造成生活圈因而變小。

（B）互動形成的原因：（a）師生間因距離感以既定的課業、及對教授的指導或態度等因素而形成。（b）家人難以理解受訪者在學校遇到的困難、形成心中的苦悶。（c）由於與同儕彼此相互理解，互動就變成較密切。

也就是說研究生的世界變小了，照理來說學習應可擴大人際圈才對，為何變小了？我覺得應該去跨所或跨領域，去認識及結交更多的人，甚至可以透過研討會跨校去擴大自己的視野；聽演講去開闊自己的心胸。不應天天擔心論文寫不完，而卻沒有去動手寫論文，我想這種學生也不多。但自己絕對不能成為自己的人。想想自己的時間到底花到哪裡去了，決不可與大學生一樣，花了大部分的時間在打線上遊戲，如果你發現自己的研究生生涯與大學一樣，就需要趕快調整一下。

否則就真的是在浪費自己的時間而已，趕快設定一些多元學習的機會，辛苦一點的跨領域學習。這是現時代必須思考的概念，不然就是失去了未來的競爭力。

學習與校外企業的互動，甚至參與國際的活動，目前有很多的活動可以參加，就怕你沒有準備好。因為所有的活動都要看你的資料，唯有開始一點一點累積才能增加自己的競爭力，對外參加活動亦然。才能·延伸至下面的解決壓力方式：

1-3.解決壓力的方式

（1）碩士生間的人際互動，不但有助於紓解壓力，亦可影響及提高課業之學習效果。

（2）同儕間可提供精神與實質的幫助之支持，家也可人提供精神與物質的支持。

（3）通常師生間多是課業上的互動，老師也是可提供學生「訊息與工具支持」。

（4）壓力調適的方式可分為兩種：「問題解決策略」與「情緒舒緩策略」，而有多種「情緒舒緩策略」的紓壓方式，其核心為「暫離學習現場」。

1-4.碩士時期最大收穫

（1）一般就讀碩士班時期的學生，他們會覺得最大的收穫是習得一些「通則」：如邏輯思考能力、做事與解決問題的方法，以及人際溝通技巧等。

（2）對就讀碩士班的意義的收穫，有帶來一些實質的幫助，這些是正面且美好的，而且每個影響間互有關聯。

我覺得研究生在段時間雖然會產生新的困難、壓力及挑戰，但是各方面是否能有收穫，其實是由碩士生自己的心態所決定的。也就是這段時間他們本身可以決定的事情及範圍很大，他們可以說這段時間很美好或很爛，其實就是態度影響了自己的這段人生，更可能影響了自己的未來的人生機會。

2.碩士生知覺的職場能力與職業選擇類別之相關研究

張俊賢（2010）的研究提出過去的碩士畢業代表有較高的工作職位和薪資，而今的碩士學歷已成求職的基本條件之一。利用台灣高等教育資料庫中「95 學年度碩士畢業生問卷調查資料」為次級資料來進行分析，瞭解影響碩士生「職業選擇」的因素、和「碩士生所知覺的職場能力」的概況。

結果發現，「性別」、「畢業學門」及「學業成績」，皆顯著地影響著「碩士生所知覺的職場能力」的分數；且「性別」、「畢業學門」及「學業成績」的不同，亦在未來的「職業選擇」上呈現顯著的差異；而不同「職業選擇」對「碩士生所知覺職場能力分數」亦有顯著差異。

3.非本科系工業設計碩士班學生所學與就職之關係

近來工業設計因為媒體的報導，及台灣產業轉型而成為顯學，因此有許多人跨行來此所學習，而且慢慢在增加中、而本科生卻在減少中。

洪淩威（2008）學前非本科系工業設計碩士班學生所學與畢業後就職的關係，從事其他職業者的研究生，大多數期望日後能夠擔任工業設計師。而大學的主修與碩士前的工作經驗也不同，在職業選擇上未有顯著差異。影響職業選擇因素方面，未選擇工業設計師為職業者；學前工作職務因素對職業選擇的影響，顯著高於職業為工業設計師者。

另一方面，畢業後職業為工業設計師、主修工業設計領域及碩士班在工業設計教學因素，對職業選擇的影響，顯著高於非工業設計師者。受測者不論是否擔任過工業設計師，皆認為在校學習成效以設計理論知識方面收穫較多；設計工具及設計實務的學習成效皆不理想。但選擇工業設計師為職業者，在校時參與設計相關活動較積極，參與設計競賽上顯著高於未選擇工業設計師為職業者。

他們認為設計實務的教學課程、產學案與設計競賽，以及畢業碩士論文為設計創作報告者，對工業設計師職務的求職準備最有幫助。而補救教學措施方面：自行選擇補修課程、與強制規定補修特定大學部基礎設計課程間，無顯著差異。對於學校教學以及非本科學生求職之建議方面，皆認為多舉辦及積極參與產學案、設計競賽、以及設計工作營等設計相關活動；培養電腦繪圖的操作能力，這些顯示設計工具的操作能力與設計實務的能力訓練，仍是之前非本科系學生，在碩士學習期間急就更需加強的課業。

因此，可以理解如果你是非本工業設計科系畢業的學生，進入設計相關研究所後，勢必需更努力地接受補救學習，不要妄自菲薄，要尊重自己的決定，隨時與指導教授討論自己的想法且按部就班的學習，才不致因慌張而產生心理緊張等問題。

4.技職教育相關系所碩士生教育參與動機之研究

朱依倩（2011）技職教育相關系所碩士生教育參與動機之研究，動機影響成果，知道動機才能找到策略進行對應。技術職業教育相關系所的教育參與動機研究發現。

技職教育相關系所碩士生教育參與動機類型以：（1）「職業進展」、「自我發展」、「求知興趣」為主。（2）在不同性別上，女性碩士生比男性碩士生較以「外界期望」、「自我發展」、「逃避或刺激」及「求知興趣」類型為主要教育參與動機。（3）在不同年齡上，年輕者比年長者較以「職業進展」類型為主要教育參與動機；年長者比年輕者較以「求知興趣」類型為主要教育參與動機。（4）在不同學校類別上，師範大學碩士生比科技大學碩士生較以「職業進展」、「自我發展」及「社交關係」等類型為主要教育參與動機。（5）在不同班級類別上，日間部碩士生比在職專班碩士生，較以「逃避或刺激」類型為主要教育參與動機。（6）在不同身份類別上，全職學生比在職學生，較以「職業進展」及「逃避或刺激」類型為主要教育參與動機。（7）在不同工作類別上，教育相關人員比非教育相關人員，較以「職業進展」、「外界期望」及「社會服務」為主要教育參與動機。（8）在不同工作年資上，年資深者比年資淺者，較以「求知興趣」為主要教育參與動機。

上述這些內容可以讓技職學生,能夠可以從中探知自己所處的位置，到底應該修正及改善的心態為何？如果你是資深且在職者應以「求知」、及「職業進展」為動機，避開「逃避或刺激」的負面思維，才對得起自己，及支持你來念書的人。

5.碩士生的生活壓力、社會支持與幸福感關係之研究

碩士生的生活壓力、社會支持與幸福感關係之研究－以北部地區大學校院為例，景筱玉（2010）碩士生的生活壓力、社會支持與幸福感關係之研究－以北部地區大學校院為例。

碩士生在研究所的就學階段，需承受課業、論文、教授，以及未來職業選擇、和規劃等生活壓力。此時只要有適當的社會及家人的支持，來協助碩士生因應生活壓力，就能有效降低生活壓力，所帶來的負面影響。而且，對碩士生增加社會的支持，除了有助於減低生活壓力，所帶來的負面影響外，亦有利於增加碩士生的幸福感。

以北部地區大學校院的碩士生為研究對象，以比例分層隨機抽樣方式進行問卷調查，探討碩士生的生活壓力、社會支持與幸福感之間的關係發現：（1）**生活壓力感受程度雖不高，惟生涯發展壓力則偏高**。（2）**有充足的社會支持，不過老師的支持程度則相對較少**。（3）具有正向的

幸福感。（4）男性有較高的人際壓力，且社會支持相對較少。（5）不同背景的碩士生其幸福感無顯著差異。（6）生涯發展壓力、學習壓力、家人的支持，與同學朋友的支持對幸福感有預測力。（7）社會支持無法調節生活壓力，對幸福感的負向影響（景筱玉，2010）。

所以如何從繁忙的學習生涯中，還能獲得幸福感。就需要儘量獲得身邊人的支持，因為他們畢竟不是你，而且選擇念書的決定，通常都是來自你自己。多與他們溝通及討論，才能讓你周遭的人理解你的狀況。更重要的是不要一昧的抱怨、一直持負面的思維，而最終使周遭的人感到厭煩。隨時有正面積極的態度，才能獲得別人的鼓勵及支持。

6.碩士在職進修學生的幸福感之影響因素

吳瓊華（2009）碩士在職進修學生幸福感之影響因素，探討南部地區碩士在職進修學生幸福感的影響因素，並探討南部幸福感與家庭支持、角色衝突的關係。

採分層叢集抽樣法取得 550 名有效樣本，以雙因子變異數分析方法來分析資料，得到如下的結果（吳瓊華，2009）：

（1）不同個人特質及家庭特質，其幸福感有顯著差異。個人收入在 60,000 元以上者，在「生活滿意」、「樂觀自信」、「正向情緒」「關愛與信任」高於 15,001-30,000 元。而家庭結構屬核心家庭型態者，在「生活滿意」、「婚姻滿意」、「樂觀自信」、「關愛與信任」及幸福感整體層面，高於擴展家庭。家庭收入在 120,000 元以上者，在「生活滿意」、「樂觀自信」、「正向情緒」、「關愛與信任」及幸福感整體層面，高於 80,001-100,000 元等。

（2）幸福感會因性別與個人、及家庭特質的不同而有差別：女性年齡 51 歲以上者，在「正向情緒」層面之幸福感高於男性；男性碩士在職研究生其配偶教育程度為高中者，其在「樂觀自信」、「正向情緒」、「關愛與信任」等層面的幸福感，高於配偶教育程度是碩士學歷者。

（3）家庭支持方式，因性別與個人及家庭特質的不同，而有差別：男性情緒性與實質性及訊息性的支持，在「樂觀自信」、「生活滿意」、「正向情緒」、「關愛與信任」等層面的幸福感，高於女性。

良好與適度的家庭支持方式，有助於降低碩士在職學生自己的角色衝突。顯示家庭支持感受程度越高者，幸福感亦越高。

7.台灣高等教育性別區隔現象與碩士畢業生進修理由

黃秋華、陸偉明（2008）台灣高等教育性別區隔現象與碩士畢業生進修理由之探討，以 Kanter 提出的性別角色，增強了假說去探討兩個研究問題：

（1）大學部、碩士班、博士班三個教育階段的性別區隔情形有何變化。

（2）各學門中不同性別之碩士畢業生繼續深造的主觀考量為何。結果發現，Kanter 強調性別比例形成的優勢，僅能支持傳統男性科系的性別區隔演變情形，並無法在傳統女性科系中獲得支持。在進修博士班的主觀理由發現，各學門女性皆以「純粹追求自我成長」為首要理由。男性主要以「為未來升遷或更好發展」為進修理由。

認為 Kanter 的理論，單以性別優勢比例來解釋性別區隔，並不足以解釋女性學生追求高等教育的一些現象。

8.台灣產業科技人才供需問題與解決之道

戴肇洋（n.s.）台灣產業科技人才供需問題與解決之道，台灣綜合研究院研究三所戴肇洋所長，提出在面對 21 世紀全球化潮流與知識化時代之下，台灣人才的供需問題，不論國家競爭力，或是產業生產力，其勝負關鍵已非取決於土地、資金、勞力等傳統生產要素的有無，而是憑藉著人才之多寡。

尤其台灣受到先天條件不足的限制，加上來自中國大陸的磁吸效應之壓力，唯有擴大投入人才培育，才能促使更多先進科技產業發展，藉以持續保有競爭之優勢。

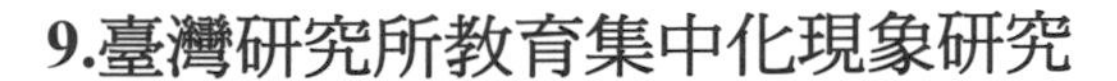

9.臺灣研究所教育集中化現象研究

鄭經文、張鳴珊（2006）臺灣研究所教育集中化現象研究，發現從不同性質的大學來比較，臺灣研究所的教育有集中於公立大學、和一般大學的情形。就綜合大學和科技大學比較，分析指出綜合大學在研究所教育發展上，遠超過科技大學。但從不同地理區域比較分析，發現並無集中於特定區域大學的現象。就個別學校而言，博士班有集中於特定少數幾所國立大學的現象。

臺灣博士生最多的二所大學：國立臺灣大學和國立成功大學，94 學年度二校的博士生人數，便合計佔了全國博士生總人數的 26%。臺灣碩士班集中化雖比博士班的情形輕微許多，集中化的現象也不容忽視。94 學年度臺灣碩士生，只佔不到整體 145 所大學校院的 10%的 10 所大學校院，其碩士生人數卻佔了總數的 36%。在專業領域層面也有集中化現象，前 10 大熱門領域的大學系所，博士生囊括了全體的 36.90%、碩士生佔了全體的 17.99%。

這些現象似乎是問題，其實這是一種弱肉強食的生態，強者恒強、弱者恒弱的「適者生存，不是淘汰」的演化法則，其他學校的努力才能突破這種態勢，否則將坐以待斃。其實不見得好大學的研究所就一定比一般大學好，大家適當的選擇合乎時代趨勢發展是最重要的。

你在著名大學的研究所也沒必要驕傲，萬一你在不是很著名的大學研究所也不必灰心，研究的產值勝於一切，努力之餘找對方向，除了考量學業外，準備好未來出路的條件才是重點。而有些私立學校的研究所對研究生會給予較多的福利及交流機會。

（二）博士生階段的部分

雖然博士就業問題、博士生過多問題已經出現，在台灣的學術研究上還未重視，可能因為還未燒到屁股。但是在彼岸的大陸已經如火如荼的從教學等議題，大聲疾呼著各種改進及改革之道。如果此時此刻多數人不想取得博士學位，其實反而是投入學習的最好的機會，因為低點後就會慢慢轉升來。不一定要只當全職的學生，以獲得學位去教書為職志。

也必須考慮部分心力專注在產業上，畢竟設計博士是個以產業為方向較佳，不是就為了取得學位以期刊的方向及難易為主。其實設計相關的研究慢慢放寬不需要與一般的領域，只專注於 SCI、SSCI 等的期刊為主，期待各個學校所定的門檻期刊稍加調整，**能產生一些對產業有用的研究，來改變企業對研究的印象**。

如果因別人或社會的一些偏頗輿論就不再進修，不能太短視地影響了自己更遠的未來。我認為每個人必須深入瞭解自己，自己未來是否繼續做研究或就業。各個科系在台灣得到博士學位，已經不容易甚至無法找到教職。學者們如果研究的議題又太離實際及應用太遠，無法找到欣賞的業者。還好在中國設計類的博士也還是缺乏，甚至已經來到台灣就學的博士生，一直有人想找去大陸教書，你要注意信息。

1.博士生量產問題浮現（2011-12-28）

「公務人員高考一級 169 位博士搶 4 個名額」、「初等考試 12 博士全損龜」等類似新聞不斷拿「博士」學位當標題，幾乎博士成了被消遣的對象。但值得注意的是，博士生在 2001 年快速成長後，至 2007 年後雖有減緩的趨勢，但博士生在學人數還是在增加的狀態，2010 年約有 3 萬 4 千多名在學博士，若沒有相對應的工作機會，高學歷低就狀況依然會持續存在。**還好 2013 年後開始下降，大家在反省是否一定高學位才對**。

台灣漸漸出現博士出來競爭各種基層的公務工作，其實大陸在大量博士生出現後，也嚴重的被關注了。他們的博士生製造的速度也很驚人，在 10 年中人數翻了近 5 倍，且持續成長，2010 年在讀博士突破 25 萬人。也是世界上最大的博士學位授予國家，但大陸社會也同樣批判博士生越來越有良莠不齊，與缺乏國際競爭力的問題，已經開始相關的教育研究。

2.指導頻率對博士生培養品質的影響

陳珊、王建梁（2006）對澳大利亞昆士蘭大學對於博士生導師指導情況的調查，進行了分析和研究，並通過國際比較，從博士生的角度，導師指導頻率是影響博士生培養品質的關鍵因素。

博士生教育是國際上公認的正規高等教育的最高層次，導師的指導在博士生培養過程中起了舉足輕重的作用。

3.博士生培養品質與制度創新

羅英姿、錢德洲（2007）通過分析中國博士生的招生培養現狀，比較了美國等發達國家的博士生教育模式，並就博士生的招生、培養和學位授予環節，探索了推進博士生教育的制度創新，以及保障和提高博士生培養品質的途徑。

4.MIT 跨學科博士生的培養及其啟示

熊華軍（2006）從 MIT 跨學科博士生的培養及其啟示，發現 MIT 既抓緊跨學科博士生的數量，同時也注重所培養的人才品質，保證了 MIT 能始終活躍在科學領域。研究中結合中國的實際情況，指出社會、政府和大學這三股力量觀念的轉變，是跨學科博士生教育發展的外因，通過「知」、「情」、「意」、「行」四個方面，來培養博士生是跨學科教育的宗旨。

5.博士生教育在學術職業發展中的價值

中國的張英麗（2009）研究博士生教育的現代化和制度化成為學術職業專業化的自我繁衍機制，使學術職業能夠不斷補充新人而維持其延續發展。通過博士生教育，研究指出透過學術職業能夠以壟斷性方式控制成員資格，以及通過職前社會化過程實現對從業者的控制。學術職業還可通過延長博士階段的訓練期限，來深化訓練的內容，而嚴格的入職資格要求，嚴密監控專業活動等方式直接提高從業者的專業化水準，並達到間接提高其社會聲望和經濟收入的目的。

這是目前在中國的博士生教育中最被注視的價值，也是大家在乎的價值。我覺得以中國加速博士教育的速度，實有緩速的必要，同時需進行質與量的探討。

二、 求取學位過程常犯的心態

對於當研究生尤其是博士生，每個人想取得學位的目的不一，但是求學過程卻是類似的，需要花費許多時間，都會一直反覆地尋思自己當初的決定是否為對？我認為既然已經考上了而且在讀了，就放心地完成學業，只是過程到底要全心投入，還是為了生計需要兼課或上班。

當然有人是帶職帶薪的，想必因人而異，建議當有不好念頭產生時，想想自己當初為何來唸書的念頭是否夠正確，不要一直在反省、後悔及懊惱的情緒中度過，花時間一步一步地往前走比較實際且有意義。

下面有一些人將之當作學位論文來研究，可做大家的參考，來堅持自己的決定。

（一）飄浪的學術人生：博士生涯的一點體會

韓鈴（2011）記得當年老師們告訴剛做完田野的我們：「有什麼料就炒什麼樣的菜。」現在進階到博士班版本：「在大量的食材中、挑出適合題目的，做出一道驚豔的料理，將沒用到的材料做成小菜或是另一盤大菜」，才是厲害。

韓鈴在論文計畫口試時，口試委員之一是一位比較歷史專業的教授就問說：「我知道你非常在意在田野中能夠蒐集到什麼樣的資料，但如果在最完美的情況下，你能拿到你所有想要的資料，你最想要呈現給大家的是什麼？」這是重要的，當在田野中被大量的資料壓得喘不過氣來時，她就會問自己，你最想讓大家知道什麼，你已蒐集的資料裡有什麼最讓人驚訝之處。所以對自己的研究到底要達成什麼？就成為重要的方向，當然期間會有所調整，可是不要太離譜否則放大了可能收不回來了。

有些研究之所以讓人印象深刻就是建立了個人風格，深入體察問題堅持自己，鋃耳所體認到的觀點會比別人正確有創見，再進一步就容易說服編審，得到發表的機會。跟學者學術研究的專注類似，要是沒有主見就會沒有了自己的論點跟立場，對自己的觀點與研究沒有熱情，就難以在學術界好好地立足？所以讓自己的論述有貢獻及特別之處，不要只想著學位的投稿論文如何通過而已，還要想想在同一個方向，還有哪些是值得在努力的地方或趕快換跑道，也未嘗不可。說真的指導教授也僅能提供建議，一切還是要靠自己去一點一滴的耕耘，才能管好自己的學術菜園，如能如此就可等待不久以後的收割了。

博士研究常會被質疑與社會需求脫節，缺乏實際技能。目前的趨勢是對專業型或應用型博士的需求量猛增，而對學術型的博士則原地踏步（王曉秋，2010；徐治國，2012）。為何如此呢？因為社會進步、技術精進，隨著知識經濟、知識社會的出現，經濟部門對於受過專業知識及系統學術訓練的人才需求必然就上升了。社會對專業人才的接受度提高，漸能接受博士生的就業，但是要求的教育品質也亟待提高。

閆岩（2010）研究生的心理狀態；碩士生優於博士生，女生優於男生，低年級優於高年級。由於博士生的年紀約在 18-34 歲間，應該正是在發展「親密關係」及「自我同一性」的關鍵時期，而一般人正以「成家」和「立業」為要務。

他們與同年齡的朋友相比，獨立性和控制性會偏低，職業和感情的穩定度也會偏低。這是常態，所以期待大家能認知現狀，稍微利用方法來調整自己的狀況及心態，不要被壓垮了，其實了解了現實問題，應能比較踏實些。

（一）學術界的承繼與創新

彭明輝教授是一位出名的學者，不在學術刊物上發表此文章，而選在聯合報提及他在劍橋大學新生訓練時之系主任的致辭：簡短有力說「你們來這裡的目的是要將既有知識的邊界往外推，而我們的目的就是協助你們進行這項工作」（彭明輝，2013/6/22）。又說：學術界的本務就是探索未知，開拓知識的新疆界。但是行遠必自邇，創新的第一個動作是充分瞭解既有的知識，承接前人的智慧，站在「巨人的肩膀上」往前進，而非閉門造車。

接著說：承繼與創新原本是相輔相成的。但是近數十年來歪風漸盛，許多學者爲了沽名釣譽而抄捷徑，專門研究新穎而容易發表的題目，不肯花功夫去吸收前人的智慧。針對這股歪風，歐美學術界德高望重者從 60 年代就開始激烈批評，可惜不敵世風日下。

看了他的說法深感認同，我想學者及博士班的學生在升等投稿壓力下，已經忘了甚至不在乎學術研究的目的是在拓展知識的疆界，必須是有系統地一點一滴將學問往外推，這樣所得到的成就才有機會為世人所用。當然投稿的壓力也讓這群人的目的轉向，是在發掘沒人做過或為最易投稿地方。值得大家深思一下，如果我們只有這樣的目的，你的心血恐怕只是一個期刊的一篇論文而已。但是應該你又會說，不過這關哪有心力考慮其他的，現實確實如此，唯有一等待大環境改變。

三、如何解決研究問題及思考技巧

除非學生能夠使用資訊和技能來解決問題，否則我們不能說學生自己已經學習到了有用的東西。該如何解決問題，其實均有相關的問題解決技巧可以學習及教導的。依照 Slavin（2012）的說法，需先要有策略、然後找到創造性的解決問題方法，如下：

（一）解決研究問題的策略

我們無法期待在進行研究，任何事情均能一目了然、可以迅速做成決策，走著一條筆直的路前進。如果能夠有下面的策略是可以減少錯誤及失敗的，分成一般性問題及創造性兩類問題加以簡述，望大家能再進一步熟練其內涵。

1.一般性問題解決策略

有些一般性問題均已有適當的策略研究，研究生可以依照這些策略，加以推敲找到可參考的方法，幫助自己解決問題。

Bransford 和 Stein (1993)曾發展並評估一個具有五步驟的策略。此策略稱為 IDEAL 其轉換成步驟說明如下：

（1）I.指出（identify）問題和機會；

（2）D.界定目標（define），並對問題加以表徵；

（3）E.探索（explore）可能的策略；

（4）A.預期（anticipate）結果並行動；

（5）L.回顧（lookback）和學習。

IDEAL 的策略一開始就應自己仔細思考：需要解決的問題是什麼?有哪些可利用的資源和訊息?問題應如何加以表徵化？應用何種方式來確定及簡化問題（例如繪圖、綱要、或流程圖），並分解成哪些步驟來藉以得到或找到可能的解答?

2.進行手段與目的分析

當我們在思考著問題是什麼、目標到底是什麼時，就是正在進行手段一目的分析（means-ends analysis）的過程。而在學習問題解決時必須要大量的練習，這些問題需要藉由思考來認清問題。

如果經常有著這樣的練習，到需要時就能信手拈來，對研究當然有幫助，可以快速發現是否要繼續下去，也可以對自己往後的生涯有很大的幫助。就是因為習慣於分析問題及找方法，在快速的資訊商業社會可以獲得極大的助益。

3.抽出相關的訊息

將看到的問題概念化後，就需思考及抽取與其相關的所有訊息，來澄清及理解問題。同時確認問題的存在性，以及與問題相關的可能疑問。這時將這些訊息寫出來，或是畫出來，然後在下一個階段加以整理。

4.表徵的問題

對許多種問題需運用圖解的表徵化（graphic representation），讓自己能理解現狀及問題，透過表徵的圖或文字對自己的疑惑能夠更清楚加以貫通，藉以找到有效的解答方法。

（二）創造性的解決問題方法

研究生在學校所遇到的大部分問題可能都需要仔細閱讀和思考，更需要創造力。與我們日常生活中所面臨的問題不一樣，並沒有明確的答案通常需要花心思去探索、思考。

1.孵化一下

如果想要有創造性的議題，而創造性問題的解決及想找到創造性的解決問題方法，他們的歷程與分析式的、逐步性的問題，其解決歷程有很大的不同。

在進行創造性問題的解決時，就應該避免匆促地下決定做出任何問題的答案；應該在選定某一題目或是解決辦法前，先停下來孵化一下、深思一下問題、確定問題的癥結或是重點，反覆思考一些可能的情形及解決辦法，此時稱為在進行著孵化（incubation）。

2.暫不做判斷

接著的創造性問題的解決及方法，應鼓勵自己試驗著許多方法，並在找出解答前，暫時不應對任何提案加以判斷（suspend judgment），先分析各種情形考量所有的可能性。腦力激盪法就是在此時以這原則所發展出來的，雖是舊方法卻很有效，不妨試試一定會有意想不到的結果。

3.適當的氣氛下進行

輕鬆的氣氛、甚至是遊戲的情境，有助於創造性問題的解決（Tishman, Perkins & Jay, 1995)，而獲得創新性方法。

更重要的是我們必須讓在進行創造性問題解決時的學生能感受到他的想法是會被接受的。所以給予友善氣氛讓大家可以充分進行討論，讓各種可行方案可以被提出。進行研究時在許多階段均會面臨問題，為了得到創造性的方案，必須有開放的心胸及氣氛，在進行協助的人才能在不受限的情境，提出創造性的協助，及獲得創造性的方法來解決問題。

4.進行必要的分析

一個創造性問題解決方法常常被提及，那就是對問題的主要特徵或某些要素加以「分析」和「並列對照」(juxtapose) (Chen & Daehler, 2000)。進行研究常有針對方案加以評估，就是進行分析的過程，是一種必行的過程，才能確定前述的創造性方案、或可綜合出更有創造性的初步結果。一個必要的分析可以用來判斷結果、及決定後續步驟的力道。

5.吸引人的題目

解決問題有一秘訣，即需給予題目能富有吸引力。使用吸引人的問題情境或乏味的問題情境，其後勢必果頗為不同。研究時常會發現研究生的題目無法吸引人，而失去了第一眼的印象，就好像遇到帥哥、美女就是有一個好印象，接著的內容才能獲得尊重，接受度必然提高。但是問題意識太多的好題目，常令人不知所以然，不要忽視了題目的重要性。

四、研究方向的確認

前述困擾問題，常因為研究方向的舉棋不定所造成，也是因為沒有真正的目標所形成。避免研究規劃地過於理想且龐大，也是一般人常會不知不覺中會陷入的問題，總想要一次就想將一個大主題研究完畢，通常會導致研究主題失焦，不然就是東拼西湊，殊不知其原因，就是未能瞭解前人所擴展出的疆界至何範圍，總以為自己的題目是前人未做過的。否則就是想要做到盡善盡美，不與人分享，時間就會拖得很長而不自覺，更因而喪失了該研究的價值。所以開始時，先劃定一個範圍，建議此時先將所欲研究的相關關鍵字加以定義，接著提出研究動機、研究目的。

（一）萬一有雷同研究時

萬一不怕遇到自己的研究方向或主題與人雷同，或已經被完成時，該如何是好？黃承龍（2005）在其（十八般武藝做研究）講義中分享對於研究方向的看法，如果我要做的別人已經做過了呢？

其實找到有論文與你的研究議題雷同時，是要一則以憂、一則以喜，因為：（1）有人與你看法相同認為這個議題重要；（2）如果你不知道如何做時，則可以有個參考的依據，例如文獻引用；（3）別人已經先做了，你一定要做的與他不一樣或比他更好，甚至驗證出他的錯了；（4）其實很難找到某個議題是完全沒有人做過的。這時不要擔心絕對先不要輕易就放棄了，可能只是題目一樣而其他不一樣，你可以殺出一條路。

（二）新的或的舊的題目該如何操作

全新的或的舊的題目都有各自的問題，也就是不想辦法解決，都是問題。我覺得黃承龍教授 2004 年 5 月 9 日到佛光大學演講，提及有位資訊系的教授對於研究的主題提出研究題目不是只需新題目，或用新方法做才叫好。還可以（1）舊題目用舊方法去做；（2）舊題目用新方法去做；（3）新題目用舊方法去做；（4）新題目用新方法去做。來定出初期的題目方向。因研究重要的不是一定要新的題目及新的方法，如果有此認知較能減輕研究者的初期壓力。

如果能有上述的認知，針對的興趣及想專注的部分投入心力，不要當想題目及方法就花費了許多的時間。有許多研究生包括博士生均期待自己的研究可以一鳴驚人，不知不覺地花了極大的心思在找尋認為可達成此意向的研究，殊不知研究生生涯才只是踏入研究的第一步。

當有了題目後，就需撰寫研究計劃（research proposal），除了可讓自己對自己的研究有個輪廓外，還可向相關單位申請經費來執行你的計劃。而且博士或碩士在學位取得過程中，所有的口試過程也多需要此步驟，來確認你的研究計劃之可行性、價值，及可能貢獻。

五、如何與指導教授互動

（一）選擇指導教授

選擇指導教授是研究生生涯的首要工作，通常教授研究的積極度會與他是否擁有計劃有關，你可理解一下他們大可概分為四種：出名計劃很多的、有想法有計劃的、有想法沒有計劃的、沒有想法沒有計劃。這四類教授均有與他們進行研究的優缺點，出名且計劃多的教授必須應付許多單位的要求，進行相關研究，所以你的研究機會，如能配合指導教授的相關計劃來進行，就會更有進度及有資源。

有想法有計劃的，如你想有作為，先看看你的理想是否與他相同，先談談才進入較佳；有想法沒有計劃，你可能會很苦，因為必須與老師打拼，但應該很快就會有相關計劃了。如果是最後者，指導教授可能不管你的研究方向，你可以自由自在地提你的想法，進行自己的研究，通常要自己去找題目，但是你可能得不到有效率的指導。可以任由你自己揮灑（可能你的老師會規定一個大方向）沒有督促力量、可能會拖很久

（二）配合老師的研究專題進度

除非你有一定想完成或有興趣的議題，否則跟著教授的研究建議或主軸去做比較好，這樣才會被督促到，不致於被冷落了，而無法趕上自己的進度。如果有好的想法，就去說服教授，讓他放進他的研究規劃內，就能得到資源及助力，自己可以輕鬆有效率些。通常指導教授目前急於想要發表的研究，他自己就會去掌握進度、會得到更多不定期與指導教授討論的機會，有督促力量，論文很快完成。其實學生時代的研究，主要看做自己人生學習的一部份，通常不可能有偉大的研究成果，所以藉由教授的力量完成與能與教授共同掛名，也是一份很重要的成就。

（三）密切與指導教授保持溝通

通常研究生均會疏於、或畏於與指導教授保持溝通，而如何與你的指導教授保持適當，卻是有效距離。不會被看死，又不會疏忽被認為不尊重，是件重要的事情。我認為不要畏懼是最基本的心態，指導教授通常均是為了幫助你，才要求你完成必須的進度，所以依據與老師討論的進度進行，不要逃避，一有逃避心態時，便會累積必須完成的進度，一段時間後就不敢去見老師了。

碩士生無論如何均需與指導教授保持聯絡，這樣畢業就不會困難。博士生就必須依據自己的進度紮實的進行研究。

通常你是在職生，常一不小心時間過了，也就是因為工作的忙碌或雜務們無法專心于課業，容易疏忽進度控制，所以一定要與教授保持聯繫是重要的，既然決定來念書，就不應找理由逃避課業了。

（四）與指導教授寫出一篇被接受的論文

此部分不只是在講與教授的互動，同時在說明投稿論文的做法及內容需要遵守哪些要點。

為何說與指導教授，一般研究生不容易自己寫出被接受的論文，不是研究生能力不足，而是經驗不足，而如何與指導教授互動來完成投稿，尤其博士生需要期刊的接受才能畢業，裡面需要注意如何與指導教授的互動，因為教授的工作是忙碌的，所以請切記自己的態度及心態。

千萬不要認為指導教授會拿走你所有的研究成果，現在研究領域相當重視研究倫理，每個人均有這樣的意識，可能因為認知不同而在其間產生誤解。大部分的指導教授均希望自己的學生可以順利畢業，可以趕快展翅高飛，所以準備好自己的心態與你的指導教授互動是很重要的事情，我不是一面倒的認為研究生需要很卑微地完全接受教授的意見，而是有想法的與他討論，來完成你的論文，這樣的學習會影響著你以後與人互動的習慣。

一篇好的文章必須具有價值，而這個前提衍生於讓別人理解如下的意義：

（1）可以被看得懂；

（2）知道你在做什麼；

（3）讓人知道你為什麼這樣做；

（4）知道你如何這樣做；

（5）知道你的貢獻；

（6）有確實的文獻依據；

（7）文章被詳細地規劃及撰寫過；

（8）符合一般期刊之評審要點，每一個期刊均有其預定的目標及內容。

因此我們必須了解審查委員的基本想法及作法，才能順利地進行，並且與審查委員互動，才能獲得對方許可准予刊登。以下是一些準則，可以參考來順利地通過。

1.一般研討會與期刊之評審要點

由於血書風氣越來越盛，被認為的標準是舉辦研討會，因為越來越多，所以投稿各類的研討會被接受的困難度降低許多，甚至退稿率少了。國際研討會也是如此，更由於報名費越來越高動則 400-800 美金，是一筆不少的支出，如再加上機票及住宿更是所費不孜，因此常需找到補助或是利用計劃經費，所以如必須參加國際研討會，就必須提早規劃。確認該研討會是否被學校接受認定，問教授是否可以贊助，查詢學校的補助辦法，甚至嘗試向科技部申請補助，以減輕負擔。

認識期刊的評審要點，對於博士生的投稿要求，每校均有一定的要求基準，對於設計科系也有不低的標準，通常以 SCI、SSCI、TSCI、TSSCI、THCI core、AHCI 等為基準。而投稿希望被接受就需以下的幾個價值，才能獲得審查委員的青睞。

（1）題目合宜：題目必須有創新性才能吸引人閱讀，適當地給一個吸引人的題目是有助於第一眼的印象，當然內容一定要一定程度的創新才行。

(2)學術價值：這就是個人必須對該相關領域須有涉獵才能說出來，及拿得到。

(3)應用價值：應用的意義有學術及產業的差異，設計類可以給一些設計方向或是設計方法等。

(4)學理根據與觀點之正確性：必須正確的理論方能得到適當的結果，而設計領域常會利用別的領域的理論或觀點，跨領域應用而得到新知識。所以除了應用設計領域，還需注意議題相關的寬領域部分。

(5)文章組織結構：一定說理清楚，讓一個審查委員可以快速地知道你的論述方向，才能給你適當的評價。如果他看不懂或是閱讀不易懂的，通常會被拒絕。

(6)研究方法之嚴謹性：通常研究方法在設計類是必要的，屬於三段論法的基本架構，但是在教育或是哲學類則是以論述為主。有方法比較容易讓人理解，自己也不會陷入長篇大論。目前設計類台灣的研究均有一定的方法論去進行，中國學者常是長篇大論或是短短的一點內容而已。

(7)文章長度恰當：有些期刊會規定一定的頁數或是字數，必須詳細研讀規定，否則在形式審查就會被踢掉。

(8)格式正確：一般均有各個期刊的格式，必須一定遵守；但有期刊則是事後接受再編輯出來，我們就可輕鬆一下了。

2.如何寫計畫書或是結案報告

■(1)題目(定一個恰當的題目寫下來)：通常題目一開始只是大致寫出你的文章方向，但是最後必須修正成有吸引力的標題。

■(2)摘要(寫大概 300-500 字的摘要)：必須將全文的內容寫出，最好包括了背景、動機、目的、方法及結論，沒有辦法也必須寫出結論。

一般的計劃書均有其要求的內容及頁數限制，仔細地看懂它的要求依據撰寫。甚至有些會給參考的樣本或是說明會，所以掌握資訊，參加該領域的聚會，認識可能的人。

而撰寫的內容可以參考前述的評審要點，也就是對症下藥就能得到基本的結果。更重要的是要開始動手，沒有人一次就能中的，大部分的人均是千錘百煉地練出來的，要在學術圈裡生存這是必須的功夫，勇敢地面對它吧！不要怕！努力做就有突破的機會。

3.研究動機與研究目的 Why? What?

一定要知道你要解決什麼問題?為什麼要解決這個問題？這裡詳細敘述你選定這個題目的背景，問題的來龍去脈，問題的嚴重性，問題的重要性，解決之後帶來什們好處？因此，你要做些什麼？預計如何做？達到怎樣的成效？一定要讓你的寫作顯出其價值，也就是它的重要性，當論文失去這些時很容易被忽視而被退稿，這也是多數寫作時需花費相當多的時間及精神加以敘述。這些在前面就說出來，通常要在摘要數語勾勒出來，前言再加以敘述清楚。

4.相關文獻探討 What? Why?

這裡要介紹別人做過的相關研究，告訴讀者這些研究文獻做了些什麼，有何優缺點等，引導出你要做的題目，如果你要做的題目是別人沒做過的，或是改進別人研究的缺點，或是用相同的方法去應用在解決不同領域或不同公司的問題，這些都要明確寫出以表明做研究有的價值。

5.研究內容描述 How?

這節要將你要做的內容詳細介紹出來。在研究動機與目的中已經有講到你要做些什麼，所要解決的問題。不過因為讀者並不具備相關的專業知識背景，因此，你仍要再詳細介紹描述你要做的東西，可能要介紹相關的知識，例如，圖形識別、資料探勘、IC 製程等，引導讀者馬上能進入你的領域知識內。

（1）接著你要對使用的解決方法（或研究的方法）做詳細的介紹，例如，你可能發展一個系統，則你要畫出一個「系統架構圖」。如果你發展一個程序來解決它，則你要詳細寫下步驟或程序。如果你做問卷調查，則要詳細說明問卷設計與抽樣方法。如果你使用類神經，則要詳細介紹那種類神經網絡的架構，其輸出入資料是什麼等。如果你要做實驗，則要將實驗的條件與步驟，因子水準的安排等詳細介紹。

（2）如果這節的份量太多，也可以拆成 2-3 個部分，給予適當的標題，不一定要用「研究內容描述」這個標題。總之，要讓審查委員及未來的讀者看了這一節之後，就可以知道你用什麼方法在進行研究，大概的程序與步驟如何，以及研究的假設等資訊。

（3）內容的敘述必須精簡，我們常會患了太羅嗦的毛病，但也不可精簡到讓審查委員看不懂你的描述。所以前後的連貫性及環環相扣的說明，絕不可到處亂跳，一下說東、一下說西，而如何避免這種情形，就是寫完後停一陣子再拿出來看，這時你已經部分內容已忘記了。

因此，你可以再一個新的讀者身份來看，就會發現許多的問題，通常一定寫到論文內容你已經相當清楚，被接受的機會才會高。不是寫完了就投出去，通常被退的機率相當高。當然如果是策略性的投出去，想獲得審查意見後再繼續修改，也是一種策略。

6.研究範圍與限制

這裡要敘述你的研究範圍與研究的假設……，我覺得限制不是很好的說詞，不如說成你的研究在領域裡面是重要的部分，其他的是其次的。通常大家會偷懶的這樣說，這樣的說詞比較不容易被接受。

具體工作項目與預期成果是學習將研究計劃預設一個可能的結果，這也是通常在審查計劃時所謂的可行性及價值的判斷基準。你如覺得不可能知道預期結果，代表你在這個議題還未投入或是所知有限，計劃通過與否是給準備好的人，一個出現超乎預期的結果是好事，但不知可能的結果就是壞事了。

在結案報告中，因為你已經做完了，所以就不需要提出所謂的「具體工作項目與預期成果」。預期完成後所得到的成果是什麼？對誰有幫助？有何種幫助？預期效益有多大？特別要強調成果以顯現出你的研究價值。這裡要將你要做的工作項目詳細列出，還可以用甘特圖呈現你的時程計畫。系統架構、模型方法、實驗設計、程序與步驟、雛形系統發展 How？（Steps, Structure,Methods）前一節是在描述主要方法的架構，在正式論文報告內要在裡面有詳細內容，去介紹敘述論文所採用的方法或模型。必須鉅細靡遺地寫清楚，讓審查者可以馬上了解你的作法是正

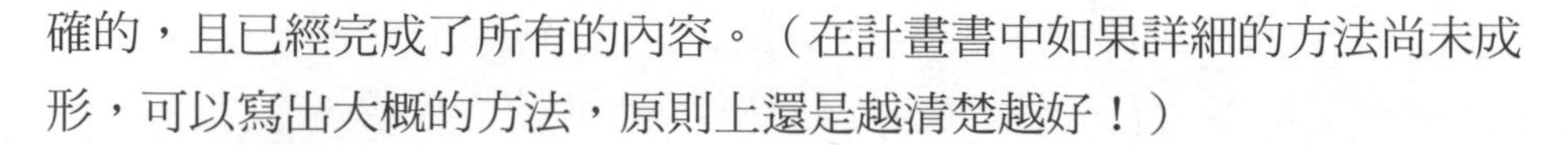

確的，且已經完成了所有的內容。（在計畫書中如果詳細的方法尚未成形，可以寫出大概的方法，原則上還是越清楚越好！）

7.結果與討論

（在計畫書中因為還沒有做出結果，因此，省略這一項，但是在結果報告中這一項十分重要），如果你的研究已經進行得到初步的結果，可在在這一節展示一下初步的結果，以說服別人你可以繼續做出成果出來）你的實驗得到什麼結果？你用什麼統計分析手法？與別人做的結果比較起來如何？最好圖文並茂來加以呈現！

8.結論

如果是計畫書的結論，則要強調一下這個研究的重要性，目前你已經做到何種地步等等。如果是正式結案報告或是 paper 的結論：將你的研究再次重點式的強調，指出研究結果的優缺點。

9.其他-被退稿時

萬一被退稿也不要太氣餒，就當作是一個練習，改好了再投一次。少有人一次就被接受，如果他要你改就代表有機會，而如何就需你的指導教授討論。審查委員的意見如果全部接受，有時幾乎需要重寫一遍，所以需適度的說出自己的看法與他們對談。萬一他們還是不認同你的回答，那再來修改內容，但是絕不可以失掉自己的想法，能夠獲得委員意見讓內容更有意義是投稿的重要目的之一。

一篇論文想要獲得期刊接受有越來越難的趨勢。但是不要怕，通常向一個期刊的投稿沒有限制次數，而且每次投稿可能會換成另幾位委員，吸取前述的委員意見後，被接受的機率會越來越高，所以不能隨便就放棄了。我也常有被同一期刊退了數次後，經由修改後再投稿而被接受的經驗。如果時間對你來講是問題，如果認為唯一的方法是轉投其他期刊，有時也不完全對，因為接著的等待期有時會更長。所以好好修改也未嘗不可，但切記不可一稿兩投，認為這樣可以縮短時間，學術圈的專長有時差很多，能夠審你的論文也可能是那幾個人。如果被發現了就可能了你和你指導教授的名譽，千萬不要這樣做。

第十五章. 撰寫論文或計劃時的注意要點

- 教學的過程一直看到學生們在撰寫研討會的小論文、或是投稿期刊論文，這是研究生短期內或學者們會一直需面對的一些撰寫問題。
- 讀過後深入理解內容說明，參考去做就可減少一些錯誤及增加通過機會。
- 學者們也可以利用作為學生們的研讀資料，藉以提醒他們該如何撰寫。
- 也可做為學生與教師們共同撰寫計劃的參考，以此與大家共勉。

一個研究尤其碩士或是博士的畢業論文，或是想發表之前的研究成為投稿論文，通常均需要規劃，絕不是因為有了一個學業過程的課業，而忽然想到轉成投稿論文。過程通常可以寫出來但是對於研究講究的貢獻，恐怕難於有突出的說服力，所以一定要加以規劃。也就是在大架構下，慢慢地進行去探索所要知道的問題，所以一定要在開始時就需有自己的一個藍圖，就可依據以下的步驟去建構及實踐。

記得此部分必須與**前一章的如何與指導教授互動的內容**，相配合才能寫出被接受的論文。

一、 撰寫前準備

如果一開始只是蒙著頭，賣力地苦幹，絕非是有效率的方法。但有時又擔心看了別人的論文會將自己的視野限制住，你覺得會這樣嗎？所以大部份的期刊審查，對於文獻探討的重視，不亞於對本文的發現之撰述。所以適當的收集及閱讀論文是研究生首要工作。

（一）讀文獻數量

目前的碩士生在撰寫研究時，可能沒有準備的就開始了，不管文獻探討，碩士生雖然均會以中文文獻為主，但適當地研讀外文的期刊也是必要的，博士生則以英文為主、中文為輔。到底要讀多少篇論文呢?

有人提出碩士生開始需閱讀 20 本中文，10 本英文的期刊論文來開始自己的文獻閱讀。博士生通常要精讀：20 篇以上英文論文（論文理論依據）。每一篇外文論文寫出 3-6 頁之重點整理！（一定要做的練功彙整相關的幾篇相關論文整理就成為你的論文中。「文獻整理」的一略讀：30 篇以上英文論文（與論文相關），有人說外文論文不要讀太多?

其實別人論文不用讀太多。這句話也許是正確，不過前提是：你已經鎖定了要做的題目，就不需讀太多，但也要確認你的題目、使用的方法、或解決的問題有沒有類似的研究。有些人會反過來，研究一陣子後才真正確定了自己的方向，才回過來尋找相關論文，不只是爲了找尋相關的或無關的，如果沒有完全相似，就恭喜你，可以大膽地做下去。

否則就調整一下方向或再深入某些議題，不然至一半才發現，就向前也不是，回頭又離岸邊一段距離了。還有，如果你對研究方法（工具、模型、採用的演算法等）已經很熟了。建議你還是多看外文論文，也許有更好的方法，可以讓你更省力，有較多的靈感。但是對於研究生通常是邊做邊學的，很少有相對知識充足者想往前鑽的。如果你是產業界人士，可以將自己面對的問題當做題目，這時適當的專利佈局或發表防護就需更費點心了。

（二）查資料的方法

你有定期查那些最新一期期刊？你的研究屬於哪一個領域？這些是面對自己的研究，必須要知道的內容，才有辦法去找出資料。你的研究如果有相關期刊，趕快查出來。通常有會幾本會你的研究相關，從裡面找出相關理論、這些期刊有理論或重應用、從不同觀點出發的期刊有很多。有時你的研究是分佈在各個領域，各領域的期刊都有與你研究有關的文獻出現！到圖書館找你的領域有那些相關期刊？

（三）可查那些資料庫

你要查那些期刊或資料庫呢？

全文電子檔（全文資料庫）：設計領域研究生經常如果是英文的資料庫，常使用 SDOS，SDOL。工程、管理領域的研究生會經常使用 SDOS、IEEE、ACM、Compendex Web（EiV2）涵蓋超過 30 年的工程研究文，5000 多種工程期刊及會議記錄。EBSCO Host 幾乎包含所有的領域。

中文則以成立於西元 2000 年的華藝（airiti），其以藝術資料庫為主軸，之後跨足至其他的學術領域，陸續建構期刊 CEPS）。所以開學時個圖書館的資料庫介紹，建議你花點時間去聽，並且知道如何使用，尤其碩士生，對於研究這件事還懵懂無知，想 2 年畢業就需規劃及善用資源才行。

（四）我可以在家裡查資料庫？

通常在校可以進入網站即可搜尋，但是近來已經改成不管你在哪裡，都需使用帳密先進入資料庫，才能進到相關的資料庫，所以與在家一樣。

有些學校學生可以在家裡但須透過網路查詢，但需擁有使用者名稱及密碼（User Name and Password），如何設定就需上該校的圖書館網站看看說明，瞭解如何設定。通常一般學校的資料庫因為所費不貲，如果你想要的資料庫學校沒有，建議你到資料庫購買齊全的學校之圖書館，進入該校圖書館內向其借用，便可獲得進入資料庫的機會。

這些學校有；（1）北部有：台大、政大、交大、清華，（2）中部有：中興、雲科大、東海大學，（3）南部有：成大、中山、中正等國立大學。一般較大型的國立大學，尤其研究型大學因為研究投入較多，對於購買資料庫比較不會手軟，這是很現實的問題。如果你的學校小卻有很有特色，尊尊教誨的老師一定會告訴你如何解決資料庫的問題，不用擔心你目前所在學校是何等級。

通常輸入關鍵字、多個關鍵字（AND, OR）。查出現在：篇名、摘要、關鍵字。限定在某段日期：e.g., 1998 – now。首先你得知道：我怎麼知道要查那個關鍵字？你要做的論文題目？你的論文的關鍵字？

（五）最有效率的找文獻方法

通常研究的開始，總覺得找不到相關論文，所以先找到稍稍有相關的論文，從中慢慢即可找到一篇具有代表性的文章，再從他的參考文獻下手，一定可以找到很多寶藏！

代表性論文的參考文獻少著 20 篇，多則 50 篇以上，這些論文一定依此衍生即可找到讀不完的文獻資料。很快可增加十年功力，有人幫你整理上百篇的文獻，做好整理給你看。

二、論文內各部分的方向及要點

寫計劃與寫論文，基本上是類似的，論文就是多了研究內容的部分，就是已經執行了所以得到一些過程的內容及成果。以下將兩部分加以結合在一起。（1）寫計劃需要：需要下面（一）到（七）加上（十）的其他；（2）寫論文則是要從下面（一）寫到（九）。而到底程序如何、需要幾個章節，則以篇幅限制或是實際需要而定，但是盡量以精簡為原則。

（一）摘要-要有充分的信息

通常會限制字數，所以在有限的規定下，如何將整篇論文在此說明清楚，而且讓審查委員或是讀者有興趣，尤其是審查委員他們如果看不懂或是覺得無趣、不重要，就注定你的投稿已經失敗一大半了，獲得刊登的機會渺茫了。所以如何，（1）說出本論文的重要性、（2）或是價值來引起閱讀動機、（3）簡約說出研究方法、（4）以及得到的結果、（5）最後說出如何應用或是給領域的建議。

（二）前言-問題敘述與研究議題

對於研究問題的敘述與研究議題（problem or objective）的確立，（1）是以分析問題或處理問題為主要目標，（2）論文或計劃書的起頭就應該先把該問題的嚴重性、（3）重要性加以清楚說明。

若研究不是問題取向，是為了符合某些單位要求的方向，則應將該研究的主旨或目標有所交代。國內官方單位的研究計劃之申請就經常是屬於此類，更希望我們說出重要性、價值性及可能的貢獻。我覺得這部分是最難的，常要寫許多次才能將此研究講得要趕快去做，不然是一個很大損失。

在審查論文或是計劃時，對於忽然接到審查計劃的委員，需要一些說明來了解你的想法，更重要的必須是可行的議題及計劃，而且需說出如何在有限時間內可以完成。

不然再偉大的計劃也會因為可行性的問題而被拒絕，如果身為新進的研究者必須要認識這樣的現實問題。

（三）關鍵字及相關名詞的定義

對於研究的開始，為了找尋相關的文獻資料，以免自己的想法已經在領域已經被進行過。因此必須心理先要設定一些關鍵字，這些關鍵字的構成，可定義出你的研究內容，當然會影響研究的範圍。好好地去理解主題所關聯的關鍵字，加以適當地定義之後，才能較有效率地收集到資料及確定研究的內容。

而對於定義關鍵字，嚴謹的研究不能自己解釋而已，必須靠相關的辭典、百科全書、文獻資料、書籍等，來確認你所想的是否正確、符合研究格局。同時可藉以認清及收斂自己的研究內容，其步驟大約如下：

1.列出重要的關鍵字

通常我們所說的關鍵字，可能不是一些很專業用語，尤其設計領域會查不到相關的解釋，在產品設計類的研究，由於坊間的書籍來不及跟進新知識，常常很可能是第一個或很前面的研究者，找有無相關的資料是很重要的。我們通常開始都會認為沒有相關資料，因此就以為是一個新的領域，常會過一陣子卻發現了一堆相關研究。不是對於關鍵字的認識不夠或是用錯了。

例如：想要研究「手機」，不能以自己認知的意義就寫出來，因為研究是架構在前人的研究後，接著的再向前一部。所以查詢手邊方便的網路，試看你的名詞是否為習知的稱呼，否則就需更改。

也可能該關鍵字會有兩個以上的稱呼，例如手機也稱為「行動電話」或是「大哥大」。甚至不同地區也有不同的稱呼，大陸稱為「小靈通」等。英文也會有不同的稱呼，例如「mobile phone」或「cell phone」甚至簡稱「cell」。這些差異需要去確認或說明清楚，才不致產生資料搜尋時的錯誤或遺漏。

2. 名詞定義的可能來源

研究生會以坊間部落格的資料當成參考文獻，這是一個具高度風險作法，也就是會被教授或投稿單位所承認。

（1）因為期刊需被相關專業人士所審查過，所以是查詢資料的首選。

（2）接著字典、專業字典或百科全書，維基百科的資料也漸漸被認為成可利用的內容，尤其是新知識，來不及收集進相關書籍時。

（3）某人所寫的相關專業書籍為輔，避免有些書籍僅是作者個人的意見，未經審查的程序。如果該人是該領域的知名專家學者，就較能安心使用，因為他們必也是循前述的所找到的資料。

切記不要自認聰明或心存僥倖，就以自己所認知的內容大步地向前寫出，切記不要就直接抄自某碩士論文的說法，他們沒有比你厲害太多，有時當他們的內容也是抄自其他的次級資料，常會發生一直錯到底的情形，值得注意。

3.統合來源

避免以偏蓋全，所以都找幾個定義後，分別敘述出其內容。這樣你努力的內容自然而然的產生了專業性。

4.闡述內容的異同

有時會定義會各有些差異，會有疏落不足之處，這時作者本人就需加以闡述分析其優劣。目的是說出自己的看法是最好的，但是要先了解別人的地盤為何？

5.提出自己看法

如果經由上述的過程，所提出的重要關鍵詞的定義必然獲得支持，不然很容易就質疑及被推翻，就可能影響到所進行的內容也一樣被質疑了。

（四）文獻探討-要精緻有見地

前述已經說明了關鍵字的問題後，接著就得開始進行文獻探討（literature review），了解及說明該問題先前已有多少研究，其結果又如何，文獻探討一方面可預防研究工作的重複，避免浪費人力；另一方面更可藉研究經驗累積，使研究結果更加的精進。

這個部分看似辛苦，但是確實可以經由此過程了解你想要去攻略的地盤，到底誰是山寨主，多多地引用他的資料代表你的計劃是有一定程度的，至少已經拜過碼頭了。

這部分不是只有列一大堆的文獻而已，而是要

（1）針對自己的論文到底有些已經有的論文，可以拿來說明現況；

（2）重要的是說出相關研究不足的地方，可以繼續下去；

（3）還有那些可以發展下去，這樣才是文獻探討的目的。

（五）研究動機-能引起關注

這是簡單的議題，但是研究生就是一直無法理解它的重要性。常會將自己心裡的想法藏著而已，以為閱讀者已然了解，其實這部分如果沒有講清楚，勢必引不起審查者的青睞。

（1）尤其影響著此研究的價值，當動機講得很重要、有意義、價值，就會引起續讀的強烈興趣及專注。

（2）而動機也不應平白無故地產生，它需要去文字加以鋪陳，才能讓人理解一個有意義的研究。（3）沒有動機自然無法不知自己的研究目的為何，所以前言的闡述就是為了讓讀者對你的研究產生概略瞭解，從而瞭解你的動機。

如果闡述動機的過程加入某些內容，就能讓你的動機是可引人注意的。而動機就是從你前言的資料，來說出為何要進行此研究，引導出讀者的興趣。而研究動機需需含有：

1.研究在該領域的重要性

能夠說出你的研究在該領域的重要性，還未被研究過所以應放在前言或文獻探討之後。就需依自己的書寫的規劃，何者較妥當。

試想如果沒有經過前面文獻探討的說明，怎能理出你所欲研究主題方向之重要性、及還未曾被研究過呢？所以通常會被放在文獻探討之後面較多，也感覺較流暢些。

2.闡述的方法

這是如何快速地從大範圍的說明，來縮小至適當範圍的解釋、至於所欲探討的小範圍，讓讀者不致陷在你的迷惑之中，常產生不知你到底在想那些問題，希望我往何處去想，如何動機清楚才能說服人。

例如；想研究 iPhone 的喜好度，必然先介紹手機的發展，進入智慧型手機。但是也需注意喜好此類手機對象的說明。在某些國家某些族群是高度購買者，或低度購買者，然後才說出我們的研究動機，因為發現老年者購買者少，才產生研究的動機。

（六）研究目的-要清晰可行

記得目的是因動機而產生的，所以需有對稱這樣才能有說理的連貫性，否則產生的動機沒有適當的研究目的，就浪費了前面的文字敘述與鋪陳了。如果想要將這些內容講得清楚及令人信服。

（1）從論文前的言、動機及目的，建議可以利用 5W 的；what（定義）、why（動機）、who（主題相關的重要的被研究對象）、where（說明研究某區域的重要性）、 when（瞭解研究的時間）內容，來介紹及說明較不會遺漏掉某些內容；

（2）構築出來的主題會較容易理解及可進行。但注意以下的要點：

1.可行性

論文說出研究的可行；而如果是提出計劃則需說明它是可行的；

（1）不會太難而超越提案者（自己）的能力、（2）且可在時間內可完成、（3）有確實的方法可以藉以達到研究目的。

2.價值性

研究對產業、學術有一定的貢獻，這需要自己把它說出來，有些價值是要說出來才被認同的。

當然也需在那個領域有所耕耘才知道那些才是算有價值的，因此必須先研讀相關資料。

3.稀少性

如果是少有的類似研究，同時要有一些價值所構成的研究，才是值得大力推薦及較易被接受的論文或是計劃。

所以目的必然是承續動機的不解及待解之處，

（1）同時也需注意目的不要太多，**通常以 1-3 個就好**。

（2）目的也不可太分散，如果太分散就難以控制研究的規模及時間，同時會產生好像可再進行另一個研究的感覺。

（3）也就是目的相關聯不要變成幾個完全無關的目的，而使研究失去焦點。

（4）但是大部分的研究生會犯了此種問題，想要一次將所有問題弄清楚，所以適當的規劃研究目的才能集中研究方向，才會是有用及有貢獻的研究。

4.條例的方式

有時寫了半天還是不知那是你的目的，也看不出有幾個，所以乾脆用說的到底有幾個目的；並以（1）、（2）...，加以條列出來。

（七）研究方法及步驟-要清楚具體

所謂方法不是寫出步驟而已，更需要將步驟所包含「人、事、地、物」以清楚的數據、地點、人數等交代出來，達到讓審閱者清楚，顯現出就馬上要這樣做了的臨場感。一般研究生常以為很清楚了，其實還不夠具體，不可以自己清楚而其實旁人還是一頭霧水。例如：需要對那種人、幾人，在哪裡進行、到底問那些題目、問題。

說明所要研究的對象是誰（subjects for study），對抽樣的過程及受訪者的背景有所解釋悽調查誰？調查他們的什麼問題？他們的一般屬性是那些？告知如何接觸這些受訪者？並把抽樣的過程作些說明，對抽樣過程中所面臨的困境與問題，更應據實以報，才能完整地讓人理解你的企圖。

1.測量工具及分析方法

測量工具（measurement）是研究的主要變項是什麼?如何定義這些變項？如何測量亥測量是否與先前研究的測量大同小異？是否抄襲自別人的想法？作了那些變更？

發現自己所進行的研究與他人雷同時，也不用擔心，就當作驗證性的研究亦可，但必須誠實地呈現自己的狀況，當然不是說糟糕了，而是大方地面對問題。這些細節都應該在研究計畫書中交代，而且應該把問卷表放在論文，計畫書的後面，當作附件供讀者參考。

根據研究目所選定的測量工具後，還需說明選擇的統計分析，這樣才能讓人理解你的方法是有可能得到結果的

2.資料蒐集方法說明

資料蒐集方法說明（data-collection methods）是在研究的過程中，資料到底是如何蒐集的？研究的類型是那一種？是一般的調查研究？或是實驗研究？抑或資料的再次分析研究？把這資料蒐集旳過程詳細交代後，讀者才能「放心」的閱讀研究的分析與報告。

3.分析方法

分析方法（analysis）是用了那些方法來分析所獲得的資料？是逐步迴歸抑或單因子變異數分析？把採用這些方法的邏輯與理由也說清楚。若是用質性研究法，則原因又是什麼？分析的方法與策略又如何？分析方法的差異可能會使研究的結果有很大的差別。

4.要有一個簡單易懂的流程圖

有時一個清楚易懂的流程圖（圖 15-1），列出研究目的、方法、統計分析，勝過一堆敘述的言語文字，但需要文字配合才能加以說明清楚。

甚至加上方法或分析的過程，就是希望對於相關的方法加以簡述，至少看到者這個流程圖，就可大致理解到底這個計劃或是論文的輪廓。自己要用那個方法，然後再去找尋相關專業書籍來查用，並以步驟說明。

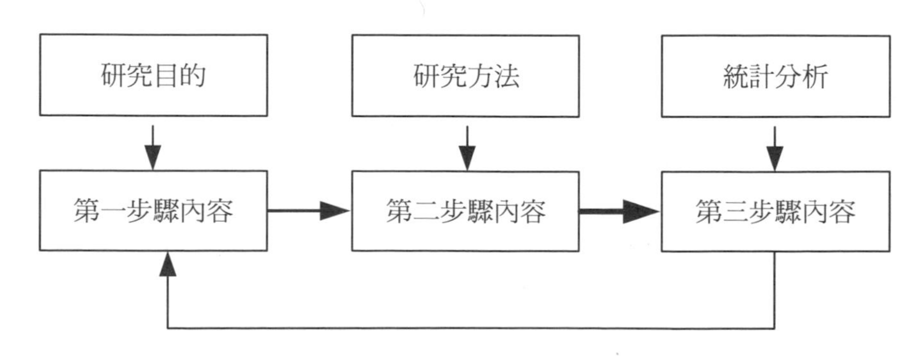

圖 15-1.簡單易懂的流程圖

(八)研究內容-解答研究目的

可以依據研究方法的流程對照寫出來，是最有效率且有效的方法，但是記得要能解答研究目的的提問，或是研究假設的設定。章節分得清楚讓審查委員可以理解、可以快速懂你的架構，這樣就過了頭，俗語說頭過身就過了。

如果委員弄了半天無法理解就免談了，上述是一個簡單易懂的方式，當然有你喜歡或是專長的寫法。但是對於初入門者，以此方式比較容易讓人懂，自己也不會弄亂了自己的意思。

(九)結論與建議-要有見地

將前面的重點簡要說明，比摘要再詳細些，然後寫出看法及建議來說明你的發現是有用、可用的，會對未來有幫助來說服審查委員通過你的論文。

有些會還有檢討等，甚至寫很多，我覺得適可而止。

(十)其他

適用於計劃，因為需要知道你的執行進度、預算、預期成果來判斷主持人的預想能力及控制力等。

1.進度表

進度表（schedule）是把整個研究進度列成一個表格，一般通稱為甘特圖（Gant chart）。

列出進度表後，可以使經費支持單位了解何時研究可以完成，也可使研究者自己掌握進度。學位論文也可在提計劃時說出，但是通常流於形式，其實有規劃是可減輕自己的壓力，可以正常生活，因為你知道自己的進度該如何控制，還是正常的吃喝玩樂。

2.預算表

從學術的觀點來看，頂算表（budget）的編列最令研究者頭痛，從經費支持單位的角度來看，預算表的編列則最為重要。爭執最多的是何種花費應該充裕，何種花費能省就省，通常研究者與行政者間會有很大的意見差距。最令研究者不知所措的是要浮報寬些，然後讓行政單位去刪呢？還是據實以報，該多少就寫多少？其實這種事沒有標準答案，對行政單位的了解程度與準確度而定了。實在應該建立經費留用的制度，

對於留用的部分給予較大的彈性，不然就將通過的經費最後可能浪費地花掉，這是很可惜的。對於留下的部分，可以用作非科目內的採購，當然也需要通過核准。對於一個研究者在乎的是成果是否有貢獻，只有極極少數的人才會在經費上動歪腦筋。不能因為這些相當少數的人而僵化了整個研究的自由制度，這是對於研究環境的極大傷害。

但是在學位論文，通常不會有預算可支援你，所以如何找到預算就需與你的指導教授討論。他會教你如何進行外還會給予適當的援助，就怕你不理他，他當然也不會去大力的支持你了，將心比心很重要喔。

3-1.在職生-從工作中發現研究議題

從許多著重應用的知名期刊可以發現許多實務應用的paper被發表，你工作中一定有許多精彩的故事可以拿來做研究，沒有人比你更瞭解你的領域知識，領域知識的門檻你已經跨過。如果你的故事已經找到，剩下一件事：如何解決你的問題？

解決你的問題的方法：建立模型、採用現有的演算法、自行發展的方法、統計方法、市場調查法、個案訪談法等都有可能（不同領域有不同的研究步驟與方法）。在職生也許對於演算法、數學工具等理論較不熟，建議要修相關的課或研讀相關論文，以補足欠缺的理論方法。如果最後我要做的別人已經做過？到有 paper 與你研究議題相同時，一則以喜，一則以憂：這個議題重要，有人與你看法相同如果你不知道如何做時，則你可以有個參考依據，

3-2.引用文獻

別人已經先做了，你必須要做的與他不一樣或比他夠好。很難找到某個議題完全沒有人做過的，你可以從中殺出一條路，先不要輕易放棄，因為在重複內容下，還是有可稍有不同卻是很重要的議題。但工程領域甚至做錯了，也是一種錯誤的示範研究，建議不要玩這裡來。而設計領

域總是希望自己的主題是獨一無二的，不要與人雷同或有近似處，這就會花掉自己許多的時間了。

三、 撰寫研究計劃的心理準備

如何撰寫研究計劃一直是件困擾的事，而且坊間少有相關的書籍可供參考，僅能口耳相傳，造成指導教授的負擔及研究生的一知半解。也是新進研究者的疑惑，因此藉此書以可能篇幅來加以說明，希望讀者能有所助益。

其實計劃的撰寫重點與前述的論文撰寫是相關的，計劃也包括了研究生的學位初期計劃內容，以及研究者申請的相關計劃等。所以可以依據自己的看法將兩者加以整合或是擇重點加以詳述。

Babbie 與 Rubin（1992, 110）指出研究計畫的元素有：問題敘述或研究目標、文獻探討、樣本介紹、測量、資料蒐集方法、分析、日程規劃，以及預算編列等。研究計畫其實就是整個研究計畫的前三章：問題敘述、文獻探討，以及方法論等。

目前大部份的研究計劃會依據提申請國科會計劃的要求，通常包含以下幾個內容；研究前言、研究背景、文獻探討、研究動機及目的，研究方法、研究步驟、研究可能貢獻、研究可能的問題。

Beach 與 Alvager（1992, 25-28）指出研究所謂科學的步驟是從研讀（study）與討論（discuss）開始，這是研究的第零步（step number zero）。因為從研讀中，研究者才能知道某些問題被探討到何種程度。在討論中，研究者從與老師、同學、會議中的討論，知道問題與目前相關思潮的發展情形，因此才可以獲得某些研究的靈感，或對一些問題與變項特別的有興趣，也因此可以產生研究的動機或目的。

如果只是自己的狂想或亂想就以為所想的是偉大的研究題目，通常會有危險性，可能題目不具價值或不可行，不然就是已經被研究過。而比較有效益的方法就如前述，雖然什麼都還沒作出來，但是已經蘊育出了進行研究的種子，可以說是研究的第零步而已，但是沒有這個步，恐怕會在研究的森林繞很久，才能看到曙光。

一個研究到底要花多少時間，其實沒有標準答案，要依據研究者目前的情形，有些人已經胸有成竹，有些則只是因為想進修而進入研究領域，而且還要看研究者的積極度。有時還得看是什麼樣的研究、有多少經費、時間是否緊急而定。但大部份的學位論文不會有太多的經費預算，甚至沒有預算，所以如何和指導教授合作，接受嚴謹的指導，比較能順利進行。

通常需要一到四個月的時間去確定研究的主題，四個月的時間去寫好研究計畫；碩士論文要九個月到一年的時間去蒐集並分析資料（Leedy, 1989; Hawkins & Sorgi, 1985）。因為研究論文的各個單元所需的時間大同小異。在校生可依照自己的生涯規劃以及個人的家庭或工作狀況，來決定論文的大略進度。如果自己已經有了研究主題的方向，就需準備研究計劃書來規劃自己日後進度，以及做為第一階段的提案審查資料之用，如果不加以規劃日後的碩、博士學位論文，才能整理出完善的畢業論文，不致最後東補西填的湊出來，所以聽過後才得以繼續行前，通常須通過審查會議方表示研究可行。在撰寫投稿論文說亦然，只是要更精簡及更吸引人（簡春安、鄒品儀 2004, 36-37）。

勞思光（1991）在其《新編中國哲學史》中則提出治哲學史的四種方法：系統研究法、發生法、解析法，以及其自創的基源問題研究法。所謂「系統研究法」是將所敘述的思想作系統的陳述的方法，系統研究法注重敘述原來思想的理論脈絡，能完整的呈現一理論或哲人的體系，是其長處。所謂「發生研究法」特別重視歷史方面的真實性，研究者可以將研究的思想一點一滴地依照發生的先後，詳盡的蒐集資料。系統研究法容易有過分主觀之弊，毛病是常使陳述的理論失真。

發生研究法雖易於保持真實資料，毛病是使研究者只看見零星片斷的事實，不能達成對一理論之全面把握，勞思光認為哲學基本目的，是從個別心靈智慧之提高，到文化境界的開拓，「發生的研究」本身無法達到此一目的，「解析研究法」，重點在於解析已從哲學家所用的詞語及論證的確切意義，重點在於整理別人的思想，不去表達自己的感受。解析研究法的長處，可以得到許多精確客觀的結論，但是解析法本身無法提供材料，也無法對哲學史作出完整的全面判斷。

通常撰寫時必須先有下述幾個心理準備：（1）自己要有主見、（2）內容要具體可行、（3）要有價值及貢獻、（4）預期結果要能讓人理解。雖然前面講了許多要點，但是開始寫時要時刻想到上面這幾點，仔細加以理解才能得到認同及給予通過的機會。

除外，不能急有些需注意的事情及步驟，要先有如下的心理準備時，才繼續閱讀後續內容，一步一步繼續向前：

（一）大方向的要點

（1）首先必需與自己的指導老師討論，雖然有些領域的研究生，他（她）的研究題目是由教授指定的，尤其工程領域，因為導入研究後來決定題目，會緩不濟急。如指導教授，因他（她）手頭上正有一個計畫需執行，研究生就可免去找題目及寫執行計畫內容的困擾，這些過程通常會耗費半年以上的時間。

所以如你有幸，剛好遇到此情形，這是值得恭喜的事，因為教授會花較多時間與你討論及會準時完成計畫，準時畢業。研究生的學習，在我教學生涯中，大多數只想趕快畢業，拿到文憑即可。我很擔心如果是這樣恐怕會落得有浪費 2-3 年的感覺，因為獲得碩士文憑，目前在開始進入職場的加值效果不大，這樣的思維大部分的研究生不瞭解。重要的是學習研究的過程，嘗試去想辦法，與人討論，來得到一些可行或不可行的方案。如果獲得了這類的訓練，雖然起薪的加值效果不大，但是這些訓練可讓你成為明日之星。如果你有了主動積極的態度，那你的前途就真的不可限量了。

萬一你就是不想接受此情形，那就只得重頭開始，但還是需要與指導教授討論。因為他可以讓你的研究在有限時間完成，不要懷抱太大理想，因為研究是需被切割，沒有人能夠在有限時間內完成很完整的計畫。

（2）自己從文獻中找研究議題：很多研究會最後寫出後續研究的方向，或該次研究優缺點，藉此可以瞭解這類計畫是否值得繼續。如前述研究計畫是需被切割成若干個，可在有限時間內完成的子計畫，否則會淪為計畫不可行。偉大的研究計畫，如果不懂切割成若干小計畫，是無法使計劃變成偉大的。

（3）從自己工作或先前心存的想法中發現問題（尤其在職生）：鼓勵學於致用，這樣你高興，你公司的老闆也高興。因為你在進修過程也是在為公司努力，你可以心安理得，不需一心兩用，搞得工作及生活尬不過來，產生莫大的壓力。尤其如你有家庭，奉勸你先以家庭為先，畢竟任何成功無法彌補家庭的失敗。

最怕的是希望完全不相干，如果這樣第一個問題，你需重頭開始，本就需更多時間，但你又很忙無法有太多時間投入研究。所以在職場同時進行相關研究，通常是事半功倍，因為可能會獲得公司其他的資源，而且隨時可做，更重要的是你的研究成果提升了你在工作中的地位。這些成果的前提是，真的對某類議題有興趣，不只為了文憑而已。

（二）小方向的要點

（1）詳細閱讀相關文獻：有那些缺點及過程想到的靈感、未來研究方向，這樣還可以避免進行了前人已經完成的研究。

（2）同一個主題有不同的應用、不同的方法：看到一個很棒的研究方法或流程，應用於不同的研究議題，可預期過程必定順利、成果也可期待會有不差的結果。

（三）可能會出現的問題

1.如何挖到真正的寶藏

要挖到真正的寶藏，通常需挖十次以上才可能成功一次。欲解決的問題到底重不重要，該領域的人或指導教授都可以判斷，所以適當的文獻探討，可以減少此類的問題產生。但是大部分的研究生均只是虛應故事而已，所以所挖的文獻寶藏均相當粗淺，只是在寶藏旁邊繞繞而已，根本還未碰觸到核心的小寶石，這部分可說是目前研究生的最大問題。尤其是碩士生，博士生因有國際期刊發表的壓力，通常可以慢慢適應及去面對問題。

2.卡住了，無法往前進

常會遇到研究生說我的研究題目無法繼續了，想重頭找一個。這類問題的核心，通常是自己草率地決定了題目，因為他認為趕快趕快衝，也聽不進去指導教授的意見，甚至避而不見，不與教授討論。溝通是學習階段很重要的課程，一般教授均願意傾囊相授，但他們也會有出錯的時候，雖然如此，他們也一定會幫你找到解決的方法。

所以回到問題源頭，儘量與指導教授討論，聽聽他的建議及看法。這樣你的壓力會減少許多。現在的研究生態已經無法像李遠哲院士在求學時，問教授問題，對方卻要他自己找答案，李院士後來回憶他感謝當時的教授給他沉思及探討問題的機會。通常教授早被罵慘了。

所以記得面對問題與指導教授討論，才是正道。教學生涯也遇到此類情形，但還是遇到，對方就消失了，我認為他已經快可畢業了，他卻認為做不下去了。問題的癥結在於他無法瞭解研究全貌，其實拐個彎到目的地了，但他卻在看茫茫的遠方，實在差很大。所以研究主題要包含 2-3 個關鍵內容，才不至於與他人的題目相雷同。

最後，再提起設計師們的就業，游萬來等（2014）研究的發現主要為：（1）初任工業設計師的主要工作壓力為「有時沒有設計靈感」、「工作時程」、「自我要求」；（2）主要工作挫折為「提案不被接受」、「抓不到設計方向」、「自身努力不被了解」；（3）人際溝通困擾為「不同的上級有著衝突的命令」、「難與上級溝通」、及「無法直接與客戶溝通」；（4）其他工作困擾包括「產業相關知識不足」、「技術或製程知識不足」、「設計經驗不足」、「英語能力不足」、「缺乏說服力或自信」、「無法獨立作業」；（5）有助工作學習的方法為「主動多詢問」、「請教前輩或專家」、「了解公司之前製造的產品」；（6）即將成為設計師的人須事先做好的準備為「對設計需要有工作熱情或興趣」、「熟悉設計軟體」、「設定好自己的工作目標」、「加強手繪能力」。

這些是學設計相當設計師，必須先有的心理準備，不是幻想著坐在漂亮辦公桌，優雅的畫著圖而已。

四、 研討會論文

把研討會論文與前面的論文撰寫要點是一致的，放在後面是因為它看似簡單，卻需要注意一些要點。

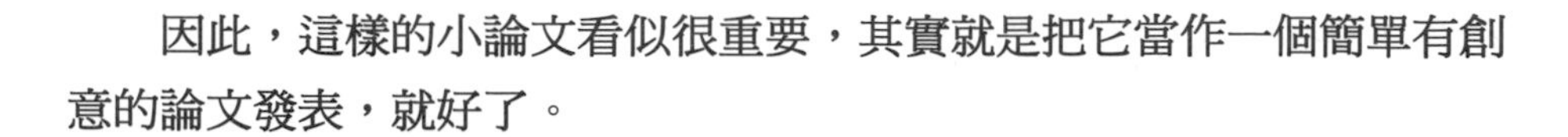

因此，這樣的小論文看似很重要，其實就是把它當作一個簡單有創意的論文發表，就好了。

（一）注意要點

1.前言的重要

由於內容會忽視此部分，這個部分可以寫出重要性，再引出研究動機及目的。讀者藉此產生閱讀的好奇及興趣，好的作者可從這部分的內容看得出來。

2.文獻探討不一定要成為一節

文獻探討在此部分也可與前言合在一起；介紹的是與研究非常相關的，不是介紹而已，而是要說出與研究相關的一些研究，在碩論是可以寫的很仔細。

但是在研討會的有限篇幅，簡述即可，無法在研討會論文講清楚原理，要集中快速地說出：（1）這個研究沒人做過、（2）是很重要的重點、（3）缺此研究很遺憾等。

3.注意有嚴格的篇幅限制

經常研究生會在有限的篇幅裡希望放進去許多內容，其實研討會希望的是你的新概念或新想法的呈現，在 4 頁或是 6 頁的篇幅內。

如果想說許多東西是困難的，通常的心態是擔心內容太小而放了許多大家不想讀的東西。

4.主要內容是寫你的發現

在數頁而已的篇幅中，記得主要是寫出你研究的發現，通常不需寫很多，也就是論述如何達成一個研究目的就夠了。研究生就是擔心內容太少，其實精簡扼要有說服力才是重點。

寫些大家想知道的，可讓大家願意花時間去閱讀的，不是充數的寫一些只為交差的東西。論文是自己的，不是指導教授的，寫出你的想法去達成它的。

（二）常犯的錯誤

1.浪費篇幅在文獻探討

不是說不能寫，而是精簡即可，甚至不需成為一個章節，因為是一個章節所以就硬塞東西進來。殊不知發表費用有時很貴，國際研討會動則 400 美金（1 萬 2 千元台幣）起跳，600 美金更是常有的。

國內可能 500 台幣左右。所以精簡放進重要的，或是別人如果不知道絕無法看懂你的文章，更別提有興趣了。

要注意此部分盡量不要：（1）只介紹主題的歷史及發展過程；（2）不能只點到而已，需有方向性的探討；（3）因為不小心而失去探究的焦點；（4）不一定要成為一個章、有時一個段落的探討亦可，可根據資料量或是篇幅等。

2.沒有說出重點來

內容的重點，如果不強調出來的話。讀者是無法體會的，巧妙且鄭重地說出重點，尤其是在結論中加以說明清楚，並且舉例出來，讓大家可以馬上接受。

3.誤會圖會自己說話

一張自己用盡心思畫出來的漂亮圖，貼在論文自己絕對不會自己說話的。

要在前面的文字引導讀者以圖來清楚說明，加上精美的圖或是關係圖，來讓審查委員或是讀者快速讀懂，甚至產生興趣來繼續讀完。通常有以下的問題：

（1）有圖無文：常會看到一點點的字下面一大堆圖、表，希望大家看這些圖表懂你的意思，讀者是不可能看圖，就能了解你的文字論點必須對難以說明的文字輔以圖來解釋。

（2）圖文的對應問題：下面有好多張圖或表，但是上面的文章完全沒有提及，如有提及需有對應的圖編號或表編號去說明它們。

（3）編號亂掉：基本問題，常以為等一下再來整理，你的指導教授看到是會生氣的。

3.到底重點是啥？

抓住研究目的就是抓住重點，一個研究就是在解答或是解決這些目的的。所以隨時想著才能寫出有內容的論文來。

（三）口頭發表的準備

對於需要發表點數的碩士生就需把握難得的機會，建議不要以海報方式投稿（也有人認為海報發表可以和與會者口頭交談，交換意見，但是目前國內常流於形式，甚至貼了就不見發表者），選擇在投稿的研討會上有信心地發表自己的論文。

1.投影片的內容

一定想辦法讓主持人及聽者對你的發表有興趣，所以不一定完全將自己的所投稿的論文，從頭到尾講一次，畢竟時間有限通常只有 15 分鐘。

所以**（1）掌握你的論文精華，有重點的講出來；（2）有吸引人的圖片來說明內容；（3）整理成圖或表來表達你的結果**。

2.講話的方式

一定要練習到能掌握內容，不急不徐地說話。通常緊張是源自於沒有準備好，也可準備好講稿，尤其是外語的報告，如果是初次的發表準備講稿以防一緊張就忘掉了內容。

3.掌握時間

由於一般的研討會，每個發表者僅能分配到共 15 分鐘的時間，所以如何在這段時間將自己的研究呈現出來，需要事前的練習。通常如果沒有加以練習就會拖延到自己的發表，如果主持人擔心時間拖延影響下面場次的發表，甚至會阻斷你的發表而無法完整說出內容。

4.發表後的應答

大部分研究生均會擔心發表後的主持人之發問，或是與會者的問題。其實有發問代表著你的研究有人有興趣，甚至可以找到你的同好，日後可以一起做研究、或是找到了你的口試委員。真的不用擔心，準備好了就不用害怕了。

如果是國際研討會，因為語言的關係會擔心別人的發問聽不懂，其實主持人就是學者，他們深知此情形會發生，所以不用怕。因為他會伸出援手，聽不懂可以再問一次，讓自己可以有機會練習及認識更多國外學者，豐富人生一下。

5.向主持人及聽者表示感謝

一般緊張都會忘記了對聽你發表的人表示感謝，甚至主持人的引導表示謝意，記得在發表內容的最後寫上含謝意的文字。

6.是否可向發表者索取資料

當我們認真的聽取發表，而對發表者的內容感興趣或與自己研究有關，而想獲得他的資料。交換名片以口頭表示自己的欽佩及想要獲得資料的想法，其實對方都會給予某一種形式的回饋，給你他回去整理過覺得可給你的資料，或是資料來源。

因為他也會覺得找到知音，你或可交到一位朋友，所以表示善意說出自己的念頭，萬一對方不願意給你資料也不要感到難過，可以與對方保持聯繫，感動對方來獲得支援。

（四）研討會的感想

在全世界學術界大量的研討會，藉以將有志及有識之士結合在一起。研究者也知道這是一個與外界交流的好機會，但是實際是否能如你所願，就很難講了。我總覺得這些研討會，尤其國際研討會需付出不少的費用，如果無法獲得有關單位或是計劃的資助。會是學者們的一大負擔，尤其新入的研究者適當的找機會申請計劃，適當地與人合作。

更重要的是找尋有應用意義的計劃，讓設計相關的研究真正能應用在設計上，不然設計研究就隨著知識的遠去而消失。感性相關的研究，對於未來的社會及人類是可找到許多應用的機會，尤其科技應用進步的今天，這些偵測感性的設備，甚至如 thync 的產品（圖 1-9～10）均可以被生產用於生活。與醫學或生理學的合作，都是很好的未來。衷心的期待感性工學在台灣的發展能夠更寬廣，大家能夠互相攤開心胸合作。

第十六章. 相關組織發展及個人未來的展望期待

- 讓大家稍微了解感性相關學會的發展及相關單位可能的可能資源及支援。
- 日本感性工學會的不同思維及做法，讓組織可以發展得很壯大及多樣，包含許多領域及產業的應用。
- 最後的感言是覺得可以利用此法，去發展出許多方面的應用。

對於感性工學的發展，我們知道從日本的學術界創立而開始，由於各種因素而漸漸流傳至世界各地，也漸漸在國際間形成各種的學會及國際性的研討會在推展這個領域。

目前感性工學最主要的國際會議為 KEER（international Kansei Engineering and Emotion Research conference），由日本感性工學會（JSKE: Japan Society of Kansei Engineering）、台灣感性學會（TIK: Taiwan Institute of Kansei）、及歐洲感性團體（EKG: Europen Kansei Group）所組成。每兩年輪流在日本、台灣、歐洲舉辦的國際研討會，台灣在 2014 年於澎湖科技大學首次舉辦，2016 年將於英國的介紹里茲大學（Leeds University）舉辦，就這樣的繼續輪流下去。

一、 學術的發展階段

台灣也因為留學日本的學者們的努力，而在漸漸在台灣形成一個領域，尤其以張育銘教授在留學於日本千葉大學時，將他研究室所專攻的感性工學的研究領域及概念帶回台灣，開始時在他當時任教的成大工設系教學，而漸在學術界盛行起來。

並在 1999 年與陳國祥、管倖生、張育銘、鄧怡莘教授們共組「感性工學研究小組」，帶領研究生投入相關的研究。並以整合型計劃向當時的國科會申請相關的研究計劃，帶領當時的成功大學工業設計研究所碩士班研究生進行感性工學的研究，藉以推廣感性工學理念於設計產業應用為目標，並將小組的研究成果發表於國內各大設計研討會。

從 2000 年在當時明志技術學院主辦的「89 年技術教育研討會」，小組聯合以「感性工學研究小組」的名義發表多篇研究成果，且特闢了「感性工學研究」的發表場次。確實引起及帶動國內設計學界與產業界對感性工學研究的興趣（感性工學研究小組，2003）。開啟了一個研究領域的起點。

2002 年開始小組也透過國科會的整合型計劃，涵蓋了視覺、聽覺、觸覺及振動覺四項感官的複合式感性工學（Multi-sensory KANSEI Engineering）研究，系統地整合成一全面且系統的研究。針對未來行動通訊產品之趨勢，從感性工學觀點提出強調整合人類視覺、聽覺、觸覺及振動覺四項感官知覺的「複合式感性工學應用於產品開發之整合研究」。經由研究生的學習，畢業後慢慢地引進至產業界，前後共有兩本少量印刷的成果資料。

各校的相關科系也在這段期間紛紛地有了相關的課程，雖然有大量的專業學術研究單位的研究者加入，但是至今還未能像日本一樣，對產業產生直接的影響，卻間接地由畢業的研究生在產業紮下穩固的根基。

二、台灣感性學會

台灣感性學會在日本感性學會的鼓勵及支持下，在 2007 年底的日本北海道「感性工學與情緒研究」年會（KEER 2007；10/10～12）期間，與會的他國學者一致希望台灣能儘快成立可對口的組織，來積極參與國際交流活動，並能共同承擔主辦國際研討會的任務。獲得日、韓感性工學研究先驅；原田昭、山中敏正、李建杓等學者的支持與鼓勵，國內感性工學研究的先進林榮泰、莊明振、管倖生、楊靜等教授達成共識，敦促成大工設系扛起「台灣感性學會」的籌設工作。張育銘與陳國祥教授回國後極力遊說系上同仁，積極討論並著手準備「台灣感性學會」發起的各項事宜（感性工學研究小組，2003）。

2008 年 2 月，林榮泰教授夫婦作東在悅湘園餐廳設宴，款待北部幾個大學的主任彼此交換意見；當日出席者：當時的北科大黃子坤主任、長庚大學的蕭坤安主任、明志技術學院的許言主任、高雄師師範大學的唐硯漁主任及林漢裕教授、交通大學的鄧怡莘教授、台中技術學院的游曉貞教授、成功大學的張育銘及陳國祥教授。餐後並移至蒙得利安的家（林榮泰公館），共商成立「台灣感性學會」的相關事宜（http://www.twtik.org/）。

2008 年 05 月 12 日，備齊相關資料送內政部核備後准予籌備。2008 年 07 月 01 日，內政部來函准許成立。2008 年 12 月 13 日，成立大會暨第一次會員大會、選舉理、監事、常務理、監事及推舉理事長。首任理事長陳國祥教授、秘書長王明堂教授，開創了這個領域學會在台灣發展的契機，也開始能正式地散出更多種子，許多以此議題為研究方向的研究生，畢業後均能利用所學在職場發光發熱。

三、日本感性工學會

以下來自日本感性工學會網站的說明（http://www.jske.org/abouts/）他們成立於 1998 年 10 月 9 日，已經近 20 年了。由於要讓關心者可以一窺大概，將其內容稍作介紹，除了簡介外，他們還有期刊可以投稿及可自由下載的論文（http://www.jske.org/publication/）（可下載的期數可自己探索），當然可以入會及有定期的研討會。

（一）簡介

該會不是僅以人文科學、社會科學、自然科學為框架，更是以融合更寬闊的學術領域，將感性工學作為一個新的科學技術來加以開展。它是依據感性的價值發現來活用，以社會為資源當作目的的學問。

關心感性的任何人均歡迎參加入會，現在的會員有各個學術領域：從哲學、教育、心理、藝術、政治、經營、社會等人文社會科學系，及醫學、生理學、化學、材料、機械、資訊、系統等的自然的多樣性。從多樣的視點以感性為議題來進行活動。活動有日文論文、期刊、英文論文的發行，春季的大會、年次大會及舉行演講，多數分會有演講來進行多樣的活動

（二）設立的背景

工業革命現代科學技術，因為東西了大量的產生，人們一直在提供物質的富足。但是，結果卻建立了一個統一的工業產品，每個人的生活沒有了個性，地區的文化被破壞了，它帶來了可能是人的創造力之喪失。因此混亂就分離出來了，為了促進和平和繁榮的社會，以人類的根源之能力當作感性的中心之科學技術的，來挑戰感性工學的創立。

當務之急，是將活用感性的哲學的實踐，培育感性豐富的人之教育、美麗的風景氣候實現等為起點，相關的感性的計測及量化技術方法的開發，波動、模糊理論、分形複雜系統的導入新的解析方法。

這樣的方式，在各個領域，如資訊工程，人因工程學，認知科學，心理學，設計學等諸領域可以跨越學際的研究，進一步考慮到這些成果的商品化、產業化，積極支持利用現有工學或跨學科研究來當作主題。

（三）營運的特徵

會議由選出的理事所構成理事會為來進行營運。為了不被傳統學術所約束，繼續經營的策略，對成員 30 個或更多的人所關心感興趣的主題即成立分會，也選舉出理事、評議員及編輯委員等，參與學會的營運。

對於台灣感性學會及日本感性工學會的初步了解，讓興趣者可以利用這些學會的資源，有機會參與相關的活動或參加及投稿感性學會所舉辦的研討會，進而參加這些學會，與志同道合的學者、研究生們一起為台灣的相關領域做出貢獻。

四、 工業技術研究院中分院的加入

在推廣此領域的過程僅由學會及學校教授來進行，似乎難以對產業產生積極的功效，也由於工研院的興趣，在中分院主管的推動及督促下，成立了的感性設計技術專案辦公室。正式在產業導入感性工學研究及感性設計的服務，成立感性設計使用者聯盟來為整個領域建立起推動的外圍組織。

（一）感性設計技術專案辦公室介紹

感性設計技術專案辦公室以提升中台灣的產業升級及轉型為要務，鏈結中部產業與學界能量、孕育感性設計人才搖籃為大目標，透過生活型態微趨勢分析及感性設計系統化核心技術與研究方法論研究、成為中台灣生活工具產業創新需求的先行者。

感性設計技術專案辦公室主張，其核心價值是一種探索與實踐創意的方法論研究。

從以人為本的角度出發，透過不同的研究方法，在生活趨勢與市場分析中發現使用者需求、尋找產品發展的價值主張，發掘產品所需的感性訴求，分析產品的感性關鍵因子，最後藉由技術與設計的整合，完成發展創新產品的目的、協助產業轉型或開創新興產業。

為了面對產業面臨的現況，其對中灣產業升級轉型從一生產導向的製造設計，至以功能導向的工業設計升級轉型為以使用者為導向的感性設計（圖 16-1）。

同時提出以設計創造附加價值、前瞻感性設計技術研發、鏈接中部產業與學術界能量、孕育感性設計人才搖籃的中台灣產業升級轉型策略（圖 16-2）

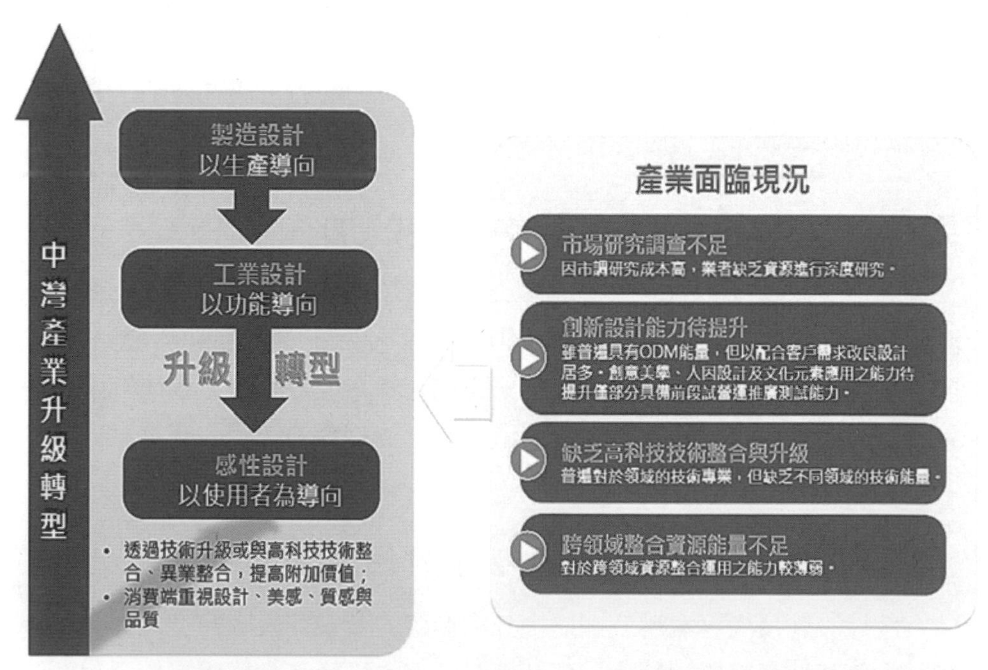

圖 16-1 台灣產業現況及中灣產業升級轉型（工研院中分院感性設計技術專案辦公室提供）

圖 16-2.中台灣產業升級轉型策略（工研院中分院感性設計技術專案辦公室提供）

（二）感性設計技術專案辦公室服務內容

感性設計技術專案辦公室從事感性設計技術研發，建構感性設開放實驗室等基礎環境；發展感性設計關鍵因子分析技術、感性關鍵因子生/心量測與分析技術，以強化對區域產業及設計服務業之服務推動。相關設備與服務內容如如下：

1.開放實驗室設備與空間租用

（1）快速成型特色實驗室、（2）使用者行為分析實驗室、（3）產品設計分析與模擬實驗室、（4）創意文閣 /設計精品陳列室 (創意發想室)。

2.感性設計技術資料庫

提供感性設計技術資料庫平台以協助產品開發。提供感性設計技術資料庫平台以協助產品開發。

3.感性設計專案服務

提供產品設計開發專案服務，以及感性設計委託研究。

4.設計趨勢研討會暨工作坊

定期舉辦國內外產業設計趨勢研討會暨工作坊。

5.創意空間進駐

提供企業設計研發團隊、學校研究團隊、新銳設計師進駐服務。

五、有一種需要的感言

此領域在台灣似乎一直停留在學術界，但是也慢慢得到相關媒體注意，朱文心（2013-09-17）在天下雜誌也開始報導，「探詢企業需求並連結消費者心理，透過調查掌握大眾的情感取向，再將分析結果作為模型設計，進而以實驗驗證之後產出商品。」這個將感性工學套入市場機制的成功模式，是否感覺有點熟悉？現在當紅的「使用者經驗(User Experience)」，其實踐流程都和日本來的感性工學十分相似。

無意中發現了 Watanabe（2013/11/16）在網絡上的資料，喜歡他的說法，他畢業於愛知教育大學教育學部日本語教育，後來在情報出版会社擔任庶務、業務、人材派遣会社，人材的掌握、編集產品生產、寫作等。現在是一位自由作家。 一貫以來均與業界人才相關，「如何展開人的最大極限之可能性」 、「讓見了的人希望自己很有活力」。所以從其五感和感性的覺悟中，了解其以另一種角度來看五感。

如何從自己的腦袋出發經由思考、意志及生活的方法，去影響到自己的心及身體，讓心可以有感情、與其他事物產生關係及綁在一起的力量；去影響身體的五感，讓他們可以去觸發許多事情及找到相關的力量。

他認為從感受性到感性是；（1）從事物形成印象開始，（2）往上感性來認識事物的本質或法則至進而尋找視野與意志（3）往下感受性，則是要是要接受外界事物。回頭往上，（4）最後理解：（a）對應變化一定要的、（b）進化會繼續、（c）可能性會繼續擴大（圖 16-4 左）。也就是五感產生感性，再去思考及如何行動；這些會跟我們的經驗相關。

對於 Watanabe 的看法，他說出來人如何從自己由上而下的腦袋、心、身，（1）腦袋：如何思考、產生意志，憑著活著的力量；（2）心：感情來產生關係，讓事物綁在一起；（3）身體：則是以遭遇到的事，將其產生相關的力量（圖 16-4 右）。

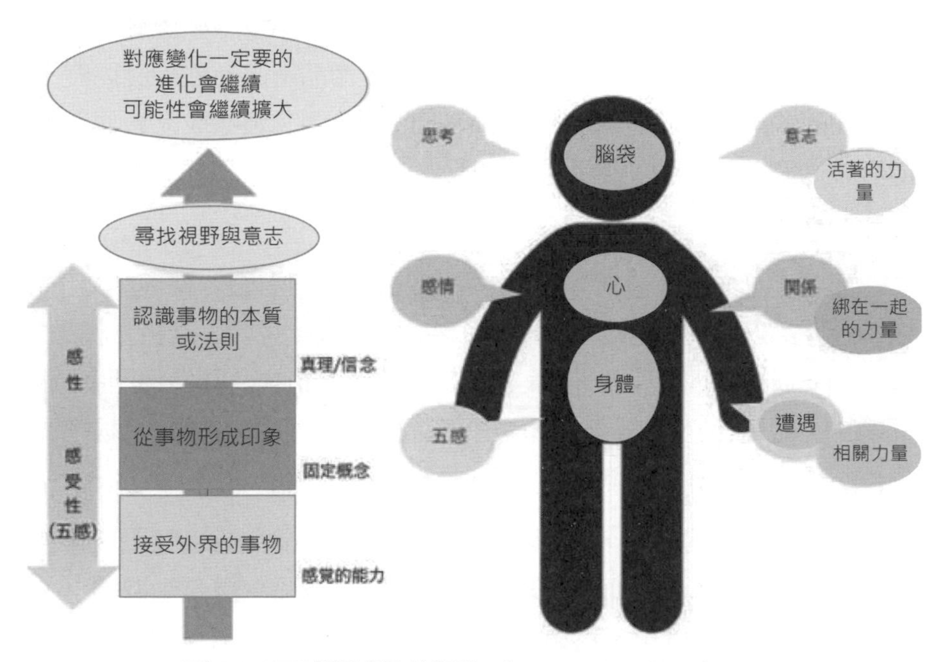

圖 16-4.五感與感性的運作（Watanabe, 2013）

長町三生在 1970 年代提出「感性工學」，他的學術主張落實了這個領域在產業的實踐，甚至橫跨到心理學、工程學、美術設計等，雖然設計產品要以消費者為中心是老生常談。大家也開始可以從理解消費者的感性，來找出大眾在其情感體驗上，到底自己真正想要的商品是甚麼。這些概念的呈現，使人之間的感覺改變了，近來在台灣也大量的研究生畢業後啟發了它的使用。

我希望藉由此書來讓初學或是有興趣者，可以在大家不太願意買書的時代，整理一本可以像上面（圖 16-4）的關係，以腦袋、心及身體來連接相關知識（力量），讓大家可以達到左上方對事物的目標。

六、　需準備好自己的能力

設計類別的工作機會一直很多，而如果要成為未來之主管，則需具備樹種類型能力，我們知道台灣在職業類別，新增的 7402 細類—工業設計業定義為：「從事產品之外觀、機構、人機介面等規劃、設計，以利產品之使用、價值及外觀達到最適化之行業」，主要經濟活動包括「工業設計、產品外觀設計、產品機構設計、產品人機介面設計」（行政院主計處，2011）。另外新增的 2173 細類—「產品及服裝設計師（含工業設計）」，其職業定義為：「從事製造業產品及服裝之設計開發，需與客戶討論溝通設計理念、協調解決從設計概念到製造成品各個環節可能發生的問題，籌備、委託製作原型及樣品，監督樣式、計畫、工具及製造過程。」

而就是工作內容包括：（1）與客戶討論決定衣服、紡織品及珠寶等消費性產品之設計概念；（2）準備素描、圖表、說明、計畫、樣品及模型，以溝通設計理念；（3）與客戶、管理者、銷售及製造部門協調解決問題；（4）籌備及委託製作原型及樣品，監督樣式、計畫、工具及製造過程（行政院主計處，2010）。

在專業競爭的時代，我們以此類設計為例，需探討工業設計除了專業能力外，會因為具有感性工學的概念而能與產品企畫產生關連；進而理解企畫經理的能力，如果希望有晉升機會或與此類主管相處。

在數位時代爲了具備競爭力，更需具有：（1）類比能力：傳統之主管特性，及（2）數位能力：情報收集、分析及說服力，企畫經理需具有八面玲瓏的能力。

（一）設計師與企畫的關連性

通常設計的方向的確認，依據公司大小有不同的流程，但是要有前述的企畫，經由相關部門的確認，才不至於設計過程，因為方向的爭議而改變方向，產生開發時間的浪費以致于產生公司產品在數位時代的產品，開發時間的長短常導致產品成敗的關鍵因素。

因此，依據適當的企畫階段，可以避免決策時因資訊不足所產生的遲疑。所以設計部門便需與企畫部門保持聯繫，以確保設計的方向是否夠清楚，否則各做各的就浪費了時間及等於損失了商機。如果沒有企畫部門，則自己要稍微依據自己的能力進行企畫，才能做好設計。

而慢慢地學設計科系的學生，也會因為能力及興趣而轉移至企畫部門發展，因此如何掌握訓練自己的企畫力，培養自己成為未來主管的能力。而且既有機會成為設計師、除了成為設計主管外、更有機會成為企畫主管，尤其在學習及熟練感性相關知識及能力後。你也許接著需面對成為一位企畫經理的機會。

（二）設計的另一個出路：企畫經理

企畫經理勢必需要能與設計部門溝通，而且是具有說服力的溝通。因此，需具備：（1）設計及感性、（2）創造力、（3）說服力高、（4）商品知識、（5）市場動向分析力強、（6）情報收集力、（7）決斷力高、（8）資料分析、（9）折衝能力、（10）風險管理、（11）臨機應變力、（12）耐性、（13）有開發工程知識。

所以有些企畫經理是從設計部門，或是設計能力不強，但就是具備其他的能力，就可能是很好的企畫經理，設計類別的學生需要理解這樣的轉換是好的，而且成為設計部門的上位單位，也是很好的一條出路。

企畫似乎可來自各種領域，就看該產業的類別，只要具備上述的能力，就有機會成為企畫經理。所以好的企畫部門主管，有可能從各類部門而來，因此，自己規劃自己的生涯，當你對企畫有興趣而且想要有所成就，就需隨時地做好準備，往上敘述的哪些能力方向去試探訓練自己，或者在不同的相關部門多所學習歷練。

加上個人的人格特質的培養，便能有所成就。而且這個時代這樣的人力比專門的設計工作更有機會出頭，未來發展的機會及接觸機會的可能機率會較高。我常常在上課時跟學生講，學設計但創意能力的呈現較弱、或繪圖能力較弱者，但是很有想法的就可往此方向發展。因此對於感性研究的能力及感性設計的認識，便得加以仔細地研究。也可讓自己多一條生路，不要讓現狀綁住自己。

（三）類比能力的類型

如果能夠進行類比，就可讓自己快速豐富自己想法。類比能力的類型就是具備；豐富想像力、腦中構想之表現力、立體構成能力、強烈好奇心、說服人之企圖、對商品之執著、對消費者之關心、做事情之執著。上述可說是一個人格特質具有想像力，也就是對產品除了具備理性的能力外，還需具有感性的能力。

而這兩類的人常無法並存，因為之間有些微的衝突，如果是早期的工業設計便能勝任，但是現在的工業設計被漸漸制約成只具有造形設計能力為主。如果受過工業設計訓練後，加上感性工學訓練後一定更可以獲得領導機會及勝任領導的工作。

（四）數位能力的類型

而數位能力類型便是需具有：市場資料收集、市場趨勢解析、數據分析能力、設計技術之基本常識、成本管理能、評價能力、邏輯說服力。

勇於面對現實當需要放棄計畫時須當機立斷，勇於向上級單位反映。過程中會因為現實之環境及市場變化使得原始企畫需修正，甚至放棄，一般狀況會捨不得或堅持己見，致使計畫產生不可彌補的損失。

因為開發過程越到後面所花之成本會越高。例如：模具費動輒上百萬，備料更是千萬元計。一個失敗的產品開發，就可能因為這些損失而導致公司倒閉、員工流離。雖然員工看來只是換個工作而已，但是企業主就會因此而背負龐大的債務，甚至會終身無法再翻身成功。企畫專業能力的職業道德及專業態度，需要及時反應產品企畫是否正確，詳細地剖析現況及未來需面對的問題，讓老闆下決策時有些依據，選擇正確的方向去投入財力及心力。

七、期待藝術設計相關領域的加入感性研究

這樣的期待是發現台灣的現況，目前大部分以工業設計領域參與較多，期待其他的設計領域也加入，來讓設計研究能更科學些。

尤其對於藝術成分較高的研究領域，適合這個感性領域，加入這個研究領域加值自己的研究。期待此書可協助更多設計領域，讓自己的研究可以更理性中找到感性，加入一些較工學的概念，讓自己的研究成果可投稿的範圍變寬些。

向各方的致謝

感謝您的購買及閱讀，歡迎對此議題的同好來信交流！！

■參考資料

2011 年台北設計大展線上博覽會，上網日期：2011 年 10 月 17 日，取自 http://vr.2011designexpo.com.tw/index.html.

3D 列印，上網日期：2013 年 11 月 4 日，取自 http://www.moneydj.com/kmdj/wiki/wikiViewer.aspx?keyid=973e4ada-359b-4fd1-9cbb-86b021219e1c。

60 秒的膚電反應圖，上網日期：2014 年 2 月 8 日，取自 http://en.wikipedia.org/wiki/File:Gsr.svg。

Abelson, R. P. and Prentice, D. A.(1989). Beliefs as possessions: a functional perspective, In A. R. Pratkais, S. J. Breckler and A. G. Greenwald(eds), Attitude structure and function (pp.361-381). Hillsdale, NJ: Erlbaum.

Agarwal, R. (1998). Evolutionary trends of industry variables. International Journal of Industrial Organization (16), 511-525.

Agazzi, Evandro, Ed (1991). The Problem of Reductionism inScience. Dordrecht: Kluer Academic Publishers.

Anderson, E.W. and Sullivan, M.W. (1993). The Antecedents and Consequences of Customer Satisfaction for Firms. Marketing Science, 12 (spring),124-143.

ANNA SUI 香水，上網日期：2014 年 2 月 8 日，取自 http://cdn.makeupstash.com/wp-content/Anna-Sui-Autumn-2010-Makeup-Visuals.jpg。

Astell, A.J., Ellis, M.P., Bernardi, L., Alm, N., Dye, R., Gowans, G., and Campbell, J.(2010). Using a touch screen computer to support relationships between people with dementia and caregivers. Interacting with Computers, 22(4), 267-275.

AUTONET 記者（2012）連天王也〝驚嘆〞！宏佳騰 OZ 125/150 正式登場宏佳騰驚嘆 125，上網日期：2012 年 10 月 17 日，取自 http://mobile.autonet.com.tw/cgi-bin/file_view.cgi?b2040274120413。

Avery, J., (2012). Defending the markers of masculinity: Consumer resistance to brand gender-bending. Intern. J. of Research in Marketing, 29 (2012), 322–336.

Babbie, E. and Rubin, A.（1992）. Research Methods for Social Work（2nd ed）. Pacific Grove, California.

Barkow, J.H., Cosmides, L., and Tooby, J. (1992). The adapted mind. Oxford: Oxford University Press.

Baule, G.M. and Mcfee, R.(1965) Am. Heart, J. 66, 95.

Baxter, M. (1995). Product design: Practical methods for the systematic development of new products. London, England: Chapman & Hall.

Beach, D. P and Alvager, K. E.（1992）. Handbook for Science and Technical Research. Engelwood Cliffs, NJ: Prentice-Hall.

Bell, D., (1976）. The Coming of Post-Industrial Society: A Venture in Social Forecasting. Perseus Books.高銛等譯（1995）。後工業社會的來臨：對社會預測的一項探索。台北：桂冠出版社。

Berridge, K.C.(2003). Pleasures of the brain. Brain and Cognition, 52(1), 106-128.

Biederman, I. (1987) Recognition-by-components: a theory of human image understanding. *Psychol Rev*. 1987 Apr;94(2):115-147.

Bloch, P. H.(1995). Seeking the ideal form: Product design and consumer response. Journal of Marketing, 59, 16–29.

Bransford, J.D., and Stein, B.S. (1993). The ideal problem solver (2nd ed.). New York: W. H. Freeman.

Brown, B. (1907). Vasari on technique (English edition). J.M. DENT & COMPANY. Vasari, G. (1550). Le Vite de' più eccellenti pittori, scultori, e architettori (Italian edition). Torrentino (1550), Giunti (1568).

Bruton, G.D. et al. (2004 (10)). The evolving definition of what comprises international strategic management research. Journal of International Management.

Budenholzer, F.E.(1991). Some Comments on the Problem ofReductionism in Contemporary. 哲學論集, (35) (2002/07), 231-248.

Cagan, J. and Vogel C.M. (2002). Creating Breakthrough Products: Innovation from Product Planning to Program. FT Press.

Callebaut, W., and Pixten, R. (1987). Evolutionary epistemology: A multiparadigm program with a complete evolutionary epistemology bibliography. Dortrecht: Reidel.

Chang, D., Dooley, L. and Tuovinen, J.E (2002). Gestalt Theory in Visual Screen Design — A New Look at an old subject. In: Not Set ed. *Selected Papers from the 7th World Conference on Computers in Education (WCCE'01), Copenhagen, Computers in Education 2001: Australian Topics*. Melbourne: Australian Computer Society, pp.5–12.

Chang, W.C., and Wu, T.Y.(2007). Exploring types and characteristics of product forms. International Journal of Design, 1(1), 3-14.

Chen, Z., and Daehler, M. (2000). External and internal instantiation of abstract information facilitates transfer in insight problem solving. *Contemporary Educational Psychology, 25*(4), 423–449.

Christensen, C. (1997). Patterns in the evolution of product competition. European Management Journal, 15(2), 117-127.

Crossland, P. and Smith, F.I.(2002). Value Creation in Fine Arts: A SystemDynamics Model of Inverse Demand and Information Cascades.Strategic Management

Journal, Vol.23, 417-434.

Cross-sectional view of a typical PRT-based pressure sensor (2014, October, 15) Retrieved August 20, 2015 from http://www.pressuresensorsuppliers.com/Automotive-Pressure-Sensor.html.

Crozier, R. (1994). Manufactured pleasures-psychological responses to design. New York: Manchester University Press.

Cytowtic, R.E. (2002). Synesthesia: A union of the senses (2nd edition). Cambridge, MA: The MIT Press.

Darwin, C. (1876). The Origin of Species (6th ed.). 葉篤莊、周建人、方宗熙譯。（1998）。物種起源。台灣商務印書館。

Dawkins, R. (1987).The Blind Watchmaker - why the evidence of evolution reveals a universe without design. W.W. Norton & Co., Inc.

Demirbilek, O. and Sener, B.(2003). Product design, semantics and emotional response. Ergonomics, 46(13-14), 1346-1360.

Dentsu (1985). Kansei shouhi, risei shouhi [Kanseiconsumption, logic consumption]. Tokyo, Japan: NihonKeizai Shinbunsha.

Dentsu (1985). Kansei shouhi, risei shouhi [感性消費、理性消費]. Tokyo, Japan: Nihon Keizai Shinbunsha.

Desmet, P.（1999）. To love and not to love: Why do products elicit mixed emotions? In C. J. Overbeeke & P. Hekkert（Eds.）, Proceedings of the 1st International Conference on Design and Emotion。Delft: Delft University of Technology. 67-74.

Dior J' Adore 淡香水（100ml）, Retrieved May 2, 2013 from. http://www.dior.com/beauty/twn/zh/%E9%A6%99%E6%B0%9B/%E5%A5%B3%E6%80%A7%E9%A6%99%E6%B0%9B/jadore/y0615241/py0615241.html

Dodson, D. (2013/1/28). Bloke's Grooming: COSMETICS and TOILETRIES for Men. Retrieved January 15, 2015 http://www.alternate-ad-url.com/?redir=frame&uid=www51064e5b0a34d0.60516451.

Doong, H.S. and Wang, H.C. (2011). Do males and females differ in how they perceive and elaborate on agent-based recommendations in Internet-based selling?. Electronic Commerce Research and Applications, 10 (2011), 595–604.

Duck Image_波浪散熱墊波。上網日期：2016 年 4 月 4 日，取自 http://www.damanwoo.com/shop/product/1559

eye-tracking, Retrieved November, 5, 2015 from http://eyewriter.org/images/TEMPT-ONE/eye-tracking/

Findel, A.(2001). Rethinking design education for the 21tst century: theoretical,methodological, and ethical discussion, Design Issues, 17 (1), 5-17.

Fisher, R.A.(1936). The use of multiple measurements in taxonomic problems. Annals of Eugenics, 7, 179-188.

Flint, D.J. and Woodruff, R. B. (2001). The Initiators of Changes in Customers'

Flint, D.J., and Woodruff, R.B. (2001). Desired Value. Industrial Marketing Management,30,321-337.

Foucault, M. (1980). Power/knowledge: Selected interview & other writings 1972-1977. New York: Pantheon Books.

Fujioka, W. (1984). Sayonara taishuu kansei jidai wo dou yomu ka [さいよなら大衆感性をそう読む感]. Kyoto, Japan: PHP Research Center.

Fujioka, W. (1984). Sayonara taishuu kansei jidai wo douyomu ka [Goodbye, mass – How to read Kansei age?]. Kyoto,Japan: PHP Research Center.

Gentner, A., Bouchard, C., Aoussat, A., and Esquivel Elizondo, D. (2012). Defining an identity for low emission cars through multi-sensory "Mood-Boxes". In F. T. Lin (Ed.), Proceedings of the International Conference on Kansei Engineering and Emotion Research (pp. 577-585). Penghu, Taiwan: College of Planning and Design, National Cheng Kung University.

Gilbert (2011/12/21). VW 透明工廠落成 10 周年，德國德勒斯登與全球車主一同歡樂慶祝，上網日期： 2013 年 11 月 12 日，取自 http://vwcv.autonet.com.tw/cgi-bin/file_view.cgi?b112057554001；AUTONET。

Goldberg, R.J. (1982). Anxiety reduction by self-regulatuin: theory, practice, and evaluation. Ann Inter Med , 96, 483-487.

Grant, B.R. and Grant, P.R. (1996). Cultural inheritance of song and its role in the evolution of Darwin' s Finches.Evolution, (50), 2471-2487.

Grewe, O., Kopiez, R., and Altenmüller, E. (2009). The chill parameter: Goose jumps and shivers as promising measures in emotion research. Music Perceplion. 27(1), 61-74.

Grewe, O., Nagel, F., Kopiez, R., and Altenmüller, E. (2007a). Emotions over time: synchronicity and development of subjective, physiological. and facial affective reactions to music. Emotion, 7(4), 774-788.

Grimsæth, K. (2005). Kansei Engineering: Linking Emotions and Product Features.Undergraduate thesis, Norwegian University of Science and Technology.Retrieved December 10, 2010 from http://www.ivt.ntnu.no/ipd/fag/PD9/2005/artikler/PD9%20Kansei%20Engineering%20K_Grimsath.pdf.

Guttman 量表，上網日期 2011 年 10 月 24 日，取自 http://wiki.mbalib.com/wiki/%E5%93%A5%E7%89%B9%E6%9B%BC%E9%87%8F%E8%A1%A8。

Harada, A. (2003). Promotion of kansei science research. In H. Aoki (Ed.), Proceedings of the 6th Asian Design Conference (pp. 49-51). Tsukuba, Japan: Institute of Art and Design, University of Tsukuba.

Hausmann (2013)。第三次革命。科學人（Scientific American），136，台北：遠流出版。

Haven, J. (1857). Mental philosophy: Including the intellect, sensibilities, and will.

Boston, MA: Gould and Lincoln, Sheldon and company.

Hawkins, C. and Sorgi, M.（eds.）.（1985）. Research. New York: Springer-Verlag.

Heidegger, M. (1977). The question concerning technology. In D. Kreell (Ed.), Martin Heidegger:Basic writings. (pp. 3-35). NewYork: Harper &Row.

Hirschman, Elizabeth C. and Holbrook, Morris B. (1982), Hedonic Consumption:Emerging Concepts, Methods and Propositions, Journal of Marketing, 46(Summer), 92.

Huang, Y., Chen, C.H. and Khoo, L.P. (2012). Kansei clustering for emotional design using a combined design structure matrix. International Journal of Industrial Ergonomics, 42 (2012), 416-427.

Huey, E. (1968). The Psychology and Pedagogy of Reading (Reprint). MIT Press.

Hwang, C. L. and Lin, M.J. (1987). Group Decision Making under Multiple Criteria. BerlinHeidelberg: Springer-Verlag.

iPad Pro，上網日期：2016 年 4 月 4 日，取自 http://www.apple.com/tw/ipad-pro/

iPad1, Retrieved Decebmer 4, 2011 from http://jon6773.pixnet.net/blog/post/30215564-apple-IPad）

iPad2, Retrieved Decebmer 4, 2011 from http://www.geekalerts.com/apple-IPad-2-case-bluetooth-keyboard/）

Ishihara, S., Ishihara, K., and Nagamachi, M. (1999). Analysis of individual differences in kansei evaluation data based on cluster analysis. Kansei Engineering International, 1(1), 49-58.

Jharkharia, S., and Shankar, R. (2004). IT enablement of supply chains: modeling the enablers.International Journal of Productivity and Performance Management, 53(8), 700-712.

JIS Z8144:2004（2004）。「感官評價分析-用語」的感官評價定義。JIS 標準。

JIS Z9080（1979）。官能検查通則一解說。JIS。

Jonathan, C. and Craig M.V. (2004) 。創造突破性產品。台北，中衛發展中心，13-17。

Jordan, P. W. (1999. Pleasure with products: Human factors for body, mind and soul. In W. S. Green, & P. W. Jordan (Eds.), Human factors in product design: Current practice and future trends，206-217.

Jovanovic, B., and MacDonald, G.(1994). The life-cycle of a competitive industry. Journal of PoliticalEconomy 102(2), 322–347.

Just, M. A., and Carpenter, P.A. (1980). A theory of reading: From eye fixations to comprehension. Psychological Review, 87, 329-354.

Kahney, L. (2013). Johny Ive: The Genius Behind Apple’ s Geatest products. Penguin Group. 連育德譯（2014）。蘋果設計的靈魂-強尼•艾夫傳。台北：時報文化。

Kahney, L. (2013). Johny Ive: The Genius Behind Apple’s Geatest products. Penguin

Group. 連育德譯（2014）。蘋果設計的靈魂-強尼・艾夫傳。台北：時報文化。

Kamei, H., and Bourdaghs, M. (2001). Transformations of sensibility: The phenomenology of Meiji literature. Ann Arbor, MI: University of Michigan.

Kano,N., Seraku, N., Takanashi, F. and Tsjui, S. (1984). Attractive Quality and Must-be Quality. Journal of the Japanese Society for Quality Control (April), 14(2), 39-48.

Kant, E. (1979). Junsui risei hihan [Critique of pure reason]. Tokyo, Japan: Issui

Kapferer, J.N. and Bastien, V. (2012). The Luxury Strategy: Break the Rules of Marketing to Build Luxury Brands (Second Edition edition) . Replika Press Pvt Ltd. 謝綺紅譯（2014）。奢侈品策略：讓你的品牌，成為所有人奢求的夢想。商周出版。

Khalid, H. M. (2006). Embracing diversity in user needs for affective design. Applied Ergonomics, 37(4), 409-418.

Kiyoki, Y. and Chen, X. (2009). A semantic associative computation method for automatic decorative-multimedia creation with "kansei" information. In S. Link & M. Kirchberg (Eds.), Proceedings of the 6th Asia-Pacific Conference on Conceptual Modelling (pp. 7-16). Wellington, New Zealand: ACS.

Krebs, J. R. and Davies, N. R. (1997).Behavioral ecology: A evolutionary approach. Oxford: Blackwell.

Kreienkamp, E. (2010). Gender-Marketing. Diplomica Verlag.

Kumar, A. and Krol, G. (1992). Binocular Infrared Oculography. Laryngoscope 102, 367-378

Lamarck, J.B. (1809). Zoological Philosophy. 沐紹良譯（1965）。動物哲學。萬有文庫薈要，台灣商務印書館。.

Lancilotti, F. (1885). Trattato di pittura. R. Simboli.

Leedy, P.D.(1989). Practical Research: Planning and Design. New York: Macmillan.

Levine, M.W. and Schefner, J.M. (1981). *Fundamentals of sensation and perception*. London: Addison-Wesley.

Lévy, P. (2013). Beyond kansei engineering: The emancipation of kansei design. International Journal of Design, 7(2), 83-94

Lin, R. (2008 a）. A Framework for Human-Culture Interaction Design – Beyond Human-Computer Interaction. International Symposium for Emotion and Sensibility 2008, June, 27-29, KAIST, Korea. 8.

Lin, R. (2008 b）. Designing "Emotion" into modern Products. International Symposium for Emotion and Sensibility 2008, June, 27-29, KAIST, Korea. 11.

Llinares, C. and Page, A.F. (2011). Kano's Model in Kansei Engineering to Evaluate Subjective Real Estate Consumer Preferences. International Journal of Industrial Ergonomics, 41, 233-246.

Lokman, A.M. (2010). Design & emotion: The kansei engineering methodology.

Malaysian Journal of Computing, 1(1), 1-11.

Lokman, A.M. (2010). Design & emotion: The kansei engineering methodology. Malaysian Journal of Computing, 1(1), 1-11.

Manet 的作品 Olympia，上網日期：2014 年 11 月 4 日，取自 http://en.wikipedia.org/wiki/Olympia_(Manet)）

Matsubara, Y. and Nagamachi, M. (1997). Hybrid Kansei Engineering System and design support. Intemational Joumal of Industrial Ergonomics, 19, 81-92.

Matsubara, Y. and Nagamachi, M. 1997, Hybrid Kansei Engineering system and design support, International Journal of Industrial Ergonomics, 19, 81-92.

Matthew, Z. (1990). Neural Networks in Artificial Intelligence. 1990: Ellis Horwood Limited.

Mazda Miata, Retrieved December 8, 2014 from http://en.wikipedia.org/wiki/Mazda_MX-5.

McAndrew, F.T. (1993). Environmental Psychology. Pacific Grove, CA: Brooks/Cole. 危芷芬（2008）。環境心理學。五南書局。

McGrath, R.G. (2013). The End of Competitive Advantage: How to Keep Your Strategy Moving as Fast as Your Business. Harvard Business Review. 洪慧芳譯（2014）。動態競爭優勢時代-在跨界變局中割捨+轉型+勝出的策略。台北：天下雜誌出版股份有限公司。

Merleau-Ponty, M. (1968). The visible and the invisible (A. Lingis, Trans.). Evanston, IL: NorthwesternUniversity Press.

Miller, G. (1956). The magical number seven, plus or minus two: Some limits on our capacity for processing information. The psychological review, 63, 81-97.

Ming-Tang Wang, Chang-Tzuoh Wu, Rain Chen, Wen-Liang Chen, and Chien-Yu Liu (2014). An ISM Based Approach for Product Innovation Using a Synthesized Process. Mathematical Problems in Engineering, Volume 2014, Article ID 341614, 12 pages, http://dx.doi.org/10.1155/2014/341614.

Minkoff, E.C. (1983). Evolutionary Biology. Addision-wesley Publishing Company.

Misstaylorknight (2013). The history of Mobile Phone', Retrieved Feb, 12, 2016, from https://misstaylorknight.wordpress.com/2013/08/19/the-history-of-mobile-phones-3/.

Miyazaki, K., Matsubara, Y. and Nagamachi, M. (1993）. A modeling of design recognition in Kansei Engineering. Japanese Journal of Ergonomics, 29 (Special）, 196-197.

Molles, M.C. (2002). Ecology: Concepts and Applications 2e, McGraww-Hill Companies Inc. 金恆鑣等譯，生態學—概念與應用。美商麥格羅-希爾國際股份有限公司台灣分公司。

Moyer, M. 王心瑩譯（2013/10）。舌尖上的科學。科學人，140，34-38。

Nagamachi, M. (1995a). Kansei engineering: A new ergonomic consumer-oriented technology for product development. International Journal of Industrial Ergonomics, 15(1), 3-11.

Nagamachi, M. (1995b). Kansei engineering: An ergonomic technology for product development. International Journal of Industrial Ergonomics, 15(1), 3-8.

Nagamachi, M. (1998). Kansei engineering: A new ergonomics consumer-oriented technology for product development. In Karwowski, W. & Marras, W.S. (Eds), The Ocupational Ergonomics Handbook (pp.1835-1848), New York, CRC Press.

Nagamachi, M. (2002). Kansei engineering in consumer product design. Ergonomics in Design, 10(2), 5-9.

Nagamachi, M. and Lokman A.M.（2010）. Innovations of Kansei Engineering. CRC Press, 107-113.

Nagamachi, M., Tachikawa, M., Imanishi, N., Ishizawa, T. and Yano, S.（2008）.A successful statistical procedure on kansei engineering products. Electronic Conference Proceedings.

Nagamachi, M. and Lokman, A.M. (2010). Innovations of Kansei Engineering. . CRC Press.

Neisser, U. (1967). Cognitive Psychology. New York:Appleton-Century- Crofts

Nelson, R.R. and Winter, S.G. (1982). Darwinian psychiatry. New York; Oxford Cambridge, MA: Harvard University Press.

Nesse, R.M. and Williams, G.C. (1994). Why we get sick. New York: random House.

Neuroscan advanced 40ch EEG/EP/ERP system 40 導認知神經記錄分析系統。上網日期：2014 年 8 月 5 日取自 http://www.kmu.edu.tw/~sportsmed/Wu/equipments-new2.htm

New Standard Encyclopedia (Volume 6), 1990, Chicago: Standard Education Corporation

Nishi, A. (1981). Nishi Amane zenshū [Complete works of Nishi Amane] (Vol. 4). Tokyo, Japan: Munetaka Shobou. (Original work published n.d.)

Nishikawa, Y. (1995). The origin of the scientific name, “shinrigaku”, in Japanese : Does “shinrigaku” come from psychology? The Japanese Psychonomic Society, 14(1), 9-21. Tokyo, Japan: The Japanese Psychonomic Society.

Norman, A. Donald (2003). Emotional design-why we love (or hate) everyday things. Perseus Books Group. 翁鵲嵐、鄭玉屏、張志傑 (2005）。情感設計：我們為何喜歡 (或討厭) 日常用品。田園城市，台北，2005。

Norman，D.A.（2004）Emotional Design: Why We Love（or Hate）Everyday Things 王鴻祥、翁鵲嵐、鄭玉屏、張志傑（2011）。情感設計-為什麼有些設計讓你一眼就愛。遠流出版。

Olson, H.F. (2013).Music, Physics and Engineering(2nd edition). Dover Publication, Inc.

Osgood, C.E. (1962). An Alternative To War Or Surrender, University of Illinois Press, Urbana.

Osgood, C.E., Succi, G.J. and Tannenbaum, P.H. (1967). The measurement of meaning. Chicago: University of Illinois Press.

Osgood, E.C., Suci, G.J., and Tannenbaum, P.H.（1957）. The Measurement of Meaning.Urbana, University of Illinois Press.

Paas, F., Tuovinen, J.E., Tabbers, H. and van Gerven, P.W.M. (2003). Cognitive load measurement as means to advance cognitive load theory. Educational Psychologist, 38(1), 63-71.

Panchen, A.L. (1992). Classification Evolution and the Nature of Biology. Cambridge University Press.

Pentland, A.（2008）. Understanding 'honest signals' in business. MIT's Journal of Management Research and Ideas, 50（1）, 70-75.

Pettry, D. (2006). Exploring Emotions through Activities. Retrieved August 8, 2014 from http://www.DannyPettry.Com.

Pine II,B.J. and Gilmore, J.H. (1999). The Experience Economy: Work Is Theatre & Every Business a Stage. Boston: Harvard Business School Press.

Pine II.B.J. and Gilmore, J.H. (2008). Authenticity: What Consumers Really Want. Boston: Harvard Business School Press.

Pinker, S. (1994). The Language instinct: How the mind creates language. New York, NY: HaperCollins.

Pinker, S. (1994). The language instinct: the new science of language and mind. London: Penguin.

Piovesana, G.K. and Yamawaki, N. (1997). Recent Japanese philosophical thought, 1862-1996: A survey. Tokyo, Japan: Routledge.

Prahalad, C.K. and Hamel, G. (1990). The Core Competence of the Corporation. Harvard Business Review, May-June,79-90.

Ramirez, R. (1999). Value Co-Production: Intellectual Origins and Implications forPractice and Research. Strategic Management Journal, 20, 49-65.

Ritnamkam, S., Sahachaisaeree, N. (2012). Cosmetic Packaging Design: A Case Study on Gender Distinction. ASEAN Conference on Environment-Behaviour Studies, 50 (2012), 1018-1032, Bangkok, Thailand, 16-18 July 2012.

Rosa, J.A., Qualls, W.J. and Ruth, J.A. (2012). Consumer creativity: Effects of gender and variation in the richness of vision and touch inputs. Journal of Business Research. Online.

Roy, R., Goatman, M. and Khangura, K. (2009).User-centric design and Kansei Engineering. CIRP Journal of Manufacturing Science and Technology, 1:172-178.

Saaty, T.L. (1980). Aalytic Hierarchy Process. Prefa1Wiley，N.Y. 223-225.

Salimpoor, Y.N. , Benovoy, M., Larch, K., Dagher, A. and Zatorre, R.J. (2011). Anatomically distinct dopamine release during anticipation and experiencc of peak emotion to music. Nalure Neuroscience,14(2), 257-262.

Schmidt, R. A. (1991）. Motor Learning & Performance: From Principles to Practice.

Champaign, IL: Human Kinetics.

Schultz, L.M. and Petersik, J.T. (1994). Visual-Haptic Relations in a 2-Dimensional Size-Matching Task. Perceptual and Motor Skills, 78(2), 395-402.

Schütte, S. (2005). Engineering emotional values in productdesign - Kansei engineering in development. Linköping,Sweden: Linköping University.

Schütte, S., Eklund, J., Ishihara, S. and Nagamachi, M. (2008). Affective meaning: The kansei engineering approach. In H. N. J. Schifferstein & P. Hekkert (Eds.), Product experience (pp. 477-496). New York, NY: Elsevier. Schütte, S., Eklund, J., Axelsson, J., & Nagamachi, M. (2004). Concepts, methods and tools in kansei engineering. Theoretical Issues in Ergonomics Science, 5(3), 214-231.

Selfridge, O.G. (1959). Pandemonium: A paradigm for learning. *In Symposium on the Mechanization of Thought Process, 1*, London: HM, Stationary Office.

Sensitivity can change as materials pass through the glass-transition phase, or Tg Retrieved December 1, 2014 fromhttp://www.pressuresensorsuppliers.com/Automotive-Pressure-Sensor.html.

Shepardm, R.N. (1962). The analysis of proximities: Multidimensional scaling with an unknown distance Function. I. Psychometrika, 27(2), 125-140.

Sheth, J.N. and Parvatiyar, A. (1995). The Evolution of Relationship Marketing. International Business Review , 4(4), 397-418.

Shih, S. (2015/1/26), 你的未解之憂，快樂手機幫幫你 !上網日期：2016 年 4 月 10 日，取自 http://technews.tw/2015/01/26/mood-altering-wearable-thync/

Shirane, H. (Ed.). (2008). Early modern Japanese literature: An anthology, 1600-1900 (E. Abridged, Trans.). New York, NY: Colombia University Press

Slain, R.E. (2012). Education psychology: theory and practice, 10th edition. Pearson Education Inc.

Smolin, L. (1997).The life of the cosmos. London: Weidenfeld & Nicolson.

Sobel, R.S. and Rothenberg, A.（1980）. Artistic Creation as Stimulated bySuperimposed Versus Separated Visual Images. Journal of Personalityand Social Psychology, Vol.39, 951-961.

Sohn, J.Y. and Eune, J. H. (2003). Study on developing integrated re-education program for designers in industry. In Proceedings of the 6th Asian Design International Conference [CD ROM], Tsukuba, Japan

Spencer, H. (1897). FIRST PRINCIPLES (4th edition). D. Appleton & Co.

SR EyeLink II, 2012/9/4, http://www.sr-research.com/EL_II.html.

Stähler, P.（2002）. Business Models as a Unit of Analysis for Strategizing. International workshop on business models, Lausanne, UNIL, op/Draft_Staehler.pdf.

Stienstra, J., Alonso, M. B., Wensveen, S. and Kuenen, S. (2012). How to design for transformation of behavior through interactive materiality. In L. Malmborg & T. Pederson (Eds.), Proceedings of the 7th Nordic Conference on Human-Computer Interaction - Making Sense Through Design (pp. 21-30). New York,

NY: ACM Press.

Tan, D.W., Schiefer, M.A., Keith, M.W., Anderson, J.R., Tyler, J., and Tyler1, D.J.(2014). A neural interface provides long-term stable natural touch perception. Sci Transl Med 6, 257ra138 (2014); DOI: 10.1126/scitranslmed.3008669

Tatsuoka, K.K. and Tatsuoka, M.M. (1997). Computerized cognitive diagnosticadaptive testing: effect on remedial instruction as empirical validation.Journal of Educational Measurement, 34(1), 3-20.

Tazki, E. and Amagsa, M. (1997). Fuzzy Sets and Systems：Structural modeling in a class of systems using fuzzy sets theory. North-Holland PublishingCompany. 87-103.

TDC（2013/11/13）。通用設計七大原則。上網日期：2013 年 5 月 10 日 http://www.boco.com.tw/NewsTdcDetail.aspx?Bid=B20070611000011

The four Purkinje images are reflections of incoming light on the boundaries of the lens and cornea , Retrieved December, 15, 2014 from http://www.diku.dk/~panic/eyegaze/node9.html.

Thync 產品介紹, Retrieved April, 15, 2016 from http://www.amazon.com/Thync-Energy-Wearable-Limited-Edition/dp/B

Ting, S.C. and Chen, C.N. (2002). The Asymmetrical and Non-linear Effects of Store Quality Attributes on Customer Satisfaction. Total Quality Management, 13(4), 547-569.

Tishman, S., Perkins, D.N. and Jay, E. (1995). The thinking classroom. Boston: Allyn & Bacon.

U.S. Bureau of Labor Statistics (2012). Occupational Outlook Handbook, 2012-13 Edition, Industrial Designers. Retrieved May 21, 2012 from http://www.bls.gov/ooh/Arts-and-Design/Industrial-designers.htm#tab-2

Wang, M.T. (2014). Use of a Combination of AHP and ISM for Making Caring Innovative ATV Rescue Products. Mathematical Problems in Engineering, http://www.hindawi.com/journals/mpe/2015/401736/

Wang, M.T. and You, M. (2004). An Investigation of Analogy for Product Ecology. FUTUREGROUND 2004, Monash University, 11/18-11/19.

Warfield, J.N. (1974). Toward Interpretation of Complex StructuralModels.IEEE Transactions on Systems, Man, and Cybernetics, SMC4(5): 405-417.

Warfield, J.N. (1976). Societal systems: Planning, policy and complexity. NY: Wiley Publishers.

Warfield, J.N. (1977). Crossing Theory and Hierarchy Mapping.IEEETransactionson Systems, Man, and Cybernetics, SMC7(7), 505-523.

Warfield, J.N. and Cárdenas, A. R. (1994). A handbook of interactive management (2nd ed.). IA: IowaState University Press.

Watanabe, K. (2013/11/16). 五感と感性ワークショップ. 上網日期：2016 年 2 月 19 日，取自 http://www.slideshare.net/riovision/ss-28313579?related=1

Weiner, J. (1994). The Beak of the Finch: A Story of Evolution in Our Time. Vintage

Books. 唐嘉慧譯 (1998)。雀喙之謎。大樹文化事業股份有限公司。

Wierwille, W.W. and Eggmeier, F.L. (1993). Recommendations for mental workload measurement in a test and evaluation environment. Human Factor, 35, 263-281.

Wu, C.T., Wang, M.T., Liu, N. T. and Pan, T. S. (2015). Developing a Kano-Based Evaluation Model for Innovation Design. Mathematical Problems in Engineering, vol. 2015, Article ID 153694, 8 pages, 2015. doi:10.1155/2015/153694. http://www.hindawi.com/journals/mpe/2015/153694/

Yamamoto, K. (1986). Kansei engineering: The art of automotive development at Mazda. University of Michigan, MI: Unit Publications.

Yang, C.C. (2005). The Refined Kano's Model and Its Applications. Total Quality Management, 62(10), 1127-1137.

Yoshida, H. (1950). Nanshoku masukagami [Lucid mirror of nanshoku]. Tokyo, Japan: Koten Bunko. (Original work published 1687)

Yu, L. and Isenberg, T.（2009）. Exploring one- and two-touch interaction for 3D scientific visualization spaces. In M. Ashdown, & M. Hancock(Eds.), Posters of Interactive Tabletops and Durfaces, ITS 2009,

Zeidenberg, M. (1990). Neural Networks in Artificial Intelligence. 1990: Ellis Horwood Limited. ISBN 0-13-612185-3.

Zhao, R. and Grosky,W.I. (2002). Narrowing the semantic gap–improved text-based web document retrieval using visual features. IEEE Transaction on Multimedia, 4(2), 189-200.

Züst, R. and Schregenberger, J.W. (2003). Systems Engineering. Eco-performance, Switzerland.

レイモンド・ローウイ（1981）口紅から機関車まで—インダストリアル・デザイナーの個人的記録。鹿島出版会。

丁筱珊（2008）。消費者使用多功能智慧卡動機之區隔研究。成功大學電信管理研究所碩士學位論文。

人工神經網絡，上網日期：2016 年 4 月 5 日，取自 https://zh.wikipedia.org/wiki/%E4%BA%BA%E5%B7%A5%E7%A5%9E%E7%BB%8F%E7%BD%91%E7%BB%9C#.E5.9F.BA.E6.9C.AC.E7.B5.90.E6.A7.8B

山本健一（1992）。日本の自動車産業。安国一, 池島政広, 長沢信也編。トップが語る経営。亜細亜大学経営学部，82-92。

中央社（2015/12/20）。激發青年農業文化創意 新北打造五感體驗。上網日期：2016 年 4 月 4 日，取自 http://www.cna.com.tw/news/asoc/201512200187-1.aspx。

中村周三（1996）。Design-Oriented Marketing。Daimon 社。.

中森義輝（2000）。感性データ解析—感性情報処理のためのファジィ数量分析手法。森北出版。

井上勝雄（2007）。デザインと感性。海文堂。

心電圖機器，上網日期：2014 年 2 月 8 日，取自
http://www.hoyumedical.com/prod_d.php?id=22#。

文化創意產業，2013 年 11 月 12 日，取自
http://zh.wikipedia.org/wiki/%E6%96%87%E5%8C%96%E5%89%B5%E6%84%8F%E7%94%A2%E6%A5%AD

日本感性工学会感性社會学學部会（2004）。感性と社会：こころと技術の関係を問いなおず。論創社。

日本感性工學會，上網日期：2011 年 10 月 01 日, http://www.jske.org/abouts/

日本感性學會網站的說明，上網日期：2016 年 2 月 19 日，取自
http://www.jske.org/abouts/。

片岡寛編著（1995）。商品多樣化戰略。書泉出版社。

王伯陽（1982）。神經電生理學。人民教育出版社；北京。上網日期：2014 年 2 月 6 日，取自
http://www.chinabaike.com/article/316/327/2007/2007022048594.html。

王岫晨（2009）。投射電容式觸控技術方興未艾。上網時間 2016 年 2 月 17 日，取自
https://www.ctimes.com.tw/DispArt/tw/%E8%A7%B8%E6%8E%A7%E9%9D%A2%E6%9D%BF/multi-touch/iPhone/0901051433ZY.shtml 。

王明堂（2006）。飲食文化中食具使用功能演化及設計方向的研究。技術及職業教育學報，（11），245-261。

王明堂（2010）。問卷調查法。管倖生（2010）主編。設計研究方法(第三版)。全華圖書。

王明堂，游萬來（2009/3）。台灣速克達機車產品與造形發展研究。設計學報，14（1），83-105

王明堂、陳重任（2010）。亂數運算產生設計構想的探討。工業設計，38(1)，26-31。

王明堂、游萬來（2006/06）。從觀察吸塵器演變推論產品演化的初探。設計學報，11（2），1-20。

王明堂、游萬來、謝莉莉（2008/9）。臺灣電氣化炊飯器造形及功能的發展研究。設計學報，13（3），1-22。

王品集團，上網日期：2011 年 10 月 04 日，http://www.wangsteak.com.tw/link.htm。

王韋堯、周穆謙（2010）。包裝品牌命名字形設計差異化及其視認性研究。設計學報，15（1），1-23。

王振琤（2009）。應用數量化理論一類於產品意象之最適化造形設計一以個人數位助理為例。遠東學報，26（1），155-166。

王甦、汪安聖（2004）。認知心理學。台北：五南。

王慶福、鍾麗珍、王郁茗、何應瑞、賴德仁（2007）。生理回饋訓練與放鬆訓練對大學生焦慮與憂鬱反應之影響效果。中山醫學雜誌，18（2） (2007/12)，

255-270。

王曉秋（2010）。博士生教育品質亟待提高。教育與職業，2010（11A），17-17，中國。

冬山火車站，上網日期：2011 年 11 月 7 日，取自 http://forestlife.info/Onair/416.htm。

北岡俊明著、陳永寬譯（1994）。企畫的原理原則。業強出版社，42-43。

台北基隆河濱公園，上網日期：2011 年 11 月 7 日，取自 http://www.riversidepark.taipei.gov.tw/RiverPark/Content.aspx?iID=14。

台成清交碩士班報考人數均減, 2013/6/18，源自 http://tw.news.yahoo.com/%E5%8F%B0%E6%88%90%E6%B8%85%E4%BA%A4-%E7%A2%A9%E5%A3%AB%E7%8F%AD%E5%A0%B1%E8%80%83%E4%BA%BA%E6%95%B8%E5%9D%87%E6%B8%9B-105451547.html。

台灣感性學會成立，上網日期：014 年 12 月 1 日，取自 http://www.twtik.org/。

台灣感性學會簡介，上網日期：2011 年 10 月 4 日，http://www.twtik.org/tik/index.php?option=com_content&view=category&layout=blog&id=34&Itemid=77。

本田総一郎（1983a）。箸とフォークの文化。食の科学，（75），24-32。

本田総一郎（1983b）。箸の変遷。食の科学，（75），33-40。

生物感應器，上網日期：2014 年 2 月 5 日，取自 http://www.twwiki.com/wiki/%E7%94%9F%E7%89%A9%E6%84%9F%E6%B8%AC%E5%99%A8。

石原茂和（2005）。商品開発と感性。海文堂。

伊藤元昭、野泽哲生来源：日经 BP 社 2009 年 09 月 29 日 11:07:34。

因素分析目的，上網日期：2011 年 10 月 30 日，取自 http://math.yxtc.net/spss/sp11.htm.。

成大心智影像研究中心，眼動儀的實驗空間設置與配備，2014/12/23 取自 http://fmri.ncku.edu.tw/tw/equipment_12.php。

成大新聞中心（2012）。功能性磁振造影(fMRI)的加持成大社科院發展讀心術有譜。上網日期：2013 年 6 月 5 日取自: http://proj.ncku.edu.tw/research/news/c/20120511/2.html。

朱文心 （2013-09-17）。想知道消費者要什麼，用「感性」就對了？ http://www.cw.com.tw/article/article.action?id=5052282。

朱依倩（2011）。技職教育相關系所碩士生教育參與動機之研究。臺北科技大學技術及職業教育研究所學位論文（未出版）。

朱銘太極系列一單鞭下勢，上網日期：2013 年 10 月 30 日，取自 http://140.128.222.6/lifetype/gallery/146/DSCN0756.JPG。 http://www.juming.org.tw。

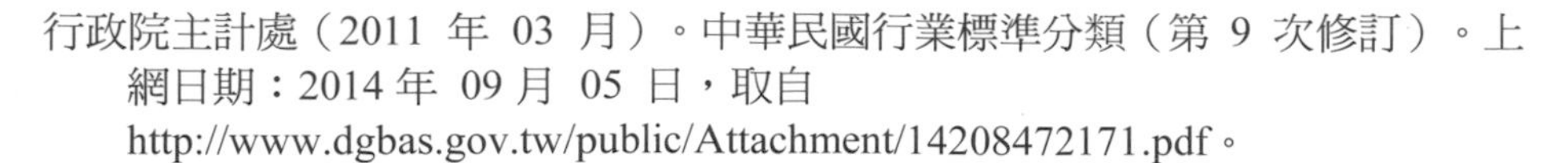

行政院主計處（2011 年 03 月）。中華民國行業標準分類（第 9 次修訂）。上網日期：2014 年 09 月 05 日，取自 http://www.dgbas.gov.tw/public/Attachment/14208472171.pdf。

佐口七朗，藝風堂編輯部（1991）。設計概論。藝風堂出版社，臺北

何明泉（2003）。複合式感性工學應用於產品開發之整合性研究子計畫一:振動覺於產品開發使用者介面設計之研究(1)。行政院國家科學委員會專題研究計畫成果報告，計畫編號: NSC 91-2213-E-224-040-

何明泉、賴明茂、張仲夫（1997）。合作參與式之設計教育－設計研究中心在專業設計人才培育之角色扮演，專業設計人才培育研討會論文集，國立雲林技術學院， 183-187。

何俊亨、丘增平（2010）。氣味與具象產品之情緒作用的認知探討-以花器為例。台灣感性學會研討會論文，論文編號：C-02，109-114，東海大學/台灣、台中。

吳宗正（1999）。嗅覺生物晶片。科學月刊，NO.357.

吳明隆（2013）。SPSS 操作與應用變異數分析實務（第三版）。五南圖書。

吳玲玲譯（1998）。認知心理學。台北：華泰。

吳美連（2007）。商管碩士生與指導教授師徒關係的研究－與學習滿意-情感承諾及職涯承諾之關係。管理評論，26（1），1 -21。

吳偉文(2010)。感性工學之應用與發展。東亞論壇季刊(EAST-ASIA REVIEW)，467，81-90。

吳瓊華（2009）。碩士在職進修學生幸福感之影響因素。台南應用科技大學生活應用科學研究所學位論文（未出版）。

吴红、彭义红、徐秋莹（2007）。基于感性工学研究下的女性手机设计。包装工程，28（11），128-130。

呂明泉（2002）。觸覺與視覺對意象差異研究 - 以塑膠材質咬花為例。成功大學工業設計學系學位論文。

李文淵、廖啟助、林鴻昌、陳思韻、朱達信、張枝坤、魏朝宏（999）。噴墨印表機之色彩研究。中華民國設計學會第四屆學術研究成果研討會。

李佳穎（2010）（指導教授**葉雯玓**）。運用聽覺與視覺共感覺於產品造形設計之研究。臺北科技大學創新設計研究所學位論文碩士班（未出版）。

李明濱、李宇宙（1996）。精神官能症之行為治療。台北市：健康世界。

李珮銓（2009）。行書風格之量化分析與比較-以宋代四大家為例。元智大學資訊傳播學系碩士學位論文。

李素卿譯（2003）。認知心理學。台北：五南。

李素馨、蘇群超（1999）。大坑登山步道遊憩環境與選擇行為關係之研究。戶外遊憩研究，12（4），21-42。

李賢輝。基礎設計。上網日期：2013 年 11 月 27 日，取自

http://vr.theatre.ntu.edu.tw/hlee/course/th8_140/th8_140a2.htm。

李麗娟（2006）（指導教授曹永慶）。造形與嗅覺意象之關聯性研究-以香水為例。大同大學工業設計學系所學位論文碩士班（未出版）。

杞琇婷（2008）。療癒系商品影響心情轉換之要因與成效。工業設計學系碩博士班。

灼見名家（2014/11/19）。李歐梵-一流大學從不緊張排名。上網日期：2016 年 4 月 4 日，取自 http://www.master-insight.com/content/article/2548。

協助問卷，上網日期：2014 年 09 月 05 日 http://www.my3q.com/home2/235/reginachien/8531.phtml。

周達生（1995）。中国の食文化。創元社: 東京。

味覺，2011 年 11 月 7 日，http://203.68.243.199/cpedia/Content.asp?ID=5064&Query=1，中國大百科全書。

味覺，上網日期：2013 年 5 月 27 日，香港百科，取自 http://www.internet.hk/doc-view-61774.html。

味覺的關鍵，上網日期：2014 年 2 月 5 日，取自 http://www.mem.com.tw/article_content.asp?sn=0903260008。

宜蘭冬山河，上網日期：2011 年 11 月 7 日，取自 http://forestlife.info/Onair/416.htm。

林長弘（未知）。感性設計使用者聯盟（報告）。財團法人工業技術研究院(工研院)，中分院感性設計技術專案辦公室。

林原宏（2004)。詮釋結構模式。教育研究月刊，118，120-121。

林榮泰（2009）。文化創意產品設計：從感性科技、人性設計與文化創意談起。人文與社會科學簡訊，11（1），32-42。

林榮泰（2011）。從服務創新思維探討感質體驗設計。設計學研究-特刊（2011），13-31。

林榮泰、林伯賢（2009）。融合文化與美學促成文化創意設計新興產業之探討。藝術學報，5（2），81-105。

林榮泰、蘇錦夥、張淑華（2010）。文化創意思維下的感質商品之探討– The One 南園之個案研究。2010 台灣感性學會學術研討會論文集，10 月 23 日，2010 年，台中，東海大學， 49-54。

林銘煌、王靜儀（2012）。以眼動路徑探討多義圖形的辨識歷程。設計學報，17（2），49-72。

林震岩（2006）。多變量分析： SPSS 的操作與應用。台北：智勝。

油穀遵、東正德譯（1989）。消費者主權時代。臺北：遠流出版， 45，107。

直線式眼動儀，上網日期：2014 年 2 月 6 日，取自 http://www.juanmerodio.com/wp-content/uploads/eyetracking-web.jpg。

花園夜市，上網日期：2012 年 8 月 24 日，
http://travel.tw.tranews.com/view/tainan/huayuanyehshih/。

金正男（2011），譯者：徐若英。Steve Jobs 如何超越 Steve Jobs（Steve Jobs, the God of Planning）。商周出版。

長沢伸也（1993）。感性の評価(3)-ファジィ積分，品質管理，日科技連出版社，44（3），71-78。

長沢伸也（1994）。官能による商品評価の基礎，日本化粧品技術者会誌「日本化粧品技術者会」，28（1），11-22。

長沢伸也（1998）おはなしマーケティング，日本規格協会， 179-182。

長沢伸也（1999）。感性工学とビジネス。日本感性工学会誌，1（1），37-47。

長沢伸也（2002）。感性をめぐる商品開発-その方法と実際。日本出版サービス、東京。

長沢伸也、神田太樹（2010）。数理的感性工学の基礎—感性商品開発のアプローチ、KAIBUNDO。

長町三生（1989）。感性工学-感性をデザインにいかすデクノロジイ。海文堂。

長町三生（1993）。感性工学の基礎と応用。海文堂。

長町三生（1995）。感性工学のおはなし。日本規格協会。

長町三生（1997）。感性工学をこう考える。第 13 回ファジィシステムシンポジウム講演論文集，907-910。

長町三生（1998）。感性工学の役割とその方法論。「特集感性工学とは何か」，日本感性工学学会誌， 1（1），24-30。

長町三生編（2008）。商品開発と感性。海文堂株式会社、東京。

青水義雄（1996）。感性と感性工学。篠原昭，清水義雄，坂本博編:感性工学への招待，森北出版，1-19。

保田敬一、白木渡、井面仁志（2015）。住民の感性を考慮した橋樑長壽命化修繕計劃策定。日本感性工學論文，doi:10.5057//jjske.TJSKE-D-15-00031。

持式鹽度計;上網日期：2016 年 4 月 5 日，取自
http://www.chuanhua.com.tw/ch-web/pdf/new/atago_handy.pdf

是永基樹（2004）。対話型進化計算法を用いた感性を反映するデザイン支援システムに関する研究。慶応大学博士論文。

柯永河（1986）。臨床心理學-心理診斷。台北市：大洋。

洪凌威（2008）。學前非本科系工業設計碩士班學生所學與就職之關係。大同大學工業設計研究所碩士論文（未出版）。

洪裕鈞（2012）。有道理的設計：設計師 CEO 的跨線思考。遠流：台北。

紅外線眼動圖法，上網日期：2014 年 2 月 6 日，取自

http://www.utexas.edu/cola/centers/cps/research/eye-movements.php。

香水，上網日期：2013 年 5 月 25 日，取自
http://zh.wikipedia.org/wiki/%E9%A6%99%E6%B0%B4#.E9.A6.99.E6.B0.B4.E7.9A.84.E6.AD.B7.E5.8F.B2。

夏慕尼餐廳，上網日期：2014 年 09 月 05 日，取自
http://www.chamonix.com.tw/about.htm。

孫大廷、唐餘明(2005)。關於我國博士生培養模式的點滴思考。大學教育科學，2005（4），63 -66，中國。

孫光天、李玄景、陳旻琦、蕭名孝、林芳如、葉采盈（2010）。利用腦波於人臉辨認。2010 年資訊科技國際研討會論文集，朝陽科技大學。

孫凌雲、孫守遷、許佳穎（2009）。產品材料質感意象模型的建立及其應用。浙江大學學報（工學版），43（2），283-287。

孫銘賢（2007）。文化創意產品設計之比較研究-以北投區域文化與原住民族服飾文化為例。國立臺灣藝術大學工藝設計學系碩士班論文。

席慕容（1982）。寫給幸福。爾雅出版社，台北。

徐治國（2012）。博士生培養該改革了。科學新聞，2011（2），21-22，中國。

神田範明（2004）。產品企画七つ道具。日科技連。

神經傳導檢查，上網日期：201 年 4 2 月 8 日，取自
http://www.epochtimes.com/b5/6/4/4/n1277078.htm。

針極電圖檢查的儀器，上網日期：2014 年 2 月 8 日，取自
http://mag.udn.com/mag/life/storypage.jsp?f_ART_ID=98793 肌電診斷，2014/2/8，源自 http://wd.vghtpe.gov.tw/pmr/File/emg.htm。

馬克杯杯，上網日期：2014 年 2 月 13 日，取自
http://www.boco.com.tw/ExhibitionDisplayTDC.aspx?bid=111388081290415。

馬敏元，詹凡毅，李翊禾 (2013) 。性別基模探討產品喜好與心理距離之研究。感性學報，1(1)， 80-103。

高島屋日本橋店直營的家常菜專賣店「foshon」食品造假，上網日期：2013 年 11 月 6 日，取自
http://www.chinatimes.com/realtimenews/%E9%A3%9F%E6%9D%90%E6%A8%99%E7%A4%BA%E9%80%A0%E5%81%87-%E6%97%A5%E6%9C%AC%E6%96%99%E7%90%86%E8%92%99%E7%BE%9E-20131106003113-260408。

高橋憲行、許逸雲譯（1997）。創新的企畫力。書泉出版社，9-10。

高露潔，上網日期；2014 年 9 月 4 日，取自
http://zh.wikipedia.org/wiki/%E9%AB%98%E9%9C%B2%E6%B4%81-%E6%A3%95%E6%A6%84。

高露潔發展圖，上網日期：2013 年 11 月 20 日，取自
http://www.colgate.com.cn/app/Colgate/CN/HomePage.cvsp。

張文雄（1995）。我國專業設計人才培育模式之研究—以專業實務設計能力為導向的設計教育：設計教育總計畫。國科會專題研究計畫成果報告，國立雲林技術學院，NSC83-0111-S-224-004。

張育銘，陳鴻源，林可欣，洪子琄（2004）。材質表面屬性與振動屬性對觸覺感性意象影響之探討。設計學報，10（1），73-87。

張育銘、洪偲芸（2012）。汽車關門音之感性研究。台灣感性學會研討會論文東海大學/台灣、台中/2010/ 10 / 23，論文編號：D-04，193-195。

張俊賢（2010）。碩士生知覺的職場能力與職業選擇類別之相關研究。成功大學教育研究所學位論文（未出版）。

張建成、吳俊杰、劉淑君（2007）。系列化產品造形風格與設計手法研究-以OLYMPUS 數位相機為例。設計學報 12（3），1-16。

張英麗（2009）。博士生教育在學術職業發展中的價值。江蘇高教，2009（3），51-53，中國。

張峰瑋（2008）。產品美學屬性對消費者購買意願之影響-以男性香水為例。淡江大學國際貿易學系國際企業學碩士班學位論文。

張華玲、張祖芳、蔡經漢（2010）。兒童連身褲舒適性與美觀性的判別研究。西安工程大學學報，24（5），563-567。

張寧（2007）。從複雜到結構：詮釋結構模式法之應用。公共事務評論，8(1)，1-28。

張寧、汪明生、陳耀明(2008)。以詮釋結構模式法探討直航對高雄總體發展影響之策略。管理學報，25(6)，635-649。

眼動儀，上網日期：2014 年 2 月 6 日，取自 http://zh.wikipedia.org/wiki/%E7%9C%BC%E5%8A%A8%E8%BF%BD%E8%B8%AA。

眼動儀的熱度圖，上網日期：2014 年 2 月 6 日，取自 http://www.kuqin.com/uidesign/20090419/46653.html。

眼球的切面構造，上網日期：2011 年 11 月 7 日，取自 http://www.studenthealth.gov.hk/tc_chi/health/health_ev/health_ev_sp.html，香港衛生署學生健康服務。

章曲、谷林（2009）。人體工程學。北京理工大學出版社。

莊明振（2008）。悅性魅力產品的情感設計要素之評估模式。國科會計畫

莊明振、馬永川（2001）。以微電子產品為例探討產品意象與造形呈現對應關係。設計學報，6（1），1-17。

莊明振、張耀仁、陳勇廷（2010）。產品觸覺意象的探討—以握杯為例。台灣感性學會研討會論文，論文編號：D-09，223-228，東海大學/台灣、台中。

設計，2013 年 11 月 27 日，取自 http://zh.wikipedia.org/wiki/%E8%A8%AD%E8%A8%88。

許言、張文智、楊耿賢（2007）。新進設計師招募方式與工作表現對設計教育的

意涵。國際藝術教育學刊，5（1），93-109。

許高郁（2008）。產品使用上保護意象之研究。大同大學工業設計研究所學位論文。

閆岩（2010）。誰來拯救博士生。科學新聞，2010（4），30-32。

陳仁祥（1995）。混沌、認知、生理學。科學月刊，304。

陳志堯（2012）。塑膠質感在視觸覺上之感性研究。成功大學工業設計學系學位論文。

陳育龍（2003）。數量化理論 II 應用於紙尿褲選購之因素研究。靜宜大學企業管理研究所學位論文。

陳明陽（2010）。美感生活型態對產品偏好的影響。交通大學應用藝術研究所學位論文。

陳俊智，蘇紋琦（2012）。應用 Kano 品質模式探討藺草材質之創新設計。文化創意產業研究學報，2（4），383-402。

陳俊智、王明堂、劉健宇（2013）。競技滑鼠造形設計誘目性特徵。13 國際文化創意產業論壇暨學術研討會。

陳勇廷，莊明振（2014）。視覺與觸覺意象評估差異之探討。感性學報，2（2），4-29。

陳珊、王建梁（2006）。導師指導頻率對博士生培養品質的影響－基於博士生視角的分析和探討。清華大學教育研究，27（3），61-64，中國。

陳國祥（2009）。感性工學。品質月刊，45（4），21-22。

陳智華（2015/2/24）。台大研究所 報考人數 10 年減半。上網日期：2016 年 1 月 28 日，取自 http://udn.com/news/story/6928/720729-%E5%8F%B0%E5%A4%A7%E7%A0%94%E7%A9%B6%E6%89%80-%E5%A0%B1%E8%80%83%E4%BA%BA%E6%95%B810%E5%B9%B4%E6%B8%9B%E5%8D%8A。

陳順宏（2005）。工業設計公司知識儲存與分享之研究（未出版之碩士論文）。國立成功大學，台南市。

陳學志主譯（2005）。認知心理學。台北：學富。

陶曉嫚（2012/12/20）。長町三生：「感性工學是產品熱銷的金鑰！」。工研院電子報，上網日期：2013 年 9 月 6 日，取自 http://edm.itri.org.tw/enews/epaper/10112/b01.htm。

陸定邦、楊莛莛、江致霖、黃思綾（2011）。體驗設計導向之博物館展示內容推薦與導覽系統。科技博物，15（2），23-37。

勞思光（1991）。新編中國哲學史（一）。台北：三民書局。

博士生量產問題浮現上網日期：2011 年 12 月 27 日，取自 http://www.want-daily.com/portal.php?mod=view&aid=1347。

場域嗅覺器（Field Olfactometer），上網日期：2013 年 5 月 27 日，取自 http://www.fivesenses.com/Prod_NasalRanger.cfm , http://en.wikipedia.org/wiki/Olfactometer。

富士通會長間塚道義拜訪成大對於橘色科技，上網日期：2013 年 1 月 19 日，取自 http://web.ncku.edu.tw/files/14-1000-101974,r1353-1.php。

彭明輝（2013/6/22）。學術界的承繼與創新。聯合報，A15。

彭聃齡、張必隱（1999）。認知心理學。台北：東華。

彭瑞菊、陳紹崇、吳雅芳、陳富永、鄭安秀（2004/9）。淺談基因改良作物。台南區農業專訊（49），12-16。

景筱玉（2010）。碩士生的生活壓力、社會支持與幸福感關係之研究－以北部地區大學校院為例。臺北科技大學技術及職業教育研究所學位論文(未出版)。

曾如瑩（2015）。從蘋果、耐吉到雀巢，為何都向它們取經、挖角？商業周刊，1457，96-103。

曾啟雄，上網日期：2012 年 6 月 1 日，取自 http://www.facebook.com/#!/notes/%E9%AC%8D%E5%AD%90%E6%9B%BE/%E6%9C%89%E5%90%8D%E7%9A%84%E8%A8%AD%E8%A8%88%E5%B8%AB%E4%B8%80%E4%BD%8D%E5%B0%B1%E5%A5%BD%E4%B8%8D%E9%9C%80%E8%A6%81%E5%86%8D%E8%A4%87%E8%A3%BD/10150862797701429。

曾國峰、廖文宏（2009）。眼動儀與手機研究應用。上網日期 2014 年 10 月 10 日，取自 http://mcdm.ntcu.edu.tw/profchwu/course/EC/教材/眼動儀與行銷/曾老師-眼動儀與手機研究應用.pdf。

曾國維、聶志高、王惠靜、賴裕鵬（2010）。以「語意差異法」評價建築立面之風格意象—以台中市七期重劃區「第一種住宅區」住宅為例。建築學報，71，27-48。

曾榮梅，陳可欣 (2008)。包裝飲用水瓶身造形與消費情緒關聯性之研究。高雄師大學報，27，159-180。

最接近人類的倭黑猩猩，上網日期：2012 年 4 月 2 日，取自 http://zh.wikipedia.org/wiki/%E5%80%AD%E9%BB%91%E7%8C%A9%E7%8C%A9#cite_ref-BonoboDNA_5-0。

游萬來、楊敏英、羅士孟（2014）。台灣初任工業設計師的工作與適應情形研究。設計學報， 19（1），43-66。

游曉萱（2009）。裝飾性風格應用於女性化妝品包裝之研究。銘傳大學設計創作研究所碩士論文（未出版）。

菅民郎（1990）。パソコン統計処理。（株）エスミ。

華碩變形金剛, 上網日期：2013 年 6 月 18 日，取自 http://www.asus.com/tw/Notebooks_Ultrabooks/ASUS_Transformer_Book_TX300/#gallery。

視覺系統，上網日期：2011 年 10 月 4 日，取自 http://zh.wikipedia.org/wiki/視覺系統。

視覺過程，傳統弱視治療方法的弊端（2009-07-08），上網日期：2013 年 5 月 27 日，取自 http://m.topeye.cn/detail.php?id=71。

雲林科技大學工業設計系網站

黃君后、王淑芳、林麗美、彭台珠（2012/11）。探討足浴對經絡能量及自律神經變化之影響。中西醫結合護理雜誌（2），32-43。

黃希庭、李文權、張慶林譯（1992）。認知心理學。台北：五南。

黃亞琪（2015）。台灣地攤貨，翻身中國精品茶具王。商業周刊，1463，48-50。

黃承龍（2005）。十八般武藝做研究。（未出版的講義）。（clhuang@ccms.nkfust.edu.tw）。

黃采瑄 (2010)。產品性別意象設計之研究需。雲林科技大學工業設計所。(未出版之碩士論)。

黃俊弘、胡竹生、張所鋐（2013）。下一個主流技術。科學人（Scientific American），136，台北：遠流出版。

黃俊英（2000）。多變量分析。7，台北：中國經濟企業研究所。

黃秋華、陸偉明（2008）。台灣高等教育性別區隔現象與碩士畢業生進修理由之探討。高等教育，3（2），63-88。

黃郁婷，黃淑英（2011）。性別對於產品造形之偏好與意象之研究-以香水為例。2011 第七屆國際視覺傳達設計研討會—「旁觀、參與、介入美學：科技媒體與文創產業之互動」。崑山科技大學，台南。

黃偉烈、謝明憲、胡海國（2010）。事件相關電位在精神分裂症研究的應用。53（4），177-182。

黃琡雅、廖惠英（2005）。青少年對當代台灣與日本女性圖像插畫風格審美趣味之探討。高雄師大學報，19，101-118。

黃綝怡（2004）。從涉入觀點探討感性意象差異之研究—以巧克力包裝為例。國立雲林科技大學視覺傳達設計系碩士班碩士論文。

黃慧雯（2015/2/10）隔牆有耳小心三星智慧電視會竊聽，中時電子報。上網日期：2015 年 2 月 10 日，取自 http://www.chinatimes.com/realtimenews/20150210002906-260412。

嗅覺，上網日期：2011 年 11 月 7 日，取自 http://203.68.243.199/cpedia/Content.asp?ID=5157&Query=1。

微電極描記眼動電圖，網日期 2014 年 10 月 10 日，取自 http://zh.wikipedia.org/wiki/。

感性，上網日期：2011 年 9 月 30 日，取自 http://ja.wikipedia.org/wiki/%E6%84%9F%E6%80%A7。

感性工學研究小組（2003）。人本設計之新理念-感性工學，複合式感性工學運用於產品開發之整合研究，未出版。

感性設計使用者聯盟的主要任務，上網日期：2016 年 2 月 23 日，取自 https://www.itri.org.tw/chi/Content/MSGPic01/contents.aspx?&SiteID=1&MmmID=621267070102673413&CatID=621270353722316036&MSID=621270411

737000416。

楊和炳（2003）。市場調查（第三版）。五南圖書出版公司。

楊敏英、游萬來、林盛宏（2003）。工業設計系學生學習狀況及生涯相關議題研究的初探。設計學報，8（3），75-90。

楊敏英、游萬來、郭純妤（2010）。台灣工業設計系畢業生就業情形之初探。設計學報，15（2），75-96。

楊淨涵（2009）。碩士生生活經驗之回溯性研究。成功大學教育研究所學位論文（未出版）。

腦電圖，上網日期：2014 年 2 月 6 日，取自 http://cht.a-hospital.com/w/%E8%84%91%E7%94%B5%E5%9B%BE#.UvL5EvmSxyI。

腦磁圖說明，上網日期：2014 年 2 月 8 日，台北榮民做醫院教學研究部，整合性腦功能研究室，取自 http://ibru.vghtpe.gov.tw/meg.htm。

詹永舟（1999）。瞳位追蹤應用於眼控系統及眼球動態量測儀器之製作與分析。上網日期 2014 年 10 月 10 日，取自 http://140.134.32.129/bioassist/eyetrack/paper2/2-7-2.htm，NSC-88-2623-D-035-003。

電子鼻罩呼氣能測肝損傷（2012/9/4），人間福報，醫藥 10。

實驗室固定型嗅覺器 GC Olfactometer，上網日期：2013 年 5 月 27 日，取自 http://commons.wikimedia.org/wiki/File:GC_Olfactometer.JPG。

熊華軍（2006）。MIT 跨學科博士生的培養及其啟示。比較教育研究，27（4），46-49，中國。

劉岩、万可、李力、下川敏雄、大山勳（2015）。成都市および近郊地域における観光地開発の現況。日本感性工學論文，doi:10.5057//jjske.TJSKE-D-15-00058。

劉師豪 (2012) 。性別化產品對於產品意象與產品喜好度之探討-以手機為例。國立臺灣科技大學設計研究所，未出版之碩士論文。

影像追蹤法，上網日期：2014 年 2 月 6 日，取自 http://www2.le.ac.uk/departments/psychology/research/language-and-vision/vision-and-language-group-photo-gallery。

影像追蹤法操作，上網日期：2014 年 1 月 25 日，取自 http://www2.le.ac.uk/departments/psychology/research/language-and-vision/vision-and-language-group-photo-gallery。

影像追蹤法操作，網日期 2014 年 10 月 10 日，取自 http://www2.le.ac.uk/。

數量化說明，上網日期：2011 年 10 月 25 日，取自 http://ja.wikipedia.org/wiki/%E6%95%B0%E9%87%8F%E5%8C%96%E7%90%86%E8%AB%96。

歐金珊 (2007)。中性文化思潮下的消費者行為。國立雲林科技大學工業設計系碩士班，未出版之碩士論文。

潘威達（2007）。餐旅業之炫耀性消費行為之研究-以杜拜帆船旅館 BurjAl Arab 為例。國立高雄餐旅學院餐旅管理研究所碩士論文。

膚電反應器，2014/2/8，源自 http://epc.npue.edu.tw/front/bin/ptdetail.phtml?Part=12090014&Cg=10。

蔡金源（1997）。以眼球控制之殘障者人機介面系統：紅外線是動滑鼠。國立台灣大學電機工程研究所碩士論文（未出版）。

鄭昭明（1982）。人類的圖形辨識。上網日期：2012 年 9 月 29 日，取自：http://210.60.224.4/ct/content/1982/00100154/0002.htm。

鄭昭明（1993）。認知心理學。台北：桂冠。

鄭經文、張鳴珊（2006）。臺灣研究所教育集中化現象研究。嘉南學報（32），545-558。

鄭麗玉（2002）。認知心理學：理論與應用。臺北市：五南。

橫井昭裕（2013）。玩具企畫開發。上網日期：2014 年 9 月 4 日，取自 http://www.nhk.or.jp/saiyo/teiki/special/work/person02.html。

盧瑞琴、張順欽（2013）。以感性工學探討手錶外形設計之研究。商業現代化學刊 7（1），49-69。

蕭坤安、陳平餘（2010）。愉悅產品之認知與設計特徵。設計學報，15（2），1-17。

龍珮寧（2015/10/29）。戴口罩防 PM2.5 專家：平面活性碳戴心酸。上網日期：2016 年 4 月 4 日，取自 http://www.cna.com.tw/news/firstnews/201510290113-1.aspx。

戴肇洋三所所長（未知）台灣產業科技人才供需問題與解決之道。台灣綜合研究院研究（未出版）。

聲音分貝，上網日期：2014 年 2 月 6 日，取自 http://zh.wikipedia.org/wiki/%E5%A3%B0%E9%9F%B3#.E5.88.86.E8.B4.9D。

謝志成、賴鵬翔、高振源（2010）。以眼動儀與主觀感受探討高鐵自動售票系統操作介面。台灣感性學會研討會論文，論文編號：C-12，169-174，東海大學/台灣、台中。

還在考慮念什麼系？科系早就落伍了，台灣大學落後世界名校一個世代，上網日期：2016 年 4 月 4 日，取自 http://www.storm.mg/lifestyle/88087.

韓鈐（2011）。飄浪的學術人生：博士生涯的一點體會。當代中國研究通訊，2011（16），22-25，台灣，新竹。

簡春安、鄒品儀（2004）。社會工作研究。台北：巨流圖書。

簡單的類神經網路架構，上網日期：2014 年 10 月 17 日，取自 http://mogerwu.pixnet.net/blog/post/24421011-%E9%A1%9E%E7%A5%9E%E7%B6%93%E7%B6%B2%E8%B7%AF%E6%9E%B6%E6%A7%8B。

簡韻真（2015）。超薄型壓力感測器。上網日期：2016 年 2 月 17 日，取自 http://2015.meetbao.net/tech/174。

藍雲（2006）。認知論觀點的哲學根源及心理研究現狀。人文暨社會科學期刊，2（2），1-12。

羅英姿、錢德洲（2007）。博士生培養品質與制度創新。江蘇高教，2007（1），83-85，中國。

藤由安耶、山田耕一、畦原宗之（2008）。感性と新規性の双方を満たすデザイン支援。第 10 回日本感性工学会大会，1-4。

觸壓覺，上網日期：2011 年 11 月 7 日，取自 http://203.68.243.199/cpedia/Content.asp?ID=4502，中國大百科全書。

鐘洞偉，上網日期：2014 年 5 月 7 日，取自正向情緒的魅力～幽默的力量，http://help2.ncue.edu.tw/ezcatfiles/b014/img/img/280/EQ_share_01.pdf。

攜帶式自律神經分析儀，上網日期：2014 年 2 月 8 日，取自 http://www.dchrv.com.tw/product/1。

攜帶型環境嗅覺器（Field olfactometer）上網日期：2014 年 10 月 10 日，取自 http://www.fivesenses.com/Prod_NasalRanger.cfm。

攜帶型環境嗅覺器實驗室操作情形，上網日期：2014 年 10 月 10 日，取自 http://en.wikipedia.org/wiki/olfactometer。

顧兆仁、陳立杰（2011）。大型觸控螢幕內三維虛擬物件的旋轉操控模式與手勢型態配對之研究。設計學報，16（2），1-22。

聽覺，上網日期：2011 年 11 月 7 日，取自 http://www.ling.fju.edu.tw/hearing/hearing-introduction.htm，輔仁大學語言學研究所。

聽覺，上網日期：2011 年 11 月 7 日，取自 http://zh.wikipedia.org/wiki/%E5%90%AC%E8%A7%89。

聽覺系統圖，上網日期：2011 年 11 月 7 日，取自：香港特別行政區政府環境保護署。

纖維感性工學科，上網日期：2011 年 11 月 7 日，取自 http://www.shinshu-u.ac.jp/faculty/textiles/creative。

感性工學到感性設計：感性工學研究的基礎與應用

From Kansei Engineering to Kanaei Design-
the Basic and Application for Researching of Kansei Engineering

作者 /王明堂 （mtwang2000@gmail.com）

發行人 / 陳本源

出版者 / 全華圖書股份有限公司

郵政帳號 / 0100836-1 號

印刷者 / 宏懋打字印刷股份有限公司

圖書編號 / S573

二版一刷 / 105 年 3 月

ISBN / 978-957-21-9747-9 (平裝)

全華圖書 / www.chwa.com.tw

全華網路書店 Open Tech / www.opentech.com.tw

若您對書籍內容、排版印刷有任何問題，**歡迎來信指導**

臺北總公司(北區營業處)
地址：23671 臺北縣土城市忠義路 21 號
電話：(02) 2262-5666
傳真：(02) 6637-3695、6637-3696

南區營業處
地址：80769 高雄市三民區應安街 12 號
電話：(07) 862-9123
傳真：(07) 862-5562

中區營業處
地址：40256 臺中市南區樹義一巷 26 號
電話：(04) 2261-8485
傳真：(04) 3600-9806

版權所有·翻印必究